Robert Spaemann / Reinhard Löw

Die Frage Wozu?

Geschichte und Wiederentdeckung des teleologischen Denkens

Erweiterte Neuausgabe

Piper
München Zürich

Der Text von »Die Frage Wozu?« wurde für die vorliegende 3. Auflage erweitert um den Beitrag »Teleologie und Teleonomie« von Robert Spaemann (erschienen 1988 in »Metaphysik nach Kant?« bei Klett-Cotta, Stuttgart)

ISBN 3-492-10748-6
November 1985
3. Auflage, 10.–13. Tausend Oktober 1991
(2., erweiterte Auflage, 6.–9. Tausend dieser Ausgabe)

Umschlag: Federico Luci,
unter Verwendung einer Graphik von El Lissitzky
Gesamtherstellung: Clausen & Bosse, Leck
Printed in Germany

Inhalt

Vorwort

Dieses Buch ist die lange Vorrede zu einem kürzeren, streng systematischen Buch, das noch nicht existiert und von dem noch unentschieden ist, ob es existieren wird. Denn kann man streng und systematisch über Teleologie reden?

Platon war der Meinung, die teleologische Wirksamkeit von Sinn sei selbst prinzipiell nur von der Art des Überredens (vgl. S. 40). Und so könnte es ja sein, daß zur Anerkennung einer solchen Wirksamkeit auch nur überredet werden kann, wenngleich mit besseren Gründen als zum Gegenteil.

Der Niederschlag eines solchen Überredungsversuchs – die Tonbandnachschrift einer frei gehaltenen Vorlesung für Hörer aller Fakultäten im Wintersemester 1976/1977 in München – lag ein paar Jahre in der Schublade. Einige weiterführende und detailliertere Untersuchungen zum Thema waren bereits auf den Weg gebracht, als Reinhard Löw auf den Gedanken kam, aus der Niederschrift ohne große Umstände, aber unter Hinzufügung eigener Abschnitte, unter Weiterführung der Überlegungen, besonders mit Bezug auf die Evolutionstheorie, und unter Anfügung zahlreicher Anmerkungen ein Buch zu machen. Das Buch soll dazu überreden, über ein der Wissenschaft liebgewordenes Vorurteil noch einmal von vorne an nachzudenken – das Vorurteil, Sinn sei eine Variante von Unsinn, Vernunft eine Variante von Unvernunft, und der Mensch selbst sei ein Anthropomorphismus.

München, im Mai 1981 und zur Neuausgabe im Herbst 1985

Robert Spaemann

Einführung

»Die Betrachtung natürlicher Prozesse unter dem Aspekt ihrer Zielgerichtetheit ist steril, und wie eine gottgeweihte Jungfrau gebiert sie nichts«, hat Francis Bacon geschrieben, einer der Herolde jener »tapferen neuen Welt«, in der gottgeweihte Jungfrauen keinen Platz haben.[1] Die Frage, ob auf die Dauer für Menschen darin Platz bleiben werde, wäre Bacon wohl ganz unverständlich gewesen. Nutzenmaximierung durch wissenschaftliche Naturbeherrschung schien ihm ein eindeutiges Ziel und wichtiger als der unbedingte Respekt vor den Wesen, um deren Nutzen allein es gehen kann. Dem Anwalt der Krone waren peinliches Verhör, Folter und Rechtsbeugung im Dienste des entstehenden Absolutismus ebenso legitim wie die Reduktion des Umgangs mit der Natur auf das peinliche Verhör.[2] Die Frage, *wozu* etwas gut sein muß, um gut zu sein, ist nicht nützlich. Aber wie wollen wir wissen, was nützlich ist, wenn wir diese Frage unbeantwortet lassen?

Daß etwas geschieht, weil es zu etwas gut ist, das ist offensichtlich dann der Fall, wenn wir selbst etwas aus diesem Grunde tun. Es ist die heute noch herrschende Ansicht, es sei *nur* dann der Fall. Die teleologische Betrachtung anderer Prozesse als menschlicher Handlungen sei aus naturwissenschaftlichen, logischen und sprachanalytischen Gründen unzulässig, weil prinzipiell teleologische in nicht-teleologische Theorien, teleologische in nicht-teleologische Sprechweisen überführbar seien. Dieser Ansicht soll im folgenden widersprochen werden. Schon prima facie kommen dem, der die einschlägige Literatur liest, Zweifel. Der Zweifel richtet sich erstens auf die niemals diskutierte Beweislastverteilung. Gesetzt den Fall, es sei wahr, daß teleologische Rede sich prinzipiell in nicht-teleologische übersetzen ließe, so würde auch das Umgekehrte gelten. Es gibt jedoch ein stillschweigendes Einverständnis, daß die eine Sprache vor der anderen den Vorrang habe und daß nicht etwa die nicht-teleologische, sondern die teleologische Sprache im Falle ihrer Übersetzbarkeit eliminiert werden oder doch auf den Status einer uneigentlichen Rede herabgesetzt werden müsse. Dabei wird unterstellt, daß der »Teleologe« etwas Sonderbares und Unwahrscheinliches behauptet, wenn er von einer prinzipiellen Ähnlichkeit menschlicher Handlungen mit anderen Arten des Geschehens ausgeht. Wo für diese Ähnlichkeit der Beweis nicht erbracht werden könne, müsse vielmehr die Unähnlichkeit als das »Normale« für bewiesen gelten. Wenn wir bedenken, daß Aristoteles den Anaxagoras als ersten »Nüchternen unter irre Redenden« bezeichnete, weil er gegenüber den ionischen Naturphilosophen finale Deutungen in die Natur eingeführt habe, dann hatte er offenbar einen anderen Begriff von Normalität und von dem, was im Zweifelsfalle der Begründung bedürftig sei und was nicht. Ohne über das »Interesse der Vernunft bei diesem ihrem Widerstreite« (Kant) zu sprechen, d. h. hinter diese Paradigmendifferenz zu schauen, ist das Teleologieproblem gar nicht entscheidbar. Es sei denn, es ist durch eine definitorische Immunisierungsstrategie im vorhinein entschieden. Daß dies häufig geschieht, ist der zweite prima-facie-Grund dafür, an der angeblich definitiven Erledigung des Teleologieproblems zu zweifeln. Daß Zwecke »gesetzt« werden, daß solche Setzung nur durch einen bewußten Willen geschehen kann, daß als solcher zwecksetzender Wille nur der menschliche Wille in Frage komme, all das wird in der Regel erst einmal als selbstverständlich vorausgesetzt, um dann in umständlichen Verfahren zu zeigen, daß so verstandene Zwecke in der außermenschlichen Natur nicht »vorkommen«.[3] Eine andere Immunisierungsstrategie besteht darin, daß man einen Begriff von Erklärung einführt – z. B. das sogenannte Hempel-Oppenheim-Schema –, der auf eine deterministische Abhängigkeit bestimmter Ereignisse von Antecedensbedingungen abhebt. Natürlich folgt daraus, daß der Begriff einer »teleologischen Erklärung« aus empirischen und logischen Gründen zu verwerfen ist.[4] Aber was ist mit einer so trivialen Einsicht gewonnen?

Aufgabe der Philosophie ist nach einem Worte Hegels »Erkenntnis dessen, was in Wahrheit ist«. Im Unterschied zu Disziplinen, die mit spezielleren Interessen der Wirklichkeit sich nähern, kann Philosophie nicht das Raster von Nominaldefinitionen an die Wirklichkeit herantragen. Sie würde dabei zwar bestimmte Antworten auf bestimmte Fragen erhalten, aber sie wüßte nicht, ob sie die richtigen Fragen gestellt hat. Was sind richtige Fragen? Was sind richtige Fragen, wenn wir Menschen »kennenlernen« wollen? Wir können viele Aspekte an sie herantragen, Aspekte der Haar- und der Hautfarbe, der Tierkreiszeichen oder des Intelligenzquotienten. Wir können ihre Handlungsweisen statistisch untersuchen, wir können einen Selbstmordversuch in Relation setzen zu statistischen Selbstmordraten in bestimmten Jahreszeiten – sie sind bekanntlich im Sommer höher als im Winter – oder zu dem Land, in dem der Mensch lebt.

»Was in Wahrheit ist«, erfahren wir freilich nur, wenn wir den Menschen selbst sprechen. Was er selbst denkt, meint, fühlt und will, erfahren wir nur, wenn wir, ehe wir *über* ihn sprechen, *mit* ihm gesprochen haben. Mit ihm sprechen heißt nicht nur: ihn Fragen beantworten lassen, die wir ihm stellen. Das kann genügen, wo uns ein spezifisches Erkenntnisinteresse leitet, wo wir z. B. die Eignung als Filialleiter oder Pilot testen wollen. Wo es uns darum geht, ihn »als ihn selbst kennenzulernen«, müssen wir unsere Interviewbogen zur Seite tun und uns in Umgang und Gespräch einlassen, in welchem nicht wir allein mehr »Herr des Verfahrens« sind.

Gibt es ein analoges »Kennenlernen der Natur«? Wir können, so scheint es, nicht mit der Natur reden, sondern nur über sie. Und wenn wir schon die Analogie des Sprechens verwenden wollen, so scheint doch eher Kant mit dem Bild des Richters recht zu haben, der die Zeugen im Zeugenstand verhört, oder Goethe, der sagt, daß wir die Natur auf die Folter spannen, um Aussagen zu erpressen, ungeachtet dessen, daß die so Erpreßte vielleicht von sich aus ganz anderes im Sinne hat.[5]

Genau dies ist das Problem der Teleologie. Die These, die am Vorabend der neuzeitlichen Wissenschaft steht, besagt, daß solches Reden in bezug auf die Natur nutzlos, empirisch unausweisbar und sinnlos ist.[6] Diese These beendete die fast zwei Jahrtausende währende Vorherrschaft der aristotelischen Ansicht, daß wir die Natur nur erkennen können, wenn wir sie aus sich selbst heraus zu verstehen versuchen. Warum kommt es zu dieser Wende?

Die Philosophie als das Bemühen, die Wirklichkeit zur Sprache zu bringen, muß zunächst an solche Fragen ohne nominal-definitorische Vorentscheidungen herantreten, wenn sie zu einem Verständnis des Teleologieproblems gelangen will.

Die Frage »Warum?«

Eine der ersten und bleibenden Fragen, mit denen wir uns in der Welt bewegen, ist die Frage nach dem »Warum« eines Ereignisses. Die Antwort: »um ...zu« ist eine von mehreren möglichen Antworten. Wenn man sich diese Antwort prinzipiell versagt, so besteht die Möglichkeit, daß man selbst durch alle anderen Antworten nicht das erfährt, was man eigentlich wissen wollte. Aber warum fragen wir »warum«? Was wollen wir eigentlich wissen, wenn wir so fragen? Die Frage entsteht immer dann, wenn ein normaler Ablauf unterbrochen wird. Ihr Ziel ist die Wiederherstellung des normalen Ganges. Ohne den Begriff der Normalität läßt sich gar nicht verstehen, wann und warum man »warum« fragt. Es kommt ja keinem in den Sinn, in bezug auf Alles und Jedes »warum« zu fragen. Wir fragen genau dann »warum«, wenn etwas geschieht, was wir nicht als normal betrachten, bzw. was wir nicht erwartet haben.

Wenn jemand mittags zum Essen geht, fragen wir nicht: »Warum gehst du essen?«, denn wir unterstellen, daß man mittags hungrig wird und zum Essen geht. Wenn er *nicht* zum Essen geht, dann fragen wir ihn vielleicht am Abend danach, d. h. wir fragen nicht nur nach nicht-normalen Ereignissen, sondern auch nach Nicht-Ereignissen, die dann zu Ereignissen werden, wenn wir an ihrer Stelle normalerweise ein anderes Ereignis erwartet hätten.

Hinter der »Warum«-Frage steht der Versuch, Neues in Bekanntes zu integrieren. Freilich könnte man das Neue auch auf sich beruhen lassen. Doch normalerweise tun wir das nicht,[7] sondern versuchen, es so mit dem Gewohnten und Bekannten zu vermitteln, daß es zu einem Bestandteil der uns vertrauten Welt wird.

Somit lassen sich zwei Voraussetzungen für die »Warum«-Frage angeben:

1. Ein Zustand der Vertrautheit mit der Welt muß vorausgesetzt werden, für welchen eine Antwort als Antwort erscheinen kann. Wenn jemand von einem fremden Stern auf die Erde käme und ihm alles, was hier geschähe, gänzlich unvertraut wäre, dann hätte die »Warum«-Frage überhaupt keinen Sinn, weil jede Antwort genauso unverständlich wäre wie das Ereignis, auf das sich die Frage bezog.

2. Dieser Zustand der Vertrautheit muß gestört sein, denn eine vollständig vertraute Welt würde ebenfalls keine »Warum«-Frage aufkommen lassen.

Als Basis für jedes intakte Weltverhältnis haben Psychologen das »Urvertrauen« des Kindes bezeichnet.[8] Dieses Vertrauen bildet sich in einem allmählichen Aneignungsprozeß. Vertraut sind zunächst Brust und Stimme der Mutter. Dann spielt das kleine Kind mit seiner Hand, sieht, wie sie sich bewegt, und findet das erheiternd. Langsam merkt es, daß es selbst diese Hand bewegt, daß die Hand *ihm* gehört. Die Aneignung des eigenen Körpers ist der Beginn der fortschreitenden Aneignung der Welt.[9]. Fremdes hört auf, fremd zu sein. Diesen Vorgang nannten die Stoiker *oikeiosis*, das Einhausen und Sich-Zugehörig-Machen der Welt.

Beim Kind folgt nach der Phase des sinnlichen Vertrautwerdens mit der Welt die sprachliche Manifestation desselben Phänomens: die Periode des penetranten und unausgesetzten »Warum«-Fragens, wodurch immerzu Neues in die *oikeiosis* einbezogen wird. Das Neue soll in das Vertraute integriert, die Verstehbarkeit der Welt ständig neu wiederhergestellt werden. Denn Verstehen heißt Vertrautsein, heißt Aufhebung der Fremdheit des Begegnenden.

Die Antworttypen auf die »Warum«-Frage

Es gibt zwei verschiedene Richtungen, das Vertraute mit dem Unvertrauten zu verknüpfen. Diesen beiden Richtungen entsprechen die beiden Typen von Antworten, die auf die »Warum«-Frage gegeben werden können. Der erste Typus bildet Sätze, die sich in einer Konstruktion des »um ... zu« darstellen lassen, der zweite Typus gibt Antecedensbedingungen und Gesetze an.[10] Wir wollen zunächst diese beiden Typen herausstellen und ihr Verhältnis in den letzten beiden Kapiteln diskutieren.

1. Die Wiederherstellung des Vertrautseins durch den Nachvollzug einer intentionalen Struktur: Verstehen

Wir richten die »Warum«-Frage an einen Menschen, der etwas für ihn oder uns Ungewöhnliches tut.

> Wenn jemand nicht zu Mittag ißt und wir ihn fragen, warum er es nicht tut, so mag er z. B. antworten, daß er eine Schlankheitskur macht. Das können wir verstehen, denn es leuchtet ein, daß jemand aus medizinischen oder ästhetischen Gründen nicht beliebig dick werden will. Aber es könnte auch sein, daß wir ihn schon für dünn genug halten. Dann fragen wir weiter, bis wir eine Antwort erhalten, die es uns erlaubt, das Ereignis so zu verstehen, daß wir es in eine Normalsituation einfügen können. Da hört das Weiterfragen auf. Wenn wir etwa als Antwort erhielten: »Ich möchte einige Pfund leichter werden, weil ich mich dann besser fühle«, und wir würden weiter fragen: »Warum willst du dich denn besser fühlen?«, dann bekämen wir zurecht zur Antwort: »Warum fragst du so dumm?«. Die Antwort auf die erste Frage könnte auch lauten, er esse nichts, weil Fastenzeit sei; und das könnte wiederum einleuchten, wenn wir etwa derselben Religionsgemeinschaft angehören oder von unserer eigenen Erfahrung her wissen, was fasten heißt. Andernfalls werden wir weiterfragen, was denn die Fastenzeit für einen Sinn hat. Auch hier aber hört das Fragen auf, wenn wir sein Verhalten so einfügen können, daß wir seine Gründe, bei entsprechendem Verändern der Randbedingungen, als solche verstehen, die auch uns selbst motivieren könnten.

Auf diese Weise lernen wir mit anderen Menschen »umzugehen«. Sicherheit im Umgang setzt gegenseitige Verständlichkeit der Handlungen voraus. Würde der Partner in jedem Augenblick völlig Unerwartetes tun, so hörte alle Gemeinsameit auf. Er schiede aus jedem möglichen Interaktionszusammenhang aus.

> Wer etwas verspricht und das Versprechen nicht hält, als Grund aber nicht irgendwelche Hindernisse angibt, sondern zurückfragt: »Warum soll ich denn ein Versprechen halten?«, der bricht aus der normalen Situation und damit aus dem Interaktionszusammenhang aus. Wichtig ist das vor Gericht. Wenn die Motive eines Täters gänzlich unverständlich sind, wenn sich keiner der am Prozeß Beteiligten überhaupt einen Reim darauf machen kann, warum der Täter so gehandelt hat, dann wird dieser nicht bestraft – auch Strafe ist eine Form der Interaktion –, sondern in eine Klinik eingewiesen.

Wenn eine Handlung keine nachvollziehbare intentionale Struktur besitzt, dann bezeichnen wir sie nicht als Handlung, sondern als Geschehen. Dann kann die »Warum«-Frage auch nicht mehr auf ein »um ... zu« zielen, sondern nur noch auf den zweiten Typus (s. u.), d. h. wir fragen nach den Ereignissen, Kindheitserlebnissen oder nach den endogenen Faktoren, die das Geschehene durch eine Erklärung ganz anderer Art verständlich machen, nämlich durch Einfügung in die Normalsituation eines kausalgesetzlichen Zusammenhangs. Die »Warum«-Frage, an Menschen gerichtet, zielt auf eine nachvollziehbare, intentionale Struktur des Handelnden, eine Wollensstruktur. Dieses Wollen ist der Handlung nicht äußerlich, sondern es qualifiziert eine Handlung erst als Handlung. Alle anderen Gründe – vorhergegangene Ereignisse etc. – sind dem Handelnden äußerlich, sind Randbedingungen. Zu Handlungsgründen werden sie erst, wo sie im Bewußtsein des Handelnden zu Prämissen für eine praktische Folgerung werden.

Handlungen unterscheiden sich von anderem Geschehen durch ihre symbolische Natur, durch ein Moment nachvollziehbarer Allgemeinheit. Für Unterlassungen gilt das nicht minder; schon in ihrem Begriff ist die Abweichung von einer Normalität enthalten, die sie von beliebigem Nicht-Handeln unterscheidbar macht und der Begründung bedürftig erscheinen läßt. Einen Grenzfall, der für die künftigen Überlegungen wichtig sein wird, bildet das Vergessen. Wir werfen unter Umständen Vergessen jemandem vor. Wir fragen: »Warum hast du das vergessen?« Die Frage scheint, so wie sie gestellt ist, nicht beantwortbar zu sein. Daß jemand etwas vergißt, heißt ja gerade, daß er etwas, was man von ihm erwartete, ohne Grund unterläßt, so daß man eigentlich nur nach kausalen

Ursachen des Vergessens fragen dürfte. Wenn wir dennoch Vergessen jemandem vorwerfen, dann deshalb, weil wir es in einem größeren Praxiszusammenhang sehen und weil wir den Vergeßlichen unter Umständen für die *Haltung* verantwortlich machen, aus der dann das Vergessen resultierte. So werfen wir ihm z. B. vor, daß er der Sache, die er vergaß, zuvor, als er noch an sie dachte, nicht die ihr zukommende Wichtigkeit gegeben oder daß er gegen seine eigene, ihm bekannte Vergeßlichkeit nicht hinreichende Vorkehrungen getroffen hat. Die Psychoanalyse spricht sogar von einem unbewußt-absichtlichen Vergessen, der »Verdrängung«. Die psychoanalytische Rede vom Unbewußten hat insofern den Bereich teleologischen Verstehens längst über den Bereich bewußter »Zwecksetzung« hinaus ausgedehnt. Was denn eine »unbewußte Absicht« eigentlich heißen könne, wäre aber näher zu erörtern.[11] In allen »Warum«-Fragen an handelnde Menschen erscheint uns eine Antwort nur dann als befriedigend, wenn sie eine uns nachvollziehbare, intentionale Struktur aufweist. Wir können die Antwort »verstehen«. Letztlich befriedigend ist die Antwort freilich erst, wenn die intentionale Struktur »unendlich« ist, das heißt, wenn sie nirgendwo zu ihrer Erklärung des Verweises auf eine ihr selbst äußerliche Struktur faktischer Kausalgesetzlichkeit bedarf. Wir können auch sagen: wenn ihr Zweck ein Selbstzweck oder wenn die sie definierende Normalität ein absoluter, d. h. in sich stehender Sinnzusammenhang ist.

Verstehen hat immer die perfektische Form des Verstanden-Habens. Verstehen ist keine Methode oder Operation,[12] die man mit dem Erklären im Sinne des Hempel-Oppenheim-Schemas parallelisieren könnte, sondern Verstehen ist allenfalls das Resultat von Erklärungen. Es ist eine Art des Nicht-mehr-Weiterfragens, weil das Stadium der Vertrautheit wiederhergestellt ist.[13]

2. *Die Wiederherstellung des Vertrautseins durch Angabe einer Gesetzmäßigkeit: Erklären*

Die »Warum«-Frage wird nicht nur an handelnde Menschen gerichtet. Wenn wir danach fragen, warum es blitzt und donnert, und wenn wir davon ausgehen, daß es auch hier darum geht, die Vertrautheit gegen das Fremde wiederherzustellen, dann ist dies nicht im Sinne des Sich-Identifizierens mit Personen gemeint.[14] Hier wird die Vertrautheit wiedergefunden durch die Angabe eines gesetzmäßigen Zusammenhanges bzw. durch die Erzählung, wie es dazu kam. Die Erzählung berichtet Begebenheiten vor dem zu erklärenden Ereignis. Solche Begebenheiten können verstehbare Handlungen sein oder aber irgendwelche anderen Zustände und Ereignisse.

Nehmen wir an, eine Brücke ist eingestürzt. Was wollen wir denn wissen, wenn wir fragen, warum sie eingestürzt ist? Der erste Typ von Antworten wäre: es war Sabotage (Handlung), oder man hat versäumt, die richtigen Prüfungen vorzunehmen (Unterlassung). Der zweite Typ besagt: es war ein Materialschaden, oder die Belastung war zu stark. Sowohl die Sabotage als auch der Materialschaden sind Antecedensbedingungen, die aufgrund von Naturgesetzlichkeiten mit jenem zu erklärenden Ereignis verknüpft sind. Der Unterschied beider liegt nur darin, daß die Handlung definiert ist durch ihre Absicht, eben jenes Ereignis hervorzubringen, zu dessen Erklärung sie dient, das nichthandlungsartige Ereignis hingegen nicht. Es ist mit dem zu erklärenden Ereignis durch jene Gesetzmäßigkeit verknüpft, aufgrund deren erfahrungsgemäß stets Ereignisse von der Art A bei Vorliegen bestimmter Randbedingungen Ereignisse von der Art B zur Folge haben. Wenn wir die Handlung, die zu B führt, verstehen wollen, müssen wir von B sprechen. Für einen Genossen des Terroristen oder einen, der das Kriegsziel kennt, bedarf es keiner weiteren Erklärung, um »das Ganze« zu verstehen. Ein anderer bedürfte noch einiger weiterer Schritte des »um ... zu«, bis der Anschluß an die ihm nachvollziehbare Normalität hergestellt ist. Vielleicht gelingt dieser Anschluß auch gar nicht, und er muß irgendwo auf die Suche nach Antecedensbedingungen »naturaler Art« gehen.

Diese Suche, die im zweiten Falle der Erklärung des Brückeneinsturzes schon von Anfang an beginnen muß, schließt sich nie zu einem vollständigen Kreis des Verstehens, da ja kein Antecedensereignis per definitionem mit dem zu erklärenden Ereignis verknüpft ist. Jede auf die Antecedensbedingungen zielende »Warum«-Frage kann nur wieder auf frühere und noch umfassendere Bedingungen verweisen.

Wenn wir die Gesetzmäßigkeit und die Randbedingungen zur Erklärung angegeben haben, so erhebt sich sofort die Frage, warum denn die Randbedingungen vorlagen. Hierfür muß nun auf neue Gesetze und neue Randbedingungen rekurriert werden usf. Auch hier wird das Ereignis, das von der Normalität abweicht, durch Rekurs auf eine übergeordnete Normalität erklärt. Diese besteht in einem Naturgesetz. Aber die Randbedingungen sind ihrerseits der Erklärung bedürftig, denn sie sind in der übergeordneten Normalität noch nicht enthalten. Hier wird somit kein Kreis der Vertrautheit hergestellt, der ein Weiterfragen als unsinnig erscheinen läßt, sondern hier erhalten wir eine Verknüpfung von Wenn-dann-Beziehungen, die wesentlich unabgeschlossen ist, im Zeitrücklauf unendlich offen. Pragmatisch hört das Fragen zwar irgendwo auf – so genau wollten wir es gar nicht wissen –, aber das Ende wird willkürlich von uns bestimmt und liegt nicht in der Sache selbst. Deswegen wird auch nicht eigentlich Vertrautheit – also Verstehen – hergestellt, sondern eher *Sicherheit*. Beim Gravitationsgesetz gibt es nichts zu verstehen, sondern es gibt etwas zu *konstatieren*: $F = G^* \times \frac{m_1 m_2}{r^2}$. Wir haben gemessen, und die Messungen haben sich bestätigt. Wenn es anders wäre, würden wir dies auch zur Kenntnis nehmen. Wir können nicht *verstehen*, warum G^* gerade den Wert $6{,}67 \times 10^{-11} \frac{m^3}{kg\,s^2}$ hat; es hat ihn eben.[15] Anstelle des Vertrauens in die Verstehbarkeit der Natur tritt ein Vertrauen in ihre Beherrschbarkeit, in die Sicherheit unseres Eingreifen-Könnens in ihre Abläufe.

3. Vorläufiges zum Verhältnis der beiden Antworttypen

Die intentionale Antwort auf die »Warum«-Frage schließt dann, wenn man die intentionale Struktur nachvollziehen kann, die Frage nach dem Ereignis ab. Die kausale Erklärung schließt sie nicht ab, sondern sie verschiebt die Frage im Grunde nur, da sie angibt, worauf etwas folgte. Wenn man sagt: B geschah, weil A vorherging, so bedeutet das »weil«: immer dann, wenn A geschieht, geschieht anschließend B. Wie kann etwas, das eigentlich nur Antwort auf das »Woher« eines Ereignisses ist, auch als Antwort auf das »Warum« akzeptiert werden? Erstens deshalb, weil wir tatsächlich im Alltagsbewußtsein »Ursachen« eben doch nach Analogie von Handlungssubjekten verstehen. Im Begriff der Ursache stecken in Wirklichkeit selbst noch teleologische Implikationen, wie wir später sehen werden. Die konsequente Entteleologisierung hat deshalb auch den Begriff der Kausalität beseitigt und durch den der Gesetzmäßigkeit ersetzt, bei der es gar nichts mehr zu verstehen gibt außer den Worten, mit denen das Gesetz formuliert wird.[16] Verstehen im Sinne eines Nicht-mehr-weiter-Fragens bleibt hier ein unendliches Ideal: Das Ideal einer sogenannten Weltformel, die das Ganze erklären und damit alle einzelnen »Warum«-Fragen beantworten würde, so daß auf den intentionalen Antworttypus ganz verzichtet werden könnte. Die Antizipation der Möglichkeit einer solchen Formel dient als Verstehensersatz. Jedes Stück »Woher« enthält das geheime Versprechen, dem totalen Verstehen näherzukommen. Dabei setzen wir freilich voraus, das totale »Woher« sei, weil es keine weiteren Fragen zuzulassen scheint, auch das totale »Warum«; absolute Beherrschung der Wirklichkeit fiele mit dem absoluten Verstehen derselben zusammen, vollständige Sicherheit wäre gleichbedeutend mit vollständiger Vertrautheit. Aber ist das wahr?

Es gibt zwei Arten von Sicherheit; diejenige des Menschen im Kreise seiner vertrauten Freunde und diejenige des Herrschers, der über alle Instrumente der Beherrschung verfügt. Die zweite Art der Sicherheit ist nach Platon (Politeia IX) von ganz anderer Art als die erste: die Jagd nach ihr wird mit dem Verlust des Besten im Leben bezahlt und ist doch prinzipiell vergeblich. Es hülfe dem Tyrannen nichts, daß er die ganze Welt beherrschte, er muß sich doch auf seine Leibwachen verlassen, die ihn stürzen, seine Ärzte, die ihn ermorden können. Er muß täglich neu und expansiv seine Sicherheitsvorkehrungen überdenken. Es gibt keinen Ersatz für die Geborgenheit des Menschen im Kreise seiner Freunde. Freunde aber hat nach platonisch-aristotelischer Überzeugung nur der Gute.

Die absolute Beherrschung der Wirklichkeit erscheint nicht nur als ein nicht-erreichbares, sondern auch als ein nicht-wünschenswertes Ziel. Wir stoßen schon hier auf die noch zu diskutierende Vermutung, daß wir von der Frage nach dem theoretischen Verhältnis der beiden Antworttypen letztlich zu einer praktischen Fragestellung gelangen: ob die Vertrautheit im Kreise der Befreundeten wünschenswerter ist als die Sicherheit durch progressive Beherrschung des Fremden.

Die »Warum«-Frage im Bereich des Lebendigen

Wenn wir einmal von der durchschnittlichen Ansicht ausgehen, daß die teleologische Perspektive bei menschlichen Handlungen, die kausale bzw. die Gesetzesperspektive bei physikalischen Prozessen angemessen ist, so bleibt der Bereich der lebendigen Natur als eigentliches Problemfeld des teleologischen Denkens. Beide Antworttypen können hier offensichtlich verwendet werden. Auf die Frage: Warum läuft der Hund zum Freßnapf?, kann man antworten: weil er Hunger hat. Damit ist eine nachvollziehbare intentionale Struktur angeboten. Man kann auch mit einer Summe von chemisch-physiologischen Gesetzmäßigkeiten und vorliegenden Randbedingungen antworten. Und erneut gilt, daß die kausale Antwort immer weiter zurückverweist, ohne einen Kreis des Verstehens herzustellen. Wo mit Bezug auf das Lebendige die kausalgesetzliche Betrachtungsweise als einzig zulässige gilt und Teleologie als »Teleonomie« in diese Betrachtungsweise zurückübersetzt wird, da bleibt das nicht folgenlos für das Selbstverständnis des Handelnden. Unter Voraussetzung der Evolutionshypothese läßt sich nämlich auch nicht mehr begründen, warum teleologische Antworten im Bereich des menschlichen Handelns etwas anderes sind als eine façon de parler bzw. ein systematisches Selbstmißverständnis, durch das allein Handeln sich von anderen Geschehensformen unterscheidet. Dieser Gedanke wird uns im letzten Kapitel ausführlich beschäftigen. Es ist sicher für die Weise, wie wir als Menschen auf der Erde leben, von der einschneidendsten Bedeutung. Die Existenz gottgeweihter Jungfrauen, die nicht gebären, ist eben keineswegs folgenlos.

Die Betrachtung natürlicher Prozesse unter dem Aspekt ihrer Richtung ist zweifellos rein kontemplativ, ist kein Herrschaftswissen, nicht geleitet vom Eingreifen-Wollen in natürliche Prozesse und sie lehrt auch nicht, wie dies zu machen ist. Ihr Interesse ist es, die Natur als Vertraute so anzueignen, daß wir unsere Zugehörigkeit zu ihr realisieren können, ohne zugleich unser Selbstverständnis als handelnde Wesen aufzugeben.

Das Selbstverständnis des Menschen im Ganzen der Wirklichkeit heißt Philosophie. Von Anfang an stand das Teleologieproblem im Mittelpunkt philosophischen Nachdenkens. Die »Riesenschlacht um das Sein«, von der Platon spricht (Soph 246a), kann ebenso als Riesenschlacht um das »Um ... willen«[17] interpretiert werden. Es geht hier nicht um die Frage nach Existenz oder Nicht-Existenz eines anfänglich definitorisch Gesetzten, sondern um ein adäquates Verständnis von Sein, in welchem die Erfahrung, die sich im Wort *telos* – als Ziel, Zweck, Ende und »Um ... willen« – ausspricht, unverkürzt aufgehoben ist. In der Vergegenwärtigung einiger zentraler Positionen der Philosophiegeschichte[18] sollen Voraussetzungen gewonnen werden, den Begriff des *telos* erst einmal angemessen zu fassen. Damit soll für eine systematische Diskussion des Teleologieproblems der Boden bereitet werden.

Anmerkungen

1 F. Bacon: De dignitate et augmentis scientiarum III,5. In: The Works of Lord Bacon, Bd. II, London 1841 S. 340: »nam causarum finalium inquisitio sterilis est, et, tanquam virgo Deo consecrata, nihil parit«.

2 Vgl. Kuno Fischer: Francis Bacon und seine Schule. Heidelberg 1904, S. 70ff.

3 E. g. W. Stegmüller, 1969: »Da von Zwecken nur gesprochen werden kann, wenn ein ›zwecksetzender Wille‹ vorliegt ...« S. 585.

4 Wer teleologische Erklärungen in der Natur für angemessen erachtet, nimmt an, »daß das Naturgeschehen durch Geister und Dämonen gelenkt wird«, so W. Stegmüller, 1961, S. 29. Das Phänomen wird aus Realisationsbedingungen erklärt, »die durch Betätigung von hellseherischen Fähigkeiten erschlossen werden müßten«, S. 25.

5 I. Kant, Vorrede KrV (B XIII; Ak.-A. III, 10); J. W. v. Goethe: »Die Phänomene müssen ein für allemal aus der düstern empirisch-mechanisch-dogmatischen Marterkammer vor die Jury des gemeinen Menschenverstandes gebracht werden.« Sophien-Ausgabe II, 11 S. 147, Weimar 1893.

6 Zumindest hatte Bacon nur die Nutzlosigkeit betont; heute erklärt Lagerspetz dagegen ausdrücklich jede teleologische Auffassung in der theoretischen Biologie als hinderlich und falsch. K. Lagerspetz, (1959).

7 Im Gegenteil: der Mensch will nicht nur die Normalsituation wieder herstellen, sondern er sucht expansiv Neues auf. Diese Neu-Gier ist in der modernen Informationsflut der Medien inzwischen eher übersättigt: Das Außergewöhnliche wird, wenn es regelmäßig jeden Abend auf dem Bildschirm erscheint, gerade zum Gewöhnlichen, und der extrem unwahrscheinliche Fall einer Nachrichtensendung ohne Katastrophen wird von Kommentatoren als dieser herausgehoben. Dieser Umkehr der Normalität entspricht in der Wirklichkeit indes fast nichts – sie verdankt sich wesentlich dem riesigen Vergrößerungsglas des Journalismus.

8 Vgl. Erikson, 1965.

9 Es ist für diesen Gedanken völlig unerheblich, hier von einer Prägephase offener Regelkreise zu sprechen, so daß anstelle des aktiven Einhausens ein passives Geprägtwerden statthat. Wesentlich ist, daß es ein »Ich« ist, das sich hier konstituiert. Nur der Fehlschluß ist abzuwehren, daß aus den materiellen Bedingungen der Konstitution gefolgert werden könne, das »Ich« sei nur eine abkürzende Schreibweise für den materiellen obersten Regelkreis aller Regelkreise. Vgl. dazu das 9. Kapitel.

10 Wohlgemerkt sind beides »Weil«-Antworten, also Gründe. Man kann nicht causa und finis einander gegenüberstellen resp. Kausalität und Finalität (= Teleologie); denn der finis ist natürlich causa, nämlich causa finalis. »Kausalität« im modernen Sinn meint die aristotelische Wirk-Ursache, causa efficiens. So muß auch Stegmüller, 1969, S. 521, verstanden werden: »Jeder Fall von echter Teleologie ist zugleich ein Fall von echter Kausalität.« Wir würden dagegen halten: »Jeder Fall von echter Kausalität ist zugleich ein Fall von echter Teleologie«. Vgl. das 9. Kapitel.

11 Vgl. Spaemann, 1978.

12 Vgl. Abel, 1948.

13 Die Tatsache, daß man *falsch* verstehen kann, ändert daran nichts. Denn wir können solche Fehlinterpretationen in die Normalsituation revidieren. Deswegen hatte man aber auch davor schon »verstanden«. Auch die Tatsache, daß das Verstehenserlebnis bestimmte psychologische Komponenten hat, darf nicht im Umkehrschluß dazu führen, es allein zu einer Frage der Psychologie zu machen. Wir können uns diskursiv über richtiges und falsches Verstehen verständigen, aber für »Verständigung« ist das Verstehenkönnen, die Integrationsmöglichkeit in die Normalsituation, bereits wieder vorausgesetzt. Wenn analytische Philosophen wie W. Salmon solche Gedanken als Psychologismen bezeichnen, wäre interessant zu erfahren, wie er argumentierte, wenn jemand eine sehr formalisierte Analyse nicht versteht und behauptet, es liege nicht an seinem Verstand, sondern an der Analyse. Das systematische Ausklammern der interessanten Fragen der Philosophie ineins mit dem Verschweigen der eigenen Voraussetzungen (daß, um Sinn leugnen zu können, der Sinn des Leugnens schon vorauszusetzen ist; oder daß, um eine Falsifikation als »erfolgreich« zu bezeichnen (Popper), diese wahr sein muß etc.) führt dazu, daß aus der Methode (des analytischen Zugreifens) eine Philosophie wird. Die Verselbständigung eines Instruments ist in der Regel so segensreich wie die Verselbständigung eines Chirurgenmessers.

14 In der Antike übrigens durchaus: das Gewitter war Ausdruck des Zorns des Göttervaters. Jeder, der in einer Familie lebt oder lebte, kann das verstehen ...

15 »Naturwissenschaftliches ›Verstehen‹ bedeutet ... (ein) Naturgesetz zur Kenntnis nehmen.« H. R. Christen: Grundlagen der organischen Chemie. Frankfurt 1970, S. 21.

16 Dementsprechend findet auch ein Prozeß der Sinnentleerung im Zusammenhang der physikalischen Meßeinheiten statt: Klafter, Elle und Spanne, sogar Lichtjahr – da gab es noch etwas zu verstehen im Vergleich zum Meter: selbst der Meter vermochte sich einzubürgern, weil man ihn doch wieder zu etwas an einem selbst in Beziehung setzen

konnte. Das ist mit der Krafteinheit Newton (früher: Kilopond – die Kraft, mit der 1 kg Masse nach unten zog) oder der Leistungseinheit Watt (früher: Pferdestärke; denn was bedeutet »1 Kilowatt«? 1000 × der Erfinder der Dampfmaschine James Watt??) nicht mehr der Fall. Vgl. J. Dahl: Vom Blutdruckmessen und von verlorenen Maßen. In: Scheidewege 10, 1980 Heft 4 S. 535–538.

17 »Um ... willen« steht hier und im folgenden für den Typus der Zweck-Antwort auf die Warum-Frage.

18 A. Woodfield schreibt gleich in der Einleitung seines Buchs »Teleology«, Cambridge 1976, S. 3: »The subject of teleology has figured prominently in Western Philosophy ... (The task) to trace its ramifications ... goes so far beyond mine that I thought it would be better for me not to try a historical approach at all.«

1. Platons Konzept der Teleologie

Die Anfänge des Nachdenkens über die Natur bei den frühen ionischen Naturphilosophen sind – man muß dies deutlich sehen – nicht teleologisch. Aristoteles hat das Denken der ionischen Naturphilosophen als antiteleologisch und materialistisch verstanden. Und so muß man es wohl verstehen, wenn man an die Ionier Fragen stellt, wie sie Aristoteles stellte. Sie selbst hatten so nicht gefragt. Sie hatten sich abgewandt von einer mythologischen Betrachtung, für welche die natürlichen Prozesse Resultate von göttlichen Handlungen waren, die Welt selbst ein Spielball in der Hand der Götter. Sie haben nach dem der Welt zugrundeliegenden Einen gefragt und dieses als das präsente Göttliche verstanden. »Auch hier nämlich sind Götter« – mit diesen Worten bat Heraklit die staunenden Besucher in seine Küche[1]. Das göttliche Eine ist das, woraus die Dinge entstehen und in das sie wieder vergehen, – so Anaximander. Nicht nach einem der Natur äußeren Woher und Wozu fragten die Ionier, sondern nach dem wesentlichen Was. Diese Frage aber war für sie gleichbedeutend mit der nach dem Woraus und dem Wie.

Philosophische Teleologie, wie sie erstmals bei Anaxagoras, dann aber vor allem bei Platon und Aristoteles auftritt,[2] ist dem gegenüber etwas Zweites. Sie ist Reflexion auf das, was in diesem anfänglichen »wissenschaftlichen« Denken verlorenging, und der Versuch, den entstandenen »Phänomenverlust«[3] philosophisch wieder einzuholen. Teleologisch erklären heißt bei Platon und Aristoteles: etwas »durch das Beste erklären«, d. h. zeigen, daß etwas geschieht, weil es so am besten ist. Darauf aber ist das Woraus und das Wie der Naturphilosophen gerade nicht gerichtet. Die Alten, so schreibt Aristoteles im 1. Buch der Metaphysik, haben nur eine Form der *arché*, des Anfangs gekannt.[4] – die Frage nach der Ursache des Guten und Schönen haben sie nicht gestellt.[5] Sie kannten nur materielle *archai*; es gab für sie kein Entstehen und Vergehen substanzieller, in sich stehender Strukturen und Formen, sondern nur akzidentelle Veränderungen des einen Substrats. Die Welt bestand nur aus den jeweils verschiedenartigen Aggregats- und Verdichtungs-/Verdünnungszuständen der einen zugrundeliegenden, materiellen Wirklichkeit, sei diese nun Wasser, Luft oder das »Unbegrenzte«, das *apeiron*.

Das moderne Denken ist in vielfacher Hinsicht zum vorsokratischen Denken zurückgekehrt,[6] auch die moderne Logik:

> Aristoteles unterschied Begriffe, die wesentlich Subjektbegriffe sind, von solchen, die wesentlich Prädikatbegriffe sind. Wenn wir sagen: »Eben sang der Vogel, jetzt schweigt er«, so bleibt der Vogel doch ein Vogel, auch wenn er gerade nicht singt. Hört er aber auf, ein Vogel zu sein, dann sagen wir nicht: »er verlor die Eigenschaft, ein Vogel zu sein«, sondern wir sagen: »er existiert nicht mehr«. Subjektbegriffe sind diejenigen, die einem Wesen nicht abgesprochen werden können, ohne daß ihm zugleich die Existenz abgesprochen wird. Die moderne Logik macht diese Unterscheidung nicht. Sie drückt den Satz »Der Vogel singt« aus als »Es gibt ein x, für das gilt: x ist ein Vogel, und x singt«. D. h. Vogelsein und Singen werden als Prädikate grundsätzlich gleichrangiger Art einem x zugesprochen.[7] Dieses x war bei den Alten inhaltlich bestimmt, z. B. bei Thales als Wasser. Diese eine universelle *arche* existiert in verschiedenen Aggregat- bzw. Verdichtungs-/Verdünnungszuständen, so daß man sagen kann: einmal ist das Wasser ein Vogel und singt, einmal ist es eine dahinziehende Regenwolke, einmal ist es ein Philosoph und denkt.

Wenn Entstehen und Vergehen nur die akzidentellen Veränderungen des einen Substrats darstellen, dann kommt man mit der Frage nach der Ursache der Veränderungen in Schwierigkeiten.[8] Es gibt ja nur das eine Substrat und dessen Zustandsänderungen. Worin sollten diese begründet sein? Man kann ja nicht von verschiedenen, aufeinander einwirkenden Dingen sprechen. Wenn aber echte Verschiedenheit Schein ist, dann ist auch alle Veränderung Schein. Diese Konsequenz hat die eleatische Schule gezogen. Parmenides faßt »Sein« als obersten Gattungsbegriff. Zu der Gattung des Seins kann es aber keine spezifische Differenz geben. Denn alles, was man außer dem, daß sie *ist*, von einer Sache noch sagen könnte, fällt wiederum unter den Begriff des Seins, – alle Differenzen sind also, sofern sie *sind*, eben gerade keine Differenzen. Sie sind nur Schein.

Mit solcher Reflexion hat sich die Philosophie aufs äußerste von unserer Erfahrung und unserem normalen Denken entfernt. Demgegenüber bestimmt Aristoteles als Aufgabe der Philosophie die »Rettung der Phänomene«. Denn das eleatische Denken gewinnt seine Plausibilität für das Denken durch die Leugnung derjenigen Phänomene, um deren Begreifen es zu tun wäre. Die von Zenon aus Elea, einem Schüler des Parmenides, entwickelten Paradoxa[9] sind von äußerstem Scharfsinn. Seine Schlußfolgerungen laufen indes immer aufs Gleiche hinaus: das, was wir sehen, läßt sich nicht denken – also kann es nicht sein. Falsches Denken aber kann auch nicht sein, denn falsches Denken wäre Denken von Nichtseiendem. Und Nichtseiendes kann nicht gedacht werden.

Die extrem entgegengesetzte Position des Heraklit machte eine Naturphilosophie nicht minder unmöglich. Wenn alles bewegt ist, wenn es im Fluß der Wirklichkeit nichts Bleibendes zu unterscheiden gibt, dann läßt sich ein Wissen von der wirklichen Welt gar nicht gewinnen: kaum gedacht oder gesprochen, ist es schon wieder falsch. Platon wird in seiner Lehre von der Bewegung an beide Positionen anknüpfen, wenn er sagt: vom Bewegten gibt es im strengen Sinne keine Wissenschaft. Anaxagoras aus Klazomenai wird von Aristoteles das Verdienst des ersten »Teleologen« zugesprochen. Er habe als erster entdeckt, daß in der ganzen Natur der *nous* (Vernunft) der Grund von *kosmos* (Schönheit) und *taxis* (Ordnung) sei: »Anaxagoras war der erste Nüchterne unter Irreredenden.»[10]

> Uns fällt für eine teleologische Sprache nicht gerade das Prädikat »nüchtern« ein. Aber was Aristoteles meint, läßt sich am Beispiel eines Gedichtes, das in einzelnen Buchstaben vor uns am Boden liegt, leicht illustrieren. Wenn einer sagt, er hätte die Buchstaben aus einem Sack einfach so hingeworfen, und das Gedicht hätte sich dabei ergeben, so sind wir wenig geneigt, ihn als einen Nüchternen zu bezeichnen im Vergleich zu dem, der sagt, er habe die Buchstaben absichtlich so arrangiert. Ebenso hat der wissenschaftliche Versuch, das Laufen des Hundes zum Freßnapf ohne das Wort »Hunger« und sein Gebell bei der Heimkehr des Herrn ohne das Wort »Freude« zu interpretieren, immer etwas Phantastisches, ebenso wie die Herleitung des Sokrates aus dem Urknall. Vor allem deshalb, weil wir bei ateleologischen Erklärungen zu einem unendlichen Regress in der Kausalforschung genötigt werden. Der unendliche Regress aber ist für Aristoteles das Unvernünftige schlechthin.

Die Wirklichkeit, so wie sie Parmenides oder Heraklit erklärten, ist radikal unvertraut und fremd. Anaxagoras holt sie in die Vertrautheit zurück, wenn er sagt, daß die Ursache des Schönseins zugleich der Grund der Wirklichkeit – *arche ton onton* – selbst sei.

Doch Platon wie Aristoteles werfen Anaxagoras vor, er habe den *nous* nur als ein allgemeines metaphysisches Prinzip eingeführt, das jedoch für jede konkrete Erklärung folgenlos bleibe. Es bleibe sozusagen »ein Rad, bei dessen Drehung sich nichts mitdreht« (Wittgenstein).

Sokrates verlangt im »Phaidon«, daß Anaxagoras das Prinzip des Vernünftigen und Besten auf wirkliche Gegenstände tatsächlich anwende.[11] Das aber überfordert den Anaxagoras und sein Prinzip. Doch mit den materiellen Gründen ist Sokrates nicht zufriedenzustellen. Wenn aber der Königsweg, die Ordnung der Welt unmittelbar durch den *nous* zu begreifen, verwehrt ist, so will Sokrates das Problem durch die zweitbeste Möglichkeit, den *deuteros plous*, die »zweite Fahrt«, lösen (Phaidon 99c).

1. Teleologie und platonische Ideenlehre

Warum flieht Sokrates nicht aus dem Gefängnis? Auf diese Frage ist es keine befriedigende Antwort: Weil sich seine Sehnen und Knochen nicht bewegen. Befriedigend ist: Weil er den Gesetzen Athens gehorchen will. Das ist für Platon die Ursache des Nichtfliehens. Im »Phaidon« führt Platon die wesentliche Unterscheidung zwischen Ursache und notwendiger Bedingung ein, zwischen *causa* und *conditio sine qua non*. Wenn Sokrates fliehen wollte und er wäre gelähmt, so würde ihn sein Fluchtwille freilich nicht aus dem Gefängnis bringen. Aber die Bewegung von Sehnen und Knochen ist nur Bedingung; was seine Flucht als Flucht, also als begründetes Handeln, qualifizieren würde, wäre das, was den Willen zur Flucht begründet.

Diese Unterscheidung würde aber, so schreibt Platon, von den meisten, die Theorie treiben,[12] allenfalls zugestanden, wo es um menschliches Handeln geht. Aber wie ist es in der Natur? Was ist die Ursache für Schönheit und Ordnung in ihr? Des Anaxagoras erste Antwort: »Das Schöne ist durch die Vernunft schön« ist mißlungen; sie bleibt leere Behauptung. Die zweite Antwort ist die Platons: »Das Schöne ist durch das Schöne – d. h. durch die Schönheit – schön« (Phaidon, 100c).

Dieser Satz erscheint zunächst als eine bloße Tautologie.[13] Was aber macht ein Bild zu einem schönen Bild, einen Menschen zu einem schönen Menschen? Nicht spezifische, materielle Details,[14] sondern die bestimmte Ordnung, die wir schöne Ordnung nennen. Diese läßt sich nicht aus den Elementen herleiten, aus denen sie besteht, auch nicht aus der psychischen Veranlagung dessen, der sie schön nennt.[15] Und die bestimmte Verteilung der Elemente in Raum und Zeit, durch die uns etwas schön erscheint, können wir nicht noch einmal durch eine andere Eigenschaft charakterisieren als eben durch jene, schön zu sein. G. E. Moore hat gezeigt, daß das Prädikat »gut« nicht durch irgendwelche anderen Prädikate ersetzt oder mit deren Hilfe rekonstruiert werden kann, und er hat alle solche Versuche als »naturalistic fallacies« bezeichnet.[16] Es ist dies eine durchaus platonische Argumentation. »Everything is what it is, and not another thing«, (Bischof Butler) – das ist die Grundeinsicht der platonischen Philosophie. Weder das Woraus der Ionier noch der universalteleologische *nous* des Anaxagoras, sondern *das Wesentliche einer Sache* ist hier Thema, das *eidos*, die Idee. »Alles übrige«, sagt Sokrates, »würde mich nur verwirren« (Phaidon 100d). Die Entstehungsbedingungen des Schönen ändern nichts daran, daß der *Grund* des Schönen allein in der Idee des Schönen liegt.

Die Ideenlehre enthält Platons Antwort auf das bis heute aktuelle Problem des Zusammenhangs von Genesis und Geltung. Die faktische Entstehung eines Phänomens erklärt weder sein Sosein noch seine Geltung. Es ist umgekehrt: die Entstehungsbedingungen lassen Gegenstände einrücken in schon bereitstehende Formen. Nicht Formen werden hervorgebracht, sondern Dinge. Etwas entsteht, indem es ein solches oder ein solches wird. Das Sosein, in das die Dinge einrücken, ist nicht selbst Resultat der Entstehungsprozesse.

Platon verdeutlicht dies am Verhältnis von Mathematik und Physik. Die Mathematik ensteht nicht aus der Physik, sondern an physikalischen Prozessen lassen sich mathematische Strukturen ablesen. Natürliche Vorgänge lassen Gegenstände in mathematische Strukturen einrücken, die ihrerseits von jenen Prozessen unabhängig sind und gelten. Worüber wir reden, wenn wir über die Wirklichkeit reden, ist nicht der ständige Fluß der Veränderungen, sondern es sind die unveränderlichen Strukturen. Diese allein beharren in aller Bewegung der Dinge, und nur von ihnen ist strenge Wissenschaft möglich.

Hiergegen wird Aristoteles polemisieren: Platon hebe alle Wissenschaft von der Natur auf, wenn er nur die Mathematik als Wissenschaft zulasse. Er komme nur zu einer angewandten Mathematik, aber nie zu einer Physik. Die Mathematik kann Strukturen interpretieren, aber nicht die Frage beantworten, warum natürliche Prozesse Gegenstände in identische mathematische Strukturen einrücken lassen. Geometrische Figuren können sich nicht bewegen,[17] so lautet Aristoteles' einfache Begründung für seine These, daß die Mathematik ungeeignet ist, um über natürliche – und das ist: bewegte – Dinge zu sprechen. Aristoteles dehnt diese Kritik auf die ganze Ideenlehre aus: »Die Betrachtung der Idee reicht nicht aus, um einen Kranken zu heilen.«[18] Zwar ist der Arzt von dieser Idee geleitet, aber davon allein ist er nicht Arzt.[19] Dazu muß er nämlich wissen, *wie* man jemanden heilt, und dieses Wissen stammt nicht aus der kontemplativen Betrachtung der Idee der Gesundheit. Die eigentliche Frage ist die nach der Idealität, der »Kunstmäßigkeit« von *Prozessen*. Platons Satz, das Schöne sei durch die Schönheit schön, enthält keine Belehrung darüber, wie denn Schönes zustande kommt, und keine Anweisung, wie man es zustande bringt.

Diese Polemik, so wirkungsvoll sie uns auf Aristoteles' eigene Ansicht von der Natur vorbereitet, sieht freilich davon ab,[20] daß Platon diese Problematik wohl sah und daher auch in zwei Büchern – den »Gesetzen« und dem »Timaios« – von der Bewegung gehandelt hat. Die Rede von der Kunstmäßigkeit von Bewegungen wird jedoch ausdrücklich nicht in der Strenge vorgetragen wie die Ideenlehre oder die Mathematik. Wenn wir von Bewegtem sprechen, so Platon, dann erzählen wir Geschichten und äußern mehr oder weniger wahrscheinliche Meinungen, *doxai*. Daß Bewegung selbst mathematisch faßbar sein könnte, das kommt Platon ebensowenig in den Sinn wie Aristoteles.[21]

In den »Gesetzen« setzt Platon sich mit antiteleologischen Lehrmeinungen (vermutlich denen Demokrits) auseinander, die er ausdrücklich »gescheit« nennt.[22] Nach diesen Theorien werden die größten und schönsten Dinge – Weltkörper, Tiere, Pflanzen – von Natur und Zufall hervorgebracht. Atome mit Haken und Ösen bringen durch richtungslose Bewegung im Weltraum zufällig bestimmte Gestalten hervor. Kunstmäßige natürliche Prozesse, so fährt Platon fort, müssen göttlich sein. Die Leugnung des Göttlichen ist gleichbedeutend mit der Leugnung der Kunstmäßigkeit in der Natur. Das Problem spitzt sich zu auf die Frage nach der Priorität von Kunst oder Natur. Muß die Kunst aus der Natur erklärt werden, so daß sie – natürliche wie menschliche – letztlich in Nicht-Kunst gründet? Wenn Kunst die sterbliche Erfindung eines *nur*-natürlichen Wesens ist, dann – so Platon – hat sie keine Wahrheit. Sie macht dann nicht offenbar, wie die Wirklichkeit von sich her ist, sondern sie ist Epiphänomen. Die Kunst kann die Wahrheit der Natur nur enthüllen, wenn diese selbst nicht bloß ein kunstloses *factum brutum* ist.

Die Alternative ist für Platon aber kein theoretisches Gedankenspiel, sondern sie ist von entscheidender Bedeutung in der Gesetzgebung und der Staatskunst, und *deswegen* muß sie auch in den »Gesetzen« verhandelt werden. Die Staatskunst kann nur wahrheitsfähig sein, wenn man voraussetzt, daß diejenigen, die Gegenstand dieser Kunst sind, selbst teleologisch verfaßt sind; daß sie schlechter oder besser sein können. Nur dann läßt sich sagen, die Kunst werde den Menschen gerecht oder nicht gerecht. Wenn die Natur des Menschen zufällig ist, dann hat es keinen Sinn, von Gerechtigkeit zu sprechen. Ob es also Gerechtigkeit gibt, hängt für Platon davon ab, ob wir die natürlichen Prozesse teleologisch interpretieren oder nicht. [23]

Wenn die Staatskunst wirklich *Kunst* ist, dann kann sie die Regierten zu ihrer Selbstverwirklichung bringen. Bei einer nicht-teleologischen Interpretation der natürlichen Prozesse überformt die sog. Staatskunst das Material, mit dem sie es zu tun hat, und bringt nur die Regierenden zu ihrer Selbstverwirklichung. Das war die sophistische Position, wie Platon sie in den Figuren des Kallikles im »Gorgias« und des Thrasymachos im »Staat« vorführt. Gegen sie macht er freilich geltend, daß, wenn die Regierten kein *telos* haben, dann auch die Regierenden nicht. Auch für sie gibt es dann nichts, was den Namen der »Selbstverwirklichung« verdiente. Alles ist nur, wie es ist. Staatskunst und Gerechtigkeit sind Worte ohne Bedeutung. Wenn die Natur kunstlos ist, dann ist die Wahrheit der Kunst die Natur; dann gibt es kein »Um ... willen« und kein »Sollen« in der Natur (und im Menschen), dann sind auch die Götter nur ein Werk der (nur sog.!) Kunst. Alles läuft daher auf die Frage hinaus: Wer schafft wen? Die Götter den Menschen oder der Mensch die Götter?

Wenn die natürlichen Bewegungen nicht als gerichtet interpretiert werden, dann gibt es auch keinen Maßstab, an welchem die Handlungen gemessen werden können. Das höchste Recht ist das der kunstlosen Natur, und das ist das mechanische Recht des Stärkeren. Damit beantwortet Platon auch gleich die Frage nach dem »Interesse der Vernunft bei diesem ihrem Widerstreite« (Kant). Das Interesse ist ein eminent politisches.

»Die Götter vor allem, behaupten diese Leute, existieren nur durch Kunst, nicht von Natur, sondern durch gewisse Gesetze, und seien deshalb an verschiedenen Orten immer wieder andere, je nachdem die einzelnen bei der Aufstellung ihrer Gesetze unter sich übereinkommen. Insbesondere sei auch das Schöne etwas anderes von Natur und etwas anderes nach dem Gesetz. Das Gerechte liege ohnehin gar nicht in der Natur; darüber seien die Menschen unter sich fortwährend im Streit und machten ewige Änderungen daran. Was sie dann umändern, und wann, das gelte nun allemal, beruhe aber auf Kunst und den gemachten Gesetzen, keineswegs irgend auf der Natur. Dies alles, liebe Freunde, sind Ansichten der gescheiten Leute, die sich vor der Jugend so aussprechen und in Prosa oder Poesie behaupten, das höchste Recht sei, was einer mit Gewalt durchzusetzen vermöge. Daher kom-

men dann bei jungen Leuten so viele Handlungen der Gottlosigkeit, als gäbe es keine Götter; und dann kommen daraus innere Zwistigkeiten, indem sie die Leute zu einem Leben hinziehen, das nur nach der Natur richtig ist und in Wahrheit darin besteht, daß man über die anderen ein Herr sei, nicht seinem Nächsten dient nach dem Gesetze.«[24]
In der Gegenwart hat wohl M. Foucault den von Platon hier kritisierten Gedanken am radikalsten erneuert. Wenn es, wie er sagt, stimmt, daß »jeder Diskurs den Dingen Gewalt antut«, wenn also Vernunft nur eine Form von Gewalt unter anderen ist, dann freilich gibt es nur das Recht des Stärkeren.

Kehren wir jedoch zur theoretischen Dimension des Bewegungsproblems zurück. Platon schließt sich, wie wir sahen, seinen Vorgängern insoweit an, als er festhält, daß es vom Bewegten kein im strengen Sinne wissenschaftliches Wissen gibt. Dieses kann sich nur auf identische Strukturen beziehen: Über Dreiecke kann man etwas wissen, unabhängig davon, wie die wirklichen Dreiecke an wirklichen Tafeln beschaffen sind. »Die Sätze der Geometrie sind unabhängig vom Kreidevorrat der Welt« (Heinrich Scholz). Obwohl *wissenschaftliche* Rede nur in bezug auf solche Strukturen möglich ist, kann man dennoch *sinnvoll* auch über Bewegung sprechen. Dies ist möglich, weil Bewegung nicht schlechthin der Idee entgegengesetzt ist, sondern selbst im Verhältnis zu Strukturen steht. Die Rede über sie ist deshalb in jenem Zwischenbereich zwischen Wissen und Nichtwissen angesiedelt, den Platon Meinung, *doxa*, nennt. Rede in diesem Medium ist nicht wissenschaftlicher Beweis, sondern Unterredung durch Plausibilitätsargumente und unter Zuhilfenahme von Begriffen, die nicht scharf definiert sein können. Platon bedient sich einer bildhaften, metaphorischen, teilweise auch mythologischen Ausdrucks- und Argumentationsweise. Solche Redeweise kann nicht noch einmal präzisiert oder entmythologisiert werden. Der Gegenstand der Rede, die Bewegung und das Bewegte, *ist* nicht in der Weise »bestimmt«, daß auf eine bestimmte Weise davon gesprochen werden könnte.

2. Platons Lehre von der Bewegung

Vom Bewegten theoretisch sprechen, heißt für Platon, es aus den Kategorien einer Philosophie des Immerseienden »rekonstruieren«. Die beiden fundamentalen, nicht mehr aufeinander reduzierbaren Konstitutionsprinzipien der Wirklichkeit sind Einheit und Vielheit.[25] Aus diesen beiden resultiert das zweite Begriffspaar: Identität und Andersheit. Auf den ersten Blick scheint dieses dasselbe wie das erste Gegensatzpaar auszudrükken. Man kann sich leicht klar machen, daß dies nicht zutrifft. Denn das Eine ist zwar mit sich identisch. Im Verhältnis zur Vielheit wird das Eine selbst zum Anderen.

Genau *das* hatte Parmenides *nicht* realisiert. Er hatte gefordert, man müsse den Schein der Vielheit und so der Bewegung aufheben, um zum Einen zu gelangen. Gerade damit aber ist zugestanden, daß es etwas anderes *gibt* als das Eine: nämlich den Schein. Und auch, wenn die Bewegung Schein ist, so ist dieser gegenüber dem Einen ein Differentes, und das Eine ist selbst ein Differentes gegenüber dem Schein.

Ebenso steht es mit dem Prinzip der Vielheit. Auch das Viele partizipiert an der Identität, denn es kann nur ein Vieles von untereinander Unterschiedenen sein, die jeweils mit sich identisch sind. Vielheit kann erst zur Wirklichkeit kommen, wenn sie am Prinzip der Identität teilhat. Auf der Ebene der unvermittelten Entgegensetzung gegen das Eine ist Vielheit, gefaßt als reines Prinzip, das *me on*, das Nicht-Seiende. Als solches hatte es Parmenides bezeichnet, aber für Platon ist das Viele nicht schlechthin Nicht-Seiendes. Vermittelt durch die Dialektik von Identität und Andersheit hat das Viele vielmehr am Einen teil. Es ist Vielheit von Einheiten. Die Einheit von Einheit und Vielheit, die Identität von Identität und Andersheit ist die bestimmte, gerichtete Bewegung, das Werden. Von ihm muß bei Platon deutlich unterschieden werden die *ungerichtete* Bewegtheit, die reine *kinesis*.

Die ungerichtete Bewegtheit ist dem Reich der Ideen schlechthin entgegengesetzt; sie entspricht dem »Fluß« des Heraklitismus. Wenn man Bewegung als Fluß beschreibt, dann hat sie schon Teil an Struktur und Idee. Der Bereich der heraklitischen Bewegtheit ist erst angemessen erfaßt als ein pures Ineinanderübergehen von allem in alles. Hier kann gar nicht *ein* Gegenstand als ein sich verändernder bestimmt werden; es gibt gar nicht Einheit und damit Identität eines »sich Verändernden«.[26]

Dieser Zustand der Entropie, der vollkommenen Ungeordnetheit der gesamten Wirklichkeit kann gar nicht mehr als »Wirklichkeit« gedacht werden. Daher spricht Platon auch vom Nicht-Seienden. Aber wir müssen dieses in aller konkreten Wirklichkeit als »Substrat« voraussetzen, weil Wirklichkeit ja nie reine Struktur ist. Das Konkrete ist strukturiert, aber es ist nicht selbst die Struktur. Wir müssen stets ein Material hinzudenken, das von der Struktur strukturiert wird. Der Bereich des puren Vielen, der erst zu Ordnenden, des Materials ist dem Bereich des Einen und Guten schlechthin entgegengesetzt. Wenn das Konkrete sich zu erhalten strebt, so heißt das gerade nicht, daß es sein Material erhalten will, sondern seine *Gestalt* bei wechselndem Material. Die Gestalt ist daher für jedes Ding das Gute.

Die zweite Bedeutung von *kinesis* bei Platon ist die der gerichteten Bewegtheit, des »Werdens« von etwas. Etwas hat teil an bestimmten Ideen dadurch, daß es sich in einem bestimmten, geordneten Zustand befindet. Die Bewegung, die auf den Gewinn dieser Struktur und Einheit abzweckt, bedarf der Begründung, sie ist nicht selbstverständlich. Die richtungslose Bewegtheit, *kinesis* im ersten Sinn, bedurfte einer Begründung ebensowenig wie der Bereich der Idee. Das Eine ist das, was sich von sich selbst versteht; wer in das Eine eingegangen ist, der fragt nicht mehr.[27] Der Zustand der vollkommenen Ungeordnetheit bedarf ebenfalls keiner Erklärung, oder besser: er ist gar keiner Erklärung fähig. Für das schlechthin dem Sinn Entzogene kann es nicht noch einmal eine sinnvolle Begründung geben. Christliche Autoren sagten später: Gott kennt den Grund des Bösen nicht. Warum? *Weil es da nichts zu kennen gibt.*[28]

In der gerichteten Bewegung jedoch findet eine Vereinigung der beiden Prinzipien statt, die von sich selbst her einander entgegengesetzt sind. Diese Vereinigung ist kontingent und zufällig, einer Warum-Frage zugänglich und einer Erklärung bedürftig.

> Die Sätze der Geometrie können zwar abgeleitet werden, aber sie sind letzten Endes nicht noch einmal einer Erklärung zugänglich in dem Sinne, daß man nach dem Grund der Grundprinzipien der Geometrie fragt. Die Grundprinzipien sind es ja erst, die so etwas wie geometrische Begründung ermöglichen. Sie werden eingesehen oder nicht eingesehen, angenommen oder nicht angenommen. Wenn irgendwo Gegenstände ungeordnet herumliegen, so bedarf die Unordnung auch keiner Begründung; die Frage, warum eine Müllhalde gerade *diese* ihre Konstellation habe, ist unsinnig. Aber wenn ein Dreieck an der Tafel steht, so kann man sinnvoll fragen, warum es dort steht.

Das Strukturierte, aber zufälligerweise Strukturierte ist für Platon der Erklärung bedürftig. Die Idee kann nicht der Grund dafür sein, daß etwas an ihr teilhat, vor allem aber nicht für die Entstehung eines Dinges, das an der Idee teilhat.

Die Idee des Dreiecks ist nicht der Grund dafür, daß jemand Dreiecke an die Tafel malt. Der Grund ist, daß jemand es für »gut« hält, sich oder anderen mit Hilfe dieser Zeichnungen etwas zu verdeutlichen. In diesen und ähnlichen Fällen ist das Gute ein der dargestellten Figur Äußerliches, Akzidentelles. Aber die Gestalt, die den Dingen »von Natur« zukommt, ist Resultat eines auf Herstellung und Bewahrung dieser Gestalt gerichteten Strebens. Sein So-Sein ist für jedes Seiende das Gute.

Die Idee des Guten ist für Platon konstitutiver Grund dafür, daß die Ideen Konkretes strukturieren. »Das Gute« begründet die universale Struktur aller wirklichen Dinge: die des Gerichtetseins auf ein »Um ... willen«. Dinge sind, modern gesprochen, Systeme, und jedes System ist dadurch definiert, daß die Bewegungen, die sich in ihm abspielen, funktional sind mit Bezug auf die Reproduktion einer bestimmten Struktur.

Die Idee des Guten repräsentiert die universelle Struktur alles Wirklichen in seinem Gerichtetsein. Das universale Ziel der endlichen Wesen ist Sein, Dauer, Einheit in einem bestimmten Sosein. Das in der Zeit existierende, endliche Wesen muß danach streben, sein Sein, das es in diesem Augenblick hat, auch im nächsten Augenblick zu haben. Zeitlichkeit der endlichen Dinge bedeutet, daß sie fundamental durch Mangel an Sein bestimmt sind. Ihr Dasein ist daher Sorge, Streben nach Sein. Platon spricht im »Symposion« von *eros*, dem Ausdruck der Bedürftigkeit endlicher Wesen nach Sein, nach Autarkie. Gründend im *me on*, dem nichtseienden Unbegrenzten, der ungerichteten Bewegtheit, erscheint ihre Teilhabe an der autarken Ruhe des Einen als Synthese von Einheit und Bewegtheit in Form von gestalteter und gerichteter Bewegung.

Während der Gott alle ihm möglichen Zustände gleichzeitig besitzt, muß im Bereich des Endlichen Sukzession stattfinden. Die Planeten führen die edelste Bewegung aus, die Kreisbahn. Sie durchlaufen alle ihnen möglichen Zustände nacheinander. Bei den Lebewesen wird dieser Prozeß nur in der Gattung verwirklicht. Das einzelne Individuum kann sich nur für eine Weile im Sein erhalten.

Die gerichtete Bewegung setzt für Platon ein aktives Prinzip voraus, kraft welchem die Richtung auf das Eine und Gute genommen und gehalten wird. Dieses Prinzip nennt er Seele, *psyche*. Wo sie fehlt, gibt es nur Passivität, und alle Bewegung ist dort nur beliebige Folge von äußerlichem Gestoßenwerden. (Lebewesen werden nicht einfach gestoßen; sie können selbst ihre Wahrnehmungsschwellen gegenüber der Außenwelt verändern und reagieren auf Reize mit spezifisch-lebendigen Antworten.[29]) Die

Seele als das Prinzip der Selbstbewegung ist der Grund aller gerichteten Bewegung. Selbst im Anorganischen werden die Bewegungen, die niemals ganz ungerichtet sind, zurückgeführt auf das organische Prinzip der Weltseele, die das ganze Weltall durchwaltet.[30] Die Seele ist mit Vernunft, *nous*, ausgestattet, und mit ihr gleichsam wie mit einem Kompaß lenkt sie die Bewegung in die Richtung auf das Gute hin. Im platonischen Spätdialog über die Kosmologie, dem »Timaios«, wird die Verfertigung[31] der Welt dargestellt als das Werk eines Gottes, des Demiurgen. Der Demiurg ist gewissermaßen ein Handwerker, der aus vorgegebenem Material – hier dem richtungslos bewegten Vielen – sein Werkstück schafft. Als Mittler und Hersteller gibt der Demiurg, indem er auf die Ideen schaut, der Welt eine schöne Gestalt.

Man könnte fragen: ist der Demiurg nicht eher eine mythologische Gestalt, eine ad-hoc-Hypothese als eine philosophische Antwort? Platon würde vermutlich die Frage abweisen mit der Bemerkung, daß hier über die Bewegung und ihren Ursprung gesprochen werde. Wer hier nach Gründen fragt, kann keine strengen Prinzipien erwarten, sondern nur Metaphern. Man kann versuchen, den Demiurgen mit der Idee des Guten zu identifizieren.[32] Aber wie »wirkt« das Ziel? Das Ziel wirkt durch seinen Anblick, durch den Hinblick auf es.[33] Um so zu wirken, bedarf es eines Blickenden. Die Rede vom handelnden, aufs Gute und die Ideen blickenden Demiurgen spricht zwar nicht in wissenschaftlicher Weise vom Grund der Bewegung, aber nach Platon kann man genauer über sie nicht sprechen. Erst die Neuzeit wird den Versuch unternehmen, über Bewegung exakt zu sprechen, aber, wie es scheint, um den Preis, daß die natürlichen Dinge sich nicht mehr bewegen (s. u.).

Das Gute ist für Plato nicht allmächtig. Das *me on*, das Nicht-Seiende, bleibt dem Einen, das Substrat des Strukturierten der Struktur stets gegenüber. Es gelingt dem Guten nicht, die Wirklichkeit so zu durchdringen, daß die Welt zu einem vollkommenen Kunstwerk würde, zur adäquaten Darstellung der Idee. In ihr wäre das Stadium des Nicht-Mehr-Weiterfragens erreicht, das man dem vollkommenen Kunstwerk, auch der Schönheit in der Natur gegenüber einnimmt, von welcher Angelus Silesius schreibt:

Die Ros ist ohn warum,
Sie blühet, weil sie blühet.

Die Wirklichkeit ist ein Gemisch von Sinnvollem und Sinnlosem, so daß wir beständig nach deren »Warum« fragen müssen. Der Gott verursacht die Bewegung der Gestirne als die Grundbewegung des Wirklichen, die alles weitere trägt und bestimmt. Aber er zieht sich periodisch aus der Welt zurück.

Wenn man den »Politikos« als eine geschichtsphilosophische Theorie liest, so stellt sich der Verlauf der Welt als eine Abfolge von Perioden der Gottnähe und Gottferne dar. Der Vergleich von Gaiser[34] mit einem Kreisel, der immer dann einen neuen Schlag erhält, wenn er wackelnd ganz aus dem Gleichgewicht zu geraten droht, illustriert die Theorie treffend. Ihr entspricht auch die Abfolge in den Zuständen des Staates: vom lichten Tag des Geistes der republikanischen Gesinnung, wie sie in der idealen Polis verwirklicht ist, über die Dämmerung der Zerfallsperioden, wo materielle Einzelinteressen vorrangig werden, bis zur Nacht, von der es am Ende der Rhein-Hymne bei Hölderlin heißt:

»Bei Nacht, wenn alles gemischt
Ist ordnungslos und wiederkehrt
Uralte Verwirrung.«

Das *me on*, der Bereich der ungeordneten Bewegung, wirkt der Kraft des Guten entgegen. Aber wie kann es wirken, da es im Bereich des rein Passiven keine Spontaneität, keine Kraft, auch keine »Richtung auf eine Idee des Schlechten« gibt? Plato antwortet: Das Schlechte wirkt in der Kraft des Guten. Die Wirklichkeit ist in vielen, aufeinander bezogenen Ebenen teleologisch strukturiert – aber auch das Prinzip des Vielen reproduziert sich auf jeder dieser Ebenen.

Wenn eine strukturierte Einheit, die ihrerseits auch ein Strukturglied einer größeren Systemeinheit darstellt, sich verselbständigt, wie z. B. eine Zelle in einem Organismus, so kommt es zur Vermehrung des Ungeordneten, im Organismus zu Krebs. Diese Verselbständigung ist nur möglich, weil die Zelle selbst strukturierte Einheit und mit einem aktiven Prinzip begabt ist. Die ungeordnete Vermehrung, das auf der höheren Ebene nun ausbrechende Chaos, ist nicht absolut ungeordnet – sonst gäbe es keine Kräfte mehr. Nur im Zwischenreich zwischen diesem und der unwandelbaren Ordnung der Idee gibt es ständig dem Sinn Zuwiderlaufendes, damit der Erklärung Bedürftiges.

Ein entsprechendes Beispiel wird von Platon in der »Politeia« angeführt, wo er von der Räuberbande spricht, die nur solange gefährlich sein kann, als sie in der Kraft des Guten agiert: wenn die Mitglieder nicht solidarisch zusammenwirken, nicht gerecht, einträchtig und freundschaftlich sind, dann können sie keine großen Untaten begehen.[35] Auch das Destruktive hat seine Kraft aus dem konstruktiven Prinzip, gegen das es sich wendet. Wo das Prinzip des Vielen sich gegen das der Einheit kehrt, da kann es dies nur, insofern das Viele selbst noch aus strukturierten Einheiten besteht.

3. Teleologie und platonische Eros-Lehre

Die ontologische Dialektik von Einem und Vielem findet ihre unmittelbare Darstellung in der Natur. Der *nous*, die Vernunft in der Natur, ist nicht allmächtig; ihm entgegengesetzt ist die *ananke*, die blinde Notwendigkeit, der Zufall.[36]

So wie es zwei Arten von Bewegung für Platon gibt, so unterscheidet er auch zwei Arten von Notwendigkeit. Die erste tritt uns in einem vollendeten Kunstwerk entgegen: es ist evident, daß es so und nicht anders sein muß – jede Veränderung wäre Verschlechterung. Dieses Kunstwerk verstehen heißt, seine innere Notwendigkeit begreifen. Die zweite Art von Notwendigkeit ist eine äußerliche, kausale Notwendigkeit: etwa, wenn die Farben eines Bildes verblassen, der Marmor einer Statue von Abgasen zerfressen wird oder der Raum, in welchem wir eine Bruckner-Symphonie hören, akustisch miserabel ist.

Die Notwendigkeit im Sinne des Zufälligen wirkt in der Natur dem *nous* entgegen. Sie selbst hat eine gewisse Ordnung zur Voraussetzung – sie ist immer Vielheit von Einheiten. Diese Vielheit bringt aber nicht aus sich die höhere Einheit hervor. Diese höhere Einheit aus der Vielheit niederer Einheiten hat keine *causa* in der niederen Ebene, wohl jedoch eine *conditio sine qua non*. Wie soll dann aber aus den niedrigeren Einheiten die höhere entstehen, wenn sie von den niedrigeren aus gesehen ganz zufällig ist?[37] Wie soll der *nous* auf die *ananke* einwirken? Plato wählt hierfür eine tiefsinnige Metapher: es geschieht durch *Überredung*.

»Denn die Entstehung dieser Welt war ja eben eine gemischte, indem sie aus einem Zusammentreten der Vernunft und der Notwendigkeit hervorging; jedoch herrschte dabei die Vernunft über die Notwendigkeit, dadurch daß sie dieselbe überredete, das meiste von dem, was da entstand, zum Besten zu führen; und so kam demgemäß und auf diesem Wege durch die von vernünftiger Überredung besiegte Notwendigkeit im Anfange dieses All so, wie es ist, zustande. Wenn also jemand seine Entstehung darstellen will, wie sie wirklich vor sich gegangen ist, so muß er seiner Darstellung beifügen, wie weit auch die ziel- und zwecklos umherschweifende Ursache ihrer Natur nach wirklich dazu beigetragen hat.«[38]

Die Einwirkung des *nous* auf die *ananke* geschieht durch *Überredung*. Alle uns für Einwirkungen zur Verfügung stehenden Metaphern stammen letztlich aus der menschlichen Selbsterfahrung. Das gilt schon für den Begriff der Ursache selbst; Kausalität läßt sich ja keineswegs in der Natur *beobachten*.[39] Hingegen wissen wir von uns selbst her sehr wohl, was »Ursache« heißt: wenn wir die Verknüpfung unseres Wollens mit einer Wirkung in der Natur feststellen, bezeichnen wir uns als Ursache einer Handlung. Entsprechend erfahren wir passiv Einwirkungen anderer Ursachen auf uns, e. g. durch Gewalt. Die mechanische Einwirkung eines Dinges auf ein anderes ist die erste, abstrakteste Art der Ursächlichkeit, des Verhältnisses von Bewegen und Bewegtwerden überhaupt. Die zweite Art, die ebenso aus der Selbsterfahrung stammt, ist die der Überzeugung mit aus sich selbst heraus sinnvollen Gründen. Sie setzt voraus, daß beide Beteiligten an Wahrheit interessiert sind. Hier ist die Ursache des Bewegens und Bewegtwerdens die Wahrheit selbst, in der Moral genauso wie in der Mathematik. Die dritte Form der Ursächlichkeit ist die durch Überredung. Wiederum haben wir zwei Beteiligte, doch diesmal geht es nicht primär um Wahrheit selbst, sondern um den – echten oder falschen – Schein der Wahrheit. Der eine wirkt auf den andern so ein, daß in diesem eine subjektive Meinung oder eine Geneigtheit zu einem bestimmten Handeln entsteht. Diese Einwirkung durch Überredung zielt nicht auf Wissen, sondern auf *doxa*, Meinung.

Als Überredung bestimmt nun Platon die Einwirkung des *nous* auf die *ananke*. Eine mechanische Einwirkung kann es nicht sein, da von der Ebene des Mechanischen aus die höhere Ordnung gerade unerklärlich ist. Auch um Überzeugung kann es sich nicht handeln, denn diese würde voraussetzen, daß es für den Bereich der *ananke* um Wahrheit ginge, daß also auch der Bereich der *ananke* bereits teleologisch verfaßt wäre. Die teleologische Verfaßtheit aber soll ja gerade erklärt werden. Die *ananke* ist jedoch formbar: Überredung durch den *nous* ist die Weise, wie die an sich ungerichteten Prozesse eine bestimmte Richtung erhalten; sie repräsentiert ein quasi energiefreies Gerichtetwerden. Auf die Frage, was denn eigentlich nun »Überredung« in der Natur sein solle, müßten wir platonisch antworten: es geht hier um Bewegtes; die Sprechweise ist also notwendig metaphorisch. Es gibt gar keine uns zur Verfügung stehende Begrifflichkeit, mit der solche Verhältnisse *exakt* bestimmt werden könnten. Aber wir können entscheiden, ob eine bestimmte Bewegung vom *nous* geleitet ist oder nicht.[40] Wir können sehen, ob sie zu einer sinnvollen Gestalt führt oder nicht, ob sie funktional ist im Rahmen eines gegebenen Systems oder nicht. Ist sie es, dann gleicht sie offenbar jenen Bewegungen, die wir selbst als zielgerichtet an uns erfahren, nämlich in jener Grunderfahrung, die wir Trieb nennen, oder – mit Platon – *eros*. Dieser geht aller »Zwecksetzung« voraus.

Die menschliche Zwecksetzung als einziges Beispiel für zielorientierte Prozesse zuzulassen, ist zwar moderner, wissenschaftlicher common sense; es ist dennoch falsch. Wir können Zwecke überhaupt nur setzen unter der Voraussetzung, daß wir *vor* der Zwecksetzung schon etwas wollen, und zwar etwas, was wir *nicht* setzen. Ich kann gar nicht wollen, wenn ich mich nicht immer schon wollend vorfinde. Und dieses primäre Wollen, der primäre Antrieb, bestimmte Zwecke zu setzen, ist selber nicht von der Art des Setzens, sondern von der Erfahrung eines dringenden Sollens.[41]

Eros, Begierde nach dem Zugehörigen, ist ein Antrieb, den alles Lebendige in sich selbst erfährt. In dieser Form der Selbsterfahrung ist das Phänomen der Gerichtetheit unmittelbar gegeben. Worauf richtet sich die Begierde, und wodurch wird sie geweckt? Platon handelt davon im »Symposion« (201 e–212 a). Diotima unterscheidet den unmittelbaren Zweck der Begierde, einen Zustand des Subjekts, den dieses noch nicht besitzt, und den objektiven Zweck, die Dauer im Schönen, Einen, Guten. Das Schöne, Eine und Gute ist aber unabhängig vom Subjekt schon da. Das Subjekt kann an ihm nur »teilhaben«.

Aus der Nichtidentität von endlichen Dingen mit dem Guten, durch das allein sie *sind*, folgt eine ontologische Differenz innerhalb der teleologischen Verfaßtheit der Dinge, die sich in der menschlichen Intentionalität als Differenz zwischen objektivem und subjektivem Ziel, oder auch zwischen Zweck und Motiv darstellt. Objektiver Inhalt des *eros* ist das »Um. . . willen« alles Seienden: das Schöne. Was aber will die Liebe? Worum geht es ihr? Die Antwort Diotimas: um den dauernden Besitz des Schönen als des für mich Guten, d. h. um die *eudaimonia*, die Glückseligkeit. »Und nun bedarf es nicht mehr der weiteren Frage: was erstrebt derjenige eigentlich, welcher glückselig zu sein wünscht? Sondern hier scheint die Antwort am Ziele angelangt zu sein« (Symposion 204 e).

»Dauernder Besitz des Guten«, Glückseligkeit ist nun aber nicht ein passiver Zustand, sondern jene ›ekstatische Tätigkeit‹, in der das Individuum die Grenzen seines Endlichseins sprengt: die Zeugung im Schönen, »denn liebend gibt der Sterbliche vom Besten« (Hölderlin). Der Anblick des Schönen reißt sozusagen das endliche Wesen über sich hinaus und entbindet seine »Zeugungskräfte«. Die geschlechtliche Vereinigung ist Platon das Symbol für jede Art von erfüllender Glückseligkeit. *Eros* ist die Liebe des Wesens zu dem, dessen es bedürftig ist. Selbst die Liebe zu dem, was man schon hat: Gesundheit, Besitz, Kinder, ist von diesem umfassenden *eros* noch umgriffen. Im endlichen Wesen in der Zeit ist der gegenwärtige Zustand ja immer nur der gegenwärtige. Er enthält in sich selbst nicht den Grund seiner Dauer. Existenz in der Zeit bedeutet für das endliche Wesen Bedürftigkeit. Damit ist das eigentliche Ziel endlicher Wesen die Dauer, Dauer im Sinn dauernder Teilhabe am Einen. Denn Sein heißt: ein so bestimmtes Eines zu sein und nicht nur irgendwie als Materie überzubleiben.

Der *eros* ist gerichtet auf Dauer, auf Unsterblichkeit. Die Begierde nach Zeugung ist objektiv gesehen die Begierde nach Dauer des *eidos*, der Gestalt. Durch Zeugung erhält sich das *eidos* der Gattung in seiner bestimmten Form und Struktur. Der *eros* ist der Motor für die Erhaltung des *eidos*. Er wird nicht durch ein beliebiges Gegenüber erweckt, sondern durch den Anblick des Schönen, der schönen Verwirklichung des *eidos*. Nur in der schönen Verwirklichung des *eidos* partizipiert dieses auf eine vollkommene Weise an dem Einen. Schön ist, was auf vollkommene Weise das ist, was es ist.

Analog der körperlichen Zeugung findet auch Zeugung in der Seele statt. Zeugung durch Weitergabe der Form, Durchformung der Seele eines anderen durch Reden. Der Anblick einer wohlgeformten Seele erzeugt im Wissenden die Begierde, dem *eidos* seines Wissens Dauer zu verleihen. Das geschieht durch geistige Zeugung im Schönen, bei der »unsterbliche Kinder« gezeugt werden (Symposion 209c).

Schönheit ist die Erscheinungsform des Guten. Der Anblick des körperlich Schönen ist dabei nur der Ausgangspunkt für den Menschen. Der Anblick weckt in einer wohlgeratenen Seele die Sehnsucht nach einer Schönheit, *die nicht mehr nur körperlich ist*. Höchste Form dieser Sehnsucht ist die Philosophie. Sie ist *eros* zum »Schönen selbst«. In ihr kommt das Zeugen zum Ende. Es geht nicht mehr um die Weitergabe eines bestimmten *eidos* in der Sinnenwelt, sondern um die wissende Teilhabe am unsterblichen *eidos* selbst, an der Idee des Guten.

Der *theoria* treibende Mensch steht in einem kontemplativen Verhältnis zum Einen, Unsterblichen. Philosophie ist für Platon die Form des *eros*, die auf die unmittelbare Vergegenwärtigung des Einen zielt. Philosophie steht so im Zusammenhang mit verschiedenen menschlichen Bemühungen nach Aufhebung der Entfremdung des Endlichen von seinem Grund. Andere Formen solcher Bemühungen sind z. B. der meditative Weg der asiatischen Mystik, die auf Auslöschung des Ich zielt. Philosophie unterscheidet sich von diesen Wegen durch ihren rationalen Charakter. Sie ist die Annäherung an das Eine durch die Disziplinen der Mathematik und der Dialektik bis zu dem Moment, wo »aus häufiger familiärer Unterredung gerade über diesen Gegenstand sowie aus innigem Zusammenleben plötzlich jene Idee in der Seele entspringt, wie aus einem Feuerfunken das angezündete Licht« (7. Brief 341 c).

4. Teleologie und politische Philosophie

Aus dieser platonischen Konstitutionslehre der Wirklichkeit ergibt sich seine Lehre vom richtigen Leben. Wiederum knüpft Platon an Vorgänger an, hier indes an die Sophisten. Dem Menschen geht es ursprünglich in seinem Handeln zunächst unvermittelt um Zwecke, um Gegenstände seiner Wünsche: Essen, Trinken, Haus, Frau, Ruhm etc. Die sophistische Reflexion fragt, warum wir all dies erstreben. Sie reflektiert sich aus der Unmittelbarkeit des Zweckbezuges heraus, thematisiert das subjektive Wohlbefinden und setzt die Gehalte, in denen wir unser Wohlsein finden, zu bloßen Mitteln für dieses herab. Dies ist die erste Form philosophischer »Ethik«. Sie fragt nach den Motiven, um derentwillen wir erstreben, was wir erstreben, und die erste Antwort darauf lautet: der Mensch will sich wohlbefinden. Es geht ihm nicht um die Gegenstände selbst, sondern um bestimmte Zuständlichkeiten seiner Person, und zwar genauer: um Lustgewinn. Diese Antwort stülpt die ursprüngliche Teleologie um. Die Zwekke, die ein Mensch verfolgt, werden zurückbezogen auf den Lustgewinn des Subjekts, das diese Zwecke verfolgt. Folgenreich wird diese Sicht, wo es um das »Um...willen« unserer sittlichen Handlungen geht. Warum sollen wir Normen gehorchen? Die Frage ergibt sich erst, wenn die Verbindlichkeit der Normen erschüttert ist. Im Griechenland des 5. Jahrhunderts war die Antwort der Moralphilosophen so radikal wie die der Naturphilosophen im 6. Jahrhundert: alle Normen sind *nomō*, von Menschen gesetzt und relativ; von Natur aus, *physei*, gibt es nur die Tendenz auf Lustgewinn. Geltender *nomos*, geltendes Recht kann daher nur Ausdruck des Luststrebens der Herrschenden sein. Und das Motiv zu seiner Befolgung kann allenfalls in dem Nachteil liegen, den man sich mit einer Übertretung einhandelt.

Platon stellt die *intentio recta* der Teleologie im natürlichen wie sittlichen Bereich gegenüber ihrer sophistischen Inversion wieder her, ohne dabei die Reflexionsdimension wieder preiszugeben; vor allem die Einsicht, daß das Gute, wenn es mich motivieren soll, in irgendeinem Sinne auch für mich das Gute sein muß. Aber Platon kehrt den Begründungszusammenhang noch einmal um. Für den Menschen als vernünftiges Wesen ist eben gerade dasjenige gut, was an sich das Gute ist – was Sokrates z. B. zu der herausfordernden These veranlaßte, Unrecht tun sei für den Menschen schlechter als Unrecht leiden. Sogar das Streben nach Selbsterhaltung wird von Platon und von Aristoteles nun seinerseits als ein Streben interpretiert, dessen letztes »Um. . .willen« nicht eine Zuständlichkeit des Subjekts ist, sondern die »Teilhabe *am* Guten selbst«.

Die Frage nach dem richtigen Leben des Einzelnen ist bei Platon nicht abzukoppeln von der Frage nach dem richtig verfaßten Staat. Erst in der Polis läßt sich von allen ein richtiges und gutes Leben verwirklichen. Der richtig verfaßte Staat ist derjenige, in dem die Subjekte ihre Tätigkeit nicht nur auf eigene zu erreichende Zustände beziehen, sondern auf das »objektive« Ziel der Realisierung von »Ideen«, d. h. gestalthafter Strukturen.

> Ein guter Schuhmacher ist der, der gute Schuhe machen kann, nicht der, der die Schuhe zu seinem größtmöglichen Vorteil (also als »guter Geschäftsmann«) herstellt: aus schlechtem und billigem Leder, das sich bald verschleißt usf. Wenn er sagen muß, er könne es sich gar nicht leisten, wirklich gute Schuhe zu machen, dann ist eben der Staat schlecht verfaßt.

Eine gute Staatsverfassung ist von der Art, daß jeder bei der Sache, die er macht, sich am besten befindet, wenn er sie gut macht, ohne sich um seinen Gewinn noch eigens bemühen zu müssen. Die Teleologie der einzelnen Handlungen in diesem Staat ist gerade so ausgerichtet, daß aus ihr die Reproduktion eines sinnvollen Gesamtzusammenhanges menschlichen Lebens hervorfließt. Warum aber *soll* geschehen, was einem solchen Zusammenhang förderlich ist? Platons Antwort ist: um eines schönen Lebens im Ganzen willen. Das *eidos* des Menschen kann seine adäquate Darstellung gar nicht in einem einzelnen Menschen finden; die Potentialität des menschlichen Wesens entfaltet sich nur in einer arbeitsteiligen Polis. Nur in ihr finden alle einzelnen Vermögen des Menschen ihre »kunstmäßige« Ausbildung und alle Künste ihre hierarchisch-teleologische Ordnung, die der Ordnung der Ideen entspricht. Die höchste Kunst ist die Staatskunst. Diejenigen, die über die Reinheit der teleologischen Ordnung der Künste wachen, müssen sich orientieren am »Guten selbst«. Sie müssen Philosophen sein. Da jede Inversion der Teleologie auf der Ebene der einzelnen Künste ihren Anfang bei den Regierenden nimmt, will Platon in seinem idealtypischen Entwurf der »Politeia« sicherstellen, daß die Regierenden gar kein Privatinteresse haben können, auf das sie in Abwendung vom »Guten selbst« rekurrieren könnten. Darum soll die Herrscherkaste keine Familien und kein Eigentum haben. Ganz ist die Inversion freilich auch damit nicht auszuschließen. Die Regierenden können statt des Guten dessen subjektive Erscheinungsform, die Ehre, thematisieren. Die Verwandlung der Philosophenherrschaft in eine ruhmliebende Aristokratie ist daher für Platon Beginn jenes Verfalls, der schließlich zur Anarchie führt und dann zur schlechtesten aller möglichen Staatsverfassungen, die eine Parodie der besten ist: der Tyrannis, der unumschränkten Alleinherrschaft eines Menschen, der kein über ihn selbst hinausweisendes *telos* mehr anerkennt, sondern in »kunstloser« Weise nur noch auf seinen Vorteil sich bezieht, ohne überhaupt angeben zu können, worin eigentlich dieser Vorteil besteht. Er meint: im Lustgewinn. Aber tatsächlich kreist sein Leben nur noch um seine eigene Rettung. Gerade das aber wendet Sokrates gegen Kallikles im »Gorgias«: »Mein Trefflicher, bedenke, ob nicht das Edle und Gute etwas anderes ist als Retten und Sich-retten-lassen«. Die Philosophen hingegen halten gewissermaßen die teleologische Struktur des Staates offen und verhindern die Inversion der Teleologie, den Rückbezug aller Handlungen auf endliche Zustände endlicher Subjekte.

> Es ist ein schlechter Staat, in dem sich irgendein Inhalt angeben läßt – Territoriumserweiterung, größtmögliches Glück der größten Zahl, vollkommene Gleichheit etc., um dessentwillen *alles* im Staat geschehen soll. Es ist ein Staat des »naturalistischen Fehlschlusses« (s. o.), in welchem an die Stelle des Guten ideologisch irgendein endlicher Inhalt gesetzt wird.

Das *telos* des Menschen ist nicht irgendein endlicher Zweck, sondern das schöne Leben im Ganzen. Hier herrscht ein optimales Gleichgewicht der Zwecke, wo kein Zweck die anderen auf sich hin zu bloßen Mitteln funktionalisiert. Dies gilt für den Staat und seine Gerechtigkeit ebenso wie für das einzelne Individuum. Platon gibt so eine teleologische, eine funktionale Begründung einer nicht-funktionalen Ethik. Es ist ein Probierstein moralischer Normen, ob sie sich funktional auf die Erhaltung eines guten Gemeinwesens beziehen lassen. Aber das gute Gemeinwesen ist seinerseits ein solches, das seine Rechtfertigung nicht in seiner puren Selbstbehauptung, sondern in seinem schönen Lebensvollzug findet, im harmonischen Verhältnis aller Zwecke und aller zweckgerichteten Künste zueinander.

Anmerkungen

1 Aristoteles de part. anim. 645 a 17
2 Vgl. dazu Theiler (1925).
3 Mit dem Anspruch: *Ti thenai ta phainomena*, die »Phänomene zu retten«, trat Aristoteles in der Naturphilosophie auf; vgl. dazu Owens (1961).

4 Met A 3, 983 b 7. *Arche* ist der griechische Begriff für Anfang, Prinzip. *Arche* ist diejenige Form von Anfang, die nicht zufällig am Anfang steht, sondern die über den weiteren Fortgang entscheidet: »das meiste nämlich vermag die Geburt« (Hölderlin, in: Der Rhein. Winkler-Ausgabe der Werke, München 1969, S. 151).

5 Wie in der Einleitung erörtert, fragen wir nach einer Ursache, wenn die Störung einer Normalsituation auftritt. Wäre die Welt etwa eine reine, geometrische Ordnung der Ideen, so würde die Ordnung – die Ursache des Guten und Schönen – gar nicht in Frage gestellt. Von einer *arche* im Sinne eines nicht-geordneten Zugrundeliegenden hingegen erscheint die Ordnung als das Erklärungsbedürftige.

6 So verstand sich Darwin ausdrücklich als der Vollstrecker der Naturphilosophie des Empedokles – wie wir meinen, zu Unrecht; vgl. den Anfang dieses Kapitels.

7 Vgl. dazu Kaulbach (1978) und Hölscher (1976).

8 Verdichtung und Verdünnung, Kochen und Gefrieren sind nur ein Spezifizieren von Entstehen und Vergehen, ohne daß ein Grund für sie genannt würde.

9 Achilles und die Schildkröte, der Pfeil, der fliegt und nicht fliegt usf. Die Lösungsversuche durch die Infinitesimalrechnung verschleiern das eigentliche Problem, denn sie setzen voraus, was dann erst bewiesen wird. Die vernünftige Abwehr stammt immer noch von Aristoteles, Physik VI. Vgl. dazu Kaulbach (1965).

10 Met A III, 984 b 17; vgl. Platon, Phaidon 97 b.

11 Anaxagoras müßte z. B. eine Antwort auf die Frage nach Verlaufsform und Geschwindigkeit der Bewegung der Gestirne wissen und aus dem Prinzip des Besten ableiten. Phaidon 97 b–98 c.

12 Phaidon 99 c; für diejenigen, die *nicht* Theorie betreiben, ist sie allerdings selbstverständlich.

13 In einer ähnlichen Weise spricht Aristoteles vom Guten: Gut ist das, von dem die guten Männer sagen, daß es gut ist.

14 Auch wenn R. Musil schreibt, Schönheit bestehe nur in ein bißchen mehr Fleisch und weniger Knochen hier und da, so ist das Entscheidende hierbei nicht Fleisch und Knochen, sondern das »hier und da«. Die materiellen Dinge sind nur notwendige Voraussetzungen.

15 Dies reicht nach Kant äußerstenfalls bis zur Qualifikation als »angenehm«. Etwas als »schön« bezeichnen heißt, einen intersubjektiven Anspruch erheben: anderen wird *zugemutet*, daß sie es auch schön finden (sollten). Daß dabei eine gewisse Bereitschaft und Aufmerksamkeit für das Schöne vorausgesetzt ist, ist kein Einwand, sondern eine Erkenntnis: weswegen die Erziehung zum Schönen, d. h. zur Wahrnehmung des Schönen im weitesten Sinne, einen zentralen Bestandteil einer jeden vernünftigen Erziehung ausmachen sollte.

16 G. E. Moore: Principia Ethica (Cambridge 1903, dt. bei Reclam, Stuttgart 1970); das im Text folgende Zitat von Butler ist das Motto bei Moore.

17 De motu animalium, 698 a 26.

18 Nik. Eth. 1097 a

19 Das Problem kehrt in der idealistischen Pathologie der romantischen Naturphilosophie im 19. Jahrhundert wieder; vgl. W. Leibbrand (1956, S. 75–116).

20 Wo Aristoteles gegen Platon polemisiert, da richten sich diese Angriffe zumeist gegen einen früheren Plato, ähnlich wie Hegel immer gegen einen früheren Fichte oder Schelling allein gegen den kritischen Kant polemisiert. Es entsteht immer der Eindruck einer genealogischen Abfolge, wenn sich dies auch mit Lebens- und Lehrdatum gar nicht in Einklang bringen läßt. Psychologisch läßt sich dies leicht erklären als Aufbau der eigenen Position durch Abgrenzung; die Jugend ist nicht nur an dem interessiert, was gut ist, sondern auch an dem, was sie selbst schon besser machen könnte, auch wenn es von anderen inzwischen noch besser gemacht wurde.

21 Vgl. das 5. Kapitel über Leibniz.

22 Nom X, 889a ff. Ebenso spricht er im Phaidon von den »gelehrten Gründen« (100d). Das ist wohl nicht nur ironisch gemeint, sondern es dient auch dazu, daß sich Sokrates' Gegner erst einmal seine Theorie erklären. Widerlegungen, sollen sie ihren Namen verdienen, haben es nämlich auch an sich, daß man sie sich angehört haben muß und nicht vorher weggegangen ist.

23 Diese These hat Leo Strauss wiederaufgenommen: ob es ein Naturrecht gebe oder nicht, hänge davon ab, wie man die Bewegung der Planeten interpretiere. In: Naturrecht und Geschichte (Stuttgart 1956, S. 8).

24 Nom. 890a; übers. von E. Eyth, zit. nach Platon, Sämtliche Werke (bei Hegner, Köln [5]1967, III S. 556).

25 Phil 14c–18e; Soph 253c–255e; Parmenides 137c–166e; vgl. dazu Stenzel (1931), Demos (1936), Brumbaugh (1961).

26 Dies entspricht der Kopenhagener Deutung von Heisenbergs Unschärferelation: nicht nur, daß wir nicht gleichzeitig messen können, sondern daß den Elementarteilchen die zu messenden Eigenschaften noch gar nicht zukommen; vgl. dazu W. Heisenberg/N. Bohr: Die Kopenhagener Deutung der Quantentheorie (Stuttgart 1963, hrsg. von A. Hermann).

27 Vgl. 7. Brief, 343 ff. Dies ist gleichsam ein Akt der Selbstaufgabe des Denkens in einer mystischen Einigung mit dem Einen. Das platonische Denken ist nur *ein* Weg dorthin. Ein anderer wäre der Zen-Buddhismus, dessen ganze Technik dahin zielt, das Denken durch Paradoxe so in Verwirrung zu führen, daß man es am Ende aufgibt. Denn erst im Bereich des Nichtdenkens findet die Vereinigung mit dem Einen statt; wenn es *gedacht* wird, wird eben wieder jene Entzweiung in das Eine hineingetragen, die es als Eines im Verhältnis zum Anderen faßt.

28 Augustinus civ. Dei XII, 7; Thomas Aqu. (S. Th I qu 14 a 10); dort Berufung auf Pseudo-Dionysios (PG 3,869).

29 Vgl. dazu J. v. Uexküll: Der Sinn des Lebens (Stuttgart [2]1977).

30 Diese Theorie hatte eine lange Tradition bis mindestens zu Schelling (Von der Weltseele, 1798), in subtilster Form auch bei Jonas (1973, S. 292–339).

31 *Technesis* als Verfertigung, Herstellung trifft die Intention Platons besser als »Schöpfung«, welche in der christlichen Tradition eine *creatio ex nihilo*, eine Schöpfung aus dem Nichts, meint. Hier ist ursprünglich dem Einen nichts entgegengesetzt; das Viele wird selbst gedacht als das Werk des Einen, was aber als Voraussetzung ein *differenziertes* Eines hat, somit die christliche Trinitätslehre erfordert. Diese stellt eine Bestimmung des Prinzips des Einen dar, in welchem dieses Eine als ein in sich bestimmtes Differentes gedacht wird. Nur so kann aus dem Einen überhaupt etwas Anderes hervorgehen.

32 Dies ist eine Vorform des mittelalterlichen Prinzips des *bonum diffusivum sui:* daß das Gute danach strebt, sich »auszugießen«, mitzuteilen, zu missionieren. Das Gute steht dabei im Gegensatz zum Schlechten, das daran interessiert ist, daß nicht alles andere auch schlecht wird. Um schlecht sein zu können, ist es gerade darauf angewiesen, daß es Gutes auszunutzen gibt. Das Schlechte ist parasitär.

33 *Telos* als »Hinblick« zu übersetzen ist ein Vorschlag von T. Buchheim; dies trifft durchaus auch auf die Metapher aus Aristoteles' Met. Λ 7, 1072 b 35: Der unbewegte Beweger bewegt die Gestirne so, wie das Geliebte den Liebenden bewegt.

34 K. Gaiser: Platons ungeschriebene Lehre (Stuttgart 1963).

35 Politeia I, 352 c/d

36 Hier zeigt sich eine überraschende Identität von Zufall und (materieller, kausaler) Notwendigkeit. Natürlich kommt jedes zufällige Ereignis nach genau denselben Naturgesetzen zustande wie alle anderen Ereignisse und ist auch genauso wahrscheinlich oder unwahrscheinlich wie diese. Der Begriff des Zufalls ist von daher nichts als eine subjektive, interpretatorische Zutat zu einem objektiven Geschehen. Um von Zufall sinnvoll

zu reden, darf er nicht vor der Folie dieser kausalen Notwendigkeit gesehen werden, sondern als Voraussetzung muß eine Situation der *Normalität* gedacht werden, demgegenüber der Zufall eine Abweichung ist. Von da aus ist es keine Frage, daß man ein Ereignis (wie das Zusammentreffen zweier Bürger in einer fernen Stadt, in welcher keiner den anderen vermutete) als zufällig qualifiziert, selbst wenn es naturgesetzlich zustande kam. Vgl. unten auch das 2. Kapitel.

37 Tim 46c–49e; vgl. dazu das 8. Kapitel bezüglich der Ansichten der modernen Biologie in dieser Frage.

38 Tim 48a, in der Übersetzung von Susemihl bei Hegner, III. 130.

39 Diese Einsicht wurde besonders von Hume immer wieder betont, ohne aber tief auf die populärwissenschaftliche Meinung eingewirkt zu haben.

40 Grenzfälle, wo wir dies nicht gleich oder überhaupt nur schwer können, sind natürlich kein Einwand: als Grenzfälle sind sie erst sichtbar und *bezeichenbar* vor dem Hintergrund der Normalsituation. Aus der Schwierigkeit, ob man Viren Leben zuschreiben soll, kann nicht gefolgert werden, daß wir es generell keinem Wesen zuschreiben können. Grenzfälle konstituieren gar nichts; aber sie weisen beredt darauf hin, *wovon* sie Grenzfälle sind.

41 Das Sollen ist mit den Zwecken nicht identisch, sondern zeigt diese nur an; vgl. Th. v. Uexküll (1953, S. 88–119) sowie R. Löw (1980, S. 291–305).

II. Aristoteles

Die Stellung des Platon-Schülers Aristoteles zu seinem Lehrer muß unter zwei Aspekten gesehen werden: Aristoteles ist der erste Antiplatoniker der Philosophiegeschichte. Polemiken gegen den Lehrer tauchen in seinem ganzen Werk auf. Im Ganzen der Geschichte der Philosophie ist Aristoteles freilich auch der größte Platoniker. Um das Verhältnis der beiden zueinander angemessen zu interpretieren, muß man berücksichtigen, daß Platon noch lebte und schrieb, als Aristoteles ihn angriff, daß die meisten Polemiken des Schülers sich gegen frühe Schriften des Lehrers oder andere »Platoniker« richteten. In späten Schriften griff Platon selbst die Schwierigkeiten auf, die Aristoteles in seinem Werk entdeckte. Der späte Platon und Aristoteles beschäftigten sich beide mit denjenigen Problemen, die der »klassische« Platon übriggelassen hatte.

> Wenn Aristoteles in der »Metaphysik« schreibt: »Wenngleich die Ideen existieren, so entsteht doch das daran Teilnehmende nicht, wofern es nicht eine bewegende Kraft gibt, und dagegen entsteht vieles andere, wovon es nach dieser Lehre keine Ideen gibt«,[1] so haben wir gesehen, daß Platon genau dieses Problem im »Timaios« durch die Einführung des Demiurgen löst.

Uns sollen indes nicht Übereinstimmungen oder Präferenzstreitigkeiten beschäftigen, sondern die spezifisch aristotelischen Gedanken zur Theorie der Bewegung und zum Problem der Teleologie. Diese gruppieren sich vornehmlich um zwei Begriffe, die seit Aristoteles in den Mittelpunkt des Teleologie-Streites[2] gerückt sind: *dynamis* und *ousia*, lat. *potentia* und *substantia*, dt. Möglichkeit und Wesen bzw. Substanz.

1. Dynamis und ousia als Konstituentien der aristotelischen Theorie der Bewegung

Aristoteles geht wie Platon davon aus, daß das Konkrete ein Geformtes ist, dem eine von sich aus nicht-geformte Materie zugrunde liegt. Wenn man die Gestalt des Konkreten zerstört, dann bleibt ihre Materie übrig. Dies zu bemerken ist aber für Aristoteles noch zu wenig. Schließlich sind die Seinsbereiche der Ideen und des puren Woraus ganz disparat. Es genügt nicht, die Materie als das Ungeformte schlechthin zu denken, sondern die Frage muß lauten: Was für eine Bestimmung muß hinzutreten, damit sie als *formbar* gedacht werden kann?

Der geläufigere Begriff der Information anstelle des Begriffs der Form kann uns helfen, das Problem zu klären. Information kann auf doppelte Weise in einem Informationsträger sein:
In der ersten Weise ist die Information dem Träger äußerlich, so wie die Information der Kreide äußerlich ist, mit der man ein Wort an die Tafel schreibt. Man kann sagen, die Kreide enthält »potentielle« Information. Dies hat aber nur Sinn unter der Voraussetzung, daß es irgend jemanden gibt, der das Wort lesen, der die Information »aktualisieren« kann.
In der zweiten Weise ist die Information dem Träger innerlich als eine aktualisierte, und d. h. als gewußte Information. Wir lesen das Wort, kennen seine Bedeutung und wissen es als Information.
Der moderne Physikalismus würde diese Unterscheidungen nicht machen. Auch »aktualisierte« Information ist für ihn in Wirklichkeit ein bestimmter Zustand von organischen Molekülen im Gehirn. Aber »für wen« ist dann dieser »Zustand« Information? Was heißt dann noch Information? Wenn wir uns eine Stadt von Computern vorstellen, die sich gegenseitig informieren, ohne daß ein Lebewesen je solche Information zur Kenntnis nähme, dann hat es im normalen Sprachgebrauch keinen Sinn, zu sagen, daß Informationen weitergegeben werden. Es laufen einfach physikalische Prozesse in einer bestimmten Ordnung ab. Das wechselseitige Sich-»Informieren« der Computer bedeutet etwas ganz anderes als die Information lebender Wesen durch einen Computer. Es hat keinen Sinn abzustreiten, daß man den »Anspruch« der Computer konsistent verteidigen kann, wenn man sich selbst als Computer zu bezeichnen bereit ist. Hier wird die Konsequenz dann eine praktische. Mit einem solchen Menschen wird man nicht gern umgehen. Der Computer ist im Verhältnis zur Information, die er weitergibt, nur ein bloßer Träger, ein *hypokeimenon*, ein Zugrundeliegendes.

Platon interpretierte die verschiedenen Gegenstände der Wirklichkeit als verschiedene Zustände der Materie, des »Zugrundeliegenden«, kraft deren sie teilhaben an ideellen Strukturen. Aristoteles wendet dagegen ein, daß für diese Interpretation selbst eine grundlegende Voraussetzung nicht gesehen wurde: es müssen gewisse sog. »Zustände der Materie« als das fundamental Wirkliche schon ausgezeichnet sein, damit man so sprechen kann. Und diesem fundamental Wirklichen gegenüber ist die Tatsache, daß es sich dabei immer um gewisse Zustände der Materie handelt, nicht nur eine unerhebliche, sondern auch eine abstrakte, verkürzende Bestimmung.

> Platon hatte gelehrt, von allem, was entsteht und vergeht, solle man nicht sagen: »das ist«, sondern vielmehr: »in diesem Zustand ist es ein solches«. Für Platon ist die Materie einmal Wasser, einmal Baum, einmal Mensch. Für Aristoteles sind Wasser, Baum und Mensch nicht Prädikate, die von einem Zugrundeliegenden ausgesagt werden. Wasser ist freilich einmal flüssig, einmal gasförmig; einmal blüht der Baum, dann trägt er Früchte. Flüssigsein und Blühen sind für ihn nicht Zustände der »Materie«, sondern des Wassers oder des Baumes. Das Baum-Sein der Materie hat ontologisch nicht denselben Charakter wie das Blühend-Sein des Baumes. Beim Menschen leuchtet das sofort ein. Wir sagen nicht: jetzt bin ich gerade im Zustand des Menschseins, und in 80 Jahren bin ich im Zustand des Komposthaufens, sondern – falls ich nicht an die Unsterblichkeit der Seele glaube – in 80 Jahren *bin ich nicht mehr*. Das, was wir mit Wasser, Baum oder Ich bezeichnen, sind zugrundeliegende Wirklichkeiten, von denen es keinen Sinn hat, zu sagen: wenn sie nicht mehr sind, sind *sie* »etwas anderes«.

Damit erledigt sich für Aristoteles die Frage nach der zusätzlichen Bestimmtheit der Materie, durch die sie formbar gemacht wird: Materie ist immer schon geformt. Es kommt zur *prote hyle*, zur »ersten Materie«, nicht noch ein Bestimmungsgrund hinzu, wodurch sie für Ideen empfänglich gemacht würde, sondern diese *prote hyle* ist ein gedankliches Abstraktionsprodukt: nämlich die Wirklichkeit verkürzt um die Formbarkeit. Die gewissen »ausgezeichneten« Zustände der Materie, von denen alle anderen Eigenschaften prädiziert werden, sind für Aristoteles das eigentlich Wirkliche. Somit ist der ontologische Grundbegriff für Aristoteles nicht *eidos*, Idee, sondern *ousia*, Substanz. Dem Wirklichen zugrundeliegend ist einerseits die pure Materie; aber diese hat als das unstrukturierte, pure Woraus selbst keine Wirklichkeit. Eigentliches *hypokeimenon* ist daher die Substanz, die wirkliche Grundlage des Wirklichen. Substantielle Formen, Entelechien,[3] machen ein Ding zu dem, was es ist. Sie entsprechen dem Prinzip der Selbstbewegung, das Platon *psyche* nannte, während Aristoteles den Begriff der *psyche* für die Entelechie des Lebendigen reserviert. Aber auch die anorganischen Einzeldinge haben Entelechien. Diese bedürfen zwar für ihre Bewegung eines Anstoßes, aber dieser wird nicht in reiner Passivität aufgenommen, sondern durch die Natur des Dinges *aktiv* vermittelt.

So gehört es zur Natur der Kreide, daß sie Licht weiß reflektiert, daß sie sich an die Tafel schmieren läßt, daß sie beim Herrunterfallen auf einen Steinboden zerbricht etc. Aber all das sind spezifische Verarbeitungen äußerer Einwirkungen durch die Natur der Kreide: die Natur eines Stahlstiftes würde sie ganz anders verarbeiten. Für Aristoteles ist jede Reaktion auf eine äußere Einwirkung nur graduell unterschieden von den lebendigen Antworten, die Lebewesen auf Reize kraft ihrer eigentümlich-substantiellen Natur zu geben vermögen.[4]

Platons Bereich reiner, passiver Vielheit, ungerichteter Bewegtheit gibt es für Aristoteles nicht; alle Bewegung ist gerichtete Aktivität. Ungeordnete Bewegtheit stellen wir uns allenfalls ähnlich der Brown'schen Molekularbewegung vor: um überhaupt als Bewegung bezeichnet zu werden, muß sie, wenn auch kurzfristig und auch immer wieder sich verändernd, Richtung haben. Die *prima materia*, das pure Woraus, ist für Aristoteles bloßes Prinzip der Möglichkeit von Werden und Bewegung, nicht aber selbst schon Bewegung. Ein zeitlicher Anfang der Welt nach Art des platonischen Demiurgen ist daher auch nicht denknotwendig: es mußte niemand in das Chaos Ordnung bringen, weil es das Chaos der ungeordneten Bewegung nie gab. Die *prima materia* hat keine Wirklichkeit außer der, ontologisches Konstitutionsprinzip in einem Konkreten zu sein; vor dem Konkreten gibt es aber nichts. Die *prima materia* ist für Aristoteles Denkprinzip, nicht Realprinzip. »Sein« heißt für Aristoteles: wirklich sein. Die Welt ist immer schon geformt, der geordnete Kosmos ist ewig.

Daß der Kosmos ewig ist, heißt nicht, daß er nicht von Gott geschaffen ist. Im Gegenteil: die Formung der Welt geht auf den ständigen Einfluß Gottes als reinen Formprinzips, reiner *energeia*, zurück.[5] Seine Wirkung ist jedoch gleichewig mit dem Gotte selbst, sie impliziert keinen Anfang.

Diese These blieb im mittelalterlichen Aristotelismus lebendig. Zwar lehre uns die Bibel einen zeitlichen Anfang der Welt, so Thomas von Aquin, aber die spekulativen Überlegungen, die uns die Welt als Schöpfung Gottes erweisen, führen allein nicht zu deren zeitlichem Anfang.

Das Verhältnis von Schöpfung und Schöpfer könnte auch als ewiges Verhältnis gedacht werden.

Alle natürlichen Dinge, die *physei onta*, haben für Aristoteles den Ursprung der Bewegung in sich selbst. Ihnen gegenüber stehen die künstlichen Dinge, deren Prinzip der Bewegung *nicht* aus ihrer substantiellen Form folgt.

Ein Buch als Buch hat sein Prinzip der Bewegung nicht in sich, sondern alles, was an ihm mögliche Bewegung ist, verdankt es seinen natürlichen Substanzen Papier, Pappe, Holz etc. Wenn wir es in die Luft halten und loslassen, dann fällt es nicht deswegen zu Boden, weil es ein Buch ist, sondern weil es ein natürlicher Körper mit bestimmten Eigenschaften ist. Entsprechend steigt ein wasserstoffgas-gefüllter Ballon in die Höhe. Alle diese Bewegungen verdanken die künstlichen Gegenstände nicht der Formung durch uns. Auch »sich-selbst-bewegende« Kunstdinge können wir nur herstellen aufgrund von Bewegungseigenschaften, die in der natürlichen Wirklichkeit schon selbst liegen.

Der Begriff der Substanz oder substantiellen Form eröffnet den *physei onta* einen Spielraum von möglichen Bewegungen, innerhalb dessen die Substanz als sie selbst erhalten bleibt. Der Korrespondenzbegriff zur *ousia*, Substanz, ist der eines begrenzten Spielraums ihrer eigentümlichen und spezifischen Bewegung: der Begriff der Möglichkeit.

Wir fassen das Spezifische des aristotelischen Möglichkeitsbegriffs am ehesten auf, wenn wir ihn abheben von jenem megarischen[6] Begriff der Möglichkeit, der vor einigen Jahrzehnten von Nicolai Hartmann erneut zu Ehren gebracht wurde.[7] Möglich ist nach den Megarikern nur das Wirkliche. Denn möglich kann nur das genannt werden, zu dessen Realisierung alle Bedingungen erfüllt sind. Das, zu dessen Realisierung noch eine Bedingung fehlt, ist eben gerade *nicht* möglich. Wenn aber alle Bedingungen zur Realisierung erfüllt sind, dann ist nicht mehr nur von Möglichkeit die Rede, sondern von Wirklichkeit. Daher ist nur das Wirkliche möglich und alles Mögliche wirklich.

So plausibel diese Überlegung zunächst klingt, so wenig stimmt sie doch mit unserem Sprachgebrauch überein.

Wenn wir auf die Uhr schauen und zu jemandem sagen: »Es ist möglich, daß du den Zug noch erreichst«, so würde der Megariker einwenden, daß wir das gar nicht wissen können. Schließlich hängt es ja davon ab, wie schnell er laufen kann, ob es Verkehrsstauungen gibt usw., und nur, wenn alle Bedingungen realisiert werden, die zum Erreichen des Zuges notwendig sind, dann ist es möglich, daß er ihn bekommt, und dann bekommt er ihn auch wirklich. Aber so sprechen wir nicht. Was meinen wir denn, wenn wir sagen: »Es ist möglich, daß du den Zug erreichst«? Wir meinen: Du *kannst* ihn erreichen. D. h. die Laufgeschwindigkeit, die erforderlich ist, um ihn zu erreichen, liegt im Bereich dessen, was die Natur unseres Gesprächspartners erlaubt.

Wenn wir von Möglichkeiten sprechen, die ein existierendes Wesen hat, so meinen wir damit einen gewissen Spielraum möglicher Zustände, die an ihm vorkommen können, im Gegensatz zu anderen Zuständen, die ausgeschlossen sind. Mögliche Zustände sind solche, die manchmal vorkommen:[8] damit ist der Begriff der Möglichkeit, *dynamis*, engstens verknüpft mit dem Begriff der Substanz, *ousia*. Der Begriff der Substanz meint ja, wie wir sahen, nicht einen Zustand neben anderen, sondern einen Fundamentalzustand, der das Sein eines Wirklichen definiert und der einen gewissen Spielraum von anderen Zuständen eröffnet, die dem existierenden Wesen *normalerweise* möglich sind.[9]

Auch wenn wir einen bestimmten Hund noch nicht bellen hörten, sagen wir: Er kann bellen. Bellen gehört zu seiner *ousia*, dem Bereich von Möglichkeiten, der durch seine *ousia* eröffnet ist. Hingegen würden wir nicht sagen, daß er morgen wie eine Nachtigall wird singen können, denn das kommt im Umkreis des Hund-Seins nicht vor. Umgekehrt würden wir sagen, wenn er aus irgendeinem Grund *tatsächlich* nicht bellen kann, er sei ein defizienter Hund, denn bellen gehöre normalerweise zum Können des Hundes.

Der megarische Begriff der Möglichkeit besagt, daß jemandem eine Sache nur dann möglich ist, wenn er sie nicht nur kann, sondern auch will und tut. Dagegen nimmt Aristoteles für das Zustandekommen des Wirklichen die platonische Unterscheidung von *causa* und *conditio sine qua non* auf und unterscheidet analog *wesentliche* Bedingungen von Randbedingungen des Könnens. Die wesentlichen Bedingungen sind diejenigen, die aus den fundamentalen Dispositionen der Substanz resultieren.

Jemand sagt, er könne Klavierspielen. Wenn wir ihn auffordern, er möge spielen, so antwortet er aber, er könne jetzt nicht, weil kein Klavier da sei. Hier wird »Können« einmal im aristotelischen und einmal im megarischen Sinne gebraucht. Das Hier-und-jetzt-Können setzt das Erfülltsein *aller* Bedingungen, also die Wirklichkeit des Gekonnten, voraus. Das substantiale Können ist damit nicht identisch, sondern es bezeichnet genau diejenige Bedingung für die Realisierung eines bestimmten Ereignisses, die als Disposition durch dieses Ereignis definiert ist. In unserem Fall eben: Klavierspielen-Können. Alle anderen Bedin-

gungen sind dieser gegenüber akzidentell. Wenn wir von einem bestimmten Menschen sagen: »er kann nicht Klavier spielen«, dann meinen wir nicht, daß kein Klavier im Raum ist. Sonst könnten wir nur sagen: Er *kann*, wenn er es auch gleichzeitig tut.[10]
Man kann daher nicht sagen, daß Klavierspielen-Können eine Eigenschaft x ist, die unter anderem dazu dient, daß ein Mensch, der sie hat, Klavier spielt, wenn er an ein Klavier gesetzt wird, sondern dieses x ist nichts anderes als die Fähigkeit zur Realisierung des Klavierspielens, und sonst ist sie gar nichts. Da das Können durch den Bezug auf seine Verwirklichung definiert ist, muß es zwar nicht *diese* bestimmte Verwirklichung, wohl aber eine Verwirklichung von »so etwas wie diesem« schon geben, ehe von der Möglichkeit überhaupt gesprochen werden kann. Darum sagt Aristoteles, die Wirklichkeit sei vor der Möglichkeit.

Die aristotelische Definition der Bewegung ist im Grunde die Vermittlung zwischen den beiden genannten Möglichkeitsbegriffen: Bewegung ist *Realmöglichkeit*. Das ist näher zu erläutern.

2. Die aristotelische Lehre von der Bewegung

Wie wir sahen, ist für Aristoteles alle wirkliche Bewegung gerichtet. Damit ist sie *per definitionem* in einem weiteren Sinn teleologisch verfaßt, in heutiger Sprechweise »intentional«. Die berühmte Definition der Bewegung aus der »Physik« (III,3) lautet:[11]

> Bewegung ist die Entelechie, die Wirklichkeit des potentiell Seienden als solchen, kürzer: *Bewegung ist die Wirklichkeit des Möglichen als des Möglichen.*

Das heißt nicht, wie man oft liest, Bewegung sei »der Übergang von der Möglichkeit zur Wirklichkeit«.[12] Schon Thomas von Aquin wies auf das Zirkuläre dieser Definition hin. *Übergang* ist selber eine Bewegung, und was Bewegung sei, wollen wir ja verstehen.

a) Die Antizipationsstruktur der Bewegung: Teleologie im weiteren Sinn

Wenn wir von einem Gegenstand, der sich in A befindet, sagen, er habe die Möglichkeit, in B zu sein, so heißt das für Aristoteles, daß dies zu seinen substantiellen Möglichkeiten gehört. Der Megariker würde einwenden, das sei nur eine Denkmöglichkeit. Damit etwas wirklich möglich ist, müßten alle anderen Bedingungen erfüllt sein. Aber in diesem Falle befände er sich ja bereits in B, und das Reden von der Möglichkeit verfiele Ockhams Rasiermesser.[13] Die aristotelische Antwort hingegen zeichnet *einen* bestimmten Zustand des Gegenstandes A in bezug auf B als *Realmöglichkeit* aus, nämlich den der Bewegung von A nach B. Wir können genau dann von der Wirklichkeit der Möglichkeit, kürzer: der Realmöglichkeit, *entelecheia tou dynamei ontos he toioutou*, sprechen, wenn die Möglichkeit dadurch wirkliche Möglichkeit ist, daß Bewegung stattfindet. Nicht die Wirklichkeit ist damit schon wirklich, aber die Möglichkeit ist Realmöglichkeit. Wenn der Gegenstand sich in Bewegung auf B befindet, dann sind alle weiteren Bedingungen dafür, daß B eintritt, akzidentell: es darf nur nichts dazwischen kommen. Ceteris paribus ist die Erreichung von B sicher. Alles, was eine Störung hervorrufen könnte, ist akzidentell, »zufällig«, *kata symbebekos*. Sein Ausbleiben kann nicht im gleichen Sinne unter die Bedingungen von B gerechnet werden wie die Bewegung selbst. Die Bewegung auf B ist als solche die Antizipation des künftigen Zustandes B. »Bewegung ist die Gegenwart der Zukunft« (C. F. Weizsäcker). Man kann gar nicht von der Bewegung eines Gegenstandes in A_1 zu einem Zeitpunkt t_1 sprechen,[14] ohne einen Ort A_2 zu antizipieren, in welchem sich der Gegenstand zu t_2 befinden wird. Für den Begriff der Ruhe gilt dasselbe; nur ist dann A_1 gleich A_2.[15] Die Bewegung als Wirklichkeit der Möglichkeit zu fassen heißt, sie als Möglichkeit eines künftigen Zustandes zu begreifen, der zur Definition des Gegenwärtigen gehört, und zwar *als* Möglichkeit: denn es ist jedem künftigen Zustand eigentümlich, daß er nicht mit Sicherheit eintritt. Denn zwischen jedem Zustand und jedem folgenden liegt eine Zeitspanne, während der etwas »dazwischen kommen kann«. Gleichwohl kann man nicht auf den Begriff der Antizipation eines Künftigen verzichten, wenn ein Gegenstand als bewegter beschrieben werden soll.

Für Aristoteles bedürfen alle natürlichen Bewegungen, d. h. Veränderungen, nicht nur eines Anfangsgrundes, sondern auch eines Grundes, bis zu einem bestimmten Ende fortgesetzt zu werden. Aristoteles kennt kein Trägheitsprinzip. Für ihn ist Ortsbewegung nicht der Grund, sondern nur ein Fall von Zustandsänderungen. Und auch wir erklären etwa das Wachstum einer Pflanze nicht mit Hilfe eines Trägheitsprinzips, das die Pflanze veranlaßt, im »Zustand« des Wachstums zu »verharren«. Aristoteles' These zur Erklärung von Fortsetzung und Ende natürlicher Bewegungen ist die, daß der Zustand B genau dann die Fortsetzung der Bewegung und ihr Ende in B *erklärt*, wenn er selbst ein natürliches Ziel darstellt.

Formen der Bewegung[16] sind die quantitative Zu- und Abnahme (Wachsen und Schrumpfen), die Qualitätsänderung (e. g. Bleichen von Farber in der Sonne) und als einschneidendste Form das Entstehen und Vergehen von Substanzen. Dies geschieht in einem Augenblick. Ein Lebewesen, das durch Zeugung entstanden ist, ist jedoch als Substanz noch nicht alles, was es sein kann, sondern muß erst durch Wachstum seine volle Gestalt, sein *eidos* ausbilden.

Das *telos* des Wachsens ist die Ausbildung der substantiellen Form des entstandenen Körpers. Das *telos* der natürlichen Ortsbewegung ist ihr *oikeios topos*, ihr »Zuhause«: die schweren Körper fallen auf die Erde, weil ihr zugehöriger Ort unten ist, die leichten steigen nach oben.

Wenn ein Stein nach oben fliegt, weil jemand ihn geworfen hat, so nennt dies Aristoteles eine »erzwungene Bewegung«. Der Stein macht sich diese nicht aktiv zu eigen, was man daran sieht, daß er bald seine Richtung ändert und wieder auf die Erde zurückkommt. Er gleicht darin einem ausgerittenen Pferd, das hungrig wird und zum Stall zurückstrebt.

Nicht jedes Ende einer natürlichen Bewegung ist gleichzeitig ihr natürliches Ende, ihr Ziel. Ein Stein kann in seinem Herabrollen vom Berg von einem größeren gebremst, die Ausbildung einer Blüte kann durch Wassermangel verhindert werden; Aristoteles wählt als Beispiel hierfür den Tod des Menschen: wäre jedes Ende *telos*, so wäre der Tod das Ziel des Lebens. Das natürliche *telos* des Lebewesens ist jedoch die Ausbildung seines *eidos*; der Tod ist demgegenüber *ananke*, blinde Notwendigkeit. Allerdings kann er selbst wiederum funktional bezogen sein auf ein übergeordnetes *telos*: das der Erhaltung der Art.

Nur *eine* natürliche Bewegung kommt an kein Ende: die Kreisbewegung der Gestirne. Diese bestehen für Aristoteles aus einer besonderen Art von Materie,[17] die als Ziel keinen *oikeios topos* oben oder unten hat, sondern ihr *telos* ist die in sich zurückkehrende Bewegung selbst. Die Gestirne sind wie bei Platon die vollkommensten natürlichen Körper.

Alle anderen natürlichen Bewegungen hingegen haben Anfang und Ende. Ihr natürliches Ende ist bestimmt durch die *physis*, die *ousia* des Bewegten, genauso wie die Eigenart der Bewegung selbst: So wie verschiedene Lebewesen verschieden schnell wachsen, fallen für Aristoteles die Körper auch verschieden schnell.[18] Erst die Abstraktionen Galileis lehrten uns ein anderes.

Das natürliche Ende der natürlichen Bewegung ist für den Körper dort, wo er sich – anthropomorph gesprochen – wohl befindet. Wenn ein bestimmter Gleichgewichtszustand erreicht ist, dann ruht er in bezug auf diese bestimmte Bewegung.

Für das Teleologieproblem stellt sich nunmehr aber die zentrale Frage: Inwiefern kann ein solch antizipiertes *telos* Prinzip, *arche* und Ursache, *aitia* einer Bewegung genannt werden? Dies ist die Frage nach der Teleologie im engeren Sinn, nach der materialen Teleologie.

b) Die Orientierung der natürlichen Bewegung am Prinzip des Besten: Teleologie im engeren Sinne

Aristoteles' These zur natürlichen Bewegung ist, daß es bestimmte, charakteristische Möglichkeiten des Seienden gibt, die die Richtung und das Ende ihrer Bewegungen bezeichnen. Das natürliche *telos* der Bewegung hat so für diese selbst einen Erklärungswert. Die natürlichen Endzustände können als das »Um...willen« natürlicher Bewegung begriffen werden, durch welches diese Bewegungen als natürliche verstehbar werden. In diesem Sinne ist das *telos* Ursache und Antwort auf die Warumfrage in bezug auf die Richtung einer natürlichen Bewegung, denn das *telos* ermöglicht im Gegensatz zu anderen Gründen das Verstehenkönnen im ausgezeichneten Sinne, nämlich nach Analogie der Selbsterfahrung. Davon wird später noch die Rede sein. Hier müssen wir zunächst untersuchen, in welcher Weise Aristoteles den Begriff der Ursache differenziert.

Aristoteles unterscheidet vier Arten von Ursachen, d. h. von Antworten auf die Frage, warum etwas so ist, wie es ist. Auch hier orientiert er sich zunächst an unserem Sprachgebrauch und damit der alltäglichen Naturerfahrung.[19]

> Aristoteles glaubte nicht, daß die »Physik« d. h. die Naturphilosophie einen eigenen methodischen Zugang zur Natur habe, der von unserer Vertrautheit mit der Natur ganz unabhängig ist. Im Gegenteil: wenn wir diese Vertrautheit abschnitten – oder durch sog. »Präzisierung« ersetzten[20] –, dann würden wir zu gar keiner Erkenntnis gelangen. Alle unsere heutige, experimentelle Naturerfahrung – Aristoteles kannte das Experiment sehr wohl, hielt es jedoch für unerheblich in bezug auf die Wissenschaft von der Natur[21] – ist in jene Vertrautheit auch dann eingebettet, wenn sie ausdrücklich davon absieht. Denn wie käme es sonst, daß wir aus dem »Chaos der Empfindungen«, dem »Continuum der Wahrnehmungen« (Kant) Einheiten wie einen Schmetterling, ein Gänseblümchen oder ein Heliumatom[22] herausgreifen und zum Gegenstand der Wissenschaft machen? Natürlich deswegen, weil solche Einheiten aus einer ursprünglichen Erfahrung stammen. Wir reden immer schon so über Natur, als gäbe es in ihr Dinge, die von anderen

Dingen unterschieden sind. Das aber ist gerade *kein* Ergebnis von wissenschaftlicher Experimentalforschung, sondern Voraussetzung jeder Umgangsweise mit der Natur.

Die Orientierung an unserem gewöhnlichen Sprechen führt Aristoteles zu seiner Lehre von den vier Ursachen:

1. *causa materialis* - Materialursache
2. *causa efficiens* - Wirkursache
3. *causa formalis* - Formursache, Gestaltursache
4. *causa finalis* - Zweckursache, Endursache

Betrachten wir ein Klavier, das sich in einem Haus an der Côte d'Azur befindet. Es ist verstimmt. Warum? Eine Antwort lautet: weil es aus Holz ist. Die Angabe der Materialursache ist für Aristoteles im Gegensatz zu Platon eine echte Antwort, weil die bestimmte Materie – Holz – selbst eine substantielle Form besitzt, und zu deren *ousia* gehört es, daß es sich leicht verziehen kann.

Eine andere Antwort ist, daß die Verstimmung vom feuchten Meerwind herrührt, der das Haus den ganzen Tag durchweht. Es wäre die Angabe der Wirkursache.

Zum dritten kann man auf die Formursache hinweisen: zu Musikinstrumenten gehört es als Möglichkeit, daß sie manchmal verstimmt sind. Das Sichverziehen des Holzes bedeutet ja nur dann Verstimmtsein, wenn es sich bei dem Holz um ein Musikinstrument handelt. Man kann bei Angaben der Formursachen noch ins Bestimmtere gehen und sagen, daß das Klavier von jener Art ist, wie sie die Firma Hulesch & Quenzel[23] baut, die dafür bekannt sind, besonders leicht verstimmbar zu sein.

Die letztbegründende Antwort ist allerdings noch einmal von anderer Art. Verstimmtsein ist ein negativer Ausdruck. Verstimmtsein gibt es nur als Verstehen eines vorausgesetzten Zweckes des Klavieres, nämlich Musik wiederzugeben. Ein verstimmtes Klavier gibt sie schlecht wieder. Schlecht kann nur etwas geschehen, das auch gut geschehen kann. Das Verfehlen des *telos* setzt das *telos* wiederum voraus. Allerdings wird es nicht durch das *telos* erklärt, sondern an die Stelle des »Um ...willen« tritt hier für Aristoteles der *Zufall*, das zufällige Zusammentreffen einer Reihe von natürlichen Prozessen, deren jeder für sich allerdings wiederum einer Erklärung bedürftig und fähig ist. Die Erklärung der fundamentalen Prozesse aber muß teleologisch sein, weil fundamentale Prozesse nicht zufällig sind.

Um zu wissen, was ein verstimmtes Klavier ist, muß ich wissen, was ein

Klavier ist, und dazu genügt es nicht, daß mir jemand dessen Namen sagt, nicht, daß ich weiß, woraus es besteht, wer es gemacht hat, wie die Gestalt beschaffen ist; ich muß wissen, wozu es dient. Das Wissen *»wozu?«* gibt für Aristoteles die erste aller Ursachen an: das Sitzen-wollen geht allen Stühlen voraus. Wenn wir nicht sitzen wollten, würden wir keine Stühle bauen, gäbe es keine Stuhlbauer, Stuhldesigner, und man würde kein Holz für Stühle schlagen. Wenn das *telos* einer Sache verschwindet, dann verschwindet – so Plato in seinem Beispiel von der Schiffbaukunst[24] – nach einer gewissen Zeit die Sache selbst.

Der Antiteleologismus der neuzeitlichen Wissenschaft seit dreihundert Jahren macht Aristoteles mit ermüdender Regelmäßigkeit den Vorwurf, daß er das Problem der Teleologie in der Natur immer an künstlichen Dingen wie Stühlen oder Schiffen orientiert habe, bei dem man nur deswegen von einem Zwecke sprechen könne, weil der Mensch, das zwecksetzende Wesen, diese hergestellt habe. Gerade das fehle jedoch bei Naturdingen, und das habe Aristoteles völlig übersehen.

Es scheint allerdings eher so, als habe der, der so argumentiert, selbst übersehen, welch subtile Antworten Aristoteles gerade zu diesem Problem immer wieder gibt. Kunstdinge, so Aristoteles, sind in der Tat dadurch charakterisiert, daß sie selbst aus einem Was und einem Woraus bestehen, daß aber die Wirkursache und der Zweck nicht in ihnen, sondern im Menschen liegen. Wenn man dann weiter fragt, *wie* denn der Zweck Ursache sei, (»wie er *wirke*«), so lautet die Antwort, daß er im Bewußtsein des Machers liege, daß er diesen zum Handeln und Herstellen motiviere. Unter dem Gesichtspunkt des Zweckes organisiert sich die herstellende Tätigkeit, werden die Kausalprozesse koordiniert, die für die Verfertigung notwendig sind.

Ein Naturding hingegen ist dadurch charakterisiert, daß das Was und Wozu *in ihm selbst in eins fallen*. Der Zweck ist die Form der Sache selbst, darum auch das Wort *entelecheia:* ich trage das Ziel in mir. Wenn man die Prozesse zu verstehen sucht, die sich in einem lebendigen Körper abspielen, so muß man sich an ihren möglichen oder funktionalen Bedeutungen für die Erhaltung oder Produktion des Lebewesens orientieren.

Ausgangspunkt solchen Verstehens ist das natürliche Wesen Mensch, das von sich selbst her weiß, wozu seine Teile, Organe[25] »gut«, d. h. zu gebrauchen sind. Der Mensch »ist das bekannteste Tier, denn seine Teile entziehen sich der Wahrnehmung nicht«.[26] Wir könnten handelnd andere Dinge nicht unter Zweckgesichtspunkten organisieren, wenn wir nicht selbst schon als natürliche Wesen in einer Verfassung des »Um . . . willen« da wären, wenn unser eigenes So-sein nicht für uns den Charakter des *telos* hätte. Erst im Machen treten Zweck- und Formursachen auseinander. Und nur hier gilt dann entsprechend, daß auch die Wirkursache von anderer Art ist als die Formursache. Natürliche Lebewesen werden nicht gemacht, sondern gezeugt; nämlich durch Lebewesen der gleichen Art. Und Aristoteles geht davon aus, daß sie nie anders zustande gekommen sind: die (natürlichen) Arten selbst sind so ewig wie die Welt.

Klaviere hingegen werden hergestellt von Klavierbauern, nicht von anderen Klavieren. Das *eidos*, die *morphe*, die Gestalt, wie Aristoteles lieber sagt, des Klaviers besteht vor seinem Bau im Bewußtsein des Herstellers. Dort ist es repräsentiert, ohne sich zu verändern, eine Eigentümlichkeit der menschlichen Seele, die nach Aristoteles »gewissermaßen alles ist«. Auch andere Substanzen nehmen fremde Formen auf, aber diese werden assimiliert, in die eigene Form verwandelt, oder aber sie verändern umgekehrt den Rezipienten. Etwas im Bewußtsein haben heißt nicht, es assimilieren, z. B. verdauen, oder von ihm assimiliert werden, sondern es heißt: es als es selbst vergegenwärtigen. Genau das bedeutet für Aristoteles Erkennen: etwas als ein Anderes in seinem eigenen So-sein vergegenwärtigen, ohne es dabei zu verändern und ohne sich selbst zu verändern: die Farbe Blau erkennen, heißt gerade nicht: blau werden.

Aristoteles betrachtet die Naturdinge nicht naiv nach Analogie der künstlichen Gegenstände, sondern im Gegenteil: würden wir nicht natürliche und künstliche Gegenstände in einem gewissen Sinn als analog verstehen, dann könnten wir freilich überhaupt nicht über die Natur reden.[27] Der ontologische Grund dafür besteht aber nicht darin, daß wir unberechtigter Weise die Natur durch die Brille der Kunst sehen, sondern es ist umgekehrt: die menschliche Kunst – *techne* – ahmt auf eine unvollkommene Weise die Natur nach.

Heute wird zum erstenmal die Möglichkeit diskutiert, wie der Mensch Gegenstände machen könnte, die selbst Gegenstände von derselben Art herstellen.[28] Aber selbst, wenn je so etwas in der Praxis gelingen sollte, so bleibt es dennoch bei einer voraussichtlich sehr unvollkommenen Nachahmung der Natur, die eben dies schon lange kann.

Nicht jedes Ende einer Bewegung hat den Charakter eines *telos*, wie wir gesehen haben. Der Tod ist nicht das *telos* eines Lebewesens. Wir interpretieren die Leistungen von Herz und Lungen nicht unter dem Aspekt, wie sie es schaffen, das Lebewesen umzubringen, sondern wie sie dazu beitragen, daß dieses Lebewesen sich am Leben erhält. Damit ein *telos* im engeren Sinne einen Erklärungswert für eine natürliche Bewegung hat, muß das *telos* als »Um ... willen« der Bewegung verstehbar sein. Damit dies möglich ist, muß der Endzustand, *telos*, den Charakter des Guten für das Bewegte haben.

Nur unter einer solchen Voraussetzung können wir überhaupt fehlerhafte oder mißratene Zustände in der Natur konstatieren. Schließlich kommen alle Abweichungen, krankhaftes Wachstum, fehlerhafte Geninformationen, exogene Beschädigungen, aufgrund genau derselben Naturgesetze zustande, die zu normalen Exemplaren führen. In der Sicht des Aristoteles wird in solchen Fällen die dem Lebewesen eigentümliche Gestalt als *telos* durch Prozesse niedrigerer Art überwältigt, deren Zielursachen in der Selbständigkeit einzelner Körperzellen, in der Selbständigkeit fremder, bakterieller Erregerzellen, oder auch nur im Drang eines Steines zu seinem *oikeios topos* bestehen, der auf dem Weg dahin als Steinschlag einem Lebewesen das Dach beschädigt.

Der Hinweis auf ein *telos*, das den Charakter des Guten, Besten[29] für ein natürliches Wesen hat, stellt eine befriedigende Antwort auf Warum-Fragen bezüglich eines natürlichen Prozesses dar. Wir untersuchen andererseits in der Natur nicht einfach beliebige Prozesse, sondern immer nur solche, die sinnvolle Warumfragen zulassen: funktionale Zusammenhänge und, nachdem diese in der Regel zu komplex sind, Dysfunktionalitäten und Abnormitäten.[30] Wir gehen von bestimmten Zuständen aus und fragen rückwärts nach dem Zustandekommen derselben. Insofern ist alle Naturbetrachtung schon eine verkappt-teleologische im materialen Sinne.[31]

Unverhüllt teleologisch ist sie dort, wo wir das *telos* als eine Erklärung für die bestimmte Organisation des Prozesses akzeptieren. Nicht jeder Zustand aber läßt nach einem vernünftigen Erklärungsgrund fragen: nicht z. B. die bestimmte, regellose Gestalt der Müllhalde (s. o.).

Wenn wir aber einen Gegenstand als ein Ganzes aus Teilen ansehen, die auf das Ganze bezogen sind, d. h. wenn wir ihn als System interpretieren, das im Verhältnis zu seiner Umwelt das Bestreben hat, sich als dieses zu erhalten, heißt das, wir *sehen* ihn teleologisch an.

Bei einer Müllhalde haben wir nicht den Eindruck, daß sie bestrebt ist, sich selbst in diesem speziellen Zustand zu erhalten. Wenn wir aber einen in sich zurückkehrenden Prozeß wie den Wasserkreislauf[32] beobachten, dann ist die Frage sinnvoll: woher kommt das? Vorkommnisse, die es wert sind, sich mit ihnen zu beschäftigen, haben sehr häufig diese Struktur. Wenn wir bei einem Wasserkreislauf dann nach dem Guten fragen, welches der Kreislauf selbst aufrecht zu erhalten bestrebt ist, so werden wir entdecken, daß wir uns in diesem Fall geirrt haben. Aber nicht immer irren wir uns mit solchen Fragen bei natürlichen Gegenständen.

Wenn etwa ein Maler besagte Müllhalde realistisch gemalt hat, dann können wir ihn sehr wohl fragen, warum er sie gemalt hat. Die Antwort: »sie sah doch so aus«, würden wir nicht akzeptieren; es sieht überall irgendwie aus. Er muß uns einen Grund nennen, warum er gerade *dieses* Bild gemalt hat. Bilder betrachten wir nämlich von vornherein als absichtlich verfertigte Gegenstände; darum können wir sinnvollerweise auch nach ihrem »Warum?« fragen und werden es als Antwort nicht akzeptieren, daß sie genauso so sind wie unbeabsichtigt entstandene.

Telos ist für Aristoteles der erste aller Gründe. Wenn wir etwas nicht unter dem Gesichtspunkt betrachten können, daß es sich in irgendeiner Weise positiv oder negativ auf ein »Um ... willen« bezieht, dann können wir sinnvollerweise gar nicht nach seinen Gründen fragen; denn dann ist es gar nicht ein bestimmtes Etwas.

c) Teleologie und Teleonomie

Nicht alles, was wie ein Produkt einer sinnvollen Bewegung aussieht, ist deswegen auch wirklich Resultat einer solchen. Es ist – so Aristoteles – entweder Produkt eines teleologischen Prozesses oder ein Produkt des Zufalls. Dem entspricht die heute übliche Unterscheidung zwischen Teleologie und Teleonomie.[33] Teleonomie ist die Betrachtung von Gebilden unter dem Gesichtspunkt ihrer wie immer gearteten Zweckmäßigkeit, wobei aber – im Gegensatz zur Teleologie – die Zweckmäßigkeit des Gebildes *nicht* als Erklärungsgrund für sein Dasein herangezogen werden kann.

So können wir in der Natur etwas finden, was sich als Stuhl eignet, ohne deshalb dem Gebilde zu unterstellen, es sei das Resultat eines natürlichen Prozesses, der auf die Herstellung von Stühlen ausgerichtet war.

Von Zufall aber, so Aristoteles, sprechen wir nur, wo wir es mit teleonomischen Gebilden zu tun haben, solchen also, die sich auch als Gegenstand einer teleologischen Erklärung nahelegen. Zufall nennen wir genau diejenige Art von Hervorbringung oder Verhinderung eines zweckmäßigen Zustandes, die nicht ausdrücklich auf dessen Hervorbringung oder Verhinderung gerichtet war. Wenn wir aber den Zweckgesichtspunkt außer acht lassen, dann verlieren wir auch den Zufallsgesichtspunkt.
Dies kommt in einer Szene von Karl Valentin komisch zur Geltung:[34]

»K. V.: Hat's Ihnen der Anderl schon erzählt?

Der Kapellmeister: Warum, was will er denn noch?

K. V.: Denken S' Ihnen nur, wir haben gestern einen Zufall erlebt. Ich und der Anderl gehen gestern in der Kaufinger Straße und reden grad so von einem Radfahrer – im selben Moment, wo wir von dem Radfahrer sprechen, kommt zufälligerweise grad einer daher.

Der Kapellmeister: Ja – weiter?

K. V.: Was weiter?

Der Kapellmeister: Wo ist denn da der Zufall?

K. V.: Ich sag, mir haben von einem Radfahrer gesprochen – und im selben Moment, wo mir von dem Radfahrer geredt habn, ist grad einer daherkomma!

Der Kapellmeister: Ja – und was war dann mit dem Radfahrer? Was hat denn der getan?

K. V.: Nichts! – Weitergfahrn is er.

Der Kapellmeister: Also, das ist doch kein Zufall mit dem Radfahrer da! – Das ist überhaupt nix! – Gar nichts!

K. V.: Sie ham halt a andre Weltanschauung.

– Ohne den Zweckgesichtspunkt ist der Zufallsgesichtspunkt unsinnig. Wo aber beides unsinnig ist, da ist »überhaupt nix«.

Könnte man nun aber nicht die heute gängige Folgerung ziehen, daß *alle* natürlichen Prozesse, die zweckgerichtet erscheinen, lediglich teleonomisch sind, also zweckmäßig ohne Zweck? Aristoteles widerlegt diese Ansicht im achten Kapitel des 2. Buches der »Physik«.

Aristoteles unterscheidet zunächst zwischen teleologischen Prozessen und solchen »aus Notwendigkeit«, gemäß der Unterscheidung von *nous* und *ananke* bei Platon:

> »Wir haben nunmehr zwei Dinge zu behandeln: erstens, warum die Natur zu den Gründen gehört, die unter Zwecken stehen; sodann das Problem, welche Rolle das Notwendige im Naturgeschehen spielt. Die Notwendigkeit gilt ja allgemein als der Grund, auf den zurückzugehen sei, indem man sagt: weil das Warme und das Kalte und jedwedes derartige Letztmoment von Hause aus so und so ist, darum muß mit Notwendigkeit dies und das statthaben und dies und das geschehen. Dies ist auch dann nicht anders, wenn zunächst ein anderer Grund eingeführt wird; etwa von einem Denker die Liebe und der Haß, von einem anderen die Vernunft: kaum eingeführt, bleibt er sogleich wieder aus dem Spiel« (198 b 10–17, ü. Wagner S. 51).

Dies war der Vorwurf gegen Anaxagoras: er rede von *nous*, aber in allen konkreten Fragen argumentiere er materialistisch und lasse die Vernunft beiseite.

> »Da tritt nun die Frage auf: Warum soll es denn undenkbar sein, daß die Natur ohne alle Finalität und Rücksicht auf das Bessere arbeite, daß vielmehr alles in der Natur nur der Regel der Notwendigkeit folge, wie beispielsweise Zeus es regnen lasse, nicht um das Getreide wachsen zu lassen, sondern aus reiner Notwendigkeit – denn die aufgestiegene Luft müsse abkühlen und die abgekühlte Luft müsse, zu Wasser geworden, herunterfallen; sei es aber dazu gekommen, so sei das Wachsen des Getreides bloß eine beiläufige Folge der Umstände –; und genauso, wenn einem Bauern das Getreide infolge des Regens auf dem Dreschhof verdirbt: es regne nicht zu dem Zweck, daß das Getreide verderbe, sondern das Verderben des Getreides sei die bloße Folge aus den Umständen« (198b 17–23, ü. Wagner S. 51).

Aristoteles unterscheidet zwischen Folgen, die einem Prozeß eigentümlich sind, und beiläufigen Folgen, die mit der Natur des Prozesses nichts zu tun haben: so das Wachsen und Verderben von Getreide mit dem Wasserkreislauf.[35] Weder das Wachsen noch das Verderben des Getreides ist *telos* dieses Kreislaufs, es hat keinen Erklärungswert im Verhältnis zu meteorologischen Prozessen. Hierauf trägt Aristoteles die so modern anmutende Theorie des Empedokles[36] über die Entstehung der Lebewesen aus Zufall – hier identisch mit »Notwendigkeit« – vor:

> »Was soll demnach die Annahme unmöglich machen, daß die Dinge auch bei der Gestaltung der Organe in der Natur ebenso liegen, daß z. B. die zum Schneiden der Nahrung tauglichen Vorderzähne *aus reiner Notwendigkeit* als scharfe Zähne, die Backenzähne aus gleicher Notwendigkeit als breite und zum Mahlen der Nahrung zweckmäßige Zähne hervorgekommen seien? Denn dies sei ja nicht etwa mit solcher Zwecksetzung geschehen, sondern es habe sich beides eben so zusammengefunden; und nicht anders lägen die Dinge bei allen Organen, bei denen zunächst eine Zweckbestimmtheit der Gestaltung vorzuliegen scheine. Alle Gebilde, bei deren Entstehen sich alles gerade so ergeben habe, wie es auch ein zweckbestimmtes Werden hervorgebracht haben würde, hätten sich nun am Leben erhalten können, da sie dank dem blinden Zufall einen lebensdienlichen Aufbau besessen hätten. Das übrige aber sei zugrundegegangen und gehe stets zugrunde, Gebilde also wie die, von denen Empedokles spricht: Rinder mit dem Vorderleib eines Menschen« (198b 23–33, ü. Wagner S. 51f.).

Diese Theorie im speziellen und die ateleologische Natursicht im allgemeinen widerlegt Aristoteles mit vier Gegenthesen.

Das erste Gegenargument des Aristoteles ist ganz einfach die Regelmäßigkeit der Zweckphänomene (erst unsere Zeit vermag diese in den Begriff der Notwendigkeit als »Naturgesetzlichkeit« mit einzubeziehen). Nur wenn wir sehen könnten, wie dauernd Unzweckmäßiges neben Zweckmäßigem entsteht und ausstirbt, würde des Empedokles Theorie plausibel sein. Aber wir sehen doch nur, daß aus den zweckmäßig existierenden Organismen immer wieder zweckmäßige hervorgehen. Und selbst die Lebewesen, die durch Urzeugung[37] entstehen – Würmer, Insekten, Schlangen, Schildkröten –, entstehen nicht in beliebigen Formen, sondern immer wieder in denselben.

Im Falle des Gedichts aus hingeschütteten Buchstaben könnten wir ja bei großem Wohlwollen zugeben, es habe sich um einen Zufall im Sinne eines sehr unwahrscheinlichen Ereignisses gehandelt. Wenn wir aber den Werfer aufforderten, er solle es noch einmal versuchen, und es käme immer wieder das Gedicht zustande, dann würden wir uns allerdings weigern, von einem Zufall zu sprechen, sondern eher geneigt sein, an einen verborgenen Mechanismus oder an Parapsychologie, jedenfalls aber an einen Zweck zu glauben.

Für Aristoteles mag das einmalige Auftreten einer sinnvollen Struktur durch Teleonomie, durch Zufall im Sinne von Notwendigkeit, hingehen, aber nicht ihr regelmäßiges Auftreten. Die Stärke der modernen Replik beruht darauf, daß der Reproduktionsmechanismus selbst als einmal entstandenes Faktum verstanden wird (vgl. das 8. Kapitel).

Das zweite Gegenargument ist der Vergleich von menschlichem Handeln mit Naturprozessen. Bei allen Tätigkeiten, die ihren bestimmten Abschluß in einem Ziel besitzen, gilt, daß die Etappen der Tätigkeit in bestimmter Ordnung eine nach der andern um dieses Zieles willen vollzogen werden.[38] Unter der Voraussetzung, daß keine äußeren Hindernisse auftreten, deckt sich dabei die Ordnung menschlichen Herstellens mit der Naturproduktion. Da aber Handeln final bestimmt ist, ist es auch die Naturbildung. Wäre ein Haus ein Naturprodukt, so käme es genauso zustande, wie es faktisch durch menschliche Arbeit hergestellt wird. Könnten wir umgekehrt Bakterien herstellen, so würde es so geschehen, wie die Natur es selbst macht.

Es scheint nicht einzuleuchten, wenn man dagegen hält, daß wir doch organische Stoffe aus anorganischen herstellen können, dabei aber ganz andere Wege gehen als die Natur. Aristoteles würde das aus zwei Gründen zurückweisen. Zum ersten müssen wir die Randbedingungen berücksichtigen. Es geht nicht nur darum, die Synthese einer Aminosäure *irgendwie* zu bewältigen, sondern darum, sie so zu bewältigen, daß der lebende Organismus nicht geschädigt wird: also bei einer bestimmten Temperatur, bei Vorliegen von vielen anderen, empfindlichen Substanzen im Plasma etc. Da kann dann nicht mit kochender, konzentrierter Salpetersäure nitriert und später reduziert werden. Zum zweiten aber müßte man aristotelisch sagen, daß wir niemals »Naturprodukte« herstellen, sondern nur vorhandene Naturprodukte umarrangieren und Möglichkeiten aktualisieren, die in ihrer *ousia* selbst schon beschlossen liegen. Naturprodukte herstellen, das hieße entelechiale Gebilde herstellen, also Lebewesen oder Elemente. Aber wir können nicht Entelechien »machen«.

Das dritte Gegenargument des Aristoteles ist, daß wir in der Natur von Fehlern[39] reden. Naturerkenntnis schließt die Erkenntnis ein, daß bestimmte Zustände besser sind als andere.

Wenn jemand sagen würde, er kenne sich aus mit Pferden, könne aber ein krankes von einem gesunden Pferd nicht unterscheiden, dann würden wir ihn nicht einen Pferdekenner heißen.

Eine Sache kennen heißt, eine bestimmte, dieser Sache angemessene Verfassung kennen und von ihr andere, unangemessene Verfassungen unterscheiden können. Um überhaupt von Mißratenheit – auch bei Kunstdingen, bei Häusern, Schuhen, Schiffen etc. – von Krankheit, Verkümmerung, Abnormitäten sprechen zu können, muß man den Begriff einer Normalität voraussetzen, der *nicht* statistische, sondern teleologisch fundierte Normalität bedeutet.

Wenn es durch eine globale Katastrophe mehr Hunde mit 3 als mit 4 Beinen gäbe, die Mehrzahl sich also hinkend fortbewegen müßte, würden wir Dreibeinigkeit bei Hunden ebensowenig als normal bezeichnen wie wir Kopfschmerzen oder Blindheit als normal bezeichnen würden, auch wenn 60 % der Menschen darunter litten.

Mit dem reflexiv eingeführten Begriff der Normalität wird Aristoteles zum Begründer der Wissenschaft vom Lebendigen.[40]

Das vierte Gegenargument gegen den Ateleologismus wendet sich gegen die These, die heute wissenschaftlicher common sense ist: Teleologie setze Bewußtsein voraus.

»Widersinn aber ist es, wenn man an ein zweckbestimmtes Werden mit der Begründung nicht glauben will, es sei nichts davon zu sehen, daß die Prozeßursache vorher überlegt habe. Auch der erfahrene Handwerker braucht nicht erst zu überlegen. Und hätte die Schiffbaukunst ihren

Sitz im Bauholz, so wäre ihre Arbeitsweise wie die der Natur. Daraus folgt: Wenn im menschlichen Handeln Finalität vorliegt, dann auch in der Produktion der Natur. Am aufschlußreichsten aber ist der Fall, daß ein Arzt sich selbst behandelt; denn genauso liegen die Dinge auch bei der Natur« (199b 27–32, ü. Wagner S. 54).

Warum überlegt der Handwerker nicht? Weil er *erfahren* ist. Was wir sehr gut können, das können wir ohne Überlegung. Der gute Klavierspieler denkt nicht erst darüber nach, welchen Finger er auf welche Taste drückt. Wenn die Teleologie an das Bewußtsein gebunden wäre, so ergäbe sich das Paradox, daß eine Kunst in dem Maße, in dem sie vollkommen wird, aufhört, teleologisch zu sein. Das Gegenteil ist der Fall. Wir sind ja gerade bestrebt, eine Kunst zu erwerben, um das *telos* möglichst vollkommen realisieren zu können. Und am vollkommensten realisieren wir es – so Aristoteles –, wenn wir dabei *nicht* mehr überlegen müssen. Dann handeln wir wie die Natur selbst. Und so reden wir ja auch, wenn wir sagen, etwas sei uns »zur zweiten Natur« geworden. Die fragliche »erste Natur«, um deren teleologische Gerichtetheit es ja Aristoteles geht, ist diejenige, an deren Wirkungsweise sich die zweite annähert. Sie wirkt ohne Überlegung. Eine Kunst, *techne*, beherrschen heißt, daß ein handwerklicher Herstellungsprozeß z. B. »von selbst läuft«, wie das Flötenspiel eines guten Spielers im Halbschlaf. »Von selbst« heißt hier aber im *Handwerker* oder im *Musiker*, nicht im Werkstück oder der Flöte. Wenn wir uns nun vorstellen, Hersteller und Sache fielen zusammen, so haben wir es mit einem Beispiel für einen teleologischen Prozeß in der Natur zu tun.[41]

Wäre die Schiffbaukunst im Bauholz, dann würde es sich selbst zum Schiff organisieren. Das ist beim Schiff nicht so, darum ist es kein Naturding. Bei Naturdingen sind Hersteller und Sache identisch: wenn sich z. B. ein Lebewesen selbst aufbaut und so Ursache und Wirkung seiner selbst wird. Aristoteles schlägt die Brücke vom Handeln des Menschen zum teleologischen Naturprozeß durch eine Analogie, das Beispiel des Arztes, der sich selbst behandelt.

Hier handelt es sich um einen »Selbstheilungsprozeß«, der den natürlichen Prozessen am nächsten kommt, gerade dann, wenn die »Kunst« die Überlegung minimalisiert hat.

Es ist für Aristoteles kein Einwand, daß für alle diese Beispiele aus dem menschlichen Leben die Überlegung der zur Routine gewordenen Kunst vorangeht. Es gehört dies nicht zu ihrem Wesen als *Kunst*, denn es ist ja der unvollkommenere Zustand. Wer eine Sonate vom Blatt spielen kann, ist offensichtlich dem überlegen, der sich bei jeder Note die dazugehörige Taste überlegen muß. Daher ist es *nicht* die Überlegung, die die Kunst zur

Kunst macht. Spinnen erzeugen ihre kunstvollen Netze ohne Überlegungen, und wenn wir es so wie die Spinnen könnten, so wäre die Überlegung, durch die wir es könnten, der Kunst akzidentell. Natürlich gibt uns Überlegung gegenüber der Routine den Vorteil, in den Wegen zum Ziel variieren zu können, aber das tertium comparationis von Machen und natürlichem Werden liegt nicht darin.
Fassen wir zusammen: Die Zweckursache hat den Primat in der aristotelischen Lehre von den Ursachen. Sie allein kann die Warum-Frage befriedigend im Sinne des Verstehens lösen. Zweckursache ist der Aspekt, unter welchem kausalmechanische Prozesse organisiert und natürliche Formen hervorgebracht werden. Im Substrat der Naturprozesse, der Materie, wiederum kann der Grund für das *Nicht*-erreichen von Zwecken liegen.[42]

Teleologische Strukturen können gestört, ja aufgehoben werden durch die *ananke* der anderen Ursachen. Dies geschieht gegen das *telos.* Aber was gegen das *telos* geschieht, kann seinerseits wieder teleologisch erklärt werden. In den natürlichen Körpern – auch den Elementen – gibt es selbst teleologische Strebungen, die einem übergeordneten *telos* entgegenwirken, wenn sie nicht hinreichend in dieses eingebunden sind.

> Wenn z. B. eine soziale Gruppe nicht harmoniert durch *ananke,* also z. B. aufgrund der besonderen Charaktere ihrer Mitglieder, so kann natürlich jede Ursache der Störung selbst wieder teleologisch interpretiert werden. Jeder »Störer« will ja selbst etwas, sein eigenes *telos.* Eine bakterielle Infektion in einem Organismus stört dessen zweckmäßige Struktur, aber für diese Bakterien selbst ist diese Veranstaltung auf zweckmäßigste Weise ihrer Selbst- und Arterhaltung dienlich.
> Und selbst, wenn ein Mensch versehentlich in einen Brunnen hinabfällt und dabei zu Schaden kommt, so sind dabei die Elemente Erde und Wasser, aus welchen er hauptsächlich besteht, ihrem *oikeios topos,* dem natürlichen Ort der Schwere, etwas näher gekommen.

Auch Störungen teleologischer Prozesse können zurückgeführt werden auf untergeordnete Prozesse und deren teleologische Gerichtetheit. Die niedrigeren Prozesse können jedoch nur Störungen herbeiführen: das höhere *telos* selbst kann aus ihnen nicht erklärt werden.

3. Immanente und transzendente Teleologie

Damit ein *telos* als »Um ... willen« einer Bewegung begriffen und somit Erklärungscharakter für diese Bewegung haben kann, muß dieses *telos* für das Bewegte den Charakter des Guten haben. Das Gute wird – für Aristoteles wie für Platon – verstanden als das dem Sein eines Seienden Zuträgliche. Wenn es jedem Seienden »um sein Sein geht«, so bedeutet dies, daß zu sein jedem Seienden das primäre Gute ist. Der mittelalterliche Aristotelismus drückte das aus durch das Axiom: *omne ens et bonum.* Einen natürlichen Gegenstand als einen solchen auffassen heißt: ihn als etwas auffassen, das sich im Sein zu erhalten strebt. Das unterscheidet Gegenstände von ephemeren, zufälligen Zuständen.

Der Begriff eines Dinges ist für Aristoteles selbst schon ein teleologischer Begriff. Die Frage, ob die teleologische Verfassung eines Dinges, sein Selbsterhaltungsstreben, erst eine Folge seiner Existenz ist oder ob die Entstehung der Dinge selbst bereits teleologisch zu verstehen ist, taucht für Aristoteles nicht auf: natürliche Dinge, Elemente und Organismen sind ewig, sie gehören in ihrer Artkonstanz ursprünglich zur Welt. Das Prinzip *anthropos anthropon genna* – ein Mensch zeugt einen Menschen – vermeidet die Schwierigkeit einer die Dinge selbst konstituierenden Teleologie: in Wirklichkeit ist das *telos* realphysisch schon da im elterlichen Organismus. Da die Organismen ewig sind, benötigt Aristoteles auch keinen Demiurgen. Es gibt über den natürlichen Dingen nur den Gott, das *bonum universale,* das platonische *agathon.* Der Gott ist als »erster Beweger« Grund des Seins und Soseins aller irdischen Dinge. Sie sind nicht nur immanent teleologisch verfaßt, d. h. mit Selbsterhaltungsstreben ausgestattet. Das Selbsterhaltungsstreben ist vielmehr die subjektive Seite eines objektiven »Seinsollens« der Dinge.

Es ist nicht nur blinder Wille, der das Natürliche an seinem Sein festhalten läßt, sondern dieser Wille kann noch einmal durch ein »Um ... willen« interpretiert werden, das über den bloßen, faktischen Bestand des Vorhandenen hinausweist. Gäbe es ein solches transzendentes *telos* nicht, dann wäre das *telos* natürlicher Wesen immer nur eine relative und endliche Innenperspektive, die von außen betrachtet keinen Sinn hat. Natürliche Dinge suchten sich zwar im Sein zu erhalten, aber sie täten das ohne Grund: sie sind eben so. Ein Außenstehender brauchte sich um das Erhaltungsstreben nicht zu kümmern, auch nicht um das Selbsterhaltungsstreben eines Menschen. Dieses ist wie alles andere Streben ein pures Faktum in der Welt. Mit der Beseitigung dieses Faktums wäre ja auch das Streben beseitigt.

Dies war in neuerer Zeit die These Schopenhauers:[43] Alle Wesen sind zwar bestrebt, sich im Sein zu erhalten, aber dieser Wille ist ein blindes, selbst sinn- und zweckloses Faktum. Aller »Wert« von Dingen beruht auf ihrem Nutzen für diesen Willen, sowie der Nutzen des Arztes sich beschränkt auf den Kranken, der gesund werden will. Sein Wert verschwindet, wenn der Kranke diesen Willen nicht mehr hat. Schopenhauer folgert, daß alle Werte als Scheinwerte verschwinden, wenn wir erst einmal das Selbsterhaltungsstreben in seiner Sinnlosigkeit entlarvt haben. Die Einsicht in die Sinnlosigkeit ist zugleich höchster und einziger Sinn, so daß das Ziel des Menschen im Erlöschen des Willens besteht. Fernöstliche Meditation wie Musik sind geeignete praktische Instrumente, um dorthin zu gelangen.

Diese Problematik hatte Platon im »Lysis« schon diskutiert.[44] Er nennt diese Theorie eine Theorie der Freudlosen, und in deren Welt, der schlechtesten aller möglichen Welten, kann man in der Tat nicht leben wollen.

Um die Frage nach dem *telos* der Selbsterhaltung beantworten zu können, führt Aristoteles an mehreren Stellen seines Opus[45] in den Begriff des *telos* eine innere Differenz ein. Wir kennen sie schon aus dem platonischen »Symposion« als die Differenz zwischen objektivem Zweck und subjektivem Motiv. Aristoteles erst entwickelt die Differenz terminologisch in aller Schärfe. Er unterscheidet

telos hou heneka tinos	: lat. *finus cuius (gratia)*
telos hou heneka tini	: lat. *finus cui (Mittelalter, finis quo)*

Das erste »Um ... willen« ist das jeweils erstrebte Ziel, z. B. die Sättigung durch die Speise. Das zweite aber ist das Subjekt, um dessentwillen das Ziel erstrebt wird und das meistens der Handelnde selbst ist.

Für alle endlichen Zwecke leuchtet diese Differenzierung ein. Aber wenn wir von der Erhaltung des Seins sprechen, nach welchem alles Seiende strebt, wird sie problematisch. Der *finis cuius* ist die Selbsterhaltung; aber um wessen willen wird die Selbsterhaltung erstrebt? Sie bewirkt ja in dem, was ist, keinen speziellen Zustand, der zu einem Subjekt hinzukäme: Wenn ich von einem Subjekt und seinen Zuständen spreche, dann unterstelle ich immer schon dessen Sein. Ist das Sein gut für das, was ist? Kehren wir die Frage um: War es schlecht für mich, so viele Millionen Jahre nicht gewesen zu sein? Für wen sollte das schlecht gewesen sein? »Mich« gab es ja noch nicht. Hier kann die Frage nur lauten: bin ich irgendwozu gut? Aber dieses Wozu kann nicht wieder ein endliches Wesen sein. Es muß sozusagen ein absolutes »Um ... willen« sein.

Aristoteles' Antwort ist, daß das Streben alles Seienden, sich im Sein zu erhalten, um der *methexis*, der Teilhabe am Göttlichen, willen geschieht:

»Denn die natürlichste Leistung ist bei den lebenden Wesen, die ausgewachsen und nicht verstümmelt sind oder durch Urzeugung entstehen, die, daß sie ein anderes gleichartiges erzeugen ..., damit sie nach Ver-

> mögen am Ewigen und Göttlichen Anteil haben ... Da diese Wesen am Ewigen und Göttlichen nicht in stetiger Dauer teilhaben können, ... so hat jedes, wie es ihm möglich ist, daran teil, das eine mehr, das andere weniger, und es dauert nicht als es selbst, sondern wie es selbst, der Zahl nach nicht eines, der Art nach aber eines«[46].

Das Streben nach Dauer, sei es als Selbst-, sei es als Arterhaltungsstreben, interpretiert Aristoteles als konstitutive Tendenz der endlichen Wesen, am Göttlichen teilzuhaben.[47] Die Teilhabe ist nun aber nicht selbst ein erwünschter Zustand des Seienden; die Substantialität der Substanz besteht gerade in der Teilhabe und ist nichts außer ihr. Was heißt es, daß es für ein Wesen gut sei, am Göttlichen teilzuhaben? Es hat ja teil, insofern es *ist*.

Andererseits ist aber auch nicht der Gott selbst der *finis cui*, so daß ihm zugute etwas geschähe. Gott – so Aristoteles in der »Eudemischen Ethik« – ist unbedürftig. Zum Gotte selbst können wir uns nicht wie zu einem Freund verhalten, dem wir Geschenke machen, um ihn zu erfreuen. Gott ist schon immer alles, was er sein kann. Er bedarf keines Weiteren, und es gibt nichts Zusätzliches, was er nicht schon hätte. Das »absolute *telos*« des Endlichen kann daher nur in einer je spezifischen Weise der »Repräsentation«, der Darstellung des Göttlichen bestehen. So hat die mittelalterliche Philosophie den Gedanken folgerichtig weitergedacht. Aber bezeichnenderweise sprach schon Platon, wenn er die Selbstzweckhaftigkeit eines Wesens bezeichnen wollte, nicht vom Guten, *agathon*, – das immer bedeutet: »gut für ... « –, sondern vom *kalon*, vom Schönen. Wenn vom *agathon* die Rede ist, so geht es immer um das endliche, bedürftige Wesen, *für das* etwas gut ist. Wenn danach gefragt wird, warum denn überhaupt für ein solches Wesen irgend etwas gut sein solle, dann führt Plato den Terminus des Schönen ein. Beim Schönen stellt sich die Frage nach dem Wozu und Warum nicht mehr. Schön ist dasjenige, was an sich selbst in seiner Existenz gut ist. Das Schöne, Ewige, Göttliche, woran alle endlichen Wesen teilzuhaben streben, ist absolutes »Um ... willen«.

Die nicht-vernünftigen Wesen streben von Natur aus, *physei*, und unbewußt nach der *repraesentatio* des Göttlichen auf die ihnen mögliche Weise durch Selbsterhaltung und Reproduktion. Das mit *logos* ausgestattete Wesen, der Mensch, gleicht ihnen *physei* darin, aber er allein kann dieses *telos* des Schönen und Göttlichen auch unmittelbar selbst thematisieren, wenn er *theoria* treibt, wenn er »unsterbliche Kinder zeugt« (Symposion 209c). Auf die Frage, wozu *theoria* gut sein solle, antwortet Aristoteles: zu sonst nichts. Sie ist selbst die höchste Form der Glückseligkeit. Das Leben in der *theoria* ist allerdings keine eigentlich menschliche Lebensweise: Menschliches Glück besteht im Leben des Bürgers in der *polis*. In dessen adäquater

Realisierung stellt der Mensch sein *eidos* auf schöne Weise und in mittelbarem Verhältnis zur Gottheit dar. *Theoria* kann der Mensch nicht sein ganzes Leben lang treiben; sie ist für wenige die seltene Möglichkeit, zum Göttlichen in ein direktes Verhältnis zu treten. Zu fragen, wozu das gut sein solle, d. h. in moderner Sprache, worin die Praxisrelevanz philosophischer Theorie bestehe, ist für Aristoteles absurd: in der philosophischen Theorie vergegenwärtigen wir uns das Ewige, setzen wir uns in bezug zu dem, was schlechthin Sinn hat. Jede mögliche Antwort auf die Frage nach der Praxisrelevanz der *theoria* könnte nur verweisen auf etwas, das weniger Sinn hat als die *theoria* selbst.

Sein spezifisches *eidos* verwirklicht der Mensch im guten Leben, in der Schönheit gelungener Praxis. Demgegenüber ist das Leben in der *theoria* eine extreme Möglichkeit, den Sinn selbst zu thematisieren und die immanente teleologische Verfaßtheit des ganzen Kosmos nicht nur mitzuvollziehen, sondern als denkende Teilhabe am Göttlichen selbst zu begreifen.

Anmerkungen

1 Met. 991 b 4–7, übers. Bonitz bei H. Seidl (Hg.). Meiner Verlag (Hamburg 1978, S. 61).

2 Seit Aristoteles ist das Teleologie-Problem Gegenstand eines Streites im eigentlichen Sinne; N. Hartmann polemisiert noch 1951 (»Teleologisches Denken«) so gegen Aristoteles, als sei ihm dieser bei einer Lehrstuhlbesetzung vorgezogen worden.

3 *entelecheia*, »Darinsein des *Telos*«, ist wie *energeia* ein von Aristoteles *erfundener* Begriff mit höchst akkurater Bedeutung.

4 Die modernen Lebenswissenschaften argumentieren gerade andersherum: auch Lebewesen reagieren rein naturgesetzlich als komplexe Gebilde ihrer chemischen Elemente. Dies führt freilich, wenn wir im Zirkel weitergehen, wieder zur Antike: einerseits ist das Zuschreiben von Qualitäten an Elemente anthropomorph (und aristotelisch), andererseits lösen sich bei hinreichendem Progressus die materiellen Elementarteilchen wieder in (platonische) Strukturen auf.

5 Gott selbst ist nicht bewegt; er ist schlechthin einfach und unteilbar; er ist unbewegter Beweger und bewegt die Gestirne so »wie das Geliebte den Liebenden bewegt« (Met. Λ 7).

6 »Megarisch« wird dieser Möglichkeitsbegriff genannt, weil er von der sog. megarischen Schule (seit Enkleides von Megara, einem der ältesten Schüler des Sokrates), der »sehr streitfrohe« (Überweg I, S. 156) Anhänger zugerechnet werden, herstammt.

7 N. Hartmann (1938); vgl. dazu König (1978, S. 62–121).

8 In Kants Worten: das Schema der Möglichkeit ist »die Bestimmung der Vorstellung eines Dinges zu irgend einer Zeit« (KrV B 184).

9 Aristoteles verwendet den Begriff der Normalität niemals statistisch (vgl. I. Düring: Aristoteles. Heidelberg 1966, S. 518) und auch nicht dogmatisch, sondern im Sinne einer Voraussetzung für Erkennbarkeit und Bezeichenbarkeit von Abweichungen! Vgl. Löw (1980, S. 34–39).

10 Für solche Schlußfolgerungen wurde Descartes von Voltaire beißend verspottet. In: Der unwissende Philosoph V; Kritische Schriften, bei Winkler (1970 S. 200).

11 Phys. III 1, 201 a 11, 202 a 8; die im Text gegebene Übersetzung von R. Spaemann drückt das Wesentliche deutlicher aus als etwa die von H. Wagner »Prozeß heißt die Verwirklichung des Möglichkeitsmoments an einem Gegenstand«; Physikvorlesung (Berlin 1967, S. 59).

12 Hartmann (1951, S. 50). »Bewegung ist der Übergang von jener [dynamis] zu dieser [energeia]«.

13 »Entia non sunt multiplicanda praeter necessitatem« [»Seiende sind nicht zu vervielfachen ohne Notwendigkeit«, d. h. »Bilde keine überflüssigen Begriffe!«]; vgl. dazu Maier (1955, S. 85 f.).

14 Die Infinitesimalrechnung seit Leibniz löst zwar Bewegung in eine unendliche Anzahl kleinster (d. h. beliebig kleiner) Zustände auf, wodurch Bewegung berechenbar wird. Zugleich wird aber auch der Bewegungscharakter aufgelöst, denn es bleibt die Frage: wie denn nun der Gegenstand von einem Zustand in einen anderen *übergeht*. Vgl. dazu das 5. Kapitel (zu Leibniz).

15 Im strengen Sinn ist für Aristoteles *kein* Naturding in Ruhe, sondern nur der unbewegte Beweger.

16 Aus diesem Grund übersetzt H. Wagner (1967) *kinesis* mit »Prozeß«; einfacher scheint es, darauf hinzuweisen, daß ›Bewegung‹ weiter gefaßt ist bei Aristoteles. Die neuzeitliche Naturwissenschaft ist ohnedies von dem Bemühen gekennzeichnet, alle Bewegungen im Sinne des Aristoteles auf Ortsbewegungen zu reduzieren. Vgl. dazu das 8. Kapitel.

17 Dem *aether*, später *quinta essentia*, der »fünften Wesenheit«, dem fünften Element neben den vier irdischen: Feuer, Wasser, Luft, Erde.

18 Aristoteles geht es nicht um die Erklärung des freien Falls ohne Widerstand, also im idealen Vakuum, sondern um die Erklärung der natürlichen Fallbewegungen: eines Blattes vom herbstlichen Baum, eines Steines im Wasser. Und da ist es ja in der Tat so, daß nach einer kurzen Phase der »Beschleunigung« (bis der Körper seine hierfür charakteristische Normalgeschwindigkeit erreicht) der Körper mit konstanter Geschwindigkeit fällt, mit

$$\vec{g} = m \cdot \vec{g} \text{ und } \vec{R} = 6\,\pi\eta r\vec{v} \text{ sowie } \vec{g} = -\vec{R} \text{ ergibt sich } |\vec{v}| = \frac{m \cdot g}{6\,\pi\eta r}$$

Die Vorstellung einer Physik, die nicht Aristoteles als anthropomorph, sondern Galilei als abstrakt bezeichnet, fällt gar nicht so schwer. Aristoteles ging es schließlich nicht um die Beherrschung der Natur, sondern um ihr wissenschaftliches Verständnis; vgl. dazu S. Toulmin: Modelle des Kosmos (München 1970, S. 86–111).

19 Vgl. dazu Wieland (1962).

20 Dies ist der Weg in der modernen Naturwissenschaft. Sie stellt den Vorzug anthropomorpher Ausdrucksweise gar nicht in Abrede – als einer vorverstehenden Heuristik. Die Wissenschaft löst diese dann in Kausalzusammenhänge auf. Am Beispiel der Qualitäten offenbart sich dabei allerdings dieser Weg als bei Sizilien befindlich: zwischen Scylla und Charybdis. Entweder die Welt wird radikal fremd und unvertraut, oder der Mensch ist ein natürlicher Computer, vgl. das 9. Kapitel.

21 Schließlich heißt Naturerkenntnis für ihn zu sehen, wie die natürlichen Prozesse ablaufen, wenn der Mensch *nicht* eingreift.

22 Zum Systemcharakter des Heliumatoms vgl. A. Meyer: Naturphilosophie auf neuen Wegen (Stuttgart 1948); zum Systembegriff das 9. Kapitel.

23 Hulesch & Quenzel (London) ist eine weltweit verbreitete Firma zur Erzeugung von Wut und Grimm (2. Hauptabt.: »Störung ernster Männer bei der Erfüllung schwerer Berufspflicht«); vgl. Heimito von Doderer: Die Merowinger (München 1962, S. 142–148).

24 Staatsmann (299 ff.). Wo keine Schiffe mehr gebraucht werden, wo es keine Steuerleute mehr gibt, die wissen, warum ein Schiff so und nicht anders sein muß, da verfällt die

Schiffbaukunst. Sollten doch weiter Schiffe gebaut werden, so führt der durch ausbleibende Rückkopplung entstehende Informationsverlust dazu, daß die geplanten Schiffe, sollten sie wirklich einmal gebraucht werden, von niemand mehr gefahren werden können.

25 Der Begriff *organon* ist in seiner spezifischen physiologischen Bedeutung von Aristoteles (vornehmlich in der komparativen Anatomie) eingeführt worden. Vgl. dazu J. H. Wolf: Der Begriff »Organ« in der Medizin (München 1971).

26 Hist. An. I 6, 491 a 23. Damit ist nicht gemeint, daß der Mensch durch Sektionen und Experimente am bekanntesten ist, sondern daß er von sich her weiß, wozu seine Organe gut sind. Vgl. R. Löw (1980, S. 36).

27 »Reden über ...«, das ist ja das Anthropomorphste, was wir tun können. Nur ist es kein Vorwurf, sondern die spezifische Dimension menschlichen Umgangs mit der Natur. Denn bei gründlicher Vermeidung aller Anthropomorphismen bleibt der Mund zu.

28 Vgl. J. v. Neumann: Theory of Games and Economic Behaviour (Princeton 1963) und Eigen (1975, S. 205–226).

29 Gr. *ariston* und *beltiston*; Phaidon 97b. »Gut« heißt immer »für das Wesen schlechthin gut«, und das ist aus der Perspektive des Wesens selbst das Beste.

30 Erst war die Psychoanalyse für Neurosen zuständig, dann »erklärte« sie auch das normale Seelenleben, und jetzt hält man 95 % der Menschen für psychisch krank. Das ist das Resultat der Reduktion auf Monokausalität und anschließender Rückwendung auf die normalen Vollzüge. In Wirklichkeit handelt es sich um Reduktion des Organismus auf diejenige Art von Kausalität, die erforderlich ist, um ihn zu zerstören. »Die Physiker können uns nur lehren, wie man einen Organismus beschädigt« (G. E. Stahl, 1704).

31 Vgl. dazu v. Wright (1974) sowie H. J. Schneider (1978) und das 9. Kapitel.

32 Neben diesem Paradebeispiel erwähnen wir die chemischen Fließgleichgewichte nach dem Massenwirkungsgesetz und die verflüffende »Selbst«reparatur von beschädigten Kristallen; bei Atomen heißt es, sie »*strebten* danach, die Edelgaskonfiguration auf der äußersten Elektronenschale einzunehmen«. Woher wissen sie, daß das für sie energetisch günstiger ist (und edel heißen die Gase wohl, weil sie so reaktionsträge – faul – sind ...)? Vgl. das 9. Kapitel.

33 Der Begriff der Teleonomie wurde 1958 von Pittendrigh eingeführt. Eine allg. akzeptierte Definition stammt von E. Mayr: »Ein teleonomischer Vorgang oder ein teleonomisches Verhalten ist ein Vorgang oder Verhalten, das sein Zielgerichtetsein dem Wirken eines Programmes verdankt«. In: Mayr (1979, S. 207). Vgl. dazu das 8. Kapitel

34 »Tingeltangel«. In: Alles von Karl Valentin (München 1978, S. 318/9).

35 In der Meteorologie I, 9 wird der Kreislauf des Wassers selbst noch teleologisch beurteilt – nicht allerdings mit Blick auf die organischen Prozesse, sondern analog den Gestirnen als ein »Gut«, ein »Um ... willen«, das darin besteht, daß der Prozeß in sich zurückkehrt und auf diese Weise Dauer hat.

36 Allerdings ist Empedokles' Theorie erst so modern durch die Darstellung des Aristoteles; vgl. das 1. Kapitel.

37 Die Lehre von der Urzeugung, nach welcher durch spontanes Zusammentreten der Elemente bestimmte Organismen entstehen, hielt sich bis ins 19. Jahrhundert; vgl. dazu Capelle (1955). Die Hyperzyklus-Theorie von M. Eigen stellt übrigens die Rückkehr zu einer modifizierten Urzeugungslehre dar.

38 Der Hinweis auf die Plastizität von zielgerichteten Handlungen (R. D. Braithwaite) ist demgegenüber kein Einwand: es geht nur formal um die sinnvolle Aufeinanderfolge der Einzelschritte, nicht um alternative Möglichkeit.

39 Das Mittelalter bezeichnete die Abweichungen als *peccatum naturae*, als Sünde in der Natur.

40 Vgl. dazu R. Löw (1980, S. 34–53).

41 Dies entspricht der klassischen Definition eines Naturzwecks durch Immanuel Kant:

»Ein Ding existiert als Naturzweck, wenn es von sich selbst ... Ursache und Wirkung ist«. (Akad.-Ausgabe von Kants Schriften V, 370). Vgl. das 5. Kapitel.

42 Aristoteles ist ein besonders kritischer Anhänger der Teleologie; der Zweck kann nicht nur verfehlt werden, sondern je mehr die Materie am Zustandekommen eines Gegenstandes beteiligt ist, desto undeutlicher kann der Zweck für den Naturwissenschaftler sein.

43 Die Welt als Wille und Vorstellung, II, 26–28. Sämtliche Werke (ed. W. v. Löhneysen). (Darmstadt 1968, S. 423–466).

44 Im »Lysis« (221a–221e) stellt Platon die Frage, ob das Freundliche, das *philon*, an sich freundlich sei oder nur im Hinblick auf eine bestimmte Bedürftigkeit, auf die Abhilfe eines Mangels. Sind Speisen allein »freundlich«, weil wir Hunger haben? Dann müßten wir alle zufrieden sein, wenn wir keinen Hunger hätten. Aber wer keinen Hunger hat, den nennt man doch krank. Er mag sich zwar auch ohne Hunger wohl befinden, aber wenn er nichts ißt, dann stirbt er. Man könnte darauf antworten: dann stirbt er eben. Wer den Willen zum Leben nicht hat, für den ist der Tod kein Übel, also auch kein Argument, um doch etwas zu essen. Platon zeigt, daß der Begründungszusammenhang umgekehrt gedacht werden muß. Bedürftigkeit muß in bezug auf das Freundliche definiert werden, wenn wir nicht in einer Welt leben, die radikal unverständlich ist.

45 De Anima II, 4. Metaphysica XII, 7

46 De anima 415a 26–68

47 Ansonsten lehnt Aristoteles den platonischen Begriff der Teilhabe (vgl. 1. Kapitel) ab; Teilhabe an Ideen verdopple die Welt. Die Ideen haben in den Dingen selbst Wirklichkeit, nicht in einer eigentlichen Welt der Ideen.

III. Die Ausweitung der Teleologie in der Spätantike und ihre onto-theologische Fundierung in der Scholastik

Aristoteles, der erste ausdrückliche Systematiker teleologischen Denkens, war zugleich im Vergleich mit dem kommenden Jahrtausend der Philosophie ein besonders vorsichtiger und kritischer Vertreter dieses Denkens. Seine Orientierung an unserem alltäglichen Sprechen über die Natur zusammen mit einem unvoreingenommenen Auge gegenüber den natürlichen Phänomenen lassen ihn als einen »unvergleichlich nüchternen« Denker (L. Strauss) erscheinen. Teleologie ist für ihn eine Bedingung für ein Verständnis natürlicher Phänomene sogar dann, wenn sie selbst sich teleologischer Deutung entziehen. Etwas durch Zufall und Notwendigkeit erklären heißt, es aus der Differenz zur Teleologie erklären. Die ontologische Dimension des teleologischen Denkens erreichte bei Aristoteles ein Reflexionsniveau, das in der Neuzeit erst wieder von Hegel erneuert wurde. Schon die unmittelbar auf Aristoteles folgende Zeit bildete dessen teleologische Naturinterpretation um.

1. Die Universalteleologie im stoischen Denken

Die philosophischen Traditionen in der Nachfolge der griechischen Klassik wahrten die aristotelische Vorsicht in bezug auf das Teleologieproblem nicht. So schloß sich die epikurëische Schule an die Zufallstheorie der Entstehung des Sinnvollen und Zweckmäßigen in der Natur an, so wie sie etwa von Demokrit vertreten worden war. In dem römischen Lehrgedicht »De rerum natura« des Dichters Lukrez fand sie ihren beredtesten Ausdruck. Bezeichnenderweise werden keine neuen oder zusätzlichen Argumente eingeführt:[1] die Strategie des Antiteleologismus besteht darin, immer mehr Zweckmäßigkeits-Erscheinungen durch Zufall und Materie zu erklären und damit als Phänomene zum Verschwinden zu bringen. Die stoische Schule[2] hingegen ließ der Eigendymanik des teleologischen Denkens freien Lauf – wie Kant feststellte, eine Eigentümlichkeit der reflektierenden Urteilskraft, der er selbst im Opus postumum auch erlag[3] –, und dieser führte zielstrebig zum Gedanken der Universalteleologie des ganzen Kosmos, in welchem alles Seiende in Zweck-Mittel-Zusammenhängen miteinander verschränkt ist.

> Dieser Gedanke war Aristoteles fremd. Für ihn gibt es in einem Lebewesen Zweck-Mittel-Verhältnisse – daß etwa das Wasser für ein bestimmtes Gewebe, dieses für ein bestimmtes Organ, dieses für eine bestimmte Verrichtung im Ganzen da ist –, aber mit der Stufe des Lebewesens als Ganzem war, wenn wir von der Planetenbewegung absehen, die oberste natürliche Stufe erreicht, bei der sinnvollerweise von Zweck gesprochen werden konnte. Dieser Selbstzweck des Daseins eines lebendigen Wesens konnte nicht noch einmal als Mittel für ein anderes natürliches Wesen interpretiert werden. Daß es dennoch zum Mittel genommen (e. g. gefressen) werden konnte, negierte ja gerade dessen *telos* zugunsten des eigenen. Wo sich solche Zusammenhänge aufdekken lassen, spricht ihnen Aristoteles ein zufälliges Entstehen zu. Der Mensch macht hier keine Ausnahme;[4] er ist nur insofern herausgehoben, als er alle natürlichen Gegenstände auf sich beziehen und sich zunutze machen kann. Aber daraus folgt nicht, daß diese von sich aus wirklich Mittel sind. Der Hinweis auf den Menschen hat keinen teleologischen Erklärungswert für die Natur.

Die Stoa bleibt bei der Stufe der Selbstzweckhaftigkeit von Lebewesen nicht stehen. Da aber innerhalb der natürlichen Wesen keines den anderen willkürlich als letzter Zweck vorgeordnet werden kann, kann diese Ausweitung erst auf der Stufe des ganzen Universums wieder zum Stehen gebracht werden, das nunmehr selbst als ein Organismus erscheint. Dabei finden sich in der Stoa ausgedehnte Überlegungen zu ökologischen Zusammenhängen in der Welt, zumeist populär-philosophisch, häufig aber auch mit überraschenden naturwissenschaftlichen Einsichten.

Für unsere Übersicht über die stoische Begründung dieser Ausweitung des teleologischen Denkens orientieren wir uns an Cicero, der zwar nicht direkt der stoischen Schule zuzurechnen ist, aber doch deren wesentliche Gedanken in der Schrift »De Natura Deorum« wiedergibt.

Ciceros Grundthese ist, daß die Welt durch ihre »Natur« regiert wird.[5] Die Welt als Ganzes ist das Vollkommenste; sie ist der Grund aller natürlichen Dinge und darum vollkommener als alle diese.

> Wesen, die imstande sind, etwas entstehen zu lassen, sind notwendig von vollkommenerer Natur als das, was sie entstehen lassen. Der Mensch bringt Zähne und Bart hervor, aber er ist edler als Zähne und Bart. Diesen Gedanken überträgt Cicero auf die Welt.

Die Welt ist ein großer Organismus, und ihre Seele ist Gott. Die Seele kann aber nicht nur die der Pflanzen und Tiere, Ernährungs- und Wahrnehmungsquelle sein, sonst folgte daraus die Ungereimtheit, daß Menschen mit ihrer Vernunftseele als Teile vollkommener wären als das Ganze. Die Weltseele muß also vernünftig sein, da sie Ursache aller Regelmäßigkeit und Zweckmäßigkeit des Kosmos ist, es aber keine Kunst ohne Vernunft gibt. Die Welt wird von einem Weltarchitekten regiert, der zugleich ihre Seele ist.

Bezeichnenderweise kehrt hier das Beispiel mit den hingeschütteten Buchstaben wieder, aber in einer universalteleologischen Variante, die sich nicht mit einem Gedicht begnügt, sondern gleich die Annalen des Ennius entstehen läßt ...,[6] bzw. die Unmöglichkeit ihrer zufälligen Entstehung dartut.

Der göttliche Weltarchitekt, der die Weltprozesse alle teleologisch geordnet hat, macht nun aber gleichzeitig die entgegengesetzte Interpretation möglich: Unter der Voraussetzung einer vollständigen und durchgehenden Final-Determination ist die Welt auch vollständig kausal determiniert, d. h. der Unterschied zwischen *causa finalis* und *causa efficiens* fällt hinweg.[7] Hier kehrt die Argumentation in sich zurück, denn das Verhältnis einer universalen Final- wie Kausaldetermination an einem Gegenstand läßt sich nur als Organismus denken.

Auch der Frage nach dem Worum-Willen des Bestehens und Aufrechterhaltens der Weltordnung stellt sich Cicero. Auch er führt den Begriff der Schönheit ein, aber wiederum in unaristotelischer Weise. Die Selbst- und Arterhaltung ist nicht je individuelles Streben nach Teilhabe am Göttlichen, sondern sie wird zum Mittel, das der Schönheit des Universums dient. Diese Schönheit ist aber ihrerseits nicht in sich sinnvoller Selbstzweck – als die Repräsentation des Göttlichen durch das Endliche –, sondern sie ist Schönheit in bezug auf mögliche Betrachter des Universums. Für die Stoa ist die Welt *Schauspiel* für Götter und Menschen.

Der Gedanke eines Weltschauspiels ist für die Stoa zentral, er liegt auch der stoischen Ethik zugrunde. Für diese kommt es nicht darauf an, *was* wir im Leben tun, sondern darauf, daß wir es *schön* tun. So kann im Theater der berühmte Schauspieler den Bettler mimen, während der König von einem Komparsen dargestellt wird. Für beide kommt es darauf an, gut zu spielen. Das beste Schauspiel kommt zustande, wenn jeder seine Rolle vollkommen spielt. Die stoische Ethik fordert dazu auf, die Rolle im Leben, die uns das Schicksal zugedacht hat, auf vollkommene Weise zu spielen, gleichgültig, um welche Rolle es sich handelt.

Das Universum als Ganzes ist ein Schauspiel für vernünftige Wesen – das ist ihr *telos*. Der Mensch ist nicht nur ein eingeborenes Glied des Weltorganismus, sondern gleichzeitig auch *spectator*, Zuschauer des Schauspiels. Sich so verstehen heißt, sich aus der Verstrickung der Triebe befreien, die uns mit dem Schicksal hadern lassen. Aufgabe des Lebens ist nicht die Inszenierung des Stückes, sondern das vollkommene Spiel. Vollkommen spielen kann nur, wer das Stück akzeptiert. Der Stoiker stimmt dem, was nicht in seiner Macht steht, vorbehaltlos zu, weil dann nichts gegen seinen Willen geschehen kann. Seine *oikeiosis*, Einhausung der Welt, ist vollkommen, wenn nichts geschieht, dem er nicht immer schon zugestimmt hätte.

Die Interpretation der Welt als eines universalen Zweckzusammenhanges erlaubt es, alle ihre Phänomene auf Nützlichkeitsverhältnisse zu untersuchen. Im Gegensatz zur neuzeitlichen Nützlichkeitsteleologie in der Leibniz-Nachfolge ist die Welt von allen natürlichen Aspekten aus für irgendein Wesen irgendwozu gut, nicht nur für den Menschen. Und auch in dieser Frage verblüfft die Parallele bei ausschreitender, reflektierender Urteilskraft, wenn Kant 1790 schreibt: »Alles in der Welt ist irgendwozu gut; nichts in ihr ist umsonst; und man ist berechtigt, ja berufen, von ihr [der Natur] und ihren Gesetzen nichts, als was im Ganzen zweckmäßig ist, zu erwarten« (Ak. A. V, 379).

In der Stoa heißt es, daß Mäuse gut sind, um unsere Aufmerksamkeit im Umgang mit den Dingen zu erhöhen, und Wanzen, damit wir nicht zuviel schlafen.[8] Die Naturwissenschaft der Römerzeit und der Spätantike beschränkte sich fast ausschließlich auf den Aspekt der Nutzbarmachung der Natur.[9] Im Gefolge des teleologischen Denkens erzielte dabei z. B. die Anatomie des Galenos ganz erstaunliche Erfolge.
Durchbrochen ist das wechselseitige Dienstbarkeitsverhältnis aller natürlichen Gegenstände allerdings durch den Menschen als Zuschauer *und* Mitspieler: Die Universalteleologie ist letztlich auf die Haltung vernünftiger Wesen orientiert, die imstande sind, die Schönheit des Universums zu realisieren: Götter und Menschen. In dem Maß, in dem der Mensch sich zum Ganzen der Welt als *spectator* verhält, dessen Interesse der Vollkommenheit des Ganzen gilt, nicht seinem partikularen Schicksal, ist er dem Gott ähnlich. Und wir sind berechtigt, die Teleologie des Universums als auf die Hervorbringung und Erhaltung eines vernünftigen Wesens gerichtet zu denken, das die Schönheit eben dieses Universums erst zur Erscheinung kommen läßt.

2. Die Vollendung der teleologischen Weltsicht: Thomas von Aquino (1225–1274)

In der christlichen Philosophie der Kirchenväter und des frühen Mittelalters findet sich bis ins 12. Jahrhundert keine Analyse oder gar Problematisierung der Teleologie. Diese Philosophie ist in ihren Grundlagen platonisch. Platonismus verbindet sich mit der biblischen Lehre von der Schöpfung aus dem Nichts: Alle Dinge sind wie sie sind, weil Gott sie so will. Er schafft sie mit dem Blick auf die ewigen Ideen, die nun zu Ideen im göttlichen Geist selbst geworden sind. Eine fundamentale, ontologische Teleologie konstituiert so das Universum, dessen »Um ... willen« Darstellung der göttlichen Liebe und Allmacht ist. *Telos* des Menschen aber ist bewußte und liebende Rückwendung zum Urbild, zu Gott selbst, in dem er seine *beatitudo*, seine Glückseligkeit, findet. »*Pondus meum*« nennt Augustinus Gott, »mein Gewicht«: »unruhig ist meine Seele, bis sie ruhet in Dir, o Gott«. Der Mensch hat das Gravitationszentrum seines Strebens außerhalb seiner. *Finis cuius* seines Tuns und Lassens ist Gott, und in der Liebe zu Gott findet er seine Erfüllung. Zur christlichen Lehre aber gehört wesentlich die Lehre von der Sünde. Diese Lehre hat die Bedeutung, daß die teleologische »Normalverfassung« der Menschen nicht am durchschnittlichen Realverhalten ablesbar ist. Denn das durchschnittliche Realverhalten ist bereits Resultat eines Abfalls, einer Perversion und Inversion der natürlichen Finalität, durch welche der Mensch – entgegen seiner eigentlichen vernünftigen Natur – nicht das wirkliche Gravitationszentrum des Universums, Gott, sondern sich selbst zum letzten »Um ... willen« macht. »*Cor curvatum in seipsum*« nennt Augustinus die Verfassung des sündigen Menschen: »in sich selbst verkrümmtes Herz.«

Die Wiederherstellung der ursprünglichen Strebensrichtung geschieht unter Bedingungen der Erbsünde nur durch eine »Bekehrung«, in der diese Selbstbezogenheit des Willens ausdrücklich negiert wird. Während die durchschnittliche Verfassung von Menschen bestimmt ist durch »Selbstliebe bis zur Gottesverachtung«, ist die Zugehörigkeit zum Reich Gottes bestimmt durch »Gottesliebe bis zur Selbstverachtung«. Von der außermenschlichen Natur ist dabei nur soviel zu sagen, daß alle teleologiewidrigen Phänomene in ihr auf die Sünde der Menschen oder der Engel zurückgeführt wurden, die die Welt in Mitleidenschaft gezogen und die reine Transparenz für die Idee getrübt hat. Diese Transparenz bleibt gleichwohl vorhanden, und zwar für Augustinus ebenso in dem rhythmischen Geräusch eines Wasserlaufs wie in den Phänomenen höheren organischen Lebens. Das Problem naturimmanenter, spezifisch teleologischer Prozesse taucht innerhalb des platonischen ersten Jahrtausends nach Christus nicht auf, sondern wird erst mit dem durch die Araber – vor allem Avicenna und Averroes – initiierten und im 13. Jahrundert in der christlichen Welt rezipierten Neoaristotelismus [10] erneut thematisch, für den vor allem die Namen Albert der Große und Thomas von Aquin, aber auch Johannes Duns Scotus stehen. Wir beschränken uns hier auf Bemerkungen über die Weiterführung und Umformung aristotelischer Gedanken durch den heiligen Thomas.

a) Die Intellektualisierung der teleologischen Weltsicht

Beginnen wir dort, wo der Zusammenhang mit Aristoteles am unmittelbarsten greifbar ist, mit dem Physikkommentar, der von einem erstaunlichen Verständnis des Aristoteles zeugt, gleichzeitig aber auch neue Akzente sichtbar werden läßt.

Erinnern wir uns an das Beispiel des Zusammenhanges des Regens mit dem Wachstum und Verderben des Getreides (Physik II, 8). Aristoteles nimmt dies als Beispiel für eine falsche Zweckmäßigkeitsüberlegung. Das Wachstum des Getreides hat in bezug auf den Wasserkreislauf, der sich erhält, keinen finalen Erklärungswert, denn es zerstört Getreide auch. Thomas weist dieses Argument des Aristoteles als *inconveniens*, unschlüssig, zurück: Hier werde nämlich eine *causa generalis*, eine allgemeine Ursache, mit einem *effectus particularis*, einer speziellen Wirkung, verknüpft. [11] Natürlich ergibt es keinen Sinn zu sagen, daß dieser Regen fällt, um dieses Getreide wachsen zu lassen, und morgen fällt jener, um jenes zu zerstören. Sinnvoll hingegen ist es, nach dem generellen Zusammenhang von Regen und Wachstum auf der Erde zu fragen. Hier aber wird deutlich, daß man nicht mit demselben Recht sagen kann, Regen sei generell die Ursache des Verderbens wie des Wachsens von Pflanzen. Ohne Regen gäbe es nämlich gar keine Pflanzen. Diese Asymmetrie bleibt bei der Betrachtung des *effectus particularis* verborgen.

> »*Unde licet pluvia non sit propter perditionem, non tamen sequitur quod non sit propter conservationem et augmentum.*« [12]

Thomas versucht hier, durch die Ausweitung der teleologischen Denkweise die Welt als ökologisches System zu interpretieren, in der dann solche Zuträglichkeiten wie die von Regen und Wachstum wiederum echt teleologische Verhältnisse bilden, denen gegenüber das Verhältnis von Regen und Zerstörung des Gewachsenen zufällig sind. Allerdings verbindet sich dieser stoische Gedanke nunmehr mit einer theologischen Motivation. Gott ist weder nur das universelle *agathon*, auf das alle natürlichen Dinge zustreben, das aber selbst nicht an der Welt interessiert ist, noch ist Gott einer, der dem schönen Schauspiel Welt nur zusieht. Dem christlichen Gott ist die Welt nicht gleichgültig: »Kein Haar fällt von eurem Haupte, ohne daß der himmlische Vater es will«. Unter dieser Voraussetzung gehört zu allen kunstmäßig zielgerichteten Bewegungen ein vernünftiges Wesen, das die Bewegung auf das Ziel hinlenkt. Thomas leitet den Kommentar zur »Physik« II, (8) ein mit den Worten:

> »*Ea enim, quae non cognoscunt finem, non tendunt in finem nisi ut directa ab aliquo cognoscente, sicut sagitta a sagittante: Unde si natura operetur propter finem, necesse est quod ab aliquo intelligente ordinetur.*«[13]

Dies ist ein folgenreicher Satz. Für Aristoteles war alle Handlungsteleologie eingebettet in Naturteleologie, die dem Handeln schon ein Ziel vorgeben muß. Nun wird reine, nicht in eine Handlungsteleologie eingebettete Naturteleologie für unmöglich erklärt. Dieser Gedanke hat erst später, dann aber bis heute seine ganze Wirkung entfaltet: Wenn Teleologie notwendig ein Bewußtsein voraussetzt, das das *telos* antizipiert, dann ist sie aus der Natur zu eliminieren; denn wir nehmen in der Welt keine Vernunft außerhalb der menschlichen wahr, und auf Gott können wir in der Naturwissenschaft nicht rekurrieren.

Bei Thomas indes ist die Schlußfolgerung dieser neueren genau entgegengesetzt: Wenn wir in der Natur teleologische Strukturen wahrnehmen, Teleologie aber notwendig Bewußtsein voraussetzt, dann nötigt uns eben die Natur, von Gott zu sprechen; Teleologie wird zum Argument im Gottesbeweis. Aristoteles hatte die Prämisse abgelehnt, mit dem Hinweis darauf, daß die Kunst in der Natur so bewußtlos wirke wie im vollkommenen Künstler. Thomas relativiert diesen Gedanken: zwar ist die Kunst bewußtlos in den Dingen, *aber wie ist sie hineingekommen?*[14]

Und ebenso, wie im Menschen die vernünftige Überlegung der Kunst und ihrer Erwerbung vorausgeht, gründet auch die Kunst in der Natur ursprünglich in Vernunft, d. i. in Gott. Um auf Gott schließen zu können, muß indes erst der Beweis für Teleologie in der Natur erbracht werden.

Das aristotelische Axiom »*Omne agens agit propter finem*« – Alles Wirkende wirkt um eines Zieles willen[15] – erhält bei Thomas in der »Summa contra Gentiles« (III, 22) eine Begründung von verblüffender Einfachheit: wäre es nicht so, dann hätten nicht dieselben Ursachen immer dieselben Wirkungen.

Damit wir uns verständlich machen können, inwiefern diese Begründung das leistet, was sie soll, müssen wir etwas weiter ausholen. Wir schließen ja aus dem Satz »Gleiche Ursachen haben unter gleichen Bedingungen gleiche Wirkungen« nicht auf Teleologie, sondern definieren vielmehr durch die Regelmäßigkeit der Aufeinanderfolge von Ereignissen gerade Kausalgesetze. Wir sind gewohnt, Ursache-Wirkungs-Verhältnisse operationalisierbar zu verstehen. Und operationalisierbar sind solche Verhältnisse nur, wenn bei Setzung von A regelmäßig B folgt.

Für den mittelalterlichen Ursache-Begriff gehört die Regelmäßigkeit von Aufeinanderfolgen nicht zur Definition. Ein A kann von einem bestimmten B auch dann Ursache sein, wenn es dies nur *einmal* ist, und sonst vielleicht Ursache von E, F, G usw. ist. Denn der Ursache-Begriff ist ursprünglich gar kein theoretischer Begriff aus der Naturbeobachtung, sondern er ist aus der Handlungserfahrung des Menschen gewonnen. Allein von mir selbst weiß ich, daß ich *Ursache* von Wirkungen in der Natur bin. Hier aber gilt, daß dasselbe »Ich« die Ursache von ganz verschiedenen Wirkungen sein kann. Von Regelmäßigkeit ist zunächst keine Rede: jemand, der regellos alles mögliche tut, ist gleichwohl Ursache von allem, was er verursacht. Als *Handeln* freilich läßt sich ein Tun erst begreifen, wenn es in einer gewissen Ordnung auf ein Ziel hin gerichtet ist.

Analog hierzu ist das Argument von Thomas in bezug auf die Natur zu verstehen. Es bedarf keiner Regel, damit etwas die *causa efficiens* von etwas anderem sein kann. Wenn aber tatsächlich eine Aufeinanderfolge von Ereignissen nach einer Regel geschieht, so muß man sie analog zu einer Handlung interpretieren. Und damit ist die Ursache für die Regelhaftigkeit des Geschehens notwendig ein *telos*. Bleibt nur die Frage zu beantworten, wie ein *telos* wirken kann, da es noch gar nicht existiert. Aristoteles hatte geantwortet: es existiert in den Eltern real-physisch, und diese Antwort war nach den Voraussetzungen von Artkonstanz und Ewigkeit des Kosmos auch schlüssig. Da für Thomas ein *telos* aber nur im Wissen wirksam werden kann, so liegt für ihn das *telos* natürlicher Dinge ebenso in Gott wie das *telos* des Pfeiles im Schützen. Als Konsequenz ergibt sich: wo Teleologie, da auch Theologie. Der Zusammenhang von Teleologie und Theologie ist natürlich nicht neu. Aus der Ordnung,

Schönheit und Zweckmäßigkeit der Dinge auf ihren göttlichen Ursprung zu schließen, liegt so nahe, daß es eher einer Erklärung bedarf, wenn jemand diesen Gedanken *nicht* denkt. Und so ist natürlich auch die antike philosophische Literatur voll davon. Bei Aristoteles allerdings stets nur in dem Sinn, daß der Gott als universales *telos* eines ebenso universalen Teilhabestrebens durch sein bloßes Sein die finale Struktur aller Wirklichkeit begründet, nicht so, daß er als Subjekt eines finalen Handelns gedacht wird. Denn sonst, so ist wohl der Gedanke, müßte Gott selbst Ziele haben und wäre somit nicht das letzte Ziel. Das änderte sich unter dem Einfluß der biblischen Schöpfungslehre.

c) Teleologie und Theologie

Im Gegensatz zur spätmittelalterlichen und neuzeitlichen Konsequenz, durch die Verlagerung des *telos* aus der Natur in das göttliche Bewußtsein aus der Welt eine kausaldeterministische Maschine, aus Gott aber einen Weltarchitekten oder Maschinenbauer zu machen, bleibt Thomas der aristotelischen, immanent-teleologischen Naturauffassung treu. Die Zwekke und Ziele liegen auch in den natürlichen Dingen selbst, denn Gott wird nicht als Architekt gedacht, sondern als Schöpfer-Gott. Gott hat die substantiellen Formen und Wirklichkeiten geschaffen; er stiftete den Dingen ihre Natur ein, aufgrund derer sie nun selbst Zwecke und Ziele besitzen. Auf der Ebene der natürlichen Dinge hat sich gegenüber Aristoteles nichts geändert, nur ist Gott nicht mehr nur *causa finalis*, an dessen Ewigkeit die Wesen teilzuhaben streben, sondern Gott ist gleichzeitig *causa efficiens*, Wirkursache ihres Strebens.

Warum aber hat Gott endliche Wesen geschaffen, die nach Ihm streben? Der Wunsch nach endlichen Dingen kann Ihn nicht bestimmen, denn Er ist unbedürftig. Die Antwort des Thomas wie des ganzen Mittelalters verbindet den antiken Teilhabe-Gedanken mit dem christlichen Schöpfungsbegriff: Gott ist um seiner selbst willen Schöpfer als das *bonum*, das in sich schlechthin gut und sinnvoll ist. Gott realisiert sich in der Weise, daß Er seine Güte darstellt, denn es gehört zum Guten, *daß es sich mitteilt: bonum diffusivum sui*[16]. Diese Selbstmitteilung ist nichts anderes als die Selbst-Darstellung Gottes in der Weise der *repraesentatio* des Göttlichen im Endlichen. Mit diesem Gedanken der *repraesentatio* wird das Problem gelöst, das sich für jede nur immanente Naturteleologie stellt: sie gilt immer nur ex hypothesi, unter der *Voraussetzung* der Existenz bestimmter natürlicher Wesen, kann aber nicht zum Verständnis dieser Existenz selbst beitragen. Wird diese nun – wie es in jeder Schöpfungslehre ebenso wie in der Evolutionstheorie geschieht – selbst als entstanden gedacht, und wird die Existenz eines teleologisch verfaßten Wesens selbst nicht teleologisch gedacht, so sinkt die Teleologie zu einer uneigentlichen, zu einer Als-ob-Teleologie, zur bloßen »Teleonomie« herab. Im Gedanken der »Repräsentation« als eines absoluten »Um ... willen« des Endlichen wird die Eigentlichkeit der teleologischen Betrachtungsweise gesichert.

d) Die Stufungen der Strebensinhalte

Das Streben der endlichen Wesen nach »Verähnlichung mit Gott« (*assimilari Deo*) ist nicht ein Streben, das zu den anderen Strebensinhalten hinzuträte. Es bezeichnet vielmehr den ontologischen Status endlichen Strebens überhaupt. Ein Wesen strebt danach, Gott abzubilden, indem es danach strebt, das zu sein, was es von Natur ist. Für vernünftige Wesen gilt, daß sie nur das sind, was sie von Natur zu sein bestimmt sind, wenn sie diesen absoluten Bezug kognitiv und willentlich realisieren.

Die Differenzierung des Strebens hängt von der Höhe und Komplexität des Wesens ab. Generell gilt, daß jedes endliche Wesen nach *conservatio*, nach Erhaltung seines Seins strebt. Es gibt aber für kein Seiendes die pure Erhaltung in seinem Vorhandensein. Vorhandensein ist nämlich stets nur die Basis für die Entfaltung irgendeiner spezifischen Wirksamkeit. Thomas spricht, Aristoteles folgend, von erster und zweiter Wirklichkeit, *actus primus* und *actus secundus*. Die erstere ist stets umwillen der zweiten, so daß das Axiom gilt: *omne ens est propter suam propriam operationem*. Alles Seiende ist um seiner ihm eigenen Tätigkeit willen.

Die Tätigkeit ist »Selbstverwirklichung« des Tätigen, aber sie hat ihrerseits ein Ziel: Das Ziel besteht jeweils in der Erwerbung von Gütern, die der Erhaltung oder der Steigerung des zu Erhaltenden, seiner *perfectio* durch spezifische Tätigkeiten dienen. Und es geht dem Seienden in seinem Tätigsein nicht um die bloße physische Erhaltung des Daseins, sondern auch um die vollkommene Verwirklichung seines Wesens. Ja, das Streben nach Erhaltung ist im Grunde aufgehoben im Streben, die eigene Form zu realisieren. Denn sich erhalten wollen heißt, wie Fichte später sagt, immer, sich *als* ein Bestimmtes erhalten. Dieses Bestimmte aber ist, was es ist, nur, wenn es seine Möglichkeiten realisieren kann.

Gewiß können der Erhaltungs- und der Vollkommenheitsgesichtspunkt miteinander in Konkurrenz treten, z. B. wenn jemand im Falle einer Blutvergiftung in seinem Bein eine risikoreiche, das Leben bedrohende Operation einer risikolosen Amputation vorzieht. Dieser potentielle Gegensatz tritt überall auf, wo wir mit Aristoteles und Thomas Leben und gutes

Leben unterscheiden, also bei allen höheren Lebewesen. Und auch im Staat, der ja nach Aristoteles eine Ordnung um des guten Lebens, um der Vollkommenheit des Menschen willen ist. In einem guten Staat herrscht ein Gleichgewicht zwischen den Gesichtspunkten der Erhaltung und der Verwirklichung der Vollkommenheit. Die Bürger sind als freie tätig, um ein gutes Leben zu verwirklichen; aber es gibt doch auch Situationen, in welchen die Bürger um der Erhaltung des Ganzen willen auf die Realisierung von Freiheiten verzichten.

Wenn der Staat wie bei Thomas Hobbes nur noch durch die Erfordernisse der Erhaltung der Individuen definiert ist und diesem *telos* alle menschliche Tätigkeit untergeordnet wird, so wird das gesamte Dasein den Bedingungen seiner Erhaltung untergeordnet. Wo hingegen der Staat als eine schrankenlose Verwirklichung aller in der Verfassung garantierten Freiheiten verstanden wird – ohne »Notstandsklauseln« –, zerstört die Realisierung der Freiheit u. U. die eigenen Existenzbedingungen. [17]

Dies vorausgeschickt, ergeben sich für Thomas die verschiedenen Stufen der Teleologie aus den verschiedenen Graden der Komplexität und Seinshöhe der Dinge.

e) Die Realisierung der repraesentatio *des Göttlichen durch das Endliche*

Die verschiedenen endlichen Seienden realisieren auf unterschiedliche Weise ihre teleologische Verfaßtheit, deren letztes » Um... willen« die Darstellung des Göttlichen im Endlichen ist. Thomas stellt dies im III. Buch der »Summa contra Gentiles« dar.

Die *corpora inferiora*, die einfachen natürlichen Stoffe, streben nach der Ähnlichkeit mit dem Göttlichen dadurch, daß sie nach ihrem natürlichen Ort tendieren. Dort haben sie die ihnen eigentümliche *perfectio* erreicht und dienen der schönen Repräsentation des Göttlichen:

> *finis motus eorum est ut consequantur divinam similitudinem ad hoc quod sint in seipsis perfecta, utpote habentia propriam formam et proprium ubi.*
>
> »Ihr Bewegungsziel ist es, der göttlichen Ähnlichkeit nachzustreben, daß sie in sich selbst vollkommen sind, insofern sie ihre eigene Form und ihr eigenes *Wo* haben.« (S. c. g. III, 22)

Die *corpora coelestia*, die Himmelskörper, ahmen Gott nach in ihrer Kreisbewegung, in der Realisierung aller ihnen möglichen Zustände, die sie jedoch im Unterschied zu Gott nicht gleichzeitig realisieren, sondern nur sukzessiv durchlaufen können. Darüber hinaus ahmen sie Gott aber dadurch nach, daß sie anderes bewegen, durch ihre *operatio*: Sie sind Ursache des Entstehens von Substanzen, der Zeugung auf der Erde. Von daher versteht sich, daß die Astrologie die vornehmste Naturwissenschaft[18] ist. Erst in diesem Wirken erreichen die Himmelskörper ihr volles Sein.

Alle natürlichen Dinge erreichen erst in ihrem Wirken ihre Vollkommenheit; sie durchlaufen drei Stufen ihres Seins: erst sind sie pure Möglichkeit, Materie; durch Zeugung gewinnen sie Dasein, Wirklichkeit, zunächst aber nur als winziger Keim, der gleichwohl die substantielle Form enthält. Nach der Ausbildung ihres *eidos* sind sie als Tätige in ihrer vollkommenen Wirklichkeit. In der *operatio*, ihrem spezifischen Wirken, haben die endlichen Dinge auf eine höhere Weise teil am göttlichen Sein, weil sie teilhaben an Gottes Wirksamkeit, der *bonitas* des *bonum diffusivum sui*. Dieser Weltauffassung liegt ein universales Streben des Seinkönnens zum Sein zugrunde. Alles Können strebt nach seiner Realisierung.

> Wir können uns kein Können vorstellen, das nicht eine innere Tendenz zu seiner Realisierung aufwiese. In bezug auf etwas, was *nie* wirkt, sprechen wir nicht von einem Können. Ein Mann hatte unter günstigen Lebensbedingungen alle Möglichkeit zum Tätigsein und stirbt. In seinem Nachruf steht: Er war ein großer Maler, der Leonardo und Picasso übertroffen hätte, wenn er nur je ein Bild gemalt hätte. Was bedeutet hier, daß er ein Maler war, daß er malen *konnte*? Es hätte noch einen gewissen Sinn, so zu sprechen, wenn ungünstige Umstände das Malen verhindert und andere Fähigkeiten oder Indizien auf eine solche Fähigkeit verwiesen hätten. Da aber die Bedingungen günstig waren, hätte das Können auch zur Realisierung führen müssen. Für die klassische Ontologie hat es keinen Sinn, von einem Können zu sprechen, das nicht auch die Tendenz zu seiner Realisierung einschließt.

Das Streben nach Wirksamkeit findet sich schon bei den Elementarkörpern; auch sie sind durch ihre Bewegungsqualitäten, ihr Streben nach dem natürlichen Ort, noch keineswegs vollständig definiert. Den vier Elementarformen[19] Erde, Wasser, Feuer, Luft entsprechen die vier Elementarqualitäten des Kalten, Feuchten, Warmen und Trockenen. Diese Grundqualitäten sind aktive Wirkqualitäten der *corpora inferiora*; sie sind Ursache von Abkühlung, Befeuchtung, Erwärmung, Trocknung. Die Elementarqualitäten sind sozusagen »ansteckend«. Sie ahmen Gott nach, indem auch sie *diffusivae sui* sind.

Aus diesen Elementarqualitäten der Bewegung und des Wirkens resultiert bei den Elementarkörpern ihre Möglichkeit und damit ihr Streben, in komplexere Formen einzugehen – modern gesprochen: Atome schließen sich zu Molekülen zusammen. Den komplexen Substanzen wohnt die Tendenz inne, in vegetative Gebilde einzugehen usf. bis zum Menschen. Der Mensch steht als Ziel an der Spitze der ganzen Zeugung von Lebendigem: »*homo est finis totius generationis*« – Der Mensch ist das *telos* der ganzen Erzeugung (S. c. g. III, 22).

Dieser Satz klingt wieder sehr unwissenschaftlich und anthropomorph. So schreibt Kant:

»Man könnte auch, mit dem Ritter Linné ... sagen: Die gewächsfressenden Tiere sind da, um den üppigen Wuchs des Pflanzenreichs ... zu mäßigen, die Raubtiere, um die Gefräßigkeit jener Grenzen zu setzen; endlich der Mensch, damit, indem er diese verfolgt und vermindert, ein gewisses Gleichgewicht unter den hervorbringenden und zerstörenden Kräften der Natur gestiftet werde« (Ak. A. V, 427).

Schließlich haben Pflanzen ja nicht die Tendenz, von Tieren gefressen, und diese nicht, vom Menschen beherrscht zu werden. Wie kann dann diese finale Orientierung auf den Menschen gerechtfertigt werden?

Thomas begründet seine These vom Ende her. Man sieht, daß die Pflanzen, die nur vom Streben nach Selbsterhaltung, *conservatio*, bestimmt sind, von den Tieren gefressen werden,[20] und Pflanzen wie Tiere dienen ebenso faktisch dem Menschen. Wenn ein Wesen zu seiner Erhaltung bestimmter anderer Wesen bedarf, und wenn wir das Erhaltungsstreben der natürlichen Wesen teleologisch zu interpretieren berechtigt sind, dann auch die Zuordnung der Erhaltungsbedingungen zu dem betreffenden Wesen. Die Tatsache, daß ja das eigene *telos* des Wesens, das dem anderen zur Nahrung dient, dadurch gerade vereitelt wird, würde Thomas mit demselben Argument als unerheblich beiseite tun, mit dem er die Zerstörung der Saat durch den Regen beiseite tat: es kommt hier nicht auf die Individuen, sondern auf die ökologische Zuordnung der Arten an. In dieser Zuordnung ist ja der Bestand der jeweils niederen Art nicht gefährdet. Dieser Bestand ist im Gegenteil Bedingung des Bestandes der höheren. Nur wenn eine Art sich lediglich durch die Ausrottung einer anderen erhielte, könnte von einer teleologischen Zuordnung nicht die Rede sein.

Die ausgezeichnete Stellung des Menschen als *telos* und Herrscher über das ganze Universum wird von Thomas interessanterweise mit seiner Natur als »Mängelwesen« begründet, aufgrund deren er »aller Gattungen der Dinge zu seinem Nutzen bedarf«.[21]

»Darum ist er von der Natur nackt gemacht worden, dafür aber fähig, sich aus anderen Dingen Kleidung zu verschaffen, so wie die Natur ihm auch keine andere gemäße Nahrung bereitet hat außer Milch, damit er sich aus verschiedenen Dingen Speisen zubereite; andere Wesen benutzt er zur Fortbewegung. Denn was die Schnelligkeit der Bewegung und die Stärke beim Ertragen von Mühen betrifft, so ist er offenbar schwächer als viele Tiere, während gleichsam andere Tiere ihm zur Hilfe zur Verfügung gestellt sind. Und darüber hinaus benutzt er alle sinnlichen Dinge zur Vervollkommnung der intellektuellen Erkenntnis.« (S. c. g. III, 22)

Wenn der Mensch also überhaupt als Naturzweck verstanden wird, dann muß er als *telos* aller übrigen Wesen, einschließlich der Gestirne, die ja wiederum Bedingungen der Zeugung sind, verstanden werden.

Auch für den Menschen als die Spitze der Zweck-Pyramide in der Natur gilt, daß er sein *telos* nicht schon durch seine Existenz erfüllt. Vorhandensein und Erhaltung der Existenz sind nur Bedingungen dafür, daß der Mensch tätig sein kann. Auch der Mensch hat eine spezifische *operatio*, durch welche er sein *eidos* auf vollkommene Weise verwirklicht.

Thomas unterscheidet beim Menschen zwei Arten von *operatio*, von Wirksam-Werden. Die erste Art, die in der Scholastik generell auch als *actio transiens* bezeichnet wurde, zielt auf ein *telos* außerhalb ihrer selbst; darunter fallen alle Weisen des Herstellens und Machens. Die zweite Art, *actio immanens* ist dasjenige Tätigsein, das selbst sein eigenes *telos* ist. In ihrer höchsten Form wird diese Art verwirklicht als Erkennen, dann nämlich, wenn der Gegenstand des Erkennens kein praktischer, sondern in sich selbst sinnvoll ist. In der Erkenntnis des Ewigen, des Göttlichen, will der Erkennende nichts außerhalb dieser Erkenntnis. Gott ist das äußerste *telos* aller Tätigkeit. Er existiert, ohne der Schöpfung des Menschen zu bedürfen. Dieser bedarf vielmehr zur Erreichung seines Zieles der erkennenden und liebenden Vereinigung mit Gott, wie schon Augustinus lehrte.

Kontrovers wurde in der Scholastik die Frage diskutiert, warum der Mensch, das bewußte und vernünftige Wesen, Gott als Ziel seines Strebens *will*. Will der Mensch Gott um Gottes willen, oder geht es dem Menschen in der sittlichen Bestimmung um sein eigenes Glück? Mit anderen Worten: ist Gott oder das menschliche Wesen *finis cuius* des menschlichen Strebens?

Albertus Magnus (1206–1280), der Lehrer von Thomas, vertrat die These, daß der Mensch von Natur aus wie alle anderen Wesen nach Selbsterhaltung und -verwirklichung strebe, und daß der natürliche Mensch Gott nur liebt als Mittel für seine *conservatio* und *operatio*. Das von Augustinus über Bernhard v. Clairvaux herkommende Axiom lautet: »natura semper recurva in se ipsa«.[22] Von sich aus vermag sich die Natur nicht zu transzendieren, dem Natürlichen geht es immer nur um sich selbst. Erst durch eine übernatürliche Begabung mit göttlicher Gnade, mit göttlichem Geist, vermag der Mensch Gott um Gottes willen zu lieben, das Gute deshalb zu tun, weil es das an sich Gute und nicht nur das für ihn Gute ist.

Dieser These widersprach Thomas. Das Eigentümliche des Geistes besteht gerade darin, daß er in der Erkenntnis die *recurvatio* wesentlich transzendiert. Die *recurvatio* ist nicht Natur, sondern Ausdruck der Sünde, die der Natur des Guten entgegengesetzt ist.

Geistbestimmung bedeutet die Möglichkeit, das *bonum* als *bonum* thematisieren zu können und gerade nicht in der Reflexion auf das *bonum mihi* zu verharren. Wäre es nicht so, dann würde die Gnade die Natur zerstören und als etwas gänzlich Fremdartiges in die Wirklichkeit einbrechen. Von Natur aus liebt das endliche Wesen zwar sich selbst mehr als Gott. Die Gnade ist aber dieser Natur nicht entgegengesetzt, sondern sie ist Vervollkommnung der Natur des Menschen, dessen, was von Natur aus im Menschen und seinem Geist immer schon angelegt ist.[23]

Die ekstatische Natur des Geistes, die Fähigkeit zur Selbst-Transzendenz gehören zur Natur des Menschen. So wird bei Thomas die teleologische Weltsicht zu einer großartigen Einfachheit gesteigert. Platonische, aristotelische, stoische und christliche Perspektiven werden zu einer einheitlichen teleologischen Struktur integriert.

3. Der Höhepunkt als Peripetie des teleologischen Denkens

Mit der These, daß die Wirksamkeit eines *telos* Bewußtsein voraussetze, in welchem dieses *telos* antizipiert wird, hat die auf Thomas folgende philosophische Entwicklung das teleologische Denken aus der Natur eliminiert. Man könnte deshalb sagen, daß in dieser These des Thomas der Grundstein zur Aushöhlung der Teleologie gelegt worden sei; die Folgenden mußten nur noch seine Gedanken weiterdenken. Doch was bedeutet hier »weiterdenken«? Einen Ansatz weiterdenken heißt immer auch, ihn verändern. Die These des Thomas wurde im Spätmittelalter dahingehend »weitergedacht«, daß die Welt außerhalb des göttlichen Bewußtseins nichts als eine große Maschine ist. Dabei wurde indes ein fundamentales Theorieelement des Gesamtansatzes einfach preisgegeben: der Gedanke von der konstitutionellen Bewegtheit der substantiellen Formen. Für Thomas blieb die Teleologie in der Natur *immanent*. Die Ziele und Zwecke der natürlichen Gegenstände waren ihre eigenen; nur hat Gott sie ihnen eingepflanzt[24]. Sie agieren zwar bewußtlos (den Menschen ausgenommen), aber doch teleologisch orientiert. Das vorausgesetzte Bewußtsein ist das göttliche. Schöpfung unterscheidet sich von menschlichem Produzieren dadurch, daß durch sie substantielle Wirklichkeit, »Selbstsein« gestiftet wird. Das Weiterdenken heißt hier: Preisgabe der Pointe.

Die Interpretation des Höhepunktes der Teleologie als Peripetie, auf welche ihre Aushöhlung und ihr Abbau folgen, ist nur möglich, wenn die Schöpfungslehre des Thomas fallengelassen wird. Wenn man von einem Keim der Aushöhlung spricht, so kann man dies rechtens nur in dem Sinne tun, daß bei einer Rückverfolgung aller späteren Transformationen und der schließlichen Elimination der Teleologie der Thomas als ein notwendiges Zwischenglied erscheint. Aristoteles konnte nicht *direkt* transformiert werden, da er gerade geleugnet hatte, daß ein *telos* nur unter der Voraussetzung eines Bewußtseins wirksam sein kann.

Mit dieser historischen Aussage ist über die sachliche Bedeutung der Position von Thomas nichts gesagt. Angesichts der modernen Versuche, Phänomene der Zielgerichtetheit natürlicher Prozesse selbst noch einmal ateleologisch zu erklären, könnte es ja sein, daß eine Rückkehr zur »naiven« Naturteleologie des Aristoteles nicht möglich ist. Insbesondere deshalb nicht, weil wir seine tragende These von der Ewigkeit der Arten nicht mehr teilen können. Wenn wir Arten aber oder gar Leben als *entstanden* denken müssen, dann stellt sich die Frage, »wie ist die Kunst in die Natur hineingekommen?« eben doch unabweisbar. Das Teleologieproblem ist möglicherweise vom Theologieproblem in letzter Analyse doch nicht ablösbar, und Thomas bleibt eine Herausforderung. Seine Mittelstellung zwischen Antike und Neuzeit enthält die Frage, ob es sich nicht um jene Mitte handelt, als die Aristoteles das Vernünftige definiert hat.

Die Folgezeit, der spätmittelalterliche Nominalismus, gab nicht die theologische Bedeutung der Teleologie preis, sondern opferte die Teleologie der Theologie. Die Überführung der Weltbetrachtung in eine kausalmechanische tritt zunächst auf als theologisches Postulat.

Anmerkungen

1 Dadurch bleibt allerdings auch das Repertoire der teleologischen Gegenargumente zeitlos gültig.

2 Wir differenzieren hier nicht in die älteren und jüngeren stoischen Ansätze; vgl. dazu Max Pohlenz: Die Stoa. 2 Bde. (Göttingen 1948/49).

3 Vgl. dazu das 5. Kapitel.

4 Nur in der »Politie« heißt es einmal (1256 b 22), der Mensch sei das *telos* allen Naturgeschehens, weil er das Wesen ist, das pragmatisch alles auf sich beziehen kann. Dies findet sich bezeichnenderweise *nicht* in der Naturphilosophie.

5 *»Ita si terra natura tenetur et viget, eadem ratio in reliquo mundo est«* (De natura Deorum Lib. II, c. 33).

6 De natura Deorum II, 37; Ennius' Annalen haben 18 Bücher.

7 Bei einer vollständigen Final-Determination ist der Begriff der Zweckursache redundant, weil es nichts Unzweckmäßiges gibt. Dann gibt es keine *causae efficientes*, die nicht zugleich auch *causae finales* wären, denn ihre Wirkung ist ja gerade das Bezweckte. Die Konsequenz, daß von Fehlern, Mißbildungen, Abnormitäten gar nicht mehr gesprochen werden kann, teilt der Finalnexus mit dem Kausalnexus – und dies ist natürlich ganz unaristotelisch.

8 Der Schlaf hat bei den stoischen Autoren wie bei den frühen Christen einen deutlich negativen Akzent: so viele Stunden bei abwesender Vernunft, also ohne ausdrückliche Realisierung des Daseins-Sinnes, das ist menschenunwürdig. Eine der Regeln des hl. Benedikt ist: den Schlaf nicht lieben.

9 So diente die Botanik ausschließlich der Heilkunde und dem Feldbau (Plinius, Dioskurides), die Astronomie der Schiffahrt, die Hydraulik der Wasserversorgung etc.

10 Aristoteles wurde dem Westen erst seit Mitte des 12. Jahrhunderts durch die Übersetzungen aus dem Arabischen zugänglich; die Kommentare zu seinen Schriften versuchten ihn so zu interpretieren, daß er der hl. Schrift nicht widersprach.

11 *»comparatur enim causa universalis ad effectum particularem.«* (Comm. ad Phys. II, 8).

12 »von daher erhellt, daß daraus, daß der Regen nicht für das Verderben des Getreides fällt, nicht gefolgert werden kann, daß er auch nicht für Wachstum und Erhaltung fällt.«

13 »Diejenigen Dinge, die kein Ziel [von sich selbst her] kennen, bewegen sich nicht auf ein Ziel zu, außer gelenkt von einem, der das Ziel kennt, wie der Pfeil vom Schützen: Wenn es also in der Natur teleologisch zugeht, dann ist es notwendig, daß dies durch einen Wissenden geschieht.«

14 Aristoteles würde antworten: *gar nicht*, sie ist gleichursprünglich, und das heißt ewig bereits in ihr drinnen. Hier hinkt die Analogie mit dem Flötenspieler, der seine Kunst erst erwerben mußte. Dennoch *ist* sie natürlich nur in der Natur, weil die Natur von Gott bewegt wird wie das Liebende durch das Geliebte«.

15 D. h. alle Bewegung ist teleologisch verfaßt im engeren Sinn.

16 Das Gute verströmt sich (vgl. das 1. Kapitel). Die Frage, ob es auch ein *»malum diffusivum sui«* gibt, wenn man sich die unwiderstehliche Anziehungskraft schlechter Beispiele ansieht, wird wie bei Plato beantwortet: nicht als *schlechte* Beispiele wirken sie ansteckend, sondern durch das vermeintlich Gute, das in ihnen errungen wird.

17 Vgl. R. Spaemann. Zur Ontologie der Begriffe »rechts« und »links«; in: Was die Wirklichkeit lehrt. Festschrift für Golo Mann. Frankfurt 1979.

18 Und zwar als Wissenschaft in engster Verbindung mit der Astronomie, keineswegs zu verwechseln mit den astrologischen Auswüchsen des 19. oder 20. Jahrhunderts (analog der Alchemie vor dem 18. Jahrhundert). P. Feyerabend wies unlängst darauf hin, daß die Größenordnung der Kräfte aus Planetenkonstellationen ohne weiteres zum Einfluß auf chemische Reaktionen ausreichen. In: Das Märchen Wissenschaft (Kursbuch 53, 1978, S. 47–70, bes. S. 55–60).

19 Sie sind nicht im heutigen Sinne Elemente, sondern Elementarqualitäten, also -formen.

20 Die fleischfressenden Pflanzen sind kein Einwand; sie werden als Ausnahmen erst vor dem Normalfall sichtbar und definierbar.

21 Sum. c. gent. III, 22 (2031). »Der Mensch aber bedient sich aller Gattungen zu seinem Nutzen, und zwar bestimmter Dinge zum Essen, anderer wieder zur Bekleidung.« Ü. Fahsal (Zürich 1946, S. 104).

22 Die Natur ist immer wieder in sich selbst zurückgebeugt (Alb. Magnus S. th. II, tract. IV, qu. 14 ad 2).

23 Diese Differenz zwischen Albert und Thomas zieht sich theologie- und philosophiegeschichtlich bis in die Neuzeit hinein; sie gab die Basis für die letzte große theologische Kontroverse ab, welche die ganze europäische Öffentlichkeit interessierte, die des Bossuet gegen Fénelon. Vgl. dazu R. Spaemann (1963).

24 Vgl. dazu die historisch vorzügliche Studie von A. Mitterer: Die Zeugung der Organismen, insbesondere des Menschen nach dem Weltbild des hl. Thomas von Aquin und dem der Gegenwart (Wien 1947). Nur systematisch hat Mitterer den Ansatz des hl. Thomas verfehlt.

IV. Krise und Entmachtung des teleologischen Denkens bis zur Frühneuzeit

Die Synthese von aristotelischer Naturphilosophie und christlichem Schöpfungsgedanken bei Thomas kennzeichnet den Höhepunkt des teleologischen Denkens. Hier wird selbst der Geist noch in die Natur des Menschen aufgenommen, das letzte *telos* der Natur wird über das *telos* des Menschen zur Selbsttranszendenz des Endlichen in das Absolute. Um die Erweiterung und Veränderung der aquinatischen Positionen zu begreifen, vergegenwärtigen wir uns zuerst die Tradition des arabischen Aristotelismus im Mittelalter, der als Zwischenglied zur These des Zusammenhangs von *telos* und Bewußtsein bei Thomas geführt hatte.

Avicenna (980–1037), einer der großen arabischen Aristoteliker mit nachhaltigem Einfluß auf die christliche Scholastik, präzisiert die Unterscheidung zwischen *finis cuius* und *finis quo*.[1] Der *finis cuius* muß immer schon real existent sein, wenn er als Ziel wirken soll, während der *finis quo*, der Zustand, dessen Herstellung erstrebt wird, in der Zukunft liegt, also noch nicht wirklich ist. So ist *finis cuius* eines Hausbaues der Mensch, der wohnen will, *finis quo* ist das Haus oder auch das Wohnen. Wenn man nach der Natur des *finis quo* fragt: wie er denn als nicht-existierendes Ziel wirken kann, so wird Avicennas Antwort von Thomas übernommen. Der *finis quo* kann nur wirken, weil ihn ein intelligentes Wesen in der Vorstellung antizipiert, also als *Absicht*.

Genau diese Überlegung führt Averroes (1126–1198) zu einem ganz anderen Schluß als Thomas.[2] Wenn der *finis quo* antizipiert werden muß, um wirken zu können, dann ist der *finis quo* gar keine Zweckursache, sondern die *Vorstellung* des *finis quo* ist vielmehr die *Wirkursache* der Handlung resp. des Geschehens. Die Vorstellung des Hauses und die Absicht, es zu bauen, ist *causa efficiens*. Die Antizipation existiert selbst real vor der Handlung und ist ihre Wirkursache. *Causa finalis* kann nur das wirkliche Haus sein, denn dieses ist es ja, was gewollt wird, und nicht nur seine Vorstellung.

Aber, so läßt sich einwenden, das wirkliche Haus ist doch in gar keinem

Sinne Ursache seines eigenen Baues. Außerdem: wäre die wirkliche Gesundheit des Patienten *causa finalis*, dann wäre die erfolglose Bemühung um Gesundheit ja nicht teleologisch erklärbar. Wenn nun der Einwand des Averroes, Absichten seien nur *causae efficientes*, mit der Unmöglichkeit, das wirkliche Resultat einer Bewegung als deren *causa finalis* zu verstehen, zusammengenommen wird, dann wird Teleologie überhaupt problematisch, und das ist es, was im 14. Jahrhundert geschieht.

1. Die Krise der Naturteleologie im Hochmittelalter und der Frühneuzeit. Argumente und Motive bei Buridan, Bacon, Descartes

a) Teleologie und Theologie

Johannes Buridanus (1300–1358), berühmter nominalistischer Philosoph zu Paris, vollzieht die Anwendung der These des Averroes auf die theologisch begründete Naturteleologie. Er interpretiert die *inclinatio naturalis* als Wirk-Kausalität, die durch das göttliche Bewußtsein hervorgerufen wird. Gottes Tätigkeit müßte, wenn es eine *inclinatio naturalis* gäbe, selbst als zielgerichtet interpretiert werden, und er selbst als *causa efficiens* für endliche Zustände und Wesen. Das aber ist mit seiner Vollkommenheit unvereinbar. Denn um final zu wirken, müßte Gott bestimmte endliche Zustände zum Gegenstand eines Strebens machen – dieses Argument Spinozas findet sich schon bei Buridan.

Alle teleologischen Phänomene in der Natur werden als Anthropomorphismen entlarvt. Wir erfahren in uns Strebungen und Intentionen, und wir schließen von uns auf Naturdinge und auf Gott zwar analog, aber unberechtigt. In Naturdingen kann es keinen Dualismus von Erkennen und Wollen geben, weil es noch kein erkennendes Bewußtsein gibt, in welchem die *intentio* real existent wäre vor dem Wirken; in Gott aber kann es den Dualismus nicht mehr geben, weil für Ihn Sein und Tätigsein identisch sind. Ein final handelnder Gott ist ein Anthropomorphismus, also auch eine final agierende Natur. Durch Umkehr des Arguments wird die Naturteleologie nun sogar als Gottlosigkeit denunziert: von Zwecken in der Natur sprechen heißt, der Natur Göttlichkeit beimessen. Diese theologisch begründete Verurteilung der Teleologie durchzieht von da an die Philosophie bis ins 18. Jahrhundert. Wenn es überhaupt Naturzwecke geben könnte, dann müßten sie in Gott liegen; uns wären sie dann jedoch gerade unerkennbar. Der Natur selbst jedoch blieben diese Zwecke auf jeden Fall äußerlich. Sie wird zur Maschine.

In Gott gibt es den Dualismus zwischen Wollendem und Gewolltem nicht mehr – so Buridans These –, in den natürlichen Gegenständen gibt es ihn noch nicht. Das sogenannte »Streben« der Dinge ist in Wirklichkeit nichts als die Realisierung ihrer spezifischen *forma*; dies aber nicht im Sinne der Realisierung eines Zieles, sondern im Sinn des So-und-nicht-anders-Seins. Es gehört zur Natur von Gegenständen, bestimmte Wirkungen hervorzubringen; die *forma* ist hinreichende Ursache für alles, was aus einer natürlichen Substanz folgt. Mit dem Verschwinden der Finalursache werden Material-, Form- und Wirkursache identisch.

Diese Überlegungen sind im Zusammenhang mit dem Nominalismus zu verstehen, dessen bedeutendste Vertreter im 14. Jahrhundert Ockham und Buridan waren[3]. Nach dieser Theorie entspricht unseren Allgemeinbegriffen in der Wirklichkeit nichts. Es gibt nur einzelne Gegenstände. Allgemeinbegriffe sind lediglich unsere Ordnungsschemata, mit welchen wir bestimmte Gegenstände zu Klassen zusammenfassen, ohne daß damit etwas den Gegenständen real Gemeinsames zum Ausdruck gebracht würde.[4]

Wenn aber unsere Begriffe und Gedanken keine von ihrem Vollzug unabhängige Bedeutung, keinen semantischen Gehalt haben, wenn ihre Realität allein in ihrem bewußtseinsimmanenten Vollzug besteht, dann kann der Begriff des Zweckes gar nichts bezeichnen, was in irgendeinem Sinne »Ursache« heißen dürfte. Was nicht als reales Einzelding existiert, existiert gar nicht.

> Wenn wir sagen: der Vogel baut sein Nest, um seine Eier darin abzulegen, so ist das für einen Nominalisten eine unsinnige Rede: die Eier sind ja nicht einzeln real, wenn der Vogel sein Nest baut, also sind sie überhaupt nichts und also auch nicht Zweck-Ursache des Nestbauens.

Innerhalb der Allgemeinbegriffe, denen in der Wirklichkeit nichts entspricht, gibt es selbst noch eine Differenz hinsichtlich ihrer Brauchbarkeit für Klassifikationen. Allgemeinbegriffe, welche Gegenstände klassifizieren, also eine »Referenz« haben, können uns zur Ordnung der Natur dienen. Allgemeinbegriffe indes, die etwas bezeichnen, was gar kein Gegenstand ist, Begriffe ohne »Referenz«, wie etwa der Begriff Zweck, sind selbst dafür vollkommen ungeeignet. Unter den Zweckbegriff läßt sich gar nichts subsumieren. Der Zweckbegriff ist nichts als ein irreführender Gedanke: er ist »sinnlos«.

c) Teleologie und praktische Argumentation

Die erkenntnistheoretische Argumentation gegen die Teleologie als Anthropomorphismus zerfiel in ein theologisches Argument – der als finales Handlungssubjekt interpretierte Gott ist eine unangemessene Vorstellung – und ein nominalistisches – dem Allgemeinbegriff *finis* entspricht nichts in der uns erkennbaren Wirklichkeit. Selbst wenn also die Wirklichkeit final strukturiert wäre, könnten wir dies nicht erkennen. Dabei ist diese theoretische Argumentation gegen die Teleologie eigentlich überflüssig. Mit der nominalistischen Preisgabe des Erkenntnisanspruchs unserer Begriffe erlischt auch der Selbstzweckcharakter der »Theorie«. Sie wird aus einer Weise des Verstehens der Wirklichkeit zu einem Instrument der Naturbeherrschung. Thomas Hobbes (1588–1679) hat dies paradigmatisch formuliert: eine Sache kennen heißt: »imagine what we can do with it when we have it«[5]. Auch Bacon, dessen Rede von der Teleologie als der »gottgeweihten Jungfrau, die nichts gebiert« wir in der Einleitung zitierten, argumentiert gar nicht theoretisch gegen die teleologische Natursicht. Ihm genügt es, ihre Nutzlosigkeit auszuweisen. Und schlimmer: Teleologie stört den Gesichtspunkt der Naturbeherrschung. Ein Wissen von dem, was ein Wesen von sich selbst her »will«, fördert nicht nur nicht die Beherrschung dieses Wesens, sondern es schränkt möglicherweise unsere Ausnützungstendenz ein.

Die klassische Naturbetrachtung interpretierte die Natur als Mit-Sein, als einen symbiotischen Zusammenhang natürlicher Wesen einschließlich des Menschen. Dessen Herrschaft über die Natur war der feudalen Struktur eines abgestuften Lehensverhältnisses vergleichbar, in welchem der Herrscher und Wahrer des alten Rechts jedem das Seine zukommen läßt, auch sich selbst, der dabei aber in die Herrschaftsstruktur eingebunden ist. Die neuzeitliche Naturbetrachtung[6] ist demgegenüber absolutistisch und despotisch: der Herrscher kann über die gleichförmig gemachten Untertanen beliebige Gesetze erlassen. Die Natur wird zum bloßen Material menschlicher Zwecksetzung. Dazu muß sie selbst »entteleologisiert« werden.

Die Welt als ganze ist für diese antiteleologische Natursicht ebensosehr Maschine wie alle einzelnen Wesen in ihr, mit Ausnahme des Menschen und seines Bewußtseins. Die Welt als Uhr[7] bedarf für ihren Lauf keines immanenten Prinzips, sondern eines Uhrmachers. Autoren des 17. Jahrhunderts schlagen deshalb vor, den alten Begriff »Natur«, der ein solches inneres Prinzip meint, überhaupt abzuschaffen[8]. In der Natur gibt es nicht nur keine Neigung irgendwozu – *inclinatio*, oder eine Abneigung, z. B. den *horror vacui*, sondern der Begriff »Natur« ist selbst schon eine Mystifikation. Alle Fragen nach dem Funktionieren des Weltenuhrwerks zielen nicht auf deren »Natur«, sondern sie müssen auf den göttlichen Uhrmacher rekurrieren. Dementsprechend wird die Maschinentheorie der Welt ausdrücklich als gottesfürchtige Theorie, als *»vindicatio gloriae supremae numinis«*[9] gepriesen.

Zum leitenden Prinzip dieser Natursicht wird die Reduktion aller Bewegungen (im aristotelischen Sinn), d. h. aller Veränderungen, auf mechanische Ortsbewegung. Druck und Stoß sind für Descartes die einzig zugelassenen Einwirkungsmöglichkeiten der Körper untereinander[10]. Die sich auf Descartes berufende medizinisch-biologische Theorie der Iatrophysik betrachtet die Organismen als komplizierte Maschinen, als Automaten ohne Innenaspekt. Sie sind Systeme von Partikeln, Poren und Kanälen, von Blasebalgen, Federn, Stricken, Stützbalken und Flaschenzügen. Tiere nehmen nichts wahr, kennen keine Empfindungen, keinen Schmerz, »rein maschinenmäßig und ohne Furcht meiden die Tiere alles, was sie zu vernichten droht« (N. Malebranche[11]). Die Zeit der Iatrophysik ist die der grausamsten Vivisektionen und Tierquälereien, des Einspritzens von heißem Blei und Wachs in die Arterien und Herzkammern von lebendigen Tieren.

Der Mensch ist in dieser neuen Natursicht nicht mehr als Gegenstand der Naturphilosophie ein Naturwesen, er preist nicht mehr an der Spitze der Geschöpfe den Schöpfer, sondern er tritt der Natur, der *res extensa*, dem bloßen Ausgedehntsein, als ihr denkender Beherrscher, *res cogitans*, radikal und unvermittelt gegenüber.

d) Qualitative und quantitative Naturbetrachtung

Kritiker der scholastischen Naturteleologie haben dieser immer wieder vorgeworfen, sie führe zur *ignava ratio*, zur faulen Vernunft: die Einführung eines Zweckes bringe alle weitere Nachforschung über Naturphänomene zum Erliegen. Dieser Vorwurf ist ungerechtfertigt. Das Axiom: *»cuiuscumque est causa finalis, eius est causa efficiens«*[12] (wovon immer es eine Zweckursache gibt, davon gibt es auch eine Wirkursache) besagt, daß »Zweck« ein Gesichtspunkt ist, unter welchem Kausalreihen geordnet, nicht aber dem sie geopfert werden; die anderen drei Ursachen bleiben *conditiones sine quibus non.* Die wichtigste unter ihnen, die *causa efficiens*, wurde in der Scholastik differenziert in *agens ab intellectu* und *agens a natura*, Wirkursachen, die aufgrund vernünftiger Einsicht in den Zweck diesen herbeiführen, und solche, die von Natur aus wirken. Und auch die Scholastik stellt sich der Frage, wie *agentes a natura* auf einen Zweck hin wirken können.

Die *agentes per naturam*[13] werden in drei Paare eingeteilt: sie machen die sechs spezifischen Wirkkräfte der Natur aus – das Warme und das Kalte, das Trockene und das Feuchte, das Schwere und das Leichte. Die ersten vier sind die bekannten aktiven Prinzipien, die das Merkmal des *diffusivum sui* besitzen. Sie rufen ihre Eigenschaft auch in anderen Dingen hervor. Das Schwere und Leichte können dies nicht; sie sind die Ursachen für die Ortsbewegung. Und schon in der Scholastik findet sich der Hinweis, daß der Mensch nur Ortsbewegungen hervorrufen kann, niemals qualitative Veränderungen.

> Wir können einen schweren Gegenstand nach oben werfen, einen leichten wie ein Stück Holz im Wasser nach unten drücken; wir können Gegenstände aneinander rücken oder voneinander entfernen. Dagegen können wir keine Erwärmung im eigentlichen Sinn bewirken: wir können nur einen warmen Gegenstand an einen kalten heranrücken (oder umgekehrt), und dann erwärmt der eine den anderen. Auch wenn wir eine Glühlampe einschalten, ist die resultierende Helligkeit nicht von uns bewirkt.

Wir haben nur bestimmte räumliche Veränderungen vorgenommen und dadurch bestimmte Mechanismen ausgelöst, deren qualitative Begleiterscheinungen nicht in unserer Hand sind, sondern die wir allenfalls voraussehen können. »Töne« erzeugen wir, indem wir bestimmte Schwingungen erzeugen. Daß diese als Töne erschallen, steht uns nicht zur Disposition. Die Identifikation unserer Erkenntnis mit der Einsicht in das von uns selbst Machbare führt zur Auffassung, daß alle Qualitäten zurückführbar sind auf räumliche Veränderungen:[14] Farben und Töne auf Schwingungen, Wärme auf ungeordnete Molekülbewegung usf. Alles, was dabei als Qualität erscheint, ist in Wirklichkeit eine ebenso reduzible Agens-Rezeptor-Einwirkung zwischen Subjekt und Objekt. Diese These besagt in letzter Konsequenz, daß es überhaupt keine Qualitäten gibt[15].

Die aktiven Qualitäten wurden von den Gegnern der Naturteleologie im 14. Jahrhundert nicht geleugnet; aber die Beschäftigung mit ihnen wurde obsolet, weil sie nicht vom Menschen bewirkt werden können. Von Interesse blieben allein die Ursachen der räumlichen Bewegungen, also jene, die unserem Eingriff zugänglich sind.

> Wenn wir in einem Menschen durch eine physikalische Reizung des Gehirns eine bestimmte Vorstellung hervorrufen, so liegt diesem Eingriff eine (im weiten Sinn) räumlich-quantitative Bewegung zugrunde. Deswegen kann aber noch keine Rede davon sein, daß *wir* die Vorstellung herbeigeführt hätten: wir wüßten ja gar nicht, *wie* wir das ge-

macht haben. Gerade die Voraussagbarkeit der Qualitätsänderung unter bestimmten Bedingungen verführt indes zur Behauptung, wir hätten sie bewirkt. Aber auch an das vorausgesagte Ergebnis sind wir absolut gebunden. Wenn auf die quantitative Veränderung A die qualitative B folgt, dann liegt es erneut nicht in unserer Hand, auf A nicht B folgen zu lassen. Wir können nicht ein unpräpariertes Stück Holz ins Feuer werfen und machen, daß es nicht verbrennt.

Das Interesse am Eingriff in natürliche Abläufe verändert auch den Begriff der Erkenntnis. Vernunft wird zur instrumentellen Vernunft[16], das *telos* rückt ausschließlich in den Willen des Menschen. Erkennen heißt nicht mehr, daß zur Erscheinung gebracht wird, was die Wirklichkeit von sich her ist, sondern Erkennen heißt, die Frage beantworten, welche möglichen Funktionen die Dinge im Rahmen meines Handelns haben. Der Erkenntniswille des neuzeitlichen Menschen hat zwei Ziele: progressive Naturbeherrschung und Gewißheit.

1. Die Naturbeherrschung im Rahmen der klassischen Naturinterpretation hatte bestimmte Dinge bestimmten Zwecken des Menschen zugeordnet. Die neue Natursicht will die Natur vor dem Hintergrund des Erhaltungs- und Machtsteigerungsinteresses möglichst unbestimmt für beliebige Zwecke aufbereiten. Einer homogenisierten Natur entspricht im menschlichen Bereich eine homogenisierte Naturwissenschaft: die Physik.

> Die Differenz zwischen jemandem, der heute in der Astronomie tätig ist, und einem, der die Milchversorgung im Raum München organisiert, ist nicht mehr sehr groß. Die Methoden sind einander so weit angenähert, daß diese Personen, vorausgesetzt sie können Computer programmieren, relativ schnell in ihren Jobs ausgewechselt werden könnten.

Der Vorgang dieser Verhaltensänderung gegenüber der Natur hängt auch mit sozialen Änderungen zusammen. Die klassische Naturbetrachtung hatte eine statische Form. Für Aristoteles, teilweise auch für die feudalen Herrschaftsverhältnisse, stellt sich das Problem der Verbesserung der Arbeitsmethoden über ein bestimmtes Mindestmaß hinaus gar nicht. Auf der einen Seite betrachten die Philosophen die Natur kontemplativ, und auf der anderen Seite wird die Natur durch Sklaven oder Bauern bearbeitet[17]. Die Natur besser und gründlicher zu unterwerfen ist nicht notwendig, da ihre Bearbeiter selbst zur Natur gehören. Sie sind keine der Selbstbestimmung fähigen Freien und damit gerade keine *Subjekte* der Naturbeherrschung.

Die Situation änderte sich, als die naturbearbeitende und produzierende Klasse selbst Träger der Theorie wurde. Hier wird das Interesse wach, die Theorie in den Dienst der Arbeit zu stellen und nicht umgekehrt. Hier wirkt sich eine Verbesserung der Arbeitsmethodik, der Geräte, des Ertrages für die Klasse selbst positiv aus, die die Verbesserungen ersonnen hat. Und diese Verbesserungen haben ihr Ziel erst erreicht, wenn durch progressive Herrschaftsausweitung die Natur dem Menschen vollständig unterworfen ist, in modernen Worten: in der Überflußgesellschaft[18].

Für die klassische und mittelalterliche Metaphysik ist das Subjekt der Naturbeherrschung selbst ein Teil der teleologisch verfaßten Natur. Die frühe Neuzeit hingegen bietet uns zwei Varianten des Verhältnisses Mensch-Natur mit dem nämlichen Ziel der Stabilisierung der Herrschaft über die Natur an. Bei Descartes tritt der denkende Mensch, das reine Bewußtsein, *res cogitans*, der Natur, die nichts als Ausdehnung, *res extensa* ist, gegenüber. Alle Naturwissenschaft ist angewandte Geometrie. Diese Tradition hat mit ihren platonischen Elementen heute besonders aktuelles Interesse[19]. Der Mensch allein hat Zwecke, denen er die radikal von ihm getrennte Natur unterwirft. Bei Hobbes hingegen ist der Mensch Teil einer *nicht*-teleologischen Natur. Die Handlungen des Menschen selbst brauchen nicht mehr teleologisch interpretiert zu werden. Auch diese Tradition hat im Behaviorismus heute ihre Vertreter, und sie scheint sich mit der ersteren insofern zu vertragen, als sie diese »weiterdenkt«, indem sie die *res cogitans* selbst noch einmal, denkend, auf die *res extensa* zurückführt.

2. Das zweite Ziel der neuzeitlichen Wissenschaft ist: Gewißheit. Hier geht es um die Stabilisierung des Herrschaftssubjektes selbst.

Anstelle des primären Interesses an Wahrheit in bezug auf die Natur tritt in der Frühneuzeit das Interesse an Stabilität. Wahrheit hat keinen Wert, so Descartes, wenn sie nicht gewisse Wahrheit ist. Alles bloß Wahrscheinliche ist zugunsten des Gewissen zu eliminieren. Diese Gewißheit ihrerseits dient einem stabilisierten Gemütszustand des Subjekts.[20] Es darf durch keine Ungewißheiten affiziert werden. Teleologisches Denken ist aus diesem Grunde zu eliminieren, weil teleologische Erkenntnisse niemals gewiß sind. Sie tragen immer den Charakter von Interpretationen, und diese können nie gewiß sein, nicht einmal beim Menschen, den wir befragen. Eine kausalmechanische Interpretation[21] ermöglicht die Rekonstruktion von eindeutigen und willkürlich abschließbaren Zusammenhängen, die zwar von uns gesetzt sind, aber dem leitenden Interesse der Gewißheit genügen. Für dieses Ausschalten der finalen Interpretation muß allerdings ein hoher Preis vom Erkennenden gezahlt werden. Die erste Rate besteht im Nicht-mehr-verstehen dessen, was in der Natur geschieht, und die zweite in der Unverständlichkeit des eigenen Wesens.

2. Die Inversion des teleologischen Denkens

Das Programm der nicht-finalen Naturinterpretation konnte zunächst nur Programm bleiben;[22] die Teleologie wurde nicht eliminiert, sondern verwandelt, ein Vorgang, der uns in Gestalt einer Inversion[23] entgegentritt.

Die klassische Teleologie verstand das Streben alles Endlichen letztlich als ein sich selbst transzendierendes Streben nach Teilhabe am Ewigen, Nicht-Endlichen. In höchster Form war diese Transzendenz dem Menschen gegeben, der sich erkennend auf das Absolute als es selbst beziehen konnte. Alle endlichen Tätigkeiten stehen in der Hierarchie der *fines* auf diesen höchsten Zweck hin. Tätigkeit ist das »Um ... willen« des Vorhandenseins (*omne ens est propter suam propriam operationem*), die Tätigkeit ist höhere Form der Wirklichkeit als das bloße Dasein (*operatio est ultima perfectio rei*), alle Tätigkeit ist »Um ... willen« eines Zieles (*omne agens agit propter finem*), und das höchste Ziel ist für die natürlichen Wesen die Darstellung der göttlichen Vollkommenheit, für die Vernünftigen deren Betrachtung.

Die Inversion dieser Teleologie besteht darin, daß die Struktur der Selbsttranszendenz auf die Endlichkeit zurückgebogen wird, wodurch die Selbsterhaltung gleichzeitig als einzig mögliches *telos* übrigbleibt. In einem Schema läßt es sich so darstellen:

klassische Teleologie: *ens* → *operatio* → *finis* ⇢ *contemplatio*

invertierte Teleologie:[24] *ens* ⇄ *operatio* (Kreislauf)

Das Ziel der *operatio* des einmal Seienden wird im 16. Jahrhundert die Selbsterhaltung dessen, was ohnehin ist. Zwar hatte auch Aristoteles gesagt, daß alles Seiende sich im Sein zu erhalten strebt, aber dieses Streben war nicht um seiner selbst, sondern um einer Teilhabe am *agathon* willen. Die Inversion der Teleologie macht diese zum ersten Mal zu einem »systematischen« heuristischen Prinzip, das nicht nur nachträgliche Interpretation, sondern funktionale Ableitung bzw. Konstruktion oder Rekonstruktion gestattet. Solche Rekonstruktion geschieht zunächst nicht in der Naturwissenschaft, die noch nicht weit genug fortgeschritten ist. »Die Physiker«, schreibt der Arzt Stahl zu Beginn des 18. Jahrhunderts, »können uns höchstens lehren, auf welche Art der menschliche Körper beschädigt werden könnte.« Die Diskussion entsteht zunächst in Politik, Theologie und Ethik.

Campanella (1568–1639) und Telesio (1508–1588), der von Bacon *hominum novorum princeps*[25] genannt wird, scheinen zunächst den Sinn menschlichen Daseins, das Verhältnis des Menschen zum Göttlichen, genau wie die klassische Tradition zu bestimmen: Gottesliebe als höchste Form der Selbstverwirklichung des Menschen. Aber sie interpretieren das »Um ... willen«, den *finis cuius*, entgegengesetzt: Der Mensch strebt nicht nach Selbsterhaltung, um am Göttlichen Anteil zu gewinnen, sondern er liebt Gott, weil dieser die Bedingung seiner Erhaltung ist.

Mit dem Erhaltungsgesichtspunkt erhält die Philosophie zum ersten Mal ein universales, systematisches Prinzip, aus welchem die Phänomene der Natur ebenso wie Probleme der Politik, der Ethik, der Theologie abgeleitet werden können.

> Dazu war die »offene«, klassische Teleologie nicht geeignet. Aristoteles entwickelt aus dem Prinzip der Eudämonie ebensowenig eine Tugendlehre wie das Mittelalter aus der Gottesliebe. Die aristotelische Ethik spricht zwar davon, daß alle Menschen danach streben, glücklich zu sein. Seine Tugendlehre wird aber nicht aus diesem Axiom abgeleitet, sondern aus der Erfahrung der Poliswirklichkeit aufgenommen. Die aristotelische Ethik ist keine systematische Eudämonielehre, sondern eine Hermeneutik des Polislebens.[26]

Auf das Prinzip der Selbsterhaltung hin lassen sich alle teleologischen Phänomene funktional interpretieren. Systemtheoretische Interpretation von Funktionen rekurriert immer auf die Erhaltung eines Systems, das freilich dabei immer schon als vorhanden vorausgesetzt werden muß. Erst durch die Evolutionstheorie, noch nicht durch den programmatischen Antiteleologismus der Frühneuzeit, wurde aus dem Prinzip der Selbsterhaltung ein konstitutives Prinzip auch für die Erklärung der Entstehung von Systemen.

In der politischen Philosophie, der theologischen und der philosophischen Ethik rief die Inversion des teleologischen Denkens mit dem Prinzip der Selbsterhaltung die Umstrukturierung der klassischen Ansätze hervor.

a) Politische Philosophie

Die klassische politische Philosophie hatte den Staat als die Ordnung des guten Lebens interpretiert. *Telos* des Staates ist die Ermöglichung der *perfectio* des Menschen, seiner *beatitudo*, Glückseligkeit. Hobbes bestreitet nun die Existenz eines *telos* im Sinne eines *summum bonum*[27]. Menschliches Handeln ist orientiert am Fortschreiten von Begierde zu Begierde ohne jede immanente Begrenzung. Es existiert kein *summum bonum*, wohl aber ein *summum malum*: das höchste Übel ist der gewaltsame Tod. Dementsprechend wird der Staat nicht definiert als Ordnung zur Ermöglichung des *summum bonum*, sondern als Ordnung zur Vermeidung des *summum malum*. Die Individuen geraten in ihrem einzelnen Streben nach Erhaltung unvermeidlich miteinander in Konflikt, da sie alle ihre Macht zu steigern versuchen.

Nach der Staatslehre von Hobbes schließen sich die Individuen in ihrem Streben nach Selbsterhaltung und zur Vermeidung des *summum malum* zu einem Staat zusammen. Sie unterwerfen sich in einem Staatsvertrag einem absoluten Souverän, der außerhalb aller Gesetze steht.

Hobbes erkennt wie Aristoteles ein Naturrecht an. Aber die Natur des Menschen ist nicht die des *zoon politikon*, des politischen Wesens, sondern eines ungeselligen Begierdewesens, dessen Vernunft in der Fähigkeit besteht, sich den Bedingungen seiner Erhaltung unterzuordnen. Das Naturrecht definiert Hobbes im »Leviathan« als die Summe der Regeln, die wir befolgen müssen, um unsere Selbsterhaltung zu sichern.[28]

b) Moraltheologie

Die Theologie wird erstmals bei Campanella unter dem Prinzip der Selbsterhaltung revidiert: *vita aeterna, id est conservatio essentiae et existentiae.*[29] Das ewige Leben wird nicht verstanden als »Steigerung«, sondern als ewige Selbsterhaltung; in dieser besteht auch das höchste Gut, das Ziel allen sittlichen Handelns: *»conservatio igitur summum bonum est rerum omnium«*[30]. Die klassische Tugendlehre im Sinne der Polishermeneutik kehrt zwar in großen Teilen bei Campanella wieder, doch mit zwei entscheidenden Differenzen: Die klassische Dreiheit der Güter, des *honestum, iucundum, utile* – des Ehrenhaften, Angenehmen, Nützlichen – wird um das *iucundum* gekürzt. Sinnliches Glück, Genuß kann nicht vor der Selbsterhaltung legitimiert werden und wird daher ausgeschieden.[31] Zum zweiten ist das *honestum* – das platonische »Schöne« – nicht mehr wie in der klassischen Tradition in sich selbst sinnvoll und keiner weiteren Begründung bedürftig, sondern es wird selbst auf das Nützliche rückbezogen: Selbsterhaltung bildet den Rahmen des Sittlich-Selbstzweckhaften. Das Ehrenhafte ist nur ehrenhaft, insoweit es der Erhaltung, theologisch der ewigen Erhaltung nützt. Und umgekehrt wird alles Handeln aus Ehrbegriffen, die sich nicht rational auf die Selbsterhaltung zurückführen lassen, zur Don Quijoterie. Don Quijote ist der sich selbst ironisierende Protest gegen diese neue bürgerliche Rationalität, die noch Rousseau dazu veranlaßt, es als absurd zu bezeichnen, wenn ein König seine Krone nicht überleben will.

c) Philosophische Ethik

Aristoteles unterschied zwischen erster und zweiter Wirklichkeit, zwischen Sein und Vollkommenheit, zwischen Leben und Gut-Leben. Die Polis ist nicht notwendig zum *Über*leben; das konnte man in Persien auch. Aber nur in der Polis ließen sich die spezifisch menschlichen Fähigkeiten und Tugenden ausbilden, um derentwillen das Leben sich lohnt. Für Spinoza (1632–1677) dagegen ist bereits mit dem *esse* die *perfectio* erreicht. Vollkommenheit bedeutet imstande sein, sich im Sein zu erhalten: »*Per realitatem et perfectionem idem intelligo*«[32]. Alle Tätigkeit hat zum alleinigen Ziel die Erhaltung dessen, was ohnehin ist; alles Seiende ist nur durch diese Tätigkeit definiert: »*Conatus, quo unaquaeque res in suo esse perseverare conatur, nihil est praeter ipsius rei actualem essentiam*«[33]. Das Wesen alles Seienden besteht in nichts außerhalb dem Streben nach Selbsterhaltung. Nach Selbsterhaltung streben heißt für Spinoza auch nach Macht streben, um die Bedingungen der Erhaltung progressiv gegen Störung zu sichern. Worin besteht diese Macht?

Der Mensch strebt nach seiner Selbsterhaltung nicht aus einer sittlichen Sollensforderung heraus (so Campanella), sondern allein aufgrund seines Wesens. Aus dieser Natur des Menschen mit ihrem Willen zur Selbsterhaltung resultiert der Wille zur Steigerung der Macht. Wir fragen erneut: welcher Macht?

Die Philosophie führt den Menschen zu einer Einsicht, so Spinozas überraschende Antwort, die dem, der sie besitzt, die höchste Macht verleiht. Wenn der Mensch begriffen hat, daß er selbst nur eine Modifikation der unendlichen Substanz Gottes ist, wenn er seine individuelle Subjektivität als Illusion durchschaut hat, dann verwandelt sich sein auf Erhaltung gerichteter Wille: er richtet sich hinfort auf die Welt als ganze, *und die erhält sich ohnedies*; sie ist eins mit Gott: *Deus sive natura.* Es gibt in diesem Willen nichts, was auch verfehlt werden könnte. Nichts kann mehr gegen den Willen des wissenden Subjekts geschehen, dessen Liebe sich in einen *amor Dei intellectualis* transformiert hat.[34]

Die intellektuelle Gottesliebe Spinozas ist nicht die christliche Gottesliebe. Diese hält an der Idee des Subjekts fest, das sich als von Gott als dieses gewollt weiß. In der christlichen Tradition impliziert die Gottesliebe das Opfer: die Selbsthingabe des Subjektes ist gleichzeitig die höchste Form der Realisierung von Subjektivität: »Wer sein Leben hingibt, wird es retten.« Das Subjekt bleibt es selbst in seiner Transzendenz, in der es Gott zum Inhalt seines Willens macht. Die Polarität zwischen endlichem Subjekt und Gott bleibt aufrechterhalten.

In der intellektuellen Gottesliebe Spinozas bringt das Subjekt sich in einer eigentümlichen Dialektik zum Verschwinden, denn der Grund dieses Verschwindens ist der absolute Selbstbehauptungswille des Subjekts. Das Subjekt entdeckt, daß die maximale Sicherung und Macht durch Identifikation mit der unendlichen Substanz gewonnen wird, die sich ohnedies erhält. Das *telos* der absoluten Selbsterhaltung invertiert zur Selbstaufgabe des Subjekts.

3. Nietzsches Angriff auf die invertierte Teleologie (Vorgriff)

»Vorsicht vor *überflüssigen* teleologischen Prinzipien! – wie ein solches der Selbsterhaltungstrieb ist (man verdankt ihn der Inkonsequenz Spinozas)«, schreibt Friedrich Nietzsche in »Jenseits von Gut und Böse«[35]. Er macht zuerst darauf aufmerksam, daß diese im Programm antiteleologischen Autoren alle noch teleologische Theorien entwerfen. Das Kreisen um das *telos* der Selbsterhaltung ist ein Ausdruck von Krankheit – Nietzsche setzt Spinozas Theorie in unmittelbare Beziehung zu Spinozas Schwindsucht. Seine Gegenthese, die den Rest der Selbsterhaltungs-Teleologie eliminieren soll, holt bestimmte Inhalte der klassischen Teleologie in seine formale Anti-Teleologie herein: Das Lebendige will sich nicht *erhalten* – so später auch Bergson[36] –, sondern das Lebendige will sich steigern, überschreiten. Das pure Kraft-Auslassen hat aber kein *telos* – im Gegenteil: jedes *konkrete* Kraftauslassen verendlicht das Wesen in seinem Streben nach absoluter Selbst-Transzendenz. Das Kraftauslassen treibt die Evolution voran, die aber von sich her vollkommen zweck- und sinnlos abläuft: »Der Zufall kann die schönste Melodie finden.«[37] Auch die ausgezeichneten Ausleseprodukte der Evolution, die sich zweck- und sinnlos erhalten haben, können für sich keinen »Wert« beanspruchen: auch die Physik ist nur Welt-Auslegung, nicht Welt-Erklärung; und in Platons Weltauslegung sei mehr Genuß als in der, die »uns die Physiker von heute anbieten, insgleichen die Darwinisten und Antiteleologen [!] unter den physiologischen Arbeitern, mit ihrem Prinzip der kleinstmöglichen Kraft und der größtmöglichen Dummheit«.[38]

In der auf die Selbsterhaltung reduzierten Teleologie entdeckt Nietzsche ein ontologisches Defizit bezüglich der Charakterisierung des Lebendigen. Dieses Defizit gleicht er aus durch seine Radikalisierung des Antiteleologismus, die er in eine ziellose Teleologie ausmünden läßt. Das sich selbst transzendierende Subjekt transzendiert sich ins Nichts (vgl. das 7. Kapitel).

Hinter der antiteleologischen Wendung des späten Mittelalters und der frühen Neuzeit steht die Depotenzierung der Natur zum bloßen Material menschlicher Herrschaft. Naturgesetze erheben nicht den Anspruch, das »Wesen« natürlicher Prozesse zu erfassen, sondern sie sind die Regeln, welchen diese Prozesse folgen, wenn der Mensch sie aus ihren natürlichen Kontexten herauslöst und sie als Beispiele seiner künstlichen, ideal-physikalisch-mathematischen Modelle interpretiert.

Da aber die *Phänomene selbst* durch diese theoretische Entmachtung ihren teleologischen Gehalt noch keineswegs verloren hatten, zeigte die Geschichte der Philosophie im 18. und 19. Jahrhundert mehrere großartige Vermittlungsversuche zwischen kausalmechanischem und teleologischem Denken, denen die nächsten beiden Kapitel gelten.

Anmerkungen

1 Vgl. hierzu A. Maier: Das Problem der Finalkausalität. In: Maier (1955, S. 273–337).

2 Vgl. a. a. O. bes. S. 282ff.

3 Vgl. dazu A. Maier: Studien zur Naturphilosophie der Spätscholastik (Rom 1949–1958, 5 Bde., bes. Bd. 2), sowie W. Stegmüller: Das Universalienproblem einst und jetzt (Darmstadt 1965).

4 Auf die Schwierigkeiten dieser Theorie wollen wir hier nicht eingehen, sie liegen auf der Hand, wie man sich an einem einfachen Beispiel klarmachen kann. Wie soll man nämlich feststellen, was in eine von uns bestimmte Klasse gehört? Wenn also in der Klasse der roten Gegenstände sich ein blauer befindet und wir sagen: der gehört da nicht hinein. Was soll man antworten auf die Frage: »Warum nicht?«, wenn man nicht sagen darf »Er hat nicht die Eigenschaft, aufgrund derer er in die Klasse gehört.«?

5 Th. Hobbes: Leviathan. In: English Works, ed. Molesworth Bd. III (London 1889, S. 13).

6 Vgl. dazu O. Brunner: Land und Herrschaft (Wien 1959).

7 Vgl. dazu Lynn White jr.: Die mittelalterliche Technik und der Wandel der Gesellschaft (München 1968). Die Welt als Uhr (auch als Sanduhr) ist ein altes Bild; bei Newton und Laplace wird es schließlich »perfekt«. Es hinkt nur noch in der Frage, für wen oder wofür diese Uhr die Zeit anzeigt.

8 Vgl. dazu R. Spaemann: (Artikel) Natur. In: Handbuch philosophischer Grundbegriffe (H. Krings et al. ed., S. 956–969).

9 Chr. Sturmius: Philosophia eleatica, (1689 II, S. 399).
10 Aus diesem Grund konnte sich Newtons Gravitationstheorie als eine Theorie der Fernwirkungen auf dem europäischen Kontinent in der ersten Hälfte des 18. Jahrhunderts nur sehr schwer durchsetzen.
11 Vgl. dazu K. E. Rothschuh: Descartes und die Theorie der Lebenserscheinungen. In: Sudhoffs Archiv 50 (1966, S. 25–42), sowie R. Löw: (1980, S. 84–88, mit weiterer Literatur).
12 Duns Scotus, Op. Ox I dist. 8 qu. 5 n 6.
13 Vgl. dazu A. Maier: Die Struktur der materiellen Substanz. In: Maier (1952, S. 12 ff).
14 Vgl. dazu R. Löw: Was ist Chemie? In: Nachrichten aus Chemie, Technik und Laboratorium. 28 (1980, S. 257–58), sowie Löw (1981).
15 So schreibt Schelling: »Qualität ist ursprünglich schlechthin inconstructibel« (Werke ed. Schröter II, S. 24). Wo es nichts zu konstruieren gibt, so die moderne Konsequenz, da gibt es nichts.
16 M. Horkheimer, Th. Adorno: Dialektik der Aufklärung. Zur Kritik der instrumentellen Vernunft (Amsterdam 1947).
17 Vgl. dazu Max Weber: Die sozialen Gründe des Untergangs der antiken Kultur. In: Soziologie, Weltgeschichtliche Analysen, Politik (Stuttgart 1968, S. 1–27), sowie P. Koslowski (1976, S. 49–56).
18 Daß dieses Ziel eine Utopie ist, hat sich im letzten Jahrzehnt in vielen Bereichen gezeigt; daß es nicht einmal eine wünschbare Utopie ist, diese Einsicht hat H. Jonas (1979, S. 316–393) dargestellt.
19 Nicht nur in der philosophisch reflektierten Naturwissenschaft, sondern sehr wohl auch in der hinter ihr stehenden Naturphilosophie, bei W. Heisenberg ebenso wie bei C. F. v. Weizsäcker oder K. Meyer-Abich.
20 Vgl. dazu R. Spaemann: Praktische Gewißheit. Descartes' provisorische Moral. In: Spaemann (1977), S. 41–56.
21 Auch kausalmechanische Betrachtungsweise ist *Interpretation*, auch wenn dies gerne verschleiert wird. Vgl. dazu das 5. Kapitel (denn diese Einsicht findet sich im Spätwerk Kants).
22 Die Naturwissenschaft befand sich erst in ihren Anfangsgründen, und Bacons konkrete Interpretationen in der Naturphilosophie waren so katastrophal, daß die Zeitgenossen davor warnten; vgl. A. C. Crombie: Von Augustinus bis Galilei, (dt. Köln 1964, S. 524 f).
23 Vgl. dazu R. Spaemann (1963, S. 65–80).
24 *Finis* ist der Kreis, der sich selbst erhält. Warum er sich erhält, ist dem Kreise bereits transzendent: entweder er ist Attribut Gottes (Spinoza) oder Resultat von Materie und Spielregeln. Im letzteren Falle gibt es die Warumfrage gar nicht zu stellen.
25 F. Bacon: De principiis atque originibus. In: Bacon a. a. O., (S. 700).
26 Vgl. J. Ritter: Metaphysik und Politik (Frankfurt 1969).
27 Vgl. hierzu L. Strauss: Naturrecht und Geschichte (Stuttgart 1956, S. 205–6).
28 »A Law of Nature is a precept or generall Rule, found out by Reason, by which a man is forbidden to do, that, which is destructing his life, or taketh away the means of preserving the same; and to omit that by which he thinketh it may best preservew.« Leviathan, ed. P. Smith (Oxford 1909, S. 99).
29 »Das ewige Leben d. h. die Erhaltung von Wesen und Dasein.« Thom. Campanella, Philosophiae rationalis partes quinque (Paris 1638, S. 29).
30 »Die Erhaltung ist somit das höchste Gut aller Dinge.« Th. Campanella: De sensu rerum et magia (Frankfurt 1620).
31 Vgl. dazu R. Spaemann (1963, S. 55 f).
32 »Unter Realität und Vollkommenheit verstehe ich dasselbe.« Ethica II, Def. 6.
33 »Das Bestreben, wonach jedes Ding in seinem Sein zu beharren strebt, ist nichts als das

wirkliche Wesen des Dinges selbst.« Ethica III, Prop. 7. Beide Übersetzungen von B. Auerbach in der Ausgabe von A. Buchenau (Berlin 1911).

34 Hier kehren alte stoische Gedanken wieder, doch mit der Differenz: das Subjekt in der Stoa *hat* seine Rolle, für Spinoza wäre sie nur Schein.

35 In: Werke (ed. Schlechta München 1954, Bd. II, S. 578

36 H. Bergson: L'evolution creatrice (Paris 1908).

37 F. Nietzsche: Die Teleologie seit Kant (Dissertationskonzept). Musarionausgabe der Werke. München 1922, Bd. I, S. 406–428).

38 Jenseits von Gut und Böse § 14, in: Werke (ed. Schlechta II, S. 578).

V. Vermittlungsversuche zwischen Teleologie und Universalmechanik bei Leibniz, Wolff und Kant

Die Eigentümlichkeit der teleologischen Naturinterpretation aristotelischer Art ist es, daß sie nicht als Alternative einer kausalen Betrachtungsart auftritt, sondern als eine Art von Ursächlichkeit, die die kausalen Determinationen als »Mittel« einsetzt und überformt, und nur in dieser Überformung treten nach Aristoteles *causae efficientes* überhaupt auf, während in der neuzeitlichen Diskussion meistens ein durchgehend das Universum bestimmender Kausalzusammenhang unterstellt, die Diskussion um eine finale Überformung desselben jedoch für eine begrenzte Anzahl von Phänomenen reserviert wurde, den Phänomenen des Lebendigen. Es ist hier vorweg zu bemerken, daß diese Sicht der Dinge sich nicht aufrechterhalten ließ. Tatsächlich erwies sich nämlich die aristotelische Verknüpfung von *causa finalis* und *causa efficiens* als außerordentlich resistent, und zwar in dem Sinne, daß überall dort, wo die *causa finalis* preisgegeben wurde, die *causa efficiens*, der Gedanke der »Verursachung« überhaupt bald darauf ihr Schicksal teilte, bei Malebranche, bei Hume bis hin zu Bertrand Russell als Anthropomorphismus fallengelassen und durch den Gedanken einer durchgängigen, gesetzmäßigen Verknüpfung von Ereignissen ersetzt wird, bei der es keinen Sinn mehr macht, »Ursachen« und »Wirkungen« voneinander zu unterscheiden. Und wo in der gegenwärtigen Diskussion der Ursachbegriff als in gewissen Zusammenhängen unverzichtbar behauptet wird, da sind dies immer Zusammenhänge, wo der teleologische Begriff einer menschlichen *Handlung* unverzichtbar ist. Der frühneuzeitliche Versuch einer »Emanzipation« der Kausalität entband diese zunächst aus allen konkreten, endlichen Erfahrungszusammenhängen und diente dazu, diese Erfahrungszusammenhänge als komplexe Fälle abstrakter Determinationsstrukturen zu rekonstruieren, also z. B. den unterschiedlich schnellen freien Fall schwerer und leichter Körper aus Gesetzen, die sich auf den gleichschnellen Fall im luftleeren Raum und den Luftwiderstand beziehen. Teleologische Interpretationen erscheinen als Hindernis bei solchen Rekonstruktionen, als Ruhekissen der »faulen Vernunft«.[1]

Tatsächlich aber erwies sich das akausalistische Rekonstruktionsprogramm zunächst gegenüber den Phänomenen des Lebendigen als ohnmächtiges, bloßes Programm. Die Maschinentheorie des Lebendigen stand so offensichtlich im Widerspruch mit der alltäglichen Tier-Erfahrung, mit Kunsttrieben,[2] Dressuren, Regenerationsphänomenen[3], Mikroskopier-Entdeckungen,[4] daß sie zu Beginn des 18. Jahrhunderts ihren großen Einfluß in der Naturwissenschaft verlor; allerdings ging mit ihr auch der einende Hinblick auf die Gesamtheit der Naturphänomene verloren; schließlich wurde ja auch Newtons Physik zunächst von Cartesianern als Anthropomorphismus abgelehnt[5]. Die Eigendimensionalität des Lebendigen wurde, von der animistischen Theorie des G. E. Stahl (1660–1734)[6] abgesehen, erst in der 2. Hälfte des 18. Jahrhunderts von Haller, Ca. F. Wolff, Blumenbach wieder aufgegriffen, allerdings eher aus pragmatischen Gründen.[7]

Das grundsätzliche Problem, das in dem Auseinandertreten zweier Betrachtungsweisen liegt, hat die große Philosophie des 18. und 19. Jahrhunderts beschäftigt und zu verschiedenen Deutungs- und Vermittlungsversuchen bewogen, für die wir nun einige repräsentative Beispiele erörtern werden. Vor allem Leibniz hatte ein präzises Bewußtsein davon, daß es sich hier nicht um einen Streit handelt, der auf einer einheitlichen Ebene ausgetragen werden kann, sondern um zwei entgegengesetzte und vielleicht komplementäre Sichtweisen, deren eine die Natur unter dem Aspekt ihrer Gegenständlichkeit für den Menschen und deren andere sie unter dem ihrer Ähnlichkeit mit ihm betrachtet.

1. Gottfried Wilhelm Leibniz (1646–1716)

Leibniz war der erste nachcartesische Philosoph, der sich die Versöhnung der beiden Weisen der Naturinterpretation ausdrücklich zum Ziel gesetzt hat. Ausgangsfrage ist für Leibniz das Problem, das Descartes pragmatisch beiseitegeräumt hatte: das Problem der Einheit der Bewegung. Für den Begriff der Bewegung ist es einerseits charakteristisch, daß sich das Bewegte zu verschiedenen Zeitpunkten in verschiedenen Raumpunkten befindet andererseits soll in ihm diese diskrete Zustandsfolge selbst als Kontinuum gedacht werden. Aristoteles hatte als Prinzip der Einheit der Bewegung das Ende, *telos* der Bewegung bestimmt. Bewegung war definiert als »die Wirklichkeit des Möglichen als des Möglichen«. Dementsprechend ist der Zustand eines Objektes zu einem Zeitpunkt t_0 gekennzeichnet durch eine bestimmte künftige Möglichkeit, und die Wirklichkeit dieser Möglichkeit heißt Bewegung.

Dieser aristotelische Möglichkeitsbegriff wird in der neuzeitlichen Diskussion der Bewegung grundsätzlich eliminiert. Bewegung wird erstmals unter dem Gesichtspunkt betrachtet, wie sie berechenbar werden kann.[8] Für die antike und mittelalterliche Tradition galt, daß das Bewegte prinzipiell nicht Gegenstand von exaktem Wissen sein kann. Für den Zweck der Berechenbarkeit ist es aber ausreichend, Bewegung als zeitliche Folge von diskreten Zuständen in Raumkoordinaten zu interpretieren, auch wenn dabei der Bewegungscharakter der Bewegung beseitigt wird. Die Einheit der Bewegung ist vom Standpunkt des Mathematikers kein Problem: sie ist die Einheit der Funktion.[9] Diese und ähnliche mathematische Fragen[10] wurden von Newton und Leibniz unabhängig voneinander mit der Einführung der Infinitesimalrechnung gelöst.[11] Sie erlaubt es, natürliche, nicht-geradlinige und ungleichförmige Bewegungen in mathematischen Gleichungen auszudrücken. Die Bewegung wird zum Gegenstand der Wissenschaft, die bei Platon ihrer Natur nach ihre Würde als Wissenschaft daraus bezog, daß sie es mit dem Statischen, Unbewegten, Ewigen zu tun hatte[12]. Der Ausdruck »Geschwindigkeit eines Objekts zu einem Zeitpunkt t_0« ist natürlich, wörtlich genommen, sinnlos. Die Infinitesimalrechnung löst das Problem, indem sie an die Stelle des Punktes die unendlich kleine Strecke setzt. Sie verkleinert den Abstand zwischen gedachten Punkten des Raumes und der Zeit so, daß er immer noch Abstand bleibt, auch wenn er unendlich klein wird. Definitionsgemäß bedeutet dann »Geschwindigkeit im Zeit*punkt* t_0« die Geschwindigkeit *zwischen zwei* Punkten (t_0-v) und (t_0+v), wobei aber die Zeitspanne $|v|<\xi$ und ξ als beliebig klein angegeben werden kann.[13] Die Bewegung als Bewegung ist berechenbar, ohne daß ihr Bewegungscharakter berücksichtigt werden müßte; denn solange *der* berücksichtigt wird, ist sie *nicht* berechenbar[14]. Die Bewegung als Bewegung findet in der Infinitesimalrechnung nicht mehr in der Natur statt, sondern sie verlagert sich ins Bewußtsein des Subjekts: denn was heißt »einen Grenzübergang machen« anderes, als daß eine Bewegung gemacht wird?

Diese Eigenbewegung des Subjekts tritt an die Stelle des Bewegungscharakters des natürlich Bewegten. Der Begriff der Möglichkeit wird dabei verzichtbar, weil es sich nur noch um eine unendliche Folge *wirklicher* statischer Zustände handelt. Leibniz war sich des ontologischen Status der Infinitesimalrechnung durchaus bewußt, d. h. der Tatsache, daß sie das Bewegte als es selbst gerade nicht zur Darstellung bringen kann. Er wußte, daß die Frage, was denn Bewegung an sich selbst sei, nicht ohne den Begriff einer Antizipation von Künftigem beantwortet ist. Die Antizipation hat aber nun nicht mehr den Charakter der Realmöglichkeit eines bestimmten künftigen Ruhezustandes, sondern einer Regel der Erzeugung einer Folge bestimmter Zustände, die nach Art einer Funktionsgleichung gedacht werden kann. Alles Wirkliche besteht aus unausgedehnten »Punkten«, Kraftzentren, »Monaden«, die jeweils eine bestimmte teleologische Struktur besitzen, einen *conatus*, ein Streben zur Erzeugung eben jenes Zustandes:

»Es gibt Unteilbares oder Unausgedehntes. Anders könnte nämlich weder Anfang noch Ende einer Bewegung oder eines Körpers erkannt werden. Der Beweis ist folgender: Es gibt den Anfang und das Ende eines Raumes, Körpers, einer Zeit. Dasjenige, dessen Anfang gesucht wird, möge durch die Linie $\overline{AB}$ dargestellt werden, deren Mitte der Punkt C sei, während zwischen A und C der Punkt D liegen möge, zwischen A und D der Punkt E usf. Gesucht werden soll der linksseitige Anfang, also derjenige bei dem Punkt A. Ich behaupte nun, daß $\overline{AC}$ nicht der Anfang ist, weil von dieser Strecke nämlich $\overline{DC}$ weggenommen werden kann, ohne daß $\overline{AC}$ seinen Anfangscharakter verlieren würde. Auch $\overline{AD}$ nicht, weil $\overline{ED}$ weggenommen werden kann usf. Also ist nichts von demjenigen Anfang, von dem man etwas Rechtsseitiges wegnehmen kann. Eine Sache, von der man nichts Ausgedehntes wegnehmen kann, ist unausgedehnt. Also ist der Anfang eines Körpers, eines Raumes, einer Bewegung oder einer Zeit ein unter allen Grenzen kleiner Punkt, ein *conatus*, ein Streben, ein Augenblick. Er ist entweder nichts, was absurd ist, oder er ist unausgedehnt, was zu beweisen war.«[17]

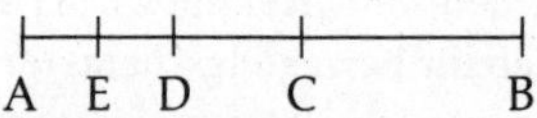

Aristoteles hatte den Punkt, auch des Anfangs oder Endes einer Bewegung, als die pure Grenze einer Weg- oder Zeitstrecke, zwischen Hier und Dort, zwischen Vergangenheit und Gegenwart bestimmt, und als pure Grenze sollte er gänzlich qualitätslos sein. Für Leibniz hingegen sind die Punkte einer Bewegung letztlich nur verständlich, wenn man ihnen in ihrer Unausgedehntheit doch eine teleologische Struktur zuschreibt.

An Kreis und Winkel wird dies von Leibniz einleuchtend demonstriert. Beim Kreis sind alle Segmente aus dem Umfang selbst gekrümmt, solange sie ausgedehnt sind. Aber unterscheidet sich der Punkt auf einem Kreis von dem einer Strecke? Für Leibniz selbstverständlich, denn der *conatus* des Kreispunktes antizipiert den ganzen Kreis. Er behält die Krümmung, obwohl er die Ausdehnung verliert. Deswegen *ist* der

Kreis auch nicht ein »unendliches Vieleck«: auch das kleinste Segment eines Kreises fällt nie mit der Sehne tatsächlich zusammen. Der Punkt des Kreises hat nicht den *conatus* einer noch so kleinen Strecke, sondern den einer Kreiskrümmung.[18]

Einen Winkel definiert Leibniz als den Punkt, in welchem die Schenkel zusammenstoßen. Dieser Punkt ist nicht qualitätslos, sondern er hat den *conatus*, aus sich zwei Schenkel in einer bestimmten Weise hervorgehen zu lassen. Punkte mit einem solchen *conatus* heißen Winkel.

Die Menge der unausgedehnten Punkte auf einer Strecke ist, von dieser unabhängig, immer gleich zahlreich, nämlich unendlich.[19] Auch verschieden große Kreise haben gleichviel Punkte. Ihre verschiedene Größe resultiert nur aus dem unterschiedlichen Krümmungs*conatus*. Der unausgedehnte Punkt mit einer qualitativen Struktur heißt bei Leibniz auch die *monas*, Monade.[20] Deren unanschauliche Struktur bildet die anschauliche Wirklichkeit vor. Umgekehrt symbolisiert die anschauliche Welt die unanschauliche Welt der Monade. Die Monade mit ihrem *conatus* enthält in sich das gesamte Gesetz ihrer Bewegung, auch wenn es sich um nichteinfache Bewegungsfunktionen handelt.[21] In der anschaulichen Wirklichkeit realisiert sich die Bewegung als rein mechanische Aufeinanderfolge von Zuständen.

Nun eröffnet sich die Lösung des Spannungsverhältnisses von teleologischer und kausalmechanischer Betrachtungsweise der Natur. Teleologisch ist die Natur verfaßt von dem Aspekt der Monade, gleichsam von innen aus, während die kausalmechanische Interpretation der Natur angemessen ist, wie sie sich uns äußerlich darbietet. Die Bewegung, die in der äußeren Natur als Resultat einer Einwirkung erscheint, ist bei der Betrachtung der Natur von innen nichts als die Selbstentfaltung der Monade, denn im Bereich der Monade gibt es überhaupt keine Einwirkungen von außen: »Monaden haben keine Fenster.«[22] Monaden sind, in weitgefaßtem Sinn, Subjekte mit Perzeptionen, bis hinunter zur niedersten Monade der nur-materiellen Wirklichkeit. Auch diese untersten Monaden werden in ihren Vollzügen und Bewegungen nach Analogie unseres Erlebens und unserer Wahrnehmungen interpretiert. Diese Vollzüge können wir im übrigen gerade nicht sehen, sondern nur ihre symbolische und anschauliche Außenseite, genauso wie wir umgekehrt unsere Wahrnehmungen nicht äußerlich noch einmal sehen können.[23] Deswegen sind die Bewegungen der Monade, von denen Leibniz spricht,[24] auch keine berechenbaren Bewegungen im Sinne der Infinitesimalrechnung, sondern qualitative Veränderungen im Sinne von Entfaltung und Perzeption. Es gibt für Leibniz gar keine leblose Natur, sondern wo überhaupt Wirklichkeit ist, da ist auch ein ihr zugehöriger Innenaspekt. Die Monade ist selbst schon alles, was von außen auf sie einzuwirken scheint; die äußere Einwirkung und Bewegung ist nichts als die symbolisch-anschauliche Darstellung der nicht-anschaulichen Selbstentfaltung der Gesetzlichkeit der Monade. Daß aber der Anschaulichkeitszusammenhang für alle Monaden der nämliche ist – die Unterschiede liegen allein in der Deutlichkeit der Perzeptionen[25] –, wird garantiert durch eine göttlich prästabilierte Harmonie. Alle äußeren Bewegungen sind universal so geordnet, daß sie die Repräsentation der Selbstentfaltung aller Monaden sind. Und genau dies ist auch der logische Ort der Legitimität des infinitesimalen Verfahrens mit natürlichen Bewegungen. Die in der Natur wahrgenommenen Bewegungen sind anschauliche Repräsentationen der unanschaulichen Selbstentfaltung von Monaden. Wenn wir die Anschaulichkeit der Bewegung im infinitesimalen Prozeß auflösen, ermitteln wir gleichwohl das Gesetz der Bewegung der Monade, d. h. ihren *conatus*. Die Rede von der *Bewegung* im Punkte (s_0, t_0) hat zwar für die Anschauung keinen Sinn – dessen ist sich Leibniz auch bewußt –, doch vom Aspekt des Innen der Monade bedeutet sie sinnvoll deren Entwicklungszustand in (s_0, t_0). Der Mensch kann zwar in äußerliche Zustände eingreifen, doch ist dieser Ein-Griff nur Schein: er gehört zur Entwicklung der Objekts-Monade ebenso wie zu der unserer eigenen *monas*, von der prästabilisierten Harmonie aufeinander abgestimmt. Wenn die Physik also von natürlichen Bewegungen in mathematischen Funktionen spricht, so sind dies Aussagen über Ausschnitte[26] der metaphysischen Verfassung und Entwicklungsgesetzmäßigkeit von Monaden. Die mathematische Physik ist in Wirklichkeit statische Metaphysik: Funktionen wie Monaden als sie selbst bewegen sich nicht.[27] Auch hier gilt, daß die der Funktion entsprechende natürliche Bewegung über die prästabilierte Harmonie in der Außenwelt symbolisch erscheint und mit allen anderen Bewegungen verknüpft ist.

Der Zusammenhang von Infinitesimalrechnung und Monadenlehre wird an dieser Stelle deutlich: Die Rede von der »Selbstentfaltung« der Monade ist selbst noch metaphorisch. Denn die Selbstentfaltung etwa der Monade Julius Caesar, zu welcher es gehört, daß sie an den Iden des März 44 v. Chr. mit 23 Stichen ermordet wird, ist nichts als die Repräsentation der teleologisch-gesetzlichen Verfaßtheit der Monade, aber keine Bewegung der Monade. Die Monade stellt das Bewegte im äußerlichen Bereich vor, ohne dadurch selbst anschaulich bewegt zu sein: auf sie selbst wird in der Perzeption nicht eingewirkt. Sie ist schon der vollständige Inbegriff der Gesamtheit aller Ereignisse, die sie perzipiert bzw. die ihr, von außen gesehen, zustoßen. Ihre teleologische Verfassung, ihr Gesetz ist ebensowenig selbst bewegt wie im Falle der mathematischen Funktion der *conatus*: nur durch die Undeutlichkeit ihrer Perzeption erscheinen ihr die Ereignisse in räumlichem Auseinander und zeitlichem Nacheinander. Der göttlichen Zentralmonade und ihrer vollkommen deutlichen Perzeption erscheinen alle Ereignisse gleichzeitig hier und jetzt; sie kennt alle einzelnen Bestimmungen aller Monaden.

Daraus erhellt, daß die mathematische Erfassung natürlicher Bewegungen ein legitimer Schritt ist, wenn man sich bewußt bleibt, daß hierbei eine metaphysische Aussage über die *teleologische* Verfassung des Bewegten formuliert wird. Die mathematische Gesetzlichkeit gibt den *conatus* des Bewegten an, der sich auf die Ortsbewegung bezieht. Es ist der relativen Undeutlichkeit unserer Perzeptionen zuzuschreiben, daß für uns die Bereiche des Außen und Innen auseinandertreten und wir in beiden von Bewegungen sprechen: im Äußerlichen ist Bewegung nur Symbol des Innern, im Innern ist Bewegung nur eine Metapher für unseren begreifen-wollenden Verstand. Die teleologische Verfassung der Monade, ihr Gesetz des Ausgerichtetseins, ist selbst ja gerade nicht in Bewegung; es ist das, was sich in aller Bewegung durchhält, wie der Differentialquotient in der mathematischen Bewegung. Die teleologische Struktur der Monade ist gleichsam der universale Differentialquotient für ihre gesamte, komplexe Entwicklung, die wir nur deswegen als Entwicklung bezeichnen, weil sie allen Wesen mit endlicher Perzeption äußerlich als eine solche erscheint.[28]

Wenn wir vorhin sagten, durch den Übergang zum unendlich Kleinen verlagere sich die natürliche Bewegung aus dem Objekt in das Gehirn des Physikers, so sehen wir jetzt, daß dieser Übergang einer von der Physik zur Metaphysik war, vom Bereich des Bewegten zum Unbewegten. Daß aber nunmehr die Anwendung der metaphysischen Funktion im Äußerlichen wieder gelingt, ist durch die prästabilierte Harmonie garantiert. Die äußerliche Natur in ihrer universalen, kausal-mechanischen Verfassung ist gleichzeitig Repräsentation ihrer inneren Gesetzlichkeit wie unserer endlichen Perspektive. Es ist jedoch von eminenter Bedeutung, daß diese Interpretation einer doppelten Wirklichkeit nicht zu einem banalen Determinismus führt. Sie berechtigt uns nicht, wie der Göttinger Logiker Josef König gegen N. Hartmann gezeigt hat,[29] konkrete Bewegungen in der äußeren Natur zu isolieren und sie als durch konkrete Einwirkungen determiniert zu betrachten.

Hartmann hatte behauptet, daß alle Bewegungen notwendige Folgen von kausalen Einwirkungen seien. König erwiderte in einer Leibnizanalogen Weise, daß sich Ursachen prinzipiell nicht isolieren lassen,

sondern daß ein Ereignis als *dieses* Ereignis durch die Gesamtheit seiner Beziehungen zum Universum definiert ist.
Wenn jemand einen Stein mit einem Fußtritt einen Berg herunterstößt, so könnte man diese Person als die deterministische Ursache dafür ansehen, daß der Stein jetzt unten liegt. Wenn wir indes nach der Individualität des Steines selbst fragen, so gehört der Fußtritt zwar zu allen anderen seiner Bestimmungen seit Anbeginn der Welt, aber keineswegs in irgendeiner ausgezeichneten Weise. Der Gedanke einer ausgezeichneten Kausalgesetzlichkeit kommt erst dadurch zustande, daß man *eine* unter unendlichen Bestimmungen willkürlich als Ursache bezeichnet. Der Determinismus sieht davon ab, daß auch der Fußtritt zur Definition *dieses* Steines gehört, stellt diesen als dem Steine äußerlich gegenüber und stellt dann fest, er sei die Ursache für das Herabrollen des Steines gewesen. In Wirklichkeit ist jeder konkrete Kausalzusammenhang ein *Definitionszusammenhang*.

Die universale kausalmechanische Verfaßtheit der äußeren Welt erlaubt uns Wesen mit endlicher Perzeptivität nicht, einzelne Grund-Folge-Verhältnisse mit metaphysischer Strenge als Ursache-Wirkungs-Verhältnisse zu bezeichnen. Wir können uns den wahren Verhältnissen der eigentlichen, inneren Wirklichkeit nur mit mathematischen Abstraktionen nähern.

Trotz dieser Einschränkung durch unsere endliche Perzeptivität erscheint Leibniz' Versöhnung von mechanischer und teleologischer Naturinterpretation als ein phantastischer Entwurf. Die universale Kausalmechanik der äußerlichen Welt befindet sich in harmonischer Prästabilisation mit der ebenso universalen teleologischen Verfaßtheit des inneren Reiches der Monaden. Doch ein universales Reich der Zwecke entleert den Zweckbegriff: es gibt für Leibniz keine Ablenkung vom *telos*, kein »Verfehlen« eines Zweckes, weil es keine »äußere« Einwirkung gibt. Zwar sind dem Menschen Eingriffe in die äußere Welt möglich: aber sie sind Schein, denn sie gehören den Monaden auf beiden Seiten des Eingriffs immer schon zu.

Nun hatte schon Duns Scotus in einer interessanten sprachanalytischen Bemerkung darauf hingewiesen, daß wir von Finalität immer dort sprechen, wo ein Ereignis als Fehler, als Abweichung usw. bezeichnet wird.[30] Dies gerade ist bei Leibniz ausgeschlossen. Seine philosophische Vermittlung wurde denn auch kaum in ihrer eigenen Fassung rezipiert. Seine Lösung war eine Lösung von bestechender Logik, aber der von ihr zu entrichtende Preis bestand in der Entfernung aller Teleologie aus der äußeren, der sichtbaren Natur. Während alle natürlichen Prozesse einheitlich nach mechanischen Gründen zu erklären sind, gehört alle Teleologie zum monadologisch-metaphysischen Innenaspekt der Wirklichkeit. In der sichtbaren Natur gibt es keine unabweisbar zweckmäßigen Phänomene ebenso wie im Innenaspekt nichts Unzweckmäßiges. Besonders mit diesen beiden letzteren Aspekten kommt der normale Sprachgebrauch – und das heißt auch: das Sehen von natürlichen Prozessen und Gegenständen – in Konflikt. Doch noch vor Kants transzendentalphilosophischer Verlagerung der ganzen Problematik ins erkennende Subjekt näherte der bedeutendste Leibniz-Nachfolger[31], Christian F. Wolff, den Leibnizschen Rationalismus wieder dem Horizont des common sense an.

2. Christian Friedrich Wolff (1679–1754)

Das vielbändige Opus der Wolffischen Philosophie,[32] eine Art enzyklopädisches System des Wissens, will gemäß dem Grundgedanken des Rationalismus, der Übereinstimmung von Denken und Sein[33], in logischer Strenge zu klarer und deutlicher Erkenntnis in allen Bereichen von Theorie und Praxis führen. Doch wird diese Erkenntnis nicht um ihrer selbst willen erstrebt: sie ist notwendiges Mittel, um die Menschen glückselig zu machen.[34] Über allem Handeln (also auch Philosophieren) steht der Imperativ: »Thue, was Dich und Deinen oder anderer Zustand vollkommener machet, unterlass, was ihn unvollkommener machet.«[35] Worin aber besteht die Vollkommenheit? Vollkommenheit heißt Übereinstimmung mit der Natur. Richtiges Leben besteht – so Wolffs Rückgriff auf stoische Gedanken – in naturgemäßem Leben. Aus ihm folgt zugleich die Glückseligkeit des Menschen, die freilich für den Rationalisten nicht zusätzlicher oder gar alleiniger Antriebsgrund zur Sittlichkeit ist. Die Vernunfterkenntnis des Guten allein genügt, um es zu tun.[36] Nun bleibt aber zu bestimmen, was die Natur des Menschen ist, um ihr gemäß leben zu können. Wolff gibt eine weitläufige Antwort, mit der er sich von Leibniz entfernt.

Der Ausgangspunkt ist theologisch. Die Welt ist ein Spiegel von Gottes Vollkommenheit. Sie wurde geschaffen zur Offenbarung der Herrlichkeit Gottes. Zur Offenbarung gehören zwei: uns Menschen also soll sie geoffenbart werden. Zu diesem Zweck muß die Welt aber so eingerichtet sein, daß wir sie in ihrer Herrlichkeit erkennen können.[37] Daraus ergeben sich drei universale teleologische Prinzipien verschiedener Dignität:

»Da nun solcher gestalt die Leiber der Menschen und Thiere ein Spiegel der Weisheit Gottes werden, wie nicht weniger der grossen Erkäntnis, der Vernunfft, und Güte derselben; Gott aber die Welt zu dem Ende gemacht, daß man aus ihrer Betrachtung Gründe ziehen kann, daraus sich seine Eigenschafften und was man sonst von ihm erkennen kan, mit Gewissheit schlüssen lassen; so ist auch der Haupt-Absicht, die er bey der Welt gehabt gemäß, daß Menschen und Thiere beständig auf dem Erdboden sind. Und demnach haben wir die Erhaltung des Menschlichen Geschlechtes und der verschiedenen Arten der Thiere als ein Mittel anzusehen, dadurch seine Haupt-Absicht von der Welt erreichet wird. Weil aber insonderheit der Mensch allein geschickt Gottes Vollkommenheit aus seinen Wercken zu erkennen; so siehet man auch insonderheit, warumb das menschliche Geschlecht erhalten werden muß«.[38]

Das oberste Ziel ist die Erkenntnis der Herrlichkeit Gottes – dies ist der Grund, warum die Welt als deren Spiegel geschaffen wurde. Für diesen Zweck bedarf es des Menschen als des erkennen-könnenden Wesens. Um seinetwillen ist daher die ganze übrige Natur geschaffen, damit *er* sich erhalte. Dafür ist nun aber gleichzeitig ein drittes universales teleologisches Prinzip angegeben, nämlich, daß sich auch die Natur erhalte, als Ganze wie in Tier- und Pflanzenarten, um die Erhaltung des Menschen zu gewährleisten. Und hier schließt sich die Argumentation.[39] Diesem Zweck der natürlichen Erhaltung ist von Gott so Genüge geleistet worden, daß wir seine Herrlichkeit und Allmacht, Güte und Vernunft erkennen und diesen Eigenschaften bis ins einzelne nachspüren können. *Erklärung* eines Naturvorganges oder -gegenstandes heißt damit: klare und deutliche Gründe angeben, durch welche wir auf Gottes Vollkommenheit schließen können.

Daraus ergibt sich gleichzeitig die Antwort auf die Frage nach der naturgemäßen Lebensweise: zum einen ist es der natürliche Gebrauch unserer Organe unter der Maxime der Erhaltung und Weitergabe des Lebens,[40] zum anderen der Lobpreis der Herrlichkeit Gottes und alles, was zu deren Erkenntnis führte.

Im Gegensatz zur englischen Physikotheologie[41] aus der etwa gleichen Zeit zieht Wolff aus seiner Argumentation *keinen* physikotheologischen Gottesbeweis. Die dreifache Teleologie der Natur – auf ihre eigene Erhaltung, auf die Erhaltung des Menschen, auf die Erkenntnis der Herrlichkeit Gottes durch sie als Spiegel – folgt für Wolff zwingend aus der Existenz Gottes. Und obwohl er die Existenz Gottes durch andere Beweisgründe für gesichert erachtet[42], wehrt er zwei Fehlinterpretationen seiner Naturteleologie ab.

Zum einen sei die teleologische Verfassung der Natur nicht »fatal«, also nicht deterministisch: da alle Regeln der Bewegung nur empirisch, niemals aber streng logisch dargetan werden können, alle materiellen Naturgegenstände aber notwendig bewegt sind, so liegt der Grund aller natürlichen Veränderung (also der teleologischen Prozesse) nicht nur in ihrem Wesen, sondern auch in der Bewegung.[43]

Zum anderen aber kollidiere die Annahme eines deterministisch-mechanistischen Naturlaufes mit drei grundlegenden Annahmen.

Sie ist unverträglich mit der Existenz Gottes in seiner Weisheit und Vollkommenheit: Wenn alles nur so kommt, wie es kommt, dann

> »ist weder eine Vollkommenheit in denen Dingen anzutreffen, noch ein Bild der Weisheit im gantzen enthalten«[44].

Sie ist unverträglich mit dem Postulat des naturgemäßen Lebens, denn im Determinismus ist der Ausgang aller Prozesse »immer der nämliche, ganz gleich, welche Mittel man wählt«[45].

Und sie ist schließlich unverträglich mit dem *telos* eines glückseligen Lebens.

> »In der Fatalität (findet man) keine Beruhigung des Gemüthes, massen er ein schlechter Trost ist, daß wir eben diejenige Creatur seyn müssen, der kein Glück in der Welt bescheeret«[46].

Wolff verläßt mit seiner Betrachtung der Naturteleologie ganz die strenge Scheidung seines Lehrers Leibniz aus der Monadologie. Dies führt natürlich dazu, daß alle traditionellen Vorwürfe, denen Leibnizens gewaltige Spekulation entging – von der *ignava ratio*, der faulen Vernunft, bis zum Forschungshindernis –, gegen Wolff wieder eingewandt werden konnten und zumindest auch gegen einige seiner Nachfolger mit Recht eingewandt wurden[47]. Dies mußte sich zwangsläufig aus dem Anthropozentrismus seiner Weltsicht ergeben, der den Menschen nicht nur als religiös-geistiges Wesen, sondern auch als Naturwesen als höchsten Teil der Natur behauptete. Dennoch ist es sein Verdienst, auf teleologische Phänomene in der äußeren Natur ebenso wieder hingewiesen zu haben wie auf die praktische Dimension, die der Naturteleologie eignet und die sogleich virulent wird, wenn man ihr einen Panmechanismus entgegenstellt. In beider Hinsicht schließt sich Kant an Wolff und nicht an Leibniz an. Kant betonte wie Wolff die Untersuchung der Wirklichkeit in ihrem Sich-Zeigen, und wenn Wolffs Teleologie für ihn auch mehr behauptete als sie leisten konnte (bei Fortfall der theologischen Prämissen!), so steht für Kant doch außer Zweifel, daß die Natur auch teleologische Phänomene aufwies.

3. Immanuel Kant (1724–1804)

Bei Leibniz wie bei Wolff bleibt das Problem offen und ungelöst: warum und wann legt sich eine teleologische Interpretation bei Phänomenen der äußeren Natur nahe? Denn die Antworten »nie« (Leibniz) oder »immer« (Wolff) verschleiern, daß das ursprüngliche Problem der Naturphilosophie darin besteht, das *Nebeneinander* von zweckmäßigen und nichtzweckmäßigen Erscheinungen in ein und derselben Wirklichkeit zu erklären, und nicht darin, die eine oder andere Seite abzuschaffen. Kant, in seinen frühen Schriften dem physiko-theologischen Denken durchaus nicht abgeneigt, unternahm in seiner Naturphilosophie den Versuch, das Verhältnis von teleologischer und kausalmechanischer Beurteilung der Natur für die Naturwissenschaft wie für die Philosophie ohne Phänomenverlust in der einen Wirklichkeit zu bestimmen. Allerdings können wir Kants Position nicht als einheitliche wiedergeben, sondern müssen zumindest drei Phasen unterscheiden[48]; die Entwicklung der kantischen Argumentation ist um so aufschlußreicher, als sich in ihr die Eigendynamik des Teleologieproblems entwickelt, wie es sich schon in der Antike gezeigt hatte, jetzt aber um die Dimension des Bewußtseins vermehrt.

a) Der kritische Ansatz in der Zeit der »Kritik der reinen Vernunft« (1781) [KrV] und der »Metaphysische(n) Anfangsgründe der Naturwissenschaft« (1786)[MAdN]

In der Zeit der Grundlegung seiner kritischen Philosophie stellt für Kant die objektive Natur ein System von mathematisch-physikalischen Beziehungen unter allgemeinen Gesetzen dar. Subjekte, Lebewesen als sie selbst kommen in dieser kategorial-konstituierten Erfahrungswelt nicht vor; der einzige Subjektrest ist die »transzendentale Apperzeption«, das »Ich denke«, das alle meine Vorstellungen muß begleiten können, damit ich von *meinen* Vorstellungen sprechen kann. Lebewesen erscheinen als Materieagglomerate unter physikalischen Gesetzen – medizinisch-biologische Autorität für Kant ist zu dieser Zeit der Cartesianer H. Boerhaave[49]. In der zweiten kosmologischen Antinomie der »Kritik der reinen Vernunft« erörtert Kant die Frage der Teilbarkeit des Organischen, und er kommt zum Schluß, daß bei hinreichend weitgehender »Zergliederung« auch hier anorganische Teile im Bereich der Erfahrung liegen können[50].

Nur von Gegenständen dieser Newton-Welt ist in terminologischem Sinn für Kant »Erfahrung« möglich. Von daher wird Kant seit Helmholtz, durch den ganzen Neukantianismus und bis heute vorwiegend in der angelsächsischen Tradition als Vertreter eines mechanistischen Standpunktes im Teleologieproblem reklamiert. Der Naturbegriff des objektiven Systems nach mathematisch-physikalischen Gesetzmäßigkeiten ist bezeichnenderweise ja auch der einzige, der im großen Kant-Lexikon von K. Eisler verhandelt wird.

Die Problematik der teleologischen Naturbeurteilung wird von Kant in dieser Zeit nicht in seinen Publikationen behandelt. Daß sie dennoch von ihm als Problematik gesehen wurde, geht aus einer Reflexion aus dem Jahre 1787 hervor:

> »Ich habe auch bisweilen zum Versuch in den Golph gesteuert blinde Naturmechanik hier [bei der Erzeugung von Organismen] zum Grunde anzunehmen und glaubte eine Durchfarth zum kunstlosen Naturbegriff zu entdecken allein ich gerieth mit der Vernunft beständig auf den Strand und habe mich daher lieber auf den uferlosen Ocean der Ideen gewagt ...«[51].

Kant hatte versucht, die Teleologie der Natur gemäß der leibnizschen Annahme auf Kausalmechanik zurückzuführen, doch er war mit der Vernunft »auf den Strand« geraten. Dennoch aber ließ er keinen Zweifel daran, daß die teleologische Interpretation aus der Naturwissenschaft fernzuhalten ist: Da der Zweck »der Begriff von einem Object (ist), sofern er zugleich den Grund der Wirklichkeit dieses Objects enthält« (V, 180), die Teleologie somit für eine »Kausalität nach Begriffen« steht, hat sie in der Naturwissenschaft keinen Ort: Der Zweck ist ein »Fremdling in der Naturwissenschaft« (V, 390).

In der Zeit *vor* der »Kritik der Urteilskraft« gilt Kants theoretisches Philosophieren vornehmlich der Frage nach der Bedingung der Möglichkeit von *exakter* Naturwissenschaft. Für diese ist es nicht notwendig, den Status der teleologischen Naturinterpretation über die Elimination hinaus zu erörtern.

b) Die Analyse des Zweck-Begriffes in der »Kritik der Urteilskraft« (1790) [KU]

Kant hatte zwar die Zweckmäßigkeitsphänomene der Natur aus der Natur*wissenschaft* eliminiert, aber doch damit nicht erklärt, wie es zu ihnen resp. ihrem Anschein in der Natur kommt. Schließlich fanden sie sich ja in derselben Wirklichkeit wie die mechanischen Verhältnisse. Kants Naturphilosophie ist von Anfang an von einem doppelten Interesse getragen, das nicht nur *seiner*, sondern, so Kant, *jeder* Vernunft eigen ist. Das erste ist die Bedingung der Möglichkeit von (Newtons) Naturwissenschaft, die durch den englischen Empirismus und Skeptizismus gefährdet war. Dieses Problem hatte Kant dadurch gelöst, daß er die zentrale Kategorie der Naturwissenschaft, die der Kausalität, aus den Gegenständen in das erkennende Subjekt verlagerte. Das zweite Interesse ist das an der Einheit der Natur. Für den kritischen Kant war dies Interesse durch die Einheit der Physik zunächst befriedigt gewesen. Als sich aber die Naturphänomene des Lebendigen für ihn nicht auf die Physik zurückführen ließen, mußte der Naturbegriff so erweitert werden, daß auch diese verständlich wurden. Die Konsequenzen aus dieser Erweiterung des Natur- und des Erfahrungsbegriffs bezogen sich, wie Kant später entdeckte, auch auf die Newtonsche Physik selbst.

In der »Kritik der Urteilskraft« unterscheidet Kant fünf verschiedene Formen von Zweckmäßigkeiten[52]. Die erste entstammt der Ästhetik, die zweite und dritte gelten der Physik, die vierte und fünfte den äußeren und inneren Bedingungen lebendiger Wesen. Die Verankerung der Einheit der Natur, soweit vorab, ist nicht mehr an die kategoriale Grundausstattung des Subjekts geknüpft, sondern zunächst an die Einheit des interpretierenden Subjektes, d. i. seine *reflektierende* Urteilskraft (s. u.). Im Anschluß an die Erörterung der fünf Zweckmäßigkeiten verfolgen wir Kants Konsequenzen in der »Kritik der Urteilskraft«.

1. Die verschiedenen Formen der Zweckmäßigkeit

Subjektive, formale, ästhetische Zweckmäßigkeit

Die ästhetische Zweckmäßigkeit bezeichnet bei Kant die Schönheit einer Erscheinung, der Natur gleichermaßen wie der Kunst[53]. Subjektive Zweckmäßigkeit heißt Übereinstimmung der Erscheinung mit unserem »Geschmack«, d. i. ästhetischem Beurteilungsvermögen. Das ästhetische Urteil beansprucht eine Objektivität, die es nicht ausweisen kann.

> Wenn jemand sagt, Spinat schmecke ihm nicht, dann kann man darüber in der Tat *nicht* streiten; dies ist der Bereich des bekannten Sprichwortes. Wenn man hingegen sagt, ein Kunstwerk sei schön, so kann man darüber sehr wohl streiten, auch wenn man möglicherweise zu keiner Einigung gelangt. Dennoch gibt es hier Kompetenzkriterien, die über das subjektive »Gefallen« hinausweisen[54].

Ästhetische Urteile haben nicht den Status der Gesetzmäßigkeit (wie die kategorischen) oder der Verbindlichkeit (wie die sittlichen), sondern wie alle Zweckmäßigkeitsurteile den Status der *Zumutbarkeit*. Im Gegensatz zu den materialen teleologischen Urteilen (s. u.) erfordern die ästhetischen Urteile keinen Begriff von einem Objekt und bringen auch keinen hervor (XX, 233).

Subjektive, formale, logische Zweckmäßigkeit der Natur

In den beiden Einleitungen zur »Kritik der Urteilskraft« legt sich Kant, noch ganz ohne Hinblick auf die organische Natur, die Frage vor, ob seine bisherige Naturphilosophie wirklich schon die Physik Newtons auf gesicherten philosophischen Grund stelle. Er verneint sie: zwar ist die Erfahrung »überhaupt«[55] nach seinen transzendentalen Gesetzen zu einem System geworden. »Daraus folgt aber nicht, daß die Natur, auch nach *empirischen* Gesetzen, ein für das menschliche Erkenntnisvermögen *faßliches* System sei« (XX, 209). Die nur kategorial konstituierte, objektive Natur könnte zu einer »besorgliche(n) grenzenlose(n) Ungleichartigkeit empirischer Gesetze und Heterogeneität der Naturformen«[56] führen, und damit würde das Interesse der Vernunft an der Einheit der Natur »gar nicht befriediget«.

> Unsere apriorische Kausalitätskategorie setzt uns instand, einzelne Kausalreihen in der Natur zu verfolgen; aber damit ist nicht gesagt, daß es ähnliche Kausalreihen in dem Sinne geben müsse, daß wir zu allgemeinen Aussagen über Gesetzmäßigkeiten in der empirischen Natur gelangten. Es gibt keinen zwingenden Grund, warum ein Parameter in irgendeiner Versuchsanordnung immer konstant bleiben sollte – für jedes fallende Objekt könnte sich eine andere Gravitations»konstante« oder Erdbeschleunigung ergeben, und auch für dasselbe Objekt zu verschiedenen Zeiten in verschiedenen Örtern verschiedene. Daß darüber hinaus zwischen den verschiedenen Disziplinen der Physik (Mechanik, Wärmelehre, Elektrizitätslehre usf.) so einfache Beziehungen bestehen, ist auch für den heutigen Physiker geradezu ein »Wunder« (C. F. v. Weizsäcker).

Für Kant liegt es daher in unserem Interesse an der Einheit der Natur, daß diese selbst so gedacht werden muß, als sei sie zweckmäßig für unsere Urteilskraft eingerichtet. Und dies ist für Kant keine beiläufige Überlegung, sondern sie erhält die Dignität eines transzendentalen Prinzips a priori[57].

»Die Natur spezifiziert ihre allgemeinen Gesetze zu empirischen, gemäß der Form eines logischen Systems, zum Behuf der Urteilskraft« (XX, 216).

Es ist dies nicht eine Annahme, hinsichtlich derer wir frei sind, ob wir sie machen wollen oder nicht, sondern wann immer wir von »Natur« sprechen, wann immer wir eine Beobachtung wiedergeben oder ein Experiment machen, haben wir dieses Prinzip schon als gültig vorausgesetzt. Würde es nicht gelten, so könnten wir uns weder erhalten, geschweige denn Naturforschung treiben oder – für Kant das stärkste Argument (s. u.) – sittlich handeln.

Objektive, formale Zweckmäßigkeit

Die objektive, formale Zweckmäßigkeit nennt Kant »Zweckmäßigkeit ohne Zweck« (V, 364). In ihr wird die Zweckmäßigkeit geometrischer Figuren zur Auflösung bestimmter Probleme zugegeben, ohne daß darin ein Zweck läge: da in der reinen Mathematik nicht von der Existenz von Dingen die Rede ist, kann auch nicht von der Kausalität der Existenz in Ansehung eines Begriffs die Rede sein. Die Zweckmäßigkeit kann als objektive zugegeben werden, ist aber formal und benötigt zur Realisierung ein Subjekt, das diese Zweckmäßigkeit mit einem Zweck ausstattet. Für das Teleologieproblem ist sie ohne Relevanz.

Objektive, materiale, äußere Zweckmäßigkeit (auch relative Zweckmäßigkeit, Zuträglichkeit)

Die relative Zweckmäßigkeit, von Kant auch Zuträglichkeit genannt, umfaßt alle jene Phänomene, die die Stoa ebenso wie die Physikotheologie zu ihrem Thema gemacht hatte: die zweckmäßige Zuordnung der Naturgegenstände zueinander, der anorganischen wie der organischen. Für Kant tragen alle äußeren Zweckmäßigkeiten den Charakter der *Interpretation*; ihnen kommt *kein* Erklärungswert in der Natur zu: weder fließt die Donau nach Osten gegen die Türken, noch ist das Flußbett dazu da, damit sich ein Fluß in ihm wälze, noch ist der Sandboden für das Wachsen der Fichten da, noch haben die Wanzen den Zweck, den Menschen am zu langen Schlaf zu hindern[58]. Eine einzige Ausnahme erkennt Kant an: die zweckmäßige Zuordnung der Organe der beiden Geschlechter einer Species von Lebewesen in bezug auf die Erzeugung von Nachkommenschaft. Aber diese ist nur möglich, weil für beide Organismen je einzeln schon *innere* Zweckmäßigkeit (s. u.) gilt!

Die äußere Zweckmäßigkeit könnte für Kant nur dann ein Thema der Naturphilosophie sein, wenn das Wesen, auf das hin andere Naturgegenstände als Mittel interpretiert werden, den Charakter eines objektiven Zweckes der Natur hätte. So etwas läßt sich aber in der *Natur*beobachtung nicht ausmachen. Erst unter einem anderen philosophischen Aspekt, dem ethischen, erhält diese äußere Zweckmäßigkeit auch den Charakter einer Erklärung für bestimmte Phänomene. Wenn der Mensch als unbedingter Zweck in seiner Sittlichkeit angesehen wird, dann kann man sinnvoll von einer zweckmäßigen Anordnung von Naturgegenständen in bezug auf den Menschen sprechen. Unter dieser Voraussetzung sind Golfstrom, Treibholz, Moos und Rentiere tatsächlich für Eskimos und Lappländer da. Aber dieser Satz, der uns an Chr. Wolff erinnert, hat mit Naturphilosophie nichts zu tun; wir übergehen ihn deswegen zunächst.

Objektive, materiale, innere Zweckmäßigkeit (auch: absolute Zweckmäßigkeit, Natur-Zweckmäßigkeit)

Gebilde, die nur nach inneren Zweckgesichtspunkten von uns zu beurteilen sind, nennt Kant Naturzwecke. Diese Bezeichnung grenzt er ab gegen die »Zwecke der Natur«: Wir können nichts darüber ausmachen, ob die Natur ihrerseits beabsichtigt habe oder darauf angelegt sei, diese Gebilde hervorzubringen. Mit dem Begriff des Naturzwecks dagegen verbindet Kant zwei Charakteristika: zum einen seine »Zufälligkeit«, zum anderen seine Bezogenheit auf einen Vernunftbegriff.

Daß Naturzwecke »im höchsten Grade zufällig« sind[59], bedeutet natürlich nicht, daß sie durch Zufall entstanden seien. »Zufällig« bedeutet, daß wir die *Notwendigkeit* der Entstehung nicht begreifen können. Vom Phänomen her gesehen ist zunächst jede Kombination, durch die es entstanden ist, gleich wahrscheinlich oder unwahrscheinlich wie jede andere. Wenn das hingeschüttete Hölderlingedicht eine Wahrscheinlichkeit von 10^{-20} besitzen möge, so ist es dieselbe für alle anderen Kombinationen der Buchstaben auch[60]. Nur dadurch, daß der Mensch alle sinnlosen Konstellationen in einer Gruppe zusammenfaßt und diese dem sinnvollen Gedicht gegenüberstellt, erscheint dessen zufälliges Zustandekommen als so unwahrscheinlich. Andersherum erscheint es uns um einen Faktor 10^{20} wahrscheinlicher, daß ein Mensch die Buchstaben hingelegt hat. Im Zusammenhang mit Naturzwecken – und von Anfang an hat Kant hier die Organismen im Auge[61] – kann nicht einmal ein noch so phantastischer Maßstab für diese Entstehungswahrscheinlichkeit angegeben werden: zum ersten können wir sie nicht so auf Gott zurückbeziehen, daß eine Wahrscheinlichkeitsziffer irgendwo auftauchte; zum zweiten können wir Organismen im Gegensatz zu Hölderlingedichten nicht selbst herstellen, und zum dritten – als zeitgenössisches Argument seit Leibniz – sind Organismen bis ins *unendlich Kleinste* organisiert. In dieser unendlichen Zufälligkeit bleiben Naturzwecke gleichwohl auf den Vernunftbegriff des *Zweckes* zurückbezogen: ihre Form ist nicht nach bloßen Naturgesetzen möglich, ihre Ursache *muß* in einen Vernunftbegriff gesetzt werden.

Die unendliche Zufälligkeit der Naturzwecke macht es den Menschen unmöglich, von ihnen etwas a priori, vor aller Erfahrung, zu wissen. Im Gegenteil können wir von ihrer Möglichkeit *nur* durch ihre Wirklichkeit, d. h. aus der Erfahrung wissen.

Als positive Bedingungen für die Beurteilung als Naturzwecke gibt Kant als Kriterium an:

> »Ein Ding existiert als Naturzweck, wenn es von sich selbst Ursache und Wirkung ist« (V, 370).

Dies muß auf eine dreifache Weise der Fall sein: die Teile des Naturzweckes dürfen nur in bezug auf das Ganze möglich sein, Teil und Ganzes müssen voneinander wechselseitig Ursache und Wirkung sein, und alle Ursache-Wirkungs-Verhältnisse in diesem »organisierten Produkt« müssen sich auch als Zweck-Mittel-Verhältnisse interpretieren lassen[62]. Die dritte Bedingung ist dabei die zentrale: durch sie unterscheiden sich Organismen von noch so komplizierten Kunstprodukten, denn hier erscheint der Organismus als in sich verschränkte Totalität von Zweck-Mittel-Verhältnissen, zu deren Existenz-Erklärung nicht nochmals auf einen ihnen äußerlichen Zweck verwiesen werden muß.

Und nur wenn wir dieses Ganze als Zweck denken, der von sich selbst her nicht noch eines anderen »Um ... willen« zur Erklärung bedarf, können wir überhaupt Vorgänge im und am Organismus nach wissenschaftlichen Kriterien untersuchen. Alle Einzeluntersuchung ist dann zwar kausal, aber die jeweilige Fragestellung bezieht ihren Sinn immer erst aus der Totalität des Zweck-Ganzen.

> Alle kausalmechanische Untersuchung von isolierten Vorgängen im Organismus ist letztlich darauf bezogen, inwiefern der isolierte Vorgang entweder zur Erhaltung eines Organs und damit mittelbar zur Erhaltung des Ganzen, oder unmittelbar zur Erhaltung des Ganzen (e. g. durch die Flucht des Tieres vor einem Feind), oder mittelbar und unmittelbar zur Erhaltung der Art beiträgt. Kant macht für alle diese

Fälle keinen Hehl daraus, daß es sich nicht um irgendwelche Beiträge handelt, sondern wir sind aufgefordert, ja berufen anzunehmen, daß »kein Werkzeug zu irgendeinem Zwecke in demselben [im Naturzweck] angetroffen wurde, als was auch zu demselben das schicklichste und ihm am meisten angemessen ist« (IV, 395).

Die teleologische Betrachtung der Organismen führt somit zwar zu keiner speziellen naturwissenschaftlichen Erkenntnis – hier bleibt das Ideal Newtons bestehen –, aber sie ist unverzichtbare Voraussetzung, um überhaupt sinnvolle Fragen stellen zu können.

Dieser Status ist aber sehr viel gewichtiger als der der sog. »heuristischen Maxime«, von welcher heutzutage in der Biologie die Rede ist, wenn man von der Teleologie etwas Gutes sagen will.
Die These von der heuristischen Nützlichkeit drückt aus, daß Zweckmäßigkeitsüberlegungen ein vernünftiger, vorwissenschaftlicher Ausgangspunkt für Phänomenbeschreibungen sind, welche im Verlauf der Untersuchung durch präzise, wissenschaftliche Aussagen ersetzt werden. Etwa: »Wenn der Hund Hunger hat, läuft er zum Freßnapf, um nachzuschauen, ob etwas da ist.« Dies führt zu biochemischen Untersuchungen von Speichel- und Magensaftsekretion des Hundes, von erlernten und ererbten Verhaltensmustern usf. Am Schluß ist die vorwissenschaftliche Feststellung »der Hund hatte Hunger« aufgelöst, allerdings das Phänomen als es selbst auch.
Die Naturwissenschaft untersucht Kausalreihen[63]. Sie untersucht aber nicht beliebige Kausalreihen, sondern nur solche, von welchen sie sich entweder einen bestimmten Nutzen oder eine Befriedigung der wissenschaftlichen Neugierde erhofft. So untersucht sie nicht alle Kieselsteine eines Flußbettes auf Farbe, Größe, Gewicht, Herkunft usf., obwohl alle Gegenstände und Ereignisse Schnittpunkte von Kausalreihen sind, Organismen genauso wie Kieselsteine. Wenn wir das jeweilige Zustandekommen wissenschaftlich (als das Produkt von Kausalreihen) erklärt haben, dann verschwindet dadurch das spezifische Phänomen als beliebiges Anwendungsbeispiel von allgemeinen Naturgesetzen, denn seine *Bedeutsamkeits*struktur existiert für die Wissenschaft ja gerade nicht.
Wenn daher das Konzept: teleologische Heuristik mit anschließender Auflösung der Phänomene in Kausalreihen tatsächlich der ganzen Wirklichkeit angemessen ist, dann ist das Ziel der Wissenschaft auch die Beseitigung all jener Phänomene, derentwillen wir sie überhaupt betreiben.

Für Kant hat die teleologische Naturinterpretation nicht nur den Status einer pragmatischen Nützlichkeit für anschließende Kausalforschung: dieser Nützlichkeit entspricht eine Beschaffenheit der Gegenstände selbst. Unter diesem Aspekt muß das konkurrierende Verhältnis von kausalmechanischer und teleologischer Naturbetrachtung philosophisch analysiert werden.

2. Das Verhältnis von kausalmechanischer und teleologischer Naturinterpretation

Die kausalmechanische Natursicht ist in der KrV die einzige, die den Erfordernissen der Wissenschaftlichkeit entspricht. Sie ruht auf der empirischen Kategorie der Kausalität und verfährt nach einem Grundsatz des reinen Verstandes (der zweiten Analogie der Erfahrung: »Alles, was geschieht, setzt etwas voraus, worauf es nach einer Regel folgt« [IV, 128], d. h. alles, was geschieht, geschieht nach der Regel der Verknüpfung von Ursache und Wirkung).

> Der eigentümlich kritische Aspekt Kants besteht darin, daß solche Sätze nicht als dogmatisch-absolute Lehrsätze vorgetragen werden, sondern daß die ihnen zugrundeliegenden Kategorien als *transzendental apriori* verstanden werden. Sie stellen Antworten auf die Frage dar: was muß notwendig *gedacht* werden in der Relation zwischen Gegenstand (an sich) und dem Subjekt mit seinem Erkenntnisvermögen »in Absicht auf eine durchgängig zusammenhängende Erfahrung«. Somit ist ein Grundsatz der reinen Vernunft wie das Kausalprinzip nicht aus der Empirie herleitbar, sondern Voraussetzung für jeden sinnvollen empirischen Umgang mit der Natur.

In der KrV unterscheidet Kant die Urteilskraft vom Verstand, weil eine direkte Zuordnung der Erscheinungen in der Natur zu den Kategorien nicht möglich ist (IV, 99). Die Urteilskraft ist das Vermögen, unter Regeln zu subsumieren, d. h. das Vermögen der Anwendung von Regeln, der Subsumtion des Besonderen unter das Allgemeine. In der KrV handelt es sich dabei durchweg um »gegebenes Allgemeines« (Kategorien), die Urteilskraft *bestimmt* den Gegenstand. Bestimmen heißt »Setzen des Prädikates mit Ausschluß des Gegenteils« (I, 391). Wie steht es aber um nichtgegebenes Allgemeines, welches der Verstand erst ermitteln muß, bevor er ihm Besonderes zuordnen kann? Für dieses Problem führt Kant in der KU den Begriff der reflektierenden Urteilskraft ein. Reflektion heißt

> »Gegebene Vorstellungen entweder mit anderen, oder mit seinem Er-

kenntnisvermögen, in Beziehung auf einen dadurch möglichen Begriff, zu vergleichen und zusammen zu halten« (XX, 211).

Die reflektierende Urteilskraft sucht sich zum Besonderen erst das Allgemeine, unter welches dann subsumiert wird[64].

Betrachten wir das Urteil: Er tut seinen Dienst. Hier wird das konkrete Handeln einer Person unter den allgemeinen Begriff des Dienstes subsumiert. Das Urteil ist ein Reflexionsurteil, denn »Dienst« ist ein nichtgegebener Begriff, der gedacht werden muß als einer, der erst durch Reflektieren auf Zusammenhänge (von bestimmten Handlungen aus übernommenen, u. U. vertraglichen Pflichten etc.) gebildet werden kann.

Allerdings folgt aus dieser Einführung der reflektierenden Urteilskraft bald ihr beträchtliches Überwiegen über die bestimmende Urteilskraft, da alle nicht-kategorischen Begriffe in ihren Geschäftsbereich fallen[65]. Das schließt nicht aus, daß es darunter Begriffe von besonderem Interesse gibt. Der Analyse von zweien solcher Begriffe ist ja auch die KU gewidmet: der Schönheit und dem Zweck, d. h. dem Geschmacksurteil und dem teleologischen Urteil.

Über die verschiedenen Formen des von der reflektierenden Urteilskraft gebildeten Zweckbegriffes handelten wir oben. Nun aber stellt sich die Frage, ob und wie man von ihm Gebrauch machen kann im Verhältnis zum – in der KrV als allein wissenschaftlich gedachten – kausalen Bestimmen. Kants Antworten, welche für die Biologie der Folgezeit zur Grundlage eines Forschungsprogramms werden[66], lassen sich in drei Thesen zusammenfassen.

- Zunächst sind teleologische Aussagen in ihrem ontologischen Gehalt *nicht geringer* als kausalmechanische. Denn unter wissenschaftlicher Naturbetrachtung kommen uns nie die Objekte so in den Blickwinkel, wie sie von sich selbst her sind. Die Natur ist für uns wesentlich Erscheinung und *nicht* Ding an sich. Dementsprechend läßt Kant die kausalmechanische und die teleologische Naturbetrachtung als zwei *Beurteilungs*arten von natürlichen Gegenständen auftreten und *nicht* als eine Beurteilungs-(Teleologie) und eine Bestimmungsart (Kausalforschung)[67]. Von den Dingen an sich her gesehen besagt die Übersetzung von teleologischen in kausalmechanische Aussagen zunächst gar nichts über die Wirklichkeit an sich selbst.

- Zum zweiten sind Kausalaussagen – so die Entdeckung in der KU – prinzipiell ungeeignet, uns die Natur als Ganzes in den Blick bekom-

men zu lassen. Kausalforschung ist unendlich, unabschließbar, und d. h. sie ist wesentlich *Programm* und nicht Ziel[68]:
»es ist für den Menschen ungereimt ... zu hoffen, daß dereinst ein Newton aufstehen könne, der auch nur die Erzeugung eines Grashalms nach Naturgesetzen, die keine Absicht geordnet hat, begreiflich machen werde. Sondern man muß diese Einsicht den Menschen schlechterdings absprechen« (V, 400).
Das Zitat lehrt uns, daß für Kant schon die Kausalforschung bei einzelnen Naturprodukten an kein Ende kommt. Für die KrV gilt das »nicht zum Ende kommen« nur für das Ganze der Natur, denn dieses Ganze, die Welt, ist eine Vernunftidee, der Inbegriff aller Gegenstände des äußeren Sinnes, die *unbedingte* (nicht: *erste!*) Bedingung aller Kausalitätsreihen. Welt ist der vorausgesetzte Horizont, innerhalb dessen Kausalforschung betrieben werden kann. Ein analoges Ganzes findet sich aber innerhalb dieser Natur in den Organismen, und die integrative Kraft der Vernunftidee Welt kehrt in der KU auf regionaler Basis im *Zweck*-Begriff wieder. Kant definiert den Zweck als den »Begriff von einem Object, sofern er zugleich den Grund der Wirklichkeit dieses Objects enthält« (V, 180). Dann heißt von Zwecken reden: von Absichten reden. Da es nicht unsere Absichten sind, die in der Natur zweckmäßige Gebilde herstellen, mußte von Gott die Rede sein, wenn teleologische Aussagen in die Naturwissenschaft einfließen. Und wenn auch die Physik die Frage von sich her unentschieden lassen muß, verweist Kant die Teleologie aus der Physik nicht mehr durch die These ihrer potentiellen vollständigen Auflösbarkeit in kausalmechanische Aussagen, sondern pragmatisch. Die Entscheidung, die Teleologie aus der Physik herauszulassen, fällt nicht deswegen, weil teleologische Urteile unwahr sind oder ihnen in der Wirklichkeit nichts entspricht, sondern deswegen, weil wir keine Naturzwecke hervorbringen können:
»das Studium der Natur nach ihrem Mechanism (hält) an demjenigen fest, was wir unserer Beobachtung oder den Experimenten so unterwerfen können, daß wir es gleich der Natur wenigstens der Ähnlichkeit der Gesetze nach selbst hervorbringen können; denn nur soviel sieht man vollständig ein, als man nach Begriffen selbst machen und zustandebringen kann« (V, 384).
Kant nennt hier als Ziel der Naturwissenschaft, die Natur unter dem Aspekt der Machbarkeit zu betrachten, was er noch bekräftigt:
»*ich soll* jederzeit über dieselben [die Ereignisse der materiellen Natur] nach dem Princip des bloßen Mechanismus der Natur reflectiren« (V, 387).

Aber für Kant ist es vollkommen klar:
»schlechterdings kann keine menschliche Vernunft (auch keine endliche, die der Qualität nach der unseren ähnlich wäre, sie aber dem Grade nach noch so sehr überstiege) die Erzeugung auch nur eines Gräschens aus bloß mechanischen Ursachen zu verstehen hoffen« (V, 409).
Kant betont also in der KU den praktischen Aspekt von Kausalaussagen, weist aber ebenso deutlich darauf hin, daß für die unbestreitbaren Zweckmäßigkeitsphänomene in der (lebenden) Natur Kausalaussagen zur Erklärung prinzipiell ungeeignet sind.

– Zum dritten ist festzuhalten, daß die teleologische Sicht von Naturgegenständen *Interpretation* bleibt: Zwecke lassen sich in der Natur nicht als solche beobachten, sondern nur »in der Reflexion über ihre Produkte ... hinzu*denken*« (V, 399). Kausalmechanische Aussagen bleiben erfahrungskonstitutiv für die Naturwissenschaft, mit der Ausnahme, daß sie bei Natur*zwecken* selbst nur Interpretation darstellen. Bei Naturzwecken kann prinzipiell weder der Beweis geleistet werden, daß sie mechanisch erklärbar sind, noch daß sie es nicht sind – Kant weist alle »beweisenden« Theorien in dieser oder jener Richtung zurück[69]. Von daher scheint Kant bezüglich der Teleologie schließlich ein Agnostiker zu sein, der der kausalen Naturbetrachtung den pragmatischen Nutzen, der teleologischen den Status einer zwar unabdingbaren, aber doch nur subjektiven Interpretationsmaxime zuschreibt. Dies ist indes noch nicht das Ende der KU und unserer Analyse.

3. Die ontologische Dimension des Teleologieproblems

Im Gegensatz zu Leibniz holt Kant in der KU die teleologische Betrachtungsweise aus der Metaphysik zurück zur Beurteilung von wirklichen Phänomenen in der Natur. Er überläßt die Natur nicht einfach dem Mechanismus. Andererseits folgt er auch nicht Wolff in der Ausdehnung eines konstitutiv-teleologischen Denkens auf die gesamte Natur.

Der Status des teleologischen Denkens ist noch nicht hinreichend erörtert, wenn wir uns auf das interpretierende Subjekt beschränken. Da nämlich wird der Eindruck erweckt, als stünde ein objektiv-kategoriales Bestimmen einer subjektiven Reflexionsmaxime gegenüber. Aus einer ontologischen Perspektive ergibt sich jedoch eine ganz andere Folgerung.

Wie schon bemerkt, ist die Objektivität der Naturkausalität nur eine transzendentale unter der Absicht einer einheitlichen Erfahrung. Über das Ding an sich ist dadurch gar nichts ausgemacht. Die Natur als Erscheinung ist aber an unsere Erkenntnisvermögen gebunden. Unsere Erkenntnis ist dabei in dem Sinne *abstrakt*, als die konkrete Natur zwar an diese Vermögen gebunden ist, ohne doch durch sie *vollständig* konstituiert zu werden.

Kant behandelt dieses Problem in den §§ 76 und 77 der KU. Zu der »nur« transzendentalen Objektivität der Natur kommt hinzu, daß für unseren endlichen Verstand das Besondere niemals im Allgemeinen enthalten ist. Nur das Allgemeine aber (die Kategorien) ist uns gegeben. Das Besondere entsteht für uns immer aus allgemeinen Gesetzen und Randbedingungen als gleichsam Zufälliges. Selbst wenn wir die Randbedingungen wieder »erklären«[70], sie als besondere thematisieren, benötigen wir wiederum Randbedingungen. Die Totalität der Randbedingungen ist für unseren endlichen Verstand nicht durch allgemeine Gesetze einzuholen. Wenn wir von einem Allgemeinen sprechen, in welchem das Besondere gar nicht enthalten ist, so ist dies deswegen abstrakt, weil es gleichsam vorspiegelt, es habe eine höhere ontologische Dignität gegenüber dem Besonderen als dem von unserem Erkenntnisvermögen Konstituierten, obwohl es sich um keine hinreichende Konstitution, sondern nur um eine Angabe von notwendig zu denkenden Bedingungen handelt.

Diese Abstraktion wird durch den Zweckbegriff aufgehoben. Er beseitigt nachträglich die Zufälligkeit des Besonderen, indem er das fehlende Prinzip der Einheit angibt, unter welchem sich die Kausalprozesse zum Naturzweck geordnet haben. Erst dadurch bekommen wir Phänomene des Organischen als bestimmte in den Blick. Von daher läßt Kant keinen Zweifel an der ontologischen Vorordnung der teleologischen Natursicht vor der kausalmechanischen: zwar sollen wir alle Prozesse und Gegenstände der Natur mechanisch zu erklären versuchen, ». . . dabei aber niemals aus den Augen verlieren, daß wir die(se) . . . der wesentlichen Beschaffenheit unserer Vernunft gemäß, jene mechanischen Ursachen ungeachtet, doch zuletzt der Causalität nach Zwecken unterordnen müssen« (V, 415). Dennoch können wir den Zweckbegriff nicht dogmatisch handhaben: die Abstraktion des Auseinanderfallens der Wirklichkeit in allgemeine Gesetze und besondere Randbedingungen ist ja Voraussetzung für die Bildung des Zweckbegriffs. Der Zweckbegriff stellt zwar die zunächst auseinandergefallene Einheit von Allgemeinem und Besonderem her, aber es ist eine *wiederhergestellte* Einheit, deren Gewinnung auf die Abstraktion angewiesen war.

Kant gibt auch selbst einen Hinweis auf die höhere ontologische Dignität des teleologischen vor dem kausalmechanischen Denken. Durch die Kausalitäts-Kategorie schreiben wir der Natur die Gesetze vor, nach welchen sie uns zu erscheinen hat. Bestimmte Naturprodukte *nötigen*[71] uns jedoch, auf einen Begriff zu reflektieren, der uns nicht gegeben ist. Diese Nötigung ist offensichtlich Ausdruck dafür, daß das Prinzip des Zweckes etwas symbolisiert, was den Dingen *an ihnen selbst* zukommt und nicht nur ihren durch uns festgelegten Erscheinungsweisen.

Einen definitiven ontologischen Status erhält die Teleologie im theoretischen Teil der KU nicht. In der »Methodenlehre der teleologischen Urteilskraft« nimmt Kant allerdings die von den antiken Autoren und auch Chr. F. Wolff betonte praktisch-philosophische Dimension des Problems auf.

4. Die praktisch-philosophische Dimension des Teleologieproblems

Kant wiederholt die klassische These, daß der Mensch der »letzte Zweck der Natur« (V, 427) ist. Diese These folgt aber nicht aus der Naturbetrachtung – da erscheint der Mensch bisweilen nur »im Rang eines Mittels« (l. c.)[72] –, sondern daraus, daß er »sich einen Begriff von Zwecken machen und aus einem Aggregat von zweckmäßig gebildeten Dingen durch seine Vernunft ein System der Zwecke machen kann« (l. c.). Dies ist aber nur eine formale Bestimmung: material ist die Natur keineswegs erkennbar darauf angelegt, dem Menschen das Leben so angenehm wie möglich zu machen: Ungeziefer, Krankheiten, Hungersnöte, Witterungskatastrophen lassen ihn an der Wohltätigkeit der Natur ebenso zweifeln wie »das Widersinnische der Naturanlagen in ihm« (V, 430), die ihn »mit Kriegen an der Zerstörung seiner eigenen Gattung« arbeiten lassen. Offen bleibt dann die Frage, *warum* der Mensch letzter Zweck der Natur ist. Diese Frage »(muß) aber in der Natur gar nicht gesucht werden« (V, 431).

Hierfür bieten sich zwei Antwortmöglichkeiten auf der Ebene der Natur (denn als letzter Zweck der Natur ist der Mensch noch *in* ihr) an: die Glückseligkeit (*eudaimonia*) und die Kultur. Die Glückseligkeit wird ausgeschlossen, denn die Befriedigung aller natürlichen Strebungen des Menschen ist ihm durch seine eigene und die ihn umgebende Natur offensichtlich verwehrt. Folglich ist die Kultur der letzte Zweck der Natur im

Menschen selbst, und Kultur bedeutet für Kant in erneut *formaler* Bestimmung »die Hervorbringung der Tauglichkeit eines vernünftigen Wesens zu beliebigen Zwecken überhaupt (folglich seiner Freiheit)« (V, 431)[73]. Die Natur vermag in bezug auf den Menschen letztlich nur die Bedingung der Möglichkeit von Sittlichkeit hervorzubringen: »Kultur (kann nur) der letzte Zweck sein, den man der Natur in Ansehung der Menschengattung beizulegen Ursache hat« (l. c.). Noch immer ist nicht die Rede von einem Zweck an sich selbst, einem unbedingten Zweck, welcher die ganze hypothetische Zweck-Mittel-Reihe material auf den Menschen hinordnen würde. Als dieser unbedingte Endzweck der Schöpfung kommt nur der Mensch in Frage, aber nicht als Naturwesen, sondern nur als *moralisches Wesen*, als *noumenon*. Nur als unter einem unbedingten Gesetze stehend kann das Dasein des Menschen (und der Schöpfung) unbedingter Endzweck sein:

> »im Menschen ... als Subjecte der Moralität ist die unbedingte Gesetzesebene in Ansehung der Zwecke anzutreffen, welche ihn also allein fähig macht, ein Endzweck zu sein, dem die ganze Natur teleologisch untergeordnet ist« (V, 435 f.).

Hier kehrt das platonische Prinzip des Guten wieder: der Mensch ist Zweck an sich, weil er Zweckbeziehungen in bezug auf einen echten Endzweck, das Gute ausrichten kann. Der Ort des Guten ist für Kant zunächst allein der gute Wille des Menschen:

> »Es ist überall nichts in der Welt, ja überhaupt auch außer derselben zu denken möglich, was ohne Einschränkung für gut könnte gehalten werden, als allein ein *guter Wille*« (IV, 393).

Sittlichkeit kann nicht aus der Natur hervorgehen, sondern allein aus einem freien Willen. Das Vernunftinteresse an der Relation von Freiheit und Natur wird im Vergleich zur KrV umgedreht. Dort zielte es auf das Problem: Wie muß Freiheit gedacht werden, damit sie der kategorial konstituierten Natur nicht widerspricht? Jetzt aber ist die Frage: Wie muß Natur gedacht werden, damit sie Freiheit und damit Sittlichkeit ermöglicht? So wird die Frage nach der Teleologie in der Natur zur Frage, ob wir uns selbst als Handelnde verstehen. Eine rein kausalmechanische Naturinterpretation erlaubt es uns nicht, uns als frei Handelnde zu verstehen (vgl. dazu das 9. und 10. Kapitel). Wenn aber das sittliche Phänomen, die Selbsterfahrung des sittlich Handelnden eine authentische Erfahrung ist, dann gewinnt von daher die teleologische Naturinterpretation einen Status, den sie weder aus der Naturphilosophie noch aus der Theologie heraus gewinnen kann. Die bleibende Einsicht Kants aus diesem letzten Teil der

KU ist, daß die Frage einer generellen Übersetzbarkeit von teleologischen Aussagen in nichtteleologische eine nichtübergehbare praktische und moralische Dimension besitzt.

c) Das Teleologieproblem im Werk des späten Kant (nach 1796)

Die Einsicht in die sittliche Dimension des Teleologieproblems hat der späte Kant nicht weiterverfolgt, sehr wohl aber wurden ihm die Schwierigkeiten bei der theoretischen Verhältnisbestimmung von kausalmechanischem und teleologischem Denken zum Problem[74]. Das *skandalon* für das Vernunftinteresse an der Einheit von Natur und Erfahrung ist der Organismus[75]. Er ist einerseits ein Naturgegenstand und unterliegt dem kategorialen Zugriff des Verstandes, andererseits wird er bestimmt als Totalität von Zweck-Mittel-Beziehungen, die aus der kategorial konstituierten Natur nicht herleitbar ist. Der Organismus ist gleichsam jenes nichtgegebene (und also erst von der reflektierenden Urteilskraft aufzusuchende) Allgemeine, welches in der Erfahrung *gegeben* ist. Organismen kommen in unserer Erfahrung ja vor. Und die Besonderheit ihres Vorkommens liegt darin, daß diese Organismen-Erfahrung dem Begriffe ihrer Möglichkeit auch theoretisch vorhergehen muß: wir können sie (ohne Erfahrung) nicht einmal *denken* (XXII, 499). Dann aber kann mit Erfahrung nicht mehr die terminologische »Erfahrung« aus der KrV gemeint sein; ein zweckmäßig organisiertes Ganzes kommt in ihr nicht vor.

Das Konzept zur Lösung des Problems findet sich in den zwischen 1796 und 1803 niedergeschriebenen Entwürfen des Opus postumum, welche von der Intensität zeugen, mit welcher Kant »an dieser sehr bemerklichen Lücke im System der critischen Philosophie« (XII, 257) arbeitete. Das Problem ist das des Überganges[76] von den metaphysischen Anfangsgründen der Naturwissenschaft zur Naturwissenschaft selbst – nichts anderes als *ein* Anwendungsfall für die Einsicht, daß für uns das Besondere im Allgemeinen nicht enthalten ist (s. o.).

Kant bestimmt die Naturwissenschaft als die »Wissenschaft von den bewegenden Kräften der Materie« (XXI, 176). Diese bewegenden Kräfte (Schwere, Aggregatzustand, Druck, Wärme) werden aber (im Gegensatz zum Konzept der MAdN) nicht von der Vernunft »dictirt« (XXI, 177), sondern sie entstammen der Erfahrung. Nicht also darf die Natur*wissenschaft* den Erfahrungsbegriff einschränken, um Wissenschaft bleiben zu können (das wäre Ausblendung der Übergangsproblematik), sondern die nicht-terminologische Erfahrung diktiert der Wissenschaft ihre Grundkräfte. Zu diesen bewegenden Kräften gehören nunmehr die in der Erfahrung gegebenen Endursachen, und deren Begriff muß »a priori vor der Physik vorausgehen« (XXI, 184). Woher stammt aber der Begriff der bewegenden Kraft? Die transzendentale Erörterung[77] klärt ja nicht die Herkunft. Kant nimmt auch diese letzte Hürde: der Begriff der bewegenden Kraft stammt aus der Selbsterfahrung des Subjekts:

> »Nur dadurch daß das Subject sich seiner bewegenden Kräfte (zu agiren)[78] und da in dem Verhältnisse dieser Bewegung alles wechselseitig ist gleich stark auf sich Gegenwirkung wahrzunehmen welches Verhältnis a priori erkannt (nicht von der Erfahrung abhängig) ist, werden die entgegenwirkende bewegende Kräfte der Materie anticipirt und die Eigenschaften der Materie vestgesetzt« (XXII, 506).

Die Einheit der Erfahrung kann nicht im kategorial strukturierten Verstand liegen, sondern sie liegt in der psychophysischen Einheit des Subjekts, das durch Selbstaffektion und Selbstkonstitution[79] den sicheren Grund für die Welterfahrung legt und diese nach Analogie der Grundlegung vollzieht. Wenn Kant 1766 schreibt:

> »Daß mein Wille meinen Arm bewegt, ist mir nicht verständlicher, als wenn jemand sagte, daß derselbe auch den Mond in seinem Kreise zurückhalten könnte« (II, 370),

so wird im Op. p. diese »Unverständlichkeit« zum Ausgangspunkt alles dessen, was in der Natur überhaupt verstanden werden kann. Das eigene Leib-Haben und Ursache-Sein-Können ist a priori Bedingung für die Möglichkeit einer dynamisch-physikalisch strukturierten Welterfahrung.

Die erste Kraft in der Erfahrung, gleichzeitig die Bedingung der Möglichkeit dafür, daß verstanden werden kann, was Kraft heißt[80], ist die *Selbstbewegung*. Wenn Kant somit das Leben (auch) als »die Bewegung im transzendentalen Verstande« (XVII, 728) begreift[81], dann ist Leben die Grundlage aller Verständlichkeit und kann nicht selbst noch einmal von irgendwoher als regionale Besonderheit verstanden werden[82].

Mit diesem Gedankengang hat Kant auch unter Absehung von der Dimension des Sittlichen den Zweckbegriff apriorisch verankert: in der Selbsterfahrung des Subjekts als einem, das sich selbst auf die Welt wie diese auf sich als zweckmäßig ausgerichtet erfährt. Die »Tauglichkeit der Natur zu beliebigen Zwecken«, Kultur (s. o.), ist nicht nur Voraussetzung für Sittlichkeit, sondern auch unhintergehbare Erfahrung. Insofern weisen Kants späte naturphilosophische Entwürfe einen Weg, wie eine teleologische Natursicht argumentieren müßte, wenn sie die drohende Universalteleologie vermeiden will, die aus einem Rekurs auf den Menschen als Endzweck einer Schöpfung resultiert. Kant selbst hat den Weg nur gewiesen, nicht beschritten (wie nach Max Scheler bei Wegweisern so üblich): die innere Dynamik der »Kritik der Urteilskraft« läßt die reflektierende Urteilskraft kräftig ausschreiten bis zum »gantzem Erdglob« als organischem Körper (XXI, 567; XXII, 276), in welchem es »streng genommen, keinen unorganischen Körper giebt« (IX, 251). Von dieser inneren Dynamik der »Kritik der Urteilskraft« legt die Naturphilosophie des sog. Deutschen Idealismus Zeugnis ab: nur daß hier Kants späte Reflexionen zum *Ausgangspunkt* der Überlegungen zur teleologischen Verfaßtheit der Natur werden.

Anmerkungen

1 Es ist aber noch unausgemacht, wann die Vernunft fauler ist: wenn sie einen Zweck oder wenn sie eine beliebige, aber notwendige Bedingung als Ursache angibt.

2 Die Entdeckung und Erforschung der tierischen »Kunsttriebe« (= Instinkte, welche komplexe Verhaltensweisen oder kunstvolle Gebilde wie Spinnennetze, Honigwaben hervorrufen) wurde zur Entkräftung des mechanischen Lebensmodells im 18. Jahrhundert besonders von H. S. Reimarus vorangetrieben (»Allgemeine Betrachtungen über die Triebe der Thiere«, Hamburg 1760).

3 Die Regenerationsphänomene, bes. am Süßwasserpolypen (Réaumur, Trembley), waren eine als Sensation empfundene, wissenschaftliche Entdeckung in der ersten Hälfte des 18. Jahrhunderts. Vgl. dazu A. Vartanian: Trembley's polyp, La Mettrie and eighteenth century french materialism. In: Journ. Hist. Ideas 11 (1950, S. 259–86).

4 Vgl. dazu Ballauff (1954, S. 147 ff), Löw (1980, S. 101 ff)

5 Fernwirkungskräfte erschienen den kontinentalen Physikern (mit Descartes' Druck- und Stoßtheorie, s. o.) ein Rückfall in die »aristotelische Barbarei«.

6 Vgl. dazu L. King: Stahl and Hoffmann: a study in eighteenth century animism. In: Journ. Hist. Med. 19 (1964, S. 118–130).

7 Man wollte das Unerklärlich-Lebendige erst einmal isolieren und benennen, ohne über den wissenschaftlichen Status Vorentscheidungen zu treffen.

8 Vgl. dazu M. E. Baron: The Origin of the Infinitesimal Calculus (Oxford 1969); H. Wieleitner: Geschichte der Mathematik von Cartesius bis zur Wende des 18. Jahrhunderts. 2 Bde. (Leipzig 1911–21).

9 Die Einheit der Bewegung war bei Aristoteles durch ihr *telos* gewährleistet; jetzt ist die Bewegung *eine* durch die Funktion, durch welche sie beschrieben wird.

10 Nämlich das Tangentenproblem, die Berechnung von Flächen und Volumina, welche von Kurven begrenzt sind etc.

11 Vgl. hierzu und zu den unerfreulichen Prioritätsstreitigkeiten Hale (1981)

12 Vgl. dazu das 1. Kapitel; bei Aristoteles wurde umgekehrt die Mathematik für unfähig erachtet, vom Bewegten zu handeln, denn »geometrische Figuren können sich nicht bewegen« (De motu animalium 698 a 26).

13 Es erscheint dabei immer ganz selbstverständlich, daß derjenige, der die Adäquatheit einer solchen Darstellung bezweifeln will, sein kleines ξ immer zuerst nennen soll und ν dann ein bißchen kleiner gemacht wird. Man könnte auch sagen: von *einer* Geschwindigkeit in einem beliebig kleinen Zeitraum kann nicht gesprochen werden, weil sich jederzeit dazu noch ein kleinerer finden läßt, in welchem die Geschwindigkeit einen anderen Wert gehabt haben könnte.

14 D. h. solange von Abständen gesprochen wird und nicht von Punkten. Im Gymnasium ist der »Übergang« ein solcher des Lehrplans. Bis zum 30. November spricht man vom »Grenzwert der Intervallschachtelungen«, ab 1. Dezember von $f'(x_0) = dx_0/dt_0$.

15 Noch stärker als für alle Ortsbewegungen gilt dies natürlich für die im 16. Jahrhundert (vgl. das 4. Kapitel) programmatisch eliminierten weiteren Bewegungs- (d. h. Veränderungs-, Werdens- und Vergehens-)arten.

16 Dies gilt selbstverständlich auch für den Zustand der Ruhe.

17 G. W. Leibniz: Mathematische Schriften (ed. Gerhardt), Halle 1860, repr. Hildesheim 1971, Bd. 6, S. 68).

18 Genau so muß auch die *monas* einer Bewegung gedacht werden. »Bewegung im Zeitpunkt t_0«: das ist eine *unanschauliche monas* mit dem *conatus*, die in der Bewegungsfunktion beschriebene Bewegung aus sich hervorgehen zu lassen, und *keine* vorstellbare Geschwindigkeit in einem Trickzeitraum (vgl. Anm. 13).

19 Ein anschauliches Beispiel verdeutlicht das: Die beiden Strecken $\overline{AB}$ und $\overline{AC}$ haben gleich viele Punkte, weil sich durch jeden Punkt B′ eine Parallele zu BC ziehen läßt, die $\overline{AC}$ in C′ schneidet und umgekehrt.

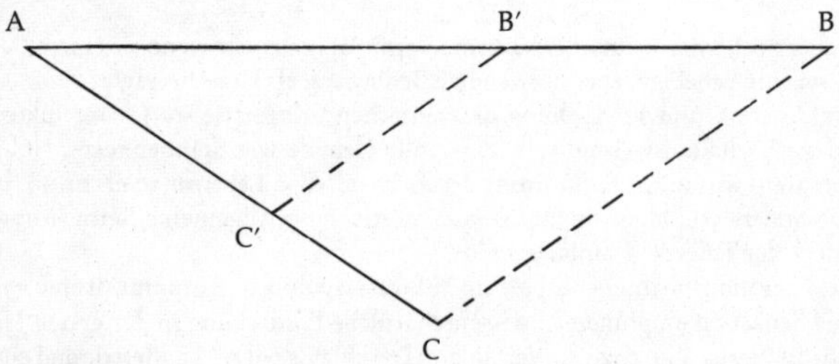

20 Zur Begriffsgeschichte von »monas« vgl. O. Ruf (1973). Eine *monas*-analoge Rolle spielen heute bei C. F. v. Weizsäcker (1977, S. 563) die *Ure*: während aber jede *monas* bei Leibniz das gesamte Universum repräsentiert, ist ein Ur eine einfachste Alternative in bezug auf eine quantentheoretische Konstruktion des physikalischen Raumes und seiner Objekte.

21 also von Bewegungen mit Richtungs- und Beschleunigungsänderungen, bei welchen die mathematische Darstellung nicht stetig-differenzierbar ist.

22 Monadologie § 7, bei Meiner (ü. Buchmann, ed. Cassirer, 1966, S. 436); Vgl. dazu die Studie von J. König: Das System von Leibniz. In: König (1978, S. 27–61).

23 Entweder wir sehen selbst, oder wir sehen, daß ein anderer sieht; im letzteren Fall können wir uns täuschen, denn mit Sehen ist immer mehr gemeint als mit Außenweltsimulation. Sehen kann immer nur nach Analogie des Selbst-Sehens anderen Wesen zugeschrieben werden. Wenn wir physiologische Experimente am Sehvorgang machen, handelt es sich bei den Resultaten nie um mehr als erkannte *Bedingungen* des Sehens, nie um das Sehen selbst.

24 »Veränderungen«; Monadologie §§ 11, 17 (in der Meiner-Ausgabe, 1966, S. 437).

25 Monadologie §§ 22–30 bei Meiner, S. 440–42).

26 Mehr als *Ausschnitte* können sie aber niemals sein, da die mathematische Funktion nur die Ortsbewegung ausdrückt, und auch hier nur die eines masselosen Punktes.

27 Bedeutet aber nicht der Terminus Selbstentfaltung (der Monaden), daß sie sich bewegen? Keineswegs. Selbstentfaltung ist nur unsere metaphorische Bezeichnung für eine Änderung in einer Zeitsukzession. Das Nacheinander in der Zeit ist aber Ausdruck unserer endlichen Perspektive; für Gott existiert es nicht.

28 Kant spottet über die in diesem Konzept verbleibende menschliche Freiheit als die »Freiheit eines Bratenwenders« (Kritik der prakt. Vernunft A 174; Ak. A. V, 97).

29 J. König: Bemerkungen über den Begriff der Ursache. In: König (1978, S. 122–255).

30 Vgl. E. Lobkowicz: Der Finisbegriff bei Joh. Duns Scotus (Magisterarbeit München 1980).

31 Es ist aber ein Mißverstand, von einer »Leibniz-Wolffschen Philosophie« zu sprechen (Bilfinger, Kant VII, 140 Anm.); vgl. Ueberweg III (Darmstadt [14]1957, S. 449) Bei Wolff findet sich keine Rezeption der Monadologie, die prästabilierte Harmonie wird nur am Rande für eine Lösung des Leib-Seele-Problems bemüht.

32 Die lat. Originalausgabe umfaßt 23 Quartbände, die kritische Edition 61 Bände.

33 Dieser Grundgedanke hält sich in der Geschichte der Philosophie durch von Parmenides bis Hegel; für eine Vertiefung müßte expliziert werden, was hierbei unter *Sein* zu verstehen sei. Jedenfalls aber ist es ein Grundgedanke des Rationalismus, nicht des Idealismus – Schelling würde ihn ablehnen.

34 Wolff versucht wie Descartes und Spinoza, auch seine Lehre vom glücklichen Leben, seine Ethik am Ideal des *mos geometricus* zu orientieren.

35 § 14 der »Deutschen Ethik«: Vernünftige Gedanken von der Menschen Tun und Lassen zur Beförderung ihrer Glückseligkeit (Frankfurt/Leipzig [4]1733, S. 14).

36 Es gibt gar keine Einwände oder Gegenbeispiele, da es sich um einen *Definitionszusammenhang* handelt: wer das Gute *nicht* tut, hat es eben noch nicht in wahrem Sinne *erkannt*. Es ist dies die Wiederaufnahme des sokratischen »Niemand tut freiwillig Schlechtes«.

37 Dies ist eine Vorwegnahme von Kants Prinzip a priori für die teleologische Urteilskraft; vgl. den Text.

38 »Vernünfftige Gedancken von dem Gebrauche der Theile in Menschen/Thiern und Pflantzen« (Frankfurt/Leipzig 1725, S. 13).

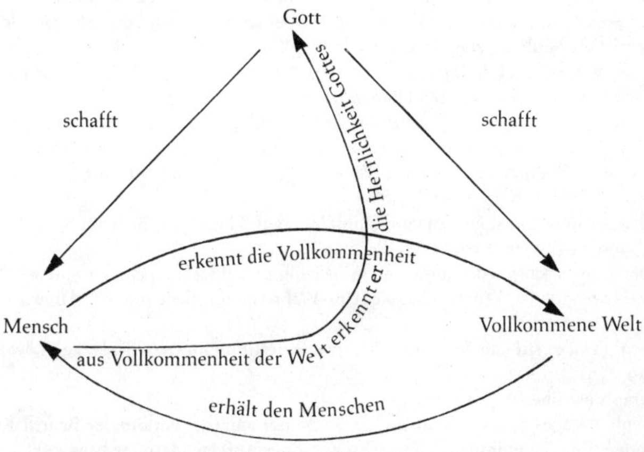

39 Gott schafft die vollkommene Welt, damit sie dem Menschen zur Erhaltung tauge *und* damit er in der Erkenntnis der endlichen Vollkommenheit der Welt die unendliche Vollkommenheit Gottes erkennt, somit die Schaffung von Welt und Mensch als Offenbarung.

40 »Natürlich« im Sinne nur der Abwehr von Exzessen wie Askese: das gilt für die Arbeit, die der Erzeugung von Nahrungsmitteln dient genauso wie der von Nachkommen. Wolff argumentiert dabei ausgesprochen empirisch: Beschnittene (»ohne Beyschlaff«) werden fett, Ausschweifende aber ausgezehrt. Wolff (1725, S. 504).

41 Bes. Derham, aber auch Naturwissenschaftler wie Boyle, Newton, Priestley gelten als

deren Repräsentanten. Derham ist übrigens die Wolffsche Teleologie gewidmet; vgl. dazu K. Rothschuh: Physiologie (Freiburg 1968, S. 123–133).

42 Wolff erkannte den ontologischen wie den rationalen Gottesbeweis an.

43 Alle Aussagen über natürliche Bewegungen tragen nur den Charakter der Wahrscheinlichkeit, da sie *ex insufficientibus rationibus* erfolgen – erneut die Wiederaufnahme einer platonischen Position.

44 »Vernünftige Gedanken von den Absichten der natürlichen Dinge« (Halle 1724, S. 28). *Gründe* für Fatalität anzugeben heißt daher, sie schon als falsch anzusehen.

45 l. c., S. 30.

46 l. c., S. 30.

47 Vgl. K. Barth: Die kirchliche Dogmatik, Bd. III (Zürich 1947, S. 451–464).

48 Allerdings wird Kant häufig in der Literatur so dargestellt, als gäbe es nur einen Standpunkt zur Teleologie bei ihm. Vgl. dazu aber R. Löw (1980, S. 11–19, 191–215).

49 Vgl. Löw (1980, S. 152–155).

50 KrV B 555, III 360 [Kant wird, wie üblich, nach der Ausgabe der Preuß. Akademie der Wissenschaften zitiert (Bandzahl römisch, Seitenzahl arabisch)]; vgl. dazu Löw (1980, S. 204–206).

51 XXIII, 75; vgl. dazu Löw (1980, S. 180).

52 Vgl. dazu P. Bommersheim: Der vierfache Sinn der Zweckmäßigkeit in Kants Philosophie des Organischen. In: KS 32 (1927, S. 290–309). Der fünfte Sinn, aus dem apriorischen Prinzip der teleologischen Urteilskraft zu ihrem eigenen Behufe gezogen (s. o.), wird meist vernachlässigt.

53 Zum 1. Teil der KU, »Kritik der ästhetischen Urteilskraft«, vgl. die Materialien zu Kants ›Kritik der Urteilskraft‹ (hrsg. J. Kulenkampff, Frankfurt 1974).

54 Das wird seit der griechischen Antike natürlich auch bestritten, heute mehr denn je. In der Konsequenz wäre dann aber entweder alles schön (A. Warhol), oder gar nichts – der Begriff »Schönheit« kommt in der Informationsästhetik auch nicht mehr vor.

55 »Überhaupt«, so H. Krings, als Erfahrung *qua Erfahrung:* erfahren werden können nur die kategorial konstituierten Phänomene, und erfahren können nur die kategorial konstituierenden Subjekte; »Erfahrung« ist an einer *definierten* Relation festgemacht.

56 (XX, 209); es könnten weder Arten noch Mineralien klassifiziert werden (XX, 215 f).

57 D. h. es ist Bedingung der Möglichkeit dafür, daß es eine einheitliche Erfahrung und eine Wissenschaft von ihr geben kann.

58 All diese Beispiele stammen von Kant selbst; vgl. Löw (1980, S. 198 f).

59 (V, 360); vgl. Löw (1980, S. 200 f).

60 Post factum kann jede Kombination beliebig unwahrscheinlich gemacht werden; eine Serie von 1000 × Würfeln hat die (Un-)Wahrscheinlichkeit von 6^{-1000}: und doch hat sie stattgefunden ...

61 auch wenn es sich zunächst nur um *formale* Bestimmungen handelt; vgl. Löw (1980, S. 139–153).

62 Paraphrase über V, 373–376.

63 Wenn sie aber nur von statistischer Kausalität spräche, verlöre der Begriff Kausalität seinen Sinn, da in ihm die Notwendigkeit einer Aufeinanderfolge behauptet wird. Hingegen hätte ein Ursachebegriff im Konnex mit einer *Tendenz*, eine Wirkung hervorzubringen (vgl. das 3. Kapitel), mit einem Wahrscheinlichkeitsbegriff keine Schwierigkeiten (vgl. das 8. und 9. Kapitel).

64 Vgl. dazu Löw (1980, S. 135 ff, 202 ff, mit Literatur).

65 Weitere (nominalistische) Überlegungen führen dann dazu, daß einerseits auch Kants Kategorien nicht *absolute* Kategorien sind, andererseits alle Begriffe als besondere selbst kategorial werden (vgl. H. Krings: Transzendentale Logik. München 1964, S. 227–285). Hier aber wird die Frage des Aristoteles dann neu aufgeworfen: ob es nicht Begriffe gibt, die einen nicht reduziblen *Grund*-Charakter in einem ausgezeichneten Sinn (anderen

gegenüber) besitzen. Vgl. W. Wieland: Die aristotelische Physik (Göttingen 1962), wo Kategorien als »Leerstellen in einem Relationsgefüge« bezeichnet werden (S. 102 ff).

66 Vgl. dazu die sehr gründlichen Arbeiten von Lenoir (1980, 1981).

67 Vgl. Löw (1980, S. 213 ff).

68 Ein prinzipiell nicht zu erreichendes *telos* verdient aber seinen Namen nicht.

69 Vgl. Löw (1980, S. 169–182).

70 Im Sinne des Hempel-Oppenheim-Schemas; vgl. die Einleitung.

71 Wir *müssen* gewisse Naturprodukte teleologisch beurteilen (V, 405).

72 »Man könnte auch mit dem Ritter Linné den dem Scheine nach umgekehrten Weg gehen und sagen: Die gewächsfressenden Thiere sind da, um den üppigen Wuchs des Pflanzenreichs, wodurch viele Species derselben erstickt werden würden, zu mäßigen; die Raubthiere, um der Gefräßigkeit jener Gränzen zu setzen; endlich der Mensch, damit, indem er diese verfolgt und vermindert, ein gewisses Gleichgewicht unter den hervorbringenden und den zerstörenden Kräften der Natur gestiftet werde« (V, 427).

73 Neben der Befreiung von der Despotie der Natur ist bei Kant auch die Despotie der Begierden angesprochen.

74 Vgl. Löw (1980, S. 204–216).

75 Vgl. H. Jonas (1973, S. 33): »So bezeichnet der organische Körper die latente Krise jeder bekannten Ontologie, und das Kriterium ›jeder künftigen, die als Wissenschaft wird auftreten können‹.«

76 Vgl. G. Lehmann: Das philosophische Grundproblem in Kants Nachlaßwerk. In: Bl. f. dt. Phil. 11 (1939, S. 57–70).

77 »Das Doctrinale in der Naturforschung überhaupt sezt ein organisches Princip der bewegenden Kräfte in allgemeinen Principien der Möglichkeit der Erfahrung in Subjecten voraus« (XXII, 373).

78 Hier ist sinngemäß zu ergänzen: »bewußt ist«.

79 Vgl. G. Lehmann: Kants Nachlaßwerk und die Kritik der Urteilskraft (Berlin 1939).

80 Kraft ist die »subjective Möglichkeit, Ursache zu seyn« (XXII, 192).

81 Vgl. dazu Löw (1980, S. 164–166).

82 Vgl. dazu das 9. Kapitel.

VI. Teleologie im Deutschen Idealismus: Fichte, Schelling, Hegel

Kants Gedanken zur Teleologie haben das Problem auf die Ebene gebracht, auf welcher es seither diskutiert wird: auf die transzendental-logische. Auf dieser Ebene fragen wir nicht direkt und geradezu, ob das, was wir mit »Ziel«, »Zweck«, »Um ... willen« meinen, in der Wirklichkeit ein bestimmender Grund dessen sei, was geschieht, sondern wir fragen nach dem, was wir mit diesen Worten sinnvollerweise in Anwendung auf die Welt meinen können, wir fragen nach den Gründen, die uns dazu nötigen oder die es nahelegen, die Natur teleologisch zu betrachten, sowie nach dem Anspruch, den eine solche Betrachtung impliziert. Der auf Kant folgende sogenannte Deutsche Idealismus hält am transzendental-logischen Charakter der Argumentation fest, aber er versucht, den von Kant nur postulierten Systemanspruch zu realisieren, und dies in dreifacher Richtung: Fichte gründet die teleologische Interpretation der Wirklichkeit radikal auf das Freiheitsinteresse des Menschen; Schelling fragt, wie wir Natur denken müssen, wenn so etwas wie Subjektivität sich selbst als Teil der Natur soll begreifen können; Hegel »definiert« Teleologie dadurch, daß er ihren Status im Ganzen des Systems der logischen bzw. kategorialen Grundbestimmung der Wirklichkeit sichtbar macht. Wir gehen auf Fichte, Schelling und Hegel nacheinander ein, da sich in ihren Positionen auch eine logische Abfolge andeutet.

1. Johann Gottlieb Fichte (1764–1812)

Fichte verstand sich als Kantianer, wenngleich Kant selbst sich von Fichtes Form der Transzendentalphilosophie distanzierte. Er wollte Kant besser verstehen als dieser sich selbst verstanden hatte, d. h. auch auf die Gefahr hin, Kants Wortlaut, ja sogar Kants eigene Meinung über seine eigenen Gedanken hinter sich zu lassen, Kants Gedanken selbst so nachzuvollziehen, daß deren Wahrheit zwingend einsichtig würde. Nun sind Gedanken nie zwingend, wenn jemand sich nicht zwingen lassen will. Sich von der Wahrheit zur Einsicht zwingen lassen, das fordert vielmehr gerade höchste Aufmerksamkeit, Spontaneität, Freiheit. Fichtes Philosophie versteht sich als Philosophie der Freiheit. Hinter die Freiheit kann nicht zurückgegangen werden. Sie kann nicht aus kausalen Prozessen abgeleitet werden, ohne daß man sie von Grund auf vernichtete, da Kausalität vielmehr ursprünglich gar nichts anderes ist als die Bedingung des Wirkens der Freiheit. Wir *können* natürlich das Freiheitsbewußtsein als Illusion entlarven und die Entstehung dieser Illusion aus einem kausal-genetischen Determinationszusammenhang ableiten. Aber diese Ableitung besagt in Wirklichkeit nichts über einen an sich seienden Determinationszusammenhang, sondern nur über die, die einen solchen Zusammenhang behaupten: sie wollen eben nicht frei sein. »Sie sind nur diskursive Denker. Es fehlt ihnen gänzlich an Intuition. Man muß gegen sie nicht disputieren, sondern man sollte sie kultivieren, wenn man könnte« (IV, 136).[1] Von daher wird Fichtes berühmter Satz verständlich: Was für eine Philosophie einer habe, hängt davon ab, was für ein Mensch er sei.

Wie, so stellt sich also die Frage für Fichte, muß Natur gedacht werden, wenn sie Raum der Verwirklichung der Freiheit sein soll?

Häufig ist bemängelt worden, daß Fichte keine Naturphilosophie entwickelt habe[2] (Schelling und Hegel werden stattdessen eben wegen ihrer Naturphilosophie getadelt). Unlängst hat R. Lauth aufgrund unveröffentlichter Manuskripte nachgewiesen, daß Fichte auch in diesem Bereich eine spezifische Position innerhalb des Deutschen Idealismus entwickelt hat.[3] Allerdings werden grundlegende naturphilosophische Begriffe wie die des Organismus, des Strebens, des Triebes, des Begehrens und der Kraft auch in anderen Werken, vor allem zur praktischen Philosophie, erörtert, auf die wir uns in den folgenden skizzenhaften Bemerkungen vorwiegend stützen.

Kant hatte in der »Kritik der Urteilskraft« geschrieben, es gäbe Gegenstände, die wir nicht umhin könnten unter dem Aspekt der Zweckgerichtetheit anzusehen. Fichte fragt, welches denn solche Gegenstände sind (III, 37). Fichte geht davon aus, daß Zweck soviel heißt wie gedankliche Antizipation des Resultats eines Prozesses, und er kommt zu dem Schluß: »Nun ist aber nichts, was sich nicht durch bloße Naturkraft, sondern lediglich durch Erkenntnis möglich denken läßt, als die Erkenntnis selbst« (III, 38). Dahinter steht Fichtes hier nicht näher zu begründende Einsicht, daß Vernunft – und damit notwendig auch Freiheit – niemals das Produkt einer kausalmechanisch determinierenden Objektwelt sein kann, sondern immer nur wieder Resultat einer ausdrücklich auf die Erweckung von Vernunft und Freiheit gerichteten Handlung.

»Das vernünftige Wesen kann sich nicht setzen, als ein solches, es geschehe denn auf dasselbe eine Aufforderung zu freiem Handeln« (III, 39).

Darum bedarf der Mensch, um zu einem vernünftigen, der Selbstbestimmung fähigen Wesen zu werden, immer eines anderen Menschen, immer der Erziehung und der Anerkennung. Und aus der Unmöglichkeit, die Entstehung von Vernunft, Freiheit und Sprache anders als durch *Vernunft* zu denken, folgert Fichte, daß auch die erste Entstehung eines vernünftigen Wesens auf der Welt nur durch Erziehung möglich war:

»Ein Geist nahm sich ihrer an, ganz so wie es eine alte ehrwürdige Urkunde vorstellt, welche überhaupt die tiefsinnigste erhabenste Weisheit enthält und Resultate aufstellt, zu denen doch alle Philosophie am Ende wieder zurück muß« (III, 39f.).

Wenn nun auch Fichte den Begriff des Zweckes für vernünftiges Handeln reserviert, so stellt er doch der teleologisch verfaßten Handlung nicht eine Welt reiner kausalmechanisch determinierter »Objektivität« gegenüber. Das Handeln greift zwar in diese Welt kausal ein, muß folglich die Welt unter der Kategorie der Kausalität denken. Aber das Ich greift ja nicht durch sein bloßes Wollen unmittelbar ein, sondern vermittelt dadurch, daß es selbst eine Natur besitzt, und zwar ein unabhängig von seiner Freiheit »ursprünglich bestimmtes System von Gefühlen und Trieben« (IV, 109). »Ich bin selbst in gewisser Rücksicht, unbeschadet der Absolutheit meiner Vernunft und meiner Freiheit, *Natur*; und diese meine Natur ist ein *Trieb*« (l. c.). Nur als Trieb verstanden kann die Natur der endlichen Freiheit einen Inhalt des Wollens vorgeben, der doch aus der bloß vorgefundenen Objektwelt gar nicht herleitbar wäre. Und zwar gibt sie ihn so vor, daß dadurch das Ich gleichwohl nicht determiniert wird. Soweit nämlich der Trieb uns zu Bewußtsein kommt, steht seine Befriedigung in unserer Gewalt: »Wer möchte behaupten, daß er mit derselben mechanischen Notwendigkeit esse, mit welcher er verdaut?« (IV, 126). Daß solche Freiheit gegenüber dem Trieb tatsächlich besteht, kann so wenig bewiesen werden wie das Gegenteil. Nur hat der Verteidiger der Freiheit »über die Gegner teils den entschiedenen Vorteil, daß er wirklich eine Philosophie aufzustellen vermag, teils hat er die Anschauung auf seiner Seite, die jene nicht kennen« (IV, 136).

Freilich bliebe die Freiheit gegenüber dem Trieb bloß formal, sie würde inhaltlich ganz »in seinen Diensten stehen und die Kausalität der Natur fortpflanzen« (IV, 138), wenn es nicht im Ich einen ursprünglichen Trieb gäbe, sich seiner Freiheit bewußt zu werden, einen Trieb, sich ohne alle

Beziehung auf den Naturtrieb und ihm zuwider zu bestimmen (IV, 139), von der Zufälligkeit des »Hanges«, sich loszureißen und das zu tun, was nach unserer vernünftigen Einsicht geschehen *sollte*. Mit dem Begriff des Triebes denkt Fichte das, was Leibniz mit dem Begriff des *conatus* gedacht hatte, durch den jede Monade definiert ist. Trieb kann, sowenig wie die Reflexion auf ihn, durch welche Freiheit entsteht, vom Naturmechanismus hervorgerufen bzw. gedacht werden.

> »Was innerhalb einer Reihe von Ursachen und Effekten liegt, begreife ich sehr leicht nach dem Gesetze des Naturmechanismus. Jedem Gliede in der Reihe ist seine Tätigkeit mitgeteilt durch ein anderes außer ihm; und es richtet diese seine Tätigkeit auf ein Drittes außer ihm. Es wird in einer solchen Reihe ein Quantum Kraft nur überliefert von Glied zu Glied, und geht gleichsam durch die ganze Reihe hindurch. Woher diese Kraft kommen möge, erfährt man nie, indem man bei jedem Gliede in der Reihe weiter aufwärts zu steigen genötigt ist, und zu einer Urkraft nie kommt. Diese durch die Reihe durchgehende Kraft ist es, vermittels welcher man die Tätigkeit eines jeden Glieds in der Reihe und sein Leiden denkt. – Auf eine solche Weise läßt der Trieb sich nicht begreifen, demnach überhaupt nicht als Glied einer solchen Reihe sich denken. Man nehme eine Ursache von außen auf das Substrat des Triebes an, so entsteht dadurch eine Wirksamkeit nach außen, auf ein drittes; oder wenn diese Ursache keine Gewalt über das Substrat des Triebes hat, so entsteht gar nichts. Der Trieb ist sonach etwas, was weder von außen kommt, noch nach außen geht: eine innere Kraft des Substrats auf sich selbst. *Selbstbestimmung* ist der Begriff, vermittels dessen ein Trieb sich denken läßt« (IV, 111).

Fichtes weiterer Gedanke ist es, daß alles, was als Realität gedacht wird, als sich selbst bestimmend, in sich zentriert gedacht werden muß.

> »Nach dem Begriff des Naturmechanismus ist jedes Ding durch ein anderes, was ist, und äußert sein Dasein in einem Dritten. Nach dem Begriff des Triebes ist jedes Ding durch sich selbst was es ist und äußert sein Dasein auf sich selbst« (IV, 115).

Es ist notwendig, eine solche Zentriertheit der Dinge in sich zu denken, wenn wir die Wechselwirkung, in der wir mit ihnen stehen, begreifen wollen. Die Welt, auf die wir wirken, ist nicht ein diffuses Medium, in das hinein sich unsere Energie verströmt. Nicht einfache Kausalität von uns auf die Welt, sondern Wechselwirkung ist das konstitutive Handlungsverhältnis. Dies aber setzt voraus, daß das Entgegenstehende »selbst« etwas ist, daß das Universum besteht aus »einem System für sich geschlossener

Wesen« (II, 105). »Selbst« etwas sein ist aber gleichbedeutend mit »Trieb«. Es heißt: ein Ganzes sein. Ein Ganzes unterscheidet sich vom Aggregat dadurch, daß seine Teile nicht zufällig beieinanderliegen, sondern daß sie in der Weise des Systems aufeinander bezogen sind, und daß sie die Tendenz, den »Trieb« haben, eben jenes Ganze hervorzubringen und zu erhalten. Eine aus »Dingen« bestehende Welt kann ohne den Begriff einer Tendenz, eines Triebes nicht gedacht werden.

Worauf geht der Trieb? Er transzendiert nicht sein Substrat. Er hat keinen Zweck außerhalb seiner. Fichte verneint alle »relative Zweckmäßigkeit in der Natur« (IV, 129). Es gibt nur die immanente Teleologie:

> »Jedes Naturwesen ist sein eigener Zweck, d. h. es bildet, schlechthin um zu bilden, und bildet *so*, um schlechthin *so* zu bilden. Es soll damit nicht bloß gesagt werden, das vernunftlose Naturprodukt *denkt* sich selbst keinen Zweck außer ihm; dies versteht sich ganz von selbst, indem es überhaupt nicht denkt: sondern auch, ein intelligenter Beobachter desselben kann ihm keinen äußeren Zweck beilegen, ohne inkonsequent zu sein und völlig unrichtig zu erklären« (IV, 128).

Worauf also geht der Trieb? Er geht auf das Sein dessen, dessen Trieb er ist. Er ist das »Prinzip der Substantialität« (IV, 120), im Unterschied zum Prinzip der Kausalität. Und zwar in der Weise der Produktion und der Erhaltung. Im ersteren Falle heißt er »Bildungstrieb«,[4] im zweiten Falle »Selbsterhaltungstrieb«. Für den ersteren gilt das Gesetz:

> »Jeder Naturteil strebt sein Sein und sein Wirken mit dem Sein und Wirken eines anderen Naturteils zu vereinigen, und wenn man die Teile in den Raum denkt, auch im Raume mit ihm zusammenzufließen« (IV, 121). Der Selbsterhaltungstrieb aber »ist nicht, wie man gewöhnlich anzunehmen scheint, ein solcher, der nur auf die bloße Existenz überhaupt, sondern der auf eine bestimmte Existenz ausgeht: ein Trieb des Dinges zu sein und zu bleiben, was es ist. Bloße Existenz ist ein abstrakter Begriff, nichts Konkretes. Einen Trieb danach gibt es in der ganzen Natur nicht. Ein vernünftiges Wesen will nie sein, um zu sein, sondern um dieses und jenes zu sein. Ebensowenig strebt und arbeitet ein vernunftloses Naturprodukt überhaupt, nur zu sein, sondern gerade das zu sein, was es ist, der Apfelbaum ein Apfelbaum ...« (IV, 123).

Es handelt sich im Grunde um den alten platonischen Gedanken: die Dinge streben danach, ihr *eidos* zu realisieren und sich *in ihm* zu erhalten. Und es ist nicht von ungefähr, daß in diesem Zusammenhang Fichte den platonischen Begriff der Teilhabe einführt. In seiner »Darstellung der Wissenschaftslehre« von 1801 spricht er von dem Verständnis des Universums als eines Systems wechselseitiger Determination, wo alles immer durch anderes bestimmt ist, und schließt:

> »mit dem ewigen Erborgen des Seins von anderem geht es nicht; zuletzt müssen wir bei einem Seienden ankommen, das es in eigenem Vermögen hat, zu sein« (II, 106). Und er fährt fort: »An diesem Einen haben nun alle Seienden teil.«

Und zwar haben sie gerade dadurch teil, daß sie selbst geschlossene Ganze sind, die durch das unmittelbare – nicht durch diskursive Kausalreflexion vermittelte – Wissen selbst zum »absolut Seienden« werden.

Die Dinge teleologisch betrachten heißt also für Fichte, sie als Dinge, als Einheiten betrachten. Das aber müssen wir, um uns selbst als Einheit wissen und realisieren zu können. Dies aber zu wollen kann nicht noch einmal begründet werden, sondern ist jene ursprüngliche Leistung, die als gesollte anzunehmen den Menschen erst zum Subjekt von so etwas wie Menschenwürde macht. Die Urteilskraft, die die Dinge teleologisch verfaßt, d. h. in sich zentriert sieht, wird von Fichte selbst als Strebevermögen verstanden, als Streben, die Welt für das Ich gestaltbar zu machen. Erst im Kontext dieses Strebens konstituieren sich Kausalverhältnisse: »Das Streben ist eine Tätigkeit, die sich zu ihrem Objekte nicht verhält wie Ursache zur Wirkung. Der Zweck des Strebens *ist* jenes Verhältnis.«[5] Kant hielt die teleologische Betrachtungsweise dann für angezeigt, wenn die kausale Beurteilungsart versagt. Fichte denkt, darin Leibniz analog, die gesamte Welt als »durchgängig organisiertes Universum«, in dem »keine mechanische Beurteilungsart, sondern eine durchgängig teleologische« herrscht[6]. Aber im Unterschied zu Leibniz ist die Nötigung, das Universum so anzusehen, letzten Endes eine praktische: es ist ein Appell an die Freiheit des Einzelnen, der sich nur unter einer solchen Betrachtungsart als Naturwesen und als frei zugleich denken kann.[7]

2. Friedrich Wilhelm Joseph Schelling (1775–1854)

Schelling gilt allgemein als der Begründer und Hauptvertreter der sog. »romantischen Naturphilosophie«. Da allein die Zuordnung zu dieser Strömung bei Naturwissenschaftlern oft geeignet ist, einen so Zugeordneten zu disqualifizieren, sei zum einen darauf verwiesen, daß mit »Naturphilosophie« eine Fülle verschiedenartiger, ja gegensätzlicher Entwürfe bezeichnet wurde, innerhalb welcher auch viele empirische Beiträge zur Naturwissenschaft geleistet wurden und welche dabei auch sehr erfolgreich waren[8]. Zum anderen ist das Prädikat »romantisch« irreführend:

Schellings Naturphilosophie ist nicht schwärmerisch verträumt, sondern sie stellt die äußerste Anstrengung eines spekulativen Intellekts dar, der die Mannigfaltigkeit der erscheinenden Natur auf einfache Grundprinzipien zurückführen will.[9]

In Schellings naturphilosophischem Denken zeigt sich ein Wandel, in welchem man (bis zu) sechs Epochen voneinander unterschieden hat.[10] Das braucht uns hier jedoch nicht zu beschäftigen, weil sich in bezug auf das Teleologieproblem im Gegensatz zu Kant bei den Wandlungen nichts ändert. Schelling nimmt die Position des späten Kant[11] als Voraussetzung für seine eigene Naturphilosophie. Damit wird teleologisches Denken selbst zur Grundlage aller Erklärungen[12] und ist selbst weder erklärungsbedürftig noch erklärbar.

> Während Kants kritische Philosophie die vorliegenden Naturerscheinungen als gegeben denkt und nach ihren Konstitutionsbedingungen von seiten des kategorial strukturierten Subjekts fragt, will Schelling eine Theorie darüber entwickeln, wie es überhaupt zu *Erscheinungen* von Natur kommt. Das ist die für Kant leere Frage nach dem *an sich* der Natur: leer, weil es da in Absicht auf eine mögliche Erfahrung nichts zu erkennen gibt. Diese Einschränkung will Schelling nicht anerkennen. Die Philosophie setzt sich ihren Ausgangspunkt und ihre Regel selbst, nach welcher sie beim Bedenken ihrer Probleme verfährt, ohne sich durch einen eingeschränkten Erfahrungsbegriff[13] dabei aufhalten zu lassen.
>
> Bei Kant steckt in der KrV die Vernunftidee *Welt* als Inbegriff der möglichen Gegenstände der (äußeren) Erfahrung den Horizont ab, innerhalb dessen vernünftige Kausalforschung betrieben werden kann. Selbst in der KU aber, wo a priori die Welt als zweckmäßig für unsere Urteilskraft strukturiert gedacht werden muß, stellt dieses »müssen« keine Aussage über die Natur dar, sondern sie ist ein Prinzip der teleologischen Urteilskraft für diese selber. Schelling thematisiert hingegen genau diese Vernunftidee, diesen Horizont und fragt: Wie muß ich die *Natur* denken, damit ihr *Erscheinen* in Produkten und Prozessen begreiflich werden kann.

Mit der Thematisierung der Natur an sich verläßt die Naturphilosophie den ursprünglichen transzendentalphilosophischen Ansatz von Kant, bei dem die Frage nach den Bedingungen der Möglichkeit von Naturerfahrung allein in bezug auf die Erkenntnisausstattung des Subjekts beantwortet worden war. Aber die Naturphilosophie verläßt die Transzendentalphilosophie nicht beliebig: Schelling parallelisiert beide Fragestellungen mit dem Ziel eines komplementären Ganzen.

Die Grundthese der Transzendentalphilosophie ist, daß alles, was wir *Objekt* nennen, von einem *Subjekt* heraus entwickelt ist. Für Kant, ausdrücklich aber wie gezeigt für Fichte[14], ist die Frage, was das Ich war, bevor es zum Selbstbewußtsein wurde, ganz unsinnig: jede mögliche Beantwortung setzte gerade wieder das abstrahierende und daher entwickelte Selbstbewußtsein voraus. Schelling setzt hiergegen die Grundthese seiner Naturphilosophie: daß alles, was bei der Objektkonstitution Subjektivität genannt wird, eine logische Vorgeschichte und somit eine *objektive* Komponente hat. Natur wird gedacht als der Inbegriff der das Ich ermöglichenden Bedingungen![15] Kants transzendentale Apperzeption, das *Ich denke*, das alle meine Vorstellungen begleiten können muß, damit überhaupt von *meinen* Vorstellungen gesprochen werden kann, dieses *Ich denke* wird von Schelling nicht als unbedingte Bedingung akzeptiert, sondern Subjektivität wird als etwas selbst in der Welt Vorkommendes gesetzt und nach den (Natur-)Bedingungen seiner Möglichkeit gefragt.[16]

Transzendentalphilosophie und Naturphilosophie sind daher aufs engste aneinander verwiesen; an ihren Endpunkten schlagen sie ineinander um:

> »Die Natur soll also der sichtbare Geist, der Geist die unsichtbare Natur seyn. Hier also, in der absoluten Identität des Geistes in uns und der Natur außer uns, muß sich das Problem, wie eine Natur außer uns möglich sey, auflösen. Das letzte Ziel unserer weiteren Nachforschung ist daher diese Idee der Natur.« (II, 56)[17]

Der Mensch ist der Ort, von wo Transzendentalphilosophie und Naturphilosophie ausgehen und wo sie sich wieder zusammenschließen: in ihm »erkennt die Natur sich selbst«, ebenso wie er in der Natur den »versteinerten Geist« erkennt. Mit dieser Grundthese über die wechselseitige Verwiesenheit von erkennendem Geist und erkannter Natur, zu deren Erkenntnis auch die Bedingungen des Erkennens selbst gehören, will Schelling auch »der Physik neue Flügel geben«[18]. Wir verfolgen den »Flug« der Naturphilosophie über die Begriffe der Natur und des Lebens, und ziehen daraus die Folgerungen für das Teleologieproblem in Natur und Geschichte.

a) Schellings Begriff der Natur

Bei Schelling taucht der Begriff der Natur in zwei wesentlichen Bedeutungen auf. Natur ist einmal die vorliegende, empirische Natur in ihrer Mannigfaltigkeit der Erscheinungen. Zum zweiten ist sie die *vorausliegende*

Natur, welche gedacht werden muß, um die erscheinende Natur begreiflich zu machen. Der vorliegenden Natur, die durch die Entzweiung in Subjekt und Objekt gekennzeichnet ist, gilt indes nicht die Naturphilosophie, sondern die *spekulative Physik*: sie versucht, die Natur als besondere in ihren Gesetzen und Regeln zu begreifen, wobei sie jedoch ihre Begriffe und Grundsätze aus der Naturphilosophie nimmt[19]. Die Natur*philosophie* dagegen hat zum Thema die ursprüngliche Natur. Sie soll die erscheinende Natur begreiflich machen hinauf bis zum Vorkommen des *Unnatürlichen*, des Geistes. Wie muß Natur gedacht werden, »daß in ihr und aus ihr eine Subjektivität entstehen kann, die sich ihr gegenüberstellt und sie negiert« (W. Wieland[20])?

Schellings Antwort ist ebenso klassisch wie ihre Durchführung genialisch neu ist: Die Natur muß als ewig tätig und schaffend gedacht werden, aber sie muß in sich auch den Widerspruch enthalten, der ihre Tätigkeit gleichursprünglich und ewig zu Produkten hemmt. Die Hemmung geschieht nicht an der Spontaneität des Ich (Fichte), sondern sie liegt in der Natur selbst.

Das Problem der Naturphilosophie ist nicht die Tätigkeit der Natur – diese ist vielmehr Voraussetzung –, sondern das Ruhende, Isolierbare, Sich-Durchhaltende. Denn wenn die Natur nur ewig tätig ist, dann verströmt sie sich gleichsam unendlich schnell ins All: und ein *Erscheinen* von Natur in Produkten und Prozessen wäre unbegreiflich. Von den Elementarereignissen der Natur aus[21] bis zu den Organismen muß jedes Produkt als *produziert* gedacht werden, als Resultat entgegengesetzter Kräfte, deren Entgegensetzung aber nicht total ist, sondern erneut eine Richtung besitzt. Das Schaffen und die Tätigkeit der Natur bleiben ja trotz der Hemmung erhalten, und daher ist das *Bestehen* eines Produkts nur denkbar als ein

> »beständiges Reproducirtwerden. Das Produkt muß gedacht werden als in jedem Moment vernichtet, und in jedem Moment neu producirt. Wir sehen nicht eigentlich das Bestehen des Produkts, sondern nur das beständige Reproducirtwerden« (III, 289). Schelling erläutert dies in einem Bild: »Man denke sich einen Strom, derselbe ist reine Identität, wo er einem Widerstand begegnet, bildet sich ein Wirbel, dieser Wirbel ist nichts Feststehendes, sondern in jedem Augenblick Verschwindendes, in jedem Augenblick wieder Entstehendes.« (l. c.)

Als ursprünglichste Hemmungen erscheinen in der Natur die Qualitäten. Die reine Produktivität muß gehemmt gedacht werden, weil die Qualitäten besondere sind. Gleichwohl ist die Qualität noch nicht Produkt, da sie noch keinen Ort im Raum hat. Qualitäten als Aktionen ursprünglichsten

Grades gedacht *erzeugen* erst den Raum; sie sind Grundlage für die gesamte erscheinende Natur.

> Der naturphilosophische Grundgedanke dabei ist, das vorliegend Vereinzelte (Gegenstand, Prozeß) als *Produkt*, als *Wirkung* aufzufassen. Um etwas als Wirkung zu begreifen, müssen wir von Kräften sprechen, die sie hervorgebracht haben. Kräfte können wir aber nicht sehen; sie sind *logische* Voraussetzungen dann, wenn wir bestimmte Naturgegenstände als Wirkungen interpretieren wollen und die Frage nach ihrer Genesis stellen. Die Genese aus diesen Voraussetzungen ist dann aber ebenso selbstverständlich eine *logische*. Und das ist keine Abgrenzung gegen eine *Real*genese, dagegen, wie die Wirkung »in Wirklichkeit« entstand, sondern nur gegen eine historische Genese in dem Sinne, daß jemand glaubte, er könnte die Entstehung der Wirkung aus den Kräften *empirisch beobachten.*[22]

Wenn das Produkt als Wirkung betrachtet werden soll, dann folgt daraus, daß die Kräfte als Ursachen gedacht werden müssen. Kräfte *konstituieren* die Materie, nicht ist diese der Sitz der Kräfte. Kraft ist aber unser Interpretationsbegriff, nicht eine objektive, beobachtbare Größe. Ohne uns hat der Kraftbegriff keinen Sinn (II, 23): »denn Kraft überhaupt kündigt sich bloß einem *Gefühl* an«. Der Begriff der Ursache ist zwar nicht zergliederbar (V, 570); aber verständlich kann er nur sein aus der Selbsterfahrung des Wollenden heraus. Um eine *Notwendigkeit* der Aufeinanderfolge von äußeren Ereignissen behaupten zu können, muß sie aus der Notwendigkeit einer Sukzession von Vorstellungen abgeleitet werden können[23]: eine Kausalität in der äußeren Welt kann nie »wirklicher« sein als in unseren Vorstellungen. Dann aber entstehen die Dinge selbst zugleich mit ihrer Aufeinanderfolge in unserem Geist (II, 35). Der Geist kann gar nicht von der Natur abgetrennt werden:

> »Solange ich mit der Natur *identisch* bin, verstehe ich was eine lebendige Natur ist so gut, als ich mein eigenes Leben verstehe ...; sobald ich aber mich und mit mir alles Ideale von der Natur trenne, bleibt mir nichts übrig als ein todtes Objekt und ich höre auf zu begreifen, wie ein *Leben außer* mir möglich sey.« (II, 47f.)

Aus diesem Grunde ist die Identität von Geist und Natur nicht noch einmal reflexiv auflösbar.

> »Das System der Natur ist zugleich das System unseres Geistes ... Philosophie also ist nichts anderes als eine *Naturlehre unseres Geistes*« (II, 39).

b) Materie und Leben

Materie ist für Schelling nicht Prinzip, sondern Produkt; sie ist raumerfüllende Tätigkeit gegeneinander gespannter Kräfte. Materie kommt in der Erfahrung *rein* gar nicht vor: Materie ist die Bezeichnung für die Lösung einer Aufgabe, wie nämlich die Vermittlung eines bestimmten Verhältnisses entgegengesetzter Kräfte gedacht werden muß, um die erscheinenden Naturphänomene begreiflich zu machen.

Eine besondere Stellung nimmt für Schelling (wie davor für Kant) unter diesen Phänomenen der Organismus und sein Leben ein. Das Rätsel der Entstehung des Lebendigen aus einer unorganischen[24] Materie, der Lebensäußerungen aus deren Gesetzlichkeiten war für alle Naturphilosophien nur mit kühnen Hilfshypothesen[25] – meist gegen den Augenschein – zu lösen gewesen. Auch Kant sprach in der KU metaphorisch von einem »Mutterschooß«, der die ursprünglichen Arten aus sich entlassen habe und »allmählich verknöchere« (Kant V, 419). Und immer wieder betonte Kant, daß die Entstehung auch nur eines Grashälmchens niemals mechanistisch erklärt werden könne. Schelling polemisiert dagegen: »Es ist ein alter Wahn, daß Organisation und Leben aus Naturprincipien unerklärbar seyen« (II, 348): Die Rätselhaftigkeit des Rätsels entspringt einer falsch gestellten Frage – der der Entstehung des Lebendigen aus der Materie. Denn das lebendige Resultat liegt ja schon vor[26]. Richtig gestellt muß die Frage lauten: wie muß die voraufliegende Materie *gedacht* werden, damit die Entstehung des Nebeneinander von Lebendigem und Nicht-Lebendigem heute begreiflich wird?

Es müssen dieselben Prinzipien sein, die im Unorganischen wie im Organischen wirken. Diese Trennung in Unorganisches und Organisches, wie sie unserem Geist gegenübertritt, war in der ursprünglichen Natur aufgehoben. Das jetzt Unorganische ist nur abgestorben, nur »scheintodt«, es ist neuerlichem Organisch-Werden zugänglich, ist »schlafende Pflanzen- und Thierwelt« (IV, 208), das »nach außen gekehrte Knochengerüste der ganzen organischen Welt«. Daher: »Die unorganische Natur als solche existiert nicht« (IV, 206).

Da wir selbst in die Kette der Naturproduktionen einzureihen sind, muß der Materie auch ein blindes, aber des Verstandes fähiges Prinzip zugrunde gelegt werden, ein Prinzip das »frey seyn (muß), damit organische Natur anheben könne« (X, 375). Dies darf aber nicht zu einer Theorie der Urkeime oder Panspermienlehre führen, wie sie noch bei Buffon oder Kant zu finden ist:

»Es bedarf keiner Urkeime, die wir in das Chaos ausgestreut sein ließen, gleichsam als unmittelbar aus der Hand des Schöpfers gefallen. *Alles* ist Urkeim, oder nichts« (VI, 388). Sich auf den Schöpfer zu berufen heißt jedenfalls nicht »philosophieren, sondern fromme Betrachtungen anstellen« (II, 55).

Der Endpunkt, das letzte Glied in der Kette der Entstehung des Lebendigen ist uns bekannt: es ist unser eigenes, bewußtes Leben in der Freiheit. Alle Erklärungen, die dies nicht begreiflich machen, spotten ihrer selbst. So schreibt Schelling ausdrücklich, daß die Kennzeichen des Lebendigen allein, Irritabilität, Sensibilität, Reproduktionskraft[27], so unerklärlich sie jeder mechanistischen Lebenstheorie schon sein mögen, doch niemals ihrerseits unser bewußtes Leben *erklären* können:

In der Frage des Einzellebens von Pflanzen und Tieren hatte Schelling zuerst eine spinozistische Position vertreten, nach der nur dem Menschen im Einzelnen und der ursprünglichen Natur im Ganzen Leben zugesprochen werden kann, weil zum Leben wenigstens der Keim der Intelligenz gehöre: »wir opfern ihr [der Tiere] *individuelles* Leben nur dem *allgemeinen Leben der Natur* auf« (III, 191). Im »System der gesamten Philosophie« von 1804 mildert Schelling diese befremdliche These: »Die besonderen Dinge haben ... auch besonderes Leben« (VI, 219). Das Leben, das Sein der Organismen hat in sich schon eine Totalität, die man gegenüber dem Nicht-Lebendigen absetzen kann, ohne die Bewußtheit gleichzeitig als notwendige Bedingung zu fordern.

Von daher erscheinen Tiere und Pflanzen als *logisch* frühere Formen des Menschen. So wie die logisch noch frühere Form der Materie als Ausdruck von Kräften gedacht wurde, so wird die Tier- und Pflanzenwelt als Ausdruck von *Trieben* gedacht (II, 527). Ganz begriffen ist der Organismus jedoch nicht schon dann, wenn seine Teile alle untersucht sind, wenn wir selbst die Totalität der Zweck-Mittel-Relationen in ihm als denknotwendig ausgemacht haben (II, 42): ganz begriffen kann ein Zweck erst sein, wenn er selbst in seiner Hinordnung auf sein Höheres begriffen ist. Das tierische Leben kann also nur begriffen werden als logisch hingeordnet auf das bewußte Leben, auf das Sein der Intelligenz.

»Selbst das Denken (ist) nur der letzte Ausbruch von dem, wozu das Licht den Anfang gemacht hat« (IV, 47).

Ausgangspunkt für Schellings Überlegungen zum Teleologieproblem sind die Resultate, welche Kant in der Ausweitung seiner Thesen in der KU über die Natur als Ganze vorstellte. Schelling stellt der Interpretation der Natur als Mechanismus die Natur als zweckmäßiges Ganzes gegenüber. Beide Interpretationen sind spekulativ-logisch einwandfrei durch die reflektierende Urteilskraft entstanden: die mechanische Natur durch Anwendung der Kausalitätskategorie auf den Inbegriff aller Gegenstände der Erfahrung, die teleologische durch Anwendung der Kategorie der Wechselwirkung[28]. Doch dies Einander-Gegenüber-Stehen ist nicht befriedigend:

> »Indem wir auch diese beiden Extreme noch vereinigen, entsteht in uns die Idee der Zweckmäßigkeit des *Ganzen*, die Natur wird eine Kreislinie, die in sich selbst zurückläuft, ein in sich selbst beschlossenes System ist. Die Reihe der Ursachen und Wirkungen hört völlig auf, und es entsteht eine wechselseitige Verknüpfung von Mittel und Zweck; das Einzelne konnte weder ohne das Ganze, noch das Ganze ohne das Einzelne *wirklich* werden« (II, 54).

»Verknüpfung der beiden Extreme« heißt für Schelling, daß aus der »Verfaßtheit« der Natur als Mechanismus (nur Sukzession von Ursache und Wirkung) und der Natur als zweckmäßiger (nur Gleichzeitigkeit von Ursache und Wirkung) beim Zusammendenken der beiden eine Natur resultiert, die sowohl Sukzession als auch Gleichzeitigkeit enthält. Diese Bedingungen erfüllt die Natur als Organismus gedacht, als Totalität der Zweck-Mittel-Verknüpfung aller ihrer Produkte. Erst der Begriff des Organismus hebt die Widersprüchlichkeit zwischen »Mechanismus ... und Unabhängigkeit vom Mechanismus« auf. Beide Bestimmungen der Natur haben ihre Wahrheit, keine von beiden aber hat die ganze Wahrheit.

> So hat es sehr wohl seine Berechtigung zu sagen, die Bauchspeicheldrüse sei die *Ursache* für die Anwesenheit von Insulin im Blut, und ebensosehr, sie sei das *Mittel* für den *Zweck* der Kohlehydratregulierung: beide Aussagen stellen aber nur Ausschnitte dar, die im einen Fall noch weiter zurückliegende Ursachen, im anderen Fall nach Zwecken fragen lassen, für welche die Kohlehydratregulierung nur Mittel ist. Beide Frageweisen kommen von sich her zu keinem Ende. Erst der Begriff des Organismus als Totalität aller dieser Relationen ergibt einen Haltepunkt, von welchem aus beide Betrachtungsweisen als abstrakt sichtbar werden. Der einzelne Organismus ist dabei für Schelling nur eine re-

gionale Einheit, bei der er nicht stehenbleibt. Der Horizont für alle Naturprodukte ist erst die ganze Natur als Organismus:

»Diese absolute Zweckmäßigkeit des Ganzen der Natur nun ist eine Idee, die wir nicht willkürlich, sondern *notwendig* denken. Wir fühlen uns gedrungen, alles einzelne auf eine solche Zweckmäßigkeit zu beziehen: wo wir etwas in der Natur finden, das zwecklos oder gar zweckwidrig zu seyn scheint, glauben wir den ganzen Zusammenhang der Dinge zerrissen und ruhen nicht eher, bis auch die scheinbare Zweckwidrigkeit in anderer Rücksicht zur Zweckmäßigkeit wird« (l. c.).

Wenn der Organismus aber die ganze Wahrheit der Natur ist, dann muß sich auch zeigen (Schelling: »genetisieren«) lassen, wie es zu den beiden Erklärungsarten, der mechanistischen und der teleologischen (im abstrakten Sinne) kommt. Kategorien sind für Schelling wie für Kant die Prinzipien, die die Objekte unserer Erfahrung strukturieren. Schelling schließt sich Fichte an, wenn er sie »Handlungsweisen des Ich« nennt, aber er geht über Kant wie Fichte hinaus, wenn sie nicht nur die räumlich-zeitlichen Vorstellungen der Dinge strukturieren, sondern die Dinge selbst. Die Intelligenz *streitet* mit den Objekten (III, 479). Kausalität ist dabei eine »nothwendige Bedingung unter welcher allein das Ich das gegenwärtige Objekt als Objekt anerkennen kann« (III, 471). Die Notwendigkeit der Sukzession, also die Kausalrelation, ist eine Leistung des Ich, keineswegs unabhängig von diesem Ich existent. Dies gilt für die mechanische Kausalität genauso wie für die finale: beide verwenden Leistungen des Bewußtseins [29] für Erklärungen, welche den Objekten an ihnen selbst zukommen sollen [30]. Beides aber sind Erklärungen. Allerdings kommt der teleologischen Erklärung der höhere Rang zu, da nach ihr die Erscheinung der an sich zweckmäßigen Natur selbst zweckmäßig ist (III, 610). Gleichwohl kann der Grund der beiden Erklärungsarten, die wahre Erklärung, nur in einer Anschauung der Natur *begriffen* werden, »in welcher der Begriff des Begriffs und das Objekt selbst ursprünglich und ununterscheidbar vereinigt sind« (III, 610). Eine Naturerklärung, die einen voraufliegenden Zweck angibt, ist genauso ungenügend wie eine, die eine voraufliegende mechanische Ursache angibt. Beide isolieren in einer scheinbar objektiven Sukzession Ereignisse, die nur *für uns* als diese ablaufen. Jede gedachte Sukzession außer uns setzt aber schon wieder den Organismus voraus: »Der Organismus ist die Bedingung, unter welcher allein die Intelligenz sich als Substanz oder Subjekt der *Succession* unterscheiden kann von der Succession selbst« (III, 497).

Wäre also die Sukzession im Äußeren der Grund der gesamten Natur, oder genauso: wäre sie *nur* Produkt der Intelligenz, so könnte sich die

Intelligenz von der Sukzession gar nicht absetzen. Sie wäre genauso im Fluß wie jene. Die Verschiedenartigkeit von Sukzessionen würde nicht für eine Differenz genügen. Erst eine Kreislinie, die periodisch in sich zurückkehrt und dabei erst Veränderungen konstatieren kann, wobei sie selbst in irgendeiner Weise gleichgeblieben sein muß, erlaubt es, von einer Sukzession außer ihr zu reden. Einfach in Ruhe sein würde nicht genügen, denn dann könnte auch keine Wechselwirkung mit der als äußerlich anzuschauenden Sukzession stattfinden. Der Organismus ist daher notwendige Bedingung der Intelligenz.

Wenn aber letztlich alle erscheinende Bewegung, alle erscheinenden Produkte nur »Schein« sind, sowohl vor dem Hintergrund des produzierenden Ich als dem der bewußtlos ewig tätigen Natur: was bedeuten dann die Worte *produzieren, ewig tätig sein, hemmen* im Bereich dieser beiden komplementären Philosophien des Ich und der Natur? Der späte Schelling antwortet: das entzieht sich dem Denken, hier kann nicht definiert werden, denn Definieren ist ja selbst wieder eine Tätigkeit, die auf der rechten Seite der Definition auftauchen müßte. Wenn wir von letzten Prinzipien reden, so reden wir notwendig in Metaphern[31]. An entscheidender Stelle – der Frage, was überhaupt Actus, Handlung, ist – zitiert Schelling in der 14. Mythologie-Vorlesung Aristoteles, Met Λ 6: »daß man nicht alles zu definieren suchen müsse, sondern sich wohl auch mit Analogien begnügen« (XI, 315). Die ewige Tätigkeit der Natur ist ebensowohl Denkprinzip, notwendig Gedachtes, als auch Chiffre.

Schellings Jugendfreund Hegel hat in seiner »Logik« den großangelegten Versuch gemacht, dem metaphorischen und analogen Reden dadurch zu entgehen, daß er die Begriffe, mittels deren sich das Wirkliche selbst begreift, so auseinander hervorgehen läßt, daß der wechselseitige Erhellungszusammenhang jene vollständige Klarheit ergibt, die eine einzelne Kategorie nie liefern kann. Und in diesem Erhellungsgang nimmt der Begriff der Teleologie eine entscheidende Stelle ein.

3. Georg Wilhelm Friedrich Hegel (1770–1831)

»Dies eine Wissen, daß im Absoluten alles gleich ist, der unterscheidenden oder erfüllten oder Erfüllung suchenden und fordernden Erkenntnis entgegenzusetzen oder sein *Absolutes* für die Nacht auszugeben, worin, wie man zu sagen pflegt, alle Kühe schwarz sind, ist die Naivität der Leere an Erkenntnis« (II, 22)[32].

Mit diesen spöttisch-schroffen Worten fertigt Hegel die Philosophie seines früher geliebten und bewunderten Freundes Schelling ab.[33] Einig ist er sich mit Fichte und dem ehemaligen Freund zwar in der Kritik an Kant: daß Philosophie nicht im Herzählen verschiedener Vermögen bestehe, sondern an ihren Anfang die Forderung nach einem *System* der Vernunft stellen muß. Aber in der Genese der Wirklichkeit ein Moment des »rein Faktischen« (Fichte), der »absoluten Hemmung«, des »Abfalls« (Schelling) anzunehmen, würde für Hegel die ganze Wirklichkeit der Beliebigkeit ausliefern.[34] Er stellt daher von Anfang an den Anspruch, die Philosophie in eine Wissenschaft der Logik überführt zu haben, welche die Wahrheit enthält, und zwar die ganze Wahrheit.[35] Die Teleologie erhält in der logischen Entwicklung des Begriffs einen Platz angewiesen, auf welchem sie als notwendig sich ergebendes (Denk-)Resultat aller vorauffliegenden logischen Bestimmungen erscheint und von wo aus sie alle auf sie folgenden Niveaus durchdringt und strukturiert: Leben wie Erkennen und Handeln, und schließlich die Geschichte selbst.

Unsere Aufgabe ist es, diesen Standort der Teleologie – in Hegels Sinn kein fester Platz, sondern der Begriff selbst in einem Entwicklungsstadium, auf allem Ärmeren aufruhend und gleichzeitig »im Begriff«, alles Reichere aus sich zu entlassen – zu charakterisieren. Dafür müssen wir zunächst – bei reichlicher Vergleichung mit Kant[36] – die für uns maßgeblichen Teile der *Logik* interpretieren.

a) Der endliche und der anschauende Verstand

Die kantische Gegenüberstellung des menschlichen, endlichen, diskursiven Verstandes (*intellectus ectypus*) und eines anschauenden Verstandes (*intellectus archetypus*), welcher die Dinge erkennt, wie sie *an sich* beschaffen sind,[37] nimmt Hegel zum Anlaß, nach dem Zusammenhang dieser beiden »Verstandesarten« zu fragen. Der diskursive, endliche Verstand kann nur Erscheinungen erkennen, welchen er die Weise des Erscheinens durch seine empirisch-kategoriale Grundausstattung vorschreibt – nur in der KU heißt es, daß bestimmte Erscheinungen uns *nötigen*, darüber hinaus zu reflektieren. Aber, so Hegel, wie kann der endliche Verstand diese Erkenntnis als eine absolute behaupten? Wie kann er Abstraktionen überhaupt als Abstraktionen erkennen? Und woher kommt ausgerechnet dem endlichen Verstand die Idee eines anschauenden Verstandes? Hegels Antwort packt den Stier an den Hörnern: Die Idee des anschauenden Verstandes ist die »wahre Idee des Verstandes«! Die Endlichkeit des Verstandes wird ja von ihm nur gewußt, insofern er zugleich über sie hinaus ist.

»Es ist daher nur Bewußtlosigkeit, nicht einzusehen, daß eben die Bezeichnung von etwas als einem Endlichen oder Beschränkten den Beweis von der *wirklichen Gegenwart* des Unendlichen, Unbeschränkten enthält, daß das Wissen von Grenze nur sein kann, insofern das Unbegrenzte *diesseits* im Bewußtsein ist.« (VIII, 159)

Die Bestimmung des Verstandes als »endlich und begrenzt« betritt einen Standort, von welchem aus Endlichkeit und Grenze als diese sichtbar werden – und der daher weder endlich noch begrenzt ist. Der Begriff der Grenze – so Hegel in der Logik (IV, 150f.) – hat es an sich, gleichzeitig über sich hinauszuschicken, ein Jenseits der Grenze mitzusetzen, welches gleichzeitig *diesseits der Grenze im Bewußtsein ist.*

Kant hatte den teleologischen Gesichtspunkt erst als unser nachträgliches Interpretament eingeführt für bestimmte, komplexe Ereignisse auffallender Natur – dort, wo das kategoriale Denken nicht zureicht. Aber wie kommen wir dazu, diese Ereignisse für besondere zu halten? Wodurch, konkreter, fällt uns auf, daß ein Organismus etwas anderes ist als ein sonstiges, beliebig komplexes Ereignis, z. B. ein »System« von Gewitterwolken? Die einfache Antwort: das *sehen* wir ja! trifft den Kern. Hier ist der Verstand anschauend. Die reflektierende Urteilskraft, die sich zum Besonderen das Allgemeine sucht, ist für Hegel nichts anderes als der Ort der Identität von Natur und Freiheit, Subjekt und Prädikat – sie ist »wahre und alleinige Vernunft« (I, 315). Für eine Katze ist die Maus kein Organismus, sondern ein graues Beuteobjekt,[38] welchem gegenüber sie sich nach ererbten Schemata verhält. Die Katze kann nicht sagen: ›Aha, eine Maus, aber ich habe nur einen endlichen Verstand und sehe deswegen keinen Organismus, sondern ein bewegliches, graues Klümpchen.‹ Für den Menschen ist das Klümpchen dagegen Organismus: aber nicht in dem Sinne, daß er seine allgemeinen Schemata im Kopf auf die Sinnesdaten appliziert und gelegentlich des merkwürdigen Phänomens auf Zweckmäßigkeit zu reflektieren beginnt. Sondern wir *sehen* Organismen als Einheiten, stehen in ständiger Kommunikation primär mit Menschen und sekundär mit allem anderen Lebendigen. Die nachträgliche Reflexion besteht darin, daß wir uns fragen, wie es möglich ist, daß ein komplexes Ereignis auffallende Eigenschaften der genannten Art hat. Von vorneherein ist unser Verstand anschauend gegenüber den einheitlichen Phänomenen, und nachträglich abstrahieren wir aus diesen allgemeine Gesetze, zu deren synthetischer Verknüpfung zu einem Ganzen der abstrahierende Verstand *nun* aber nicht mehr in der Lage ist:

»Encheiresin naturae nennts die Chemie,
Spottet ihrer selbst und weiß nicht wie.
Dann hat er die Teile in seiner Hand,
Fehlt, leider! nur das geist'ge Band.«[39]

Letzteres Unvermögen, das besondere einheitliche Phänomen wieder aus den Bestandteilen zusammenzusetzen, ist aber kein Beweisgrund dafür, daß wir es nicht ursprünglich adäquat aufgefaßt haben.[40]

Die nämliche logische Struktur wie im theoretischen Erkennen findet sich in der praktischen Philosophie. Es ist für Hegel charakteristisch, daß die logischen Bestimmungen auf alle Bereiche der Wirklichkeit angewandt werden können, überall »ihr Recht haben«.[41]

So argumentiert Hegel, erneut gegen Kant, daß das sittliche Phänomen nicht dadurch entsteht, daß wir das allgemeine Sittengesetz[42] im Kopf haben und dann auf eine konkrete Situation anwenden: das würde die Sittlichkeit der Beliebigkeit ausliefern, weil man sich immer einen allgemeinen sittlichen Gesichtspunkt ausdenken kann, der die gerade wünschenswerte Handlungsweise rechtfertigt. So kann sich ein feiger Mensch einem Risiko entziehen mit dem Argument, noch viel mehr Gutes in der Zukunft tun zu können. Aber solche Kasuistik ist nicht das Merkmal lebendiger Sittlichkeit. In ihr sind uns unmittelbar bestimmte Pflichten als Pflichten präsent. Die Konfliktfälle, in welchen wir uns fragen müssen, wo das Sittliche und die Pflicht liegen, sind äußerst selten. Im Normalfall ergeben sich aus unserem Beruf, aus Familie, Umgebung, Bürgerschaft unsere Pflichten ganz von selbst. Das Moralische tritt uns nicht in der Form allgemeiner Gesetze entgegen, unter welche dann konkrete »Fälle« zu subsumieren wären, sondern in der Form bestimmter Überzeugungen, daß dieses jetzt von mir zu tun ist.

Wenn die kategorische Strukturierung der Wirklichkeit, so wie sie Hegel Kant zuschreibt, in Wahrheit nur eine nachträgliche, abstrakte Verstandesbestimmung ist, dann ergeben sich für die durch die Kategorien erzeugte Welt der Objektivität weitreichende Konsequenzen.

Kant hatte die Welt der Objektivität konstituiert aus dem Material der sinnlichen Anschauung, welche das wahrnehmende Subjekt gemäß seinen apriorischen Kategorien strukturiert. Alles weitere Nachdenken über eine Objektivität jenseits dieser Grenze der Erfahrung ist der Versuch, »am metaphysischen (Leitfaden zu) fliegen« (Kant, VIII, 55), Aussagen über das »Ding an sich« zu treffen. Der Zusammenhang von Subjekt und Objektivität wird invariant gedacht, nur nicht mehr in dem Sinne einer wahren Welt unabhängig vom erkennenden Menschen,[43] sondern einer wahren Welt der Erfahrung, deren Wahrheit durch die kategoriale Ausstattung des Subjekts gewährleistet ist. Diese beiden Weisen des Philosophierens nennt Hegel die ersten »beiden Stellungen des Gedankens zur Objektivität«. (VIII, §§ 19ff.) Die dritte Stellung, die seinen eigenen Ansatz charakterisiert, problematisiert die Verselbständigung einer Welt der Objektivität: ihre Konstitution löst sich bei genauer Betrachtung in ihrer scheinbaren Unabhängigkeit vom Subjekt auf.

In einer subjektlosen wären die Dinge »begriffslos«: wir tragen an sie erst ihren Begriff heran. Was ist ein Gegenstand abgesehen von der Bestimmtheit, die wir durch seinen Begriff an ihn herantragen? Einerseits soll er die objektive Wirklichkeit repräsentieren, andererseits ist er aber zunächst nur das unterschiedslose X, welches von Kant Ding an sich genannt wurde und von dem wir gerade nichts ausmachen können. Hegel bleibt bei dieser Gegensätzlichkeit nicht stehen: auch das Reden über das X als ein Unterschiedsloses ist schon *unser* Reden und *unser* Bestimmen. Die Trennung von Begriff und Gegenstand, von Unterschiedenem und Unterschiedslosem, zwischen Subjekt und Objektivität bringen *wir* ja an die Wirklichkeit heran. Und deswegen ist es für Hegel die eigentlich philosophische Aufgabe nicht, das stillschweigend Getrennte auseinanderzuhalten in seiner unwahren Abstraktion, sondern sie besteht darin, das Verhältnis von Subjektivität und Objektivität, von Begriff und Gegenstand ausdrücklich zu entwickeln.

Die zentrale Bedeutung für die Konstitution unserer Erfahrungswelt hatte für Kant die Kausalitätskategorie: »Alle Veränderungen geschehen nach dem Gesetze der Verknüpfung von Ursache und Wirkung.« (KrV B 232, III, 166). Durch diese Kategorie ist die (objektive) Welt der Erscheinung für uns bis ins letzte kausalmechanisch strukturiert. Hegel zeigt, daß eine so gedachte Welt das Moment des Kausalmechanischen konsequenterweise selbst zum Verschwinden bringt: eine so gedachte Welt läßt sich gar nicht denken.

Die mechanische Betrachtung ist diejenige, in welcher jedes Ereignis als Resultat eines vorhergehenden Ereignisses gedacht wird, welches seinerseits Resultat ist usf. Es gibt keine Selbsttätigkeit,[44] sondern jede Bewegung einer Sache wird zurückgeführt auf die Bewegung einer anderen Sache usf. In der mechanischen Betrachtung weist damit jedes Ereignis über sich hinaus in die Richtung der Antecedentien wie der Konsequenzen, ohne daß das Übersichhinausweisen der Sache selbst angehörte: *wir* sind es, die von einem Ereignis B auf ein Ereignis A blicken. An sich ist B gar nichts außer Resultat des Voraufliegenden. Und selbst die Sprechweise »Resultat von ...« kommt B selbst gar nicht zu, denn jede Form des Unterschiedes wird an die Dinge erst von uns herangetragen. Jeder Unterschied bedeutet die Konstatierung einer Negation, eines Etwas im Gegensatz zu einem anderen, welches das Etwas nicht ist. Das wesentliche Merkmal einer Welt der reinen Objektivität ist aber, daß in ihr der Unterschied, die Negativität nicht auftritt. Es gibt nur, was es gibt: Fakten. Eine objektive Welt der reinen Äußerlichkeit ist eine Welt der Identität. Der Umstand, daß A nicht B ist, ist ein Gesichtspunkt, den *wir* an A herantragen. Von sich selbst her hat A mit B gar nichts zu tun, nicht einmal in dem Sinne, daß B im Verhältnis zu A das andere ist, weil sich nämlich B gar nicht in ein Verhältnis irgendwozu setzt. Ein Verhältnis zu etwas haben, in einer Beziehung zu etwas stehen bedeutet implizit, daß am Ding selbst eine Differenz gesetzt wird, die über eine pure Objektivität hinausgeht.[45] Die Welt der reinen Objektivität ist somit die Welt der differenzlosen Identität.

An dieser Stelle des Nachdenkens über Objektivität ergeben sich zwei Widersprüche, ein allgemeiner und ein spezieller. Zum ersten läßt sich eine solche Welt gar nicht denken, denn sie ist fundamental dadurch definiert, daß sie *nicht* gedacht ist. Sie ist eine Abstraktion aus einer ihr vorausgesetzten Wirklichkeit: als »Abstraktion« gerade aber einerseits eine *gedachte* Welt und andererseits eine sekundäre dazu, sicher also nicht die primäre Wirklichkeit. So ist sie in Wirklichkeit auch nicht eine Welt der Identität. Denn Identität setzt Differenz voraus. Sie ist ein Selbstverhältnis. In einer Welt purer Faktizität aber gibt es kein »Selbst«. Der zweite Widerspruch betrifft das mechanische Verhältnis in der Welt der Objektivität, welches ja ihr Grundcharakteristikum sein soll.[46] Das mechanische Verhältnis soll *rein äußerlich* sein: aber damit ist es gerade überhaupt kein »Verhältnis« – außer für den Betrachter.[47] Für die Dinge selbst wirkt nicht ein A auf ein B ein, denn das A ist in der Welt der Identität von B *gar nicht verschieden*. In der Welt der Objektivität folgt ein Weltgesamtzustand auf den anderen:[48] aber auch das ist noch *unsere* Rede, denn »Aufeinanderfolge« setzt wieder ein Subjekt voraus, das Zustände miteinander vergleichen kann. Es gibt in der Welt der reinen Objektivität weder Hier noch Dort, weder Vorher noch Nachher. Eine absolut genommene (vom Subjekt ganz absehende) mechanische Betrachtung hebt sich in ihrer immanenten Logik selbst auf.

Selbstverständlich gibt es nun in der Welt mechanische Verhältnisse: aber *wir* stellen sie fest, indem wir einen *Ausschnitt* aus der Wirklichkeit machen, welcher nicht die ganze Wirklichkeit ist. Einen Ausschnitt machen bedeutet aber: mit dem Begriff bestimmend eingreifen, wobei der Begriff für den Gegenstand konstitutiv ist. Das mechanische Verhältnis ist ein vom Subjekt statuiertes Verhältnis. Um es in seiner Wahrheit zu begreifen, muß berücksichtigt werden, daß die betrachtenden (eingreifenden, bestimmenden) Subjekte selbst schon lebendige Einheiten von der Art sind, daß sie anderes mit anderem verknüpfen können. Nur unter der Voraussetzung von Leben gibt es Mechanismen, und, anders gewendet, *die Teleologie ist die Wahrheit des Mechanismus.* (V, 210)

c) Teleologie als Wahrheit des Mechanismus

Die Widersprüche einer Welt der reinen Objektivität und des absoluten Mechanismus zerstören nur den Anspruch, die *ganze* Wahrheit zu sein; sie werden wirksam, wenn man sie als Verstandesbestimmungen »abstrakt festhält«. Aber Widersprüche schicken über sich hinaus, sie »sollen« aufgehoben werden, d. h. sie enthalten dem Denken gegenüber die Aufforderung, sie zu beheben. Die Auflösung läßt die sich Widersprechenden aber nicht verschwinden, sondern von einer höheren Warte aus entdeckt sie das Denken als Momente ein und derselben Sache, die in der höheren Warte »aufgehoben«, und das heißt auch »wohlverwahrt« sind (VIII, 229). Die Grundstruktur der Hegelschen Logik drückt sich darin aus, daß jede endliche Verstandesbestimmung, von der abstraktesten und ärmsten, dem Sein, bis zur Stufe unmittelbar unter dem absoluten Geist, mit sich *in Widerspruch gerät.* Und die Leistung seiner Logik besteht darin, die »Bewegung des Begriffs« Stufe für Stufe, von einer Bestimmung über ihre Negation zur Aufhebung des Widerspruchs zu entwickeln. »Begriff« heißt dabei jede einzelne Stufe, die durch eine unterschiedliche Entwicklung des Begriffs gekennzeichnet ist. Hegel drückt dies gewöhnlich umgekehrt aus, aktivisch vom Begriff aus gesehen, wodurch unser Nach-Denken der Entwicklung des Begriffs als Selbsttätigkeit des Begriffs deutlich wird.

Für die Verdeutlichung der These, daß Teleologie die Wahrheit des Mechanismus sei, müssen wir einen Ausschnitt aus dem 2. Band der Logik heranziehen, der »Begriffslogik«. Die Interpretation erfordert notwendigerweise auch jene Mühe, die Hegel die »Anstrengung des Begriffs« genannt hat. Sie wird uns aber nach der Aufdeckung der immanenten Widersprüchlichkeit einer Welt der mechanischen Objektivität den Begriff dahin in Bewegung bringen, von wo aus Teleologie als das umgreifende und wahre Moment des Mechanismus und seines Widerspruchs, des »Chemismus«, erscheint.

Wir nehmen die Argumentation zum Mechanismus auf.[49]

Die erste, unmittelbare Form der Objektivität ist der Mechanismus. In ihm bleiben die Objekte einander äußerlich. Wie oben gesagt, liegt der Widerspruch des Mechanismus als absoluter Kategorie darin, einerseits ein rein äußerliches Verhältnis sein zu sollen, das aber als ein *rein* äußerliches gerade kein »Verhältnis« sein kann. Hervorgerufen wird der Widerspruch durch Ausblendung des Subjekts, und die Aufhebung muß dadurch erfolgen, daß das Verhältnis von Subjekt und Objektivität richtig erfaßt wird. Mit dieser Einsicht ist die Aufhebung aber noch nicht erfolgt. Dafür müssen wir uns auf den Widerspruch erst einmal selbst einlassen, welcher im übrigen nicht zu vermeiden ist, sondern im Gegenteil: welcher *ausgestanden werden muß*. Alle endlichen Denkbestimmungen geraten in Widersprüche: wenn man sie in ihrem immanenten Über-Sich-hinaus-Weisen logisch verfolgt, wird man allerdings, so Hegel, erst bei der ganzen Wahrheit, beim absoluten Geist zum Halten kommen. Da gibt es dann auch nichts mehr (für das gemeine Bewußtsein) vorzustellen, denn das bedeutete wieder verstandesmäßig festhalten, sondern, »wenn es sich um den Begriff handelt, (muß uns) Hören und Sehen vergangen sein«. (VIII, 354)

Wir verfolgen die Entwicklung (Konkretisierung[50]) des Begriffs vom Mechanismus zur Teleologie.

Der absolute Mechanismus ist gekennzeichnet durch das Verhältnis der äußeren Objektivität. Die Objekte werden als gegeneinander selbständig gedacht. Sie sind nicht bestimmt durch irgendeine Differenz, sondern nur als Identität, und zwar als »gleichgültige« Identität: was wie *ein* Objekt aussieht, ist gegen seine Einheit gleichgültig. Jede Art der mechanischen Verbundenheit ist den Objekten fremd: es sind Aggregate, Vermischungen, Haufen – bei Steinen genauso wie bei Gedanken.[51] Als Einheit erscheint das mechanische Objekt nur, insofern auf es eingewirkt wird, d. h. insofern es Gewalt erleidet.

> Ein Stein auf einem Berg, welcher aus vielen kristallinen und amorphen Verbindungen zusammengesetzt ist, ist gegen sein Einssein gleichgül-

tig; er ist *von sich* her nicht unterschieden von dem Berg, auf dem er liegt. Durch einen Stoß – von einem Fußtritt oder einem anderen Stein herrührend – »schließt er sich mit sich zusammen«, d. h. wird er Einheit und kollert den Berg hinunter: er ist *ein* Stein, aber nur durch anderes und für anderes.

In dieser Weise des Aufeinandereinwirkens[52] durch Druck und Stoß erhalten die mechanischen Objekte Einheit, Zentralität, Selbständigkeit; aber die Selbständigkeit ist gerade erzeugt durch die unselbständige Gleichgültigkeit der Objekte gegen ihre eigene Einheit. Dieser Widerspruch »schickt über sich hinaus«: Widerspruch ist er, wenn er die ganze Wahrheit sein soll. Aber dies kann er nicht beanspruchen, wie aus der Natur des »Gedachtseins« des Widerspruchs folgt. Denn was heißt es, daß der »gedachte Widerspruch über sich hinausschickt«? Es bedeutet, daß mit der Bestimmung des mechanischen Objekts in der genannten Weise bereits eine andere Bestimmung *mit*gedacht ist, die ihr widerspricht und genausoviel oder genausowenig Anspruch auf die ganze Wahrheit hat wie sie selbst, die bei weiterer Entwicklung des Begriffs beide in *ihrer* Wahrheit und Unwahrheit erkannt und in einer höheren Bestimmung (Entwicklung, Konkretisierung) des Begriffs aufgehoben werden.

Dieses Mitgedachtsein des Widerspruchs, das erste Moment der Antizipation, welche jeder endlichen Denkbestimmung anhaftet (das zweite ist die Aufhebung des Widerspruchs), ist für Hegel notwendiges Merkmal der Dialektik. Es handelt sich darum, »aufzuzeigen, wie eine jede abstrakte Verstandesbestimmung, nur so genommen wie sie sich selbst gibt, unmittelbar in ihr Entgegengesetztes umschlägt« (VIII, 192). Wir versuchen, dies am Mechanismus nachzuvollziehen.

Was heißt es, daß die Objekte als gegeneinander äußerlich, gleichgültig, selbständig gedacht werden? *Wir* sind es ja, die mit unserer Bestimmung die mechanischen Objekte definieren, isolieren, festhalten und ausgrenzen. Erinnern wir uns aber an das zum Begriff der Grenze Gesagte: mit der Grenze ist zugleich auf das Umgrenzende, das Jenseits der Grenze verwiesen, und zwar als ein Jenseits, das sich im Diesseits befindet, d. h. in unserem Denken, denn *wir* haben definiert, »begrenzt«. Einen Bereich auszugrenzen, in welchem das mechanische Verhältnis der reinen Äußerlichkeit herrscht, bedeutet zum einen, daß die These: »es gibt überhaupt nur solch Äußerliches« jedenfalls unwahr ist,[53] weil sie selbst gerade beansprucht, kein solch Äußerliches zu sein, zum anderen, daß mit der Ausgrenzung ein Bereich mitgedacht (antizipiert) ist, in welchem dieses Verhältnis der reinen Äußerlichkeit *nicht* herrscht. Dies ist zunächst nur der Bereich der unbestimmten Negation. Zu einer Bestimmung »blau« wird die Negation »nicht-blau«, und das kann rot, gelb, grün sein usf., mitgedacht. Im Falle des Mechanischen und seiner Denkbestimmung (denn »blau« ist eine Sinnesqualität[54]) ist die Negation der Bestimmtheit ebenso bestimmt: der Bereich der nicht-gleichgültigen Differenz der Objekte gegeneinander, d. h. der Bereich, in welchem die Objekte *definiert* sind durch ihre Differenz gegeneinander – für Hegel der Bereich der Chemie. Aus der Sicht des Chemismus sind chemische Objekte das, was sie sind, nur durch ihre Differenz gegen andere Objekte. »Das chemische Objekt (erweist) sich als schlechthin auf anderes bezogen.« (VIII, 411)

Um dies verstehen zu können, verweisen wir kurz auf die Chemiegeschichte.[55] Die Chemie seit Lavoisier hatte als zentrales Charakteristikum den Dualismus; die Struktur der Polarität kennzeichnete das Verhältnis Säure-Base (als Grundphänomen der Chemie überhaupt die Neutralisation), Wasserstoff–Sauerstoff, Stickstoff –Kohlenstoff, Metall–Nicht-Metall usf. Chemische Reaktionen finden nur statt, so die zeitgenössische These, wenn zwischen den Reaktionspartnern in bezug auf dieselbe Polarität eine Differenz besteht.[56] Dieser Gedanke ist übrigens mit der modernen Chemie durchaus verträglich: auch bei Disproportionen betrachten wir die beteiligten Reaktionspartner als verschieden in bezug auf eine chemische Qualität.[57]

Es soll aber noch einmal daran erinnert sein, daß sich der Chemismus für Hegel nicht auf die Chemie beschränkt: alle Bereiche der Wirklichkeit weisen »Chemismen« auf, also Verhältnisse, die durch ihren Gegensatz und ihr Aufeinanderzustreben *definiert* sind; im Bereich des Lebendigen ist es etwa die Geschlechtlichkeit, beim Menschen die Liebe, im Anorganischen die Elektrizität oder der Magnetismus. Es gilt dies für alle Stufen des Begriffs: Mechanisches gibt es auch im Geiste (Auswendiglernen; Anm. 41), den Zweckgesichtspunkt auch bei Steinen, wenn sie etwa als Material für ein Kunstwerk dienen.

Der näheren Bestimmung des Mechanismus im mechanischen Prozeß wird der chemische Prozeß entgegengesetzt. Gemäß der Aufeinanderbezogenheit durch ihre Differenz »lauern« die chemischen Objekte auf den Ausgleich der Differenz: Prototyp des chemischen Prozesses ist die Neutralisation. Der Chemismus erlischt im neutralen Produkt, das Differente wird zum Neutralen reduziert.[58] Ohne daß wir dies im einzelnen zu Ende verfolgen können[59], fragen wir nach dem, was mit dieser endlichen Denkbestimmung des Chemismus als des Widerspruchs zum Mechanismus mitgedacht ist. Wir könnten wieder zum Mechanismus zurückkehren, und in der Tat ist er in einer einfachen Negation der Negation in der Denkbestimmung des Chemischen verborgen. Aber das ist unwesentlich. Der entscheidende Punkt an der Entwicklung des Gegensatzes von Mechanismus und Chemismus ist es, daß wir die beiden als einander widersprechend gesetzt[60] haben. Damit ist in Wahrheit aber der Bereich mitgedacht, in welchem die einander auf ihrer abstrakten[61] Ebene in der Tat Widersprechenden nunmehr nicht mehr widersprechen. Es ist *richtig*, daß sie sich zunächst widersprechen, daß sie gegeneinander gesetzt sind (vom Verstandesdenken); aber es ist *wahr*, daß sie einander sowohl widersprechen als auch nicht widersprechen.[62] Die Differenz der beiden gegeneinander gesetzten Verhältnisse Mechanismus und Chemismus war selbst nur eine abstrakte, festgehaltene, nichtige, welche nur dem abstrakten Verstandesdenken als eine absolute Entgegensetzung erschien. Das philosophische Denken, die Tätigkeit des Begriffs hebt sich darüber hinaus und sieht, daß die festen Grenzen nur unter Ausblendung dessen, der sie gezogen hat, als *fest* angesehen werden können. Wenn die Verstandestätigkeit, das Begrenzen, selbst mit in das Denken einbezogen wird, dann sehen wir, daß die Grenzen selbst nur begrenzte Wahrheit an sich haben.

Der wahre Bereich der Negation der Negation, das wahrhaft Unendliche[63] von Mechanismus und Chemismus, welcher beide als Momente in sich aufgehoben enthält, ist der *Zweck*. Im Zweck hebt sich der Unterschied von Subjekt und Objekt auf. Hier wird die ursprüngliche Abstraktion: Subjekt auf der einen Seite, Objektivität auf der anderen Seite überwunden. Im Gegensatz zu Mechanismus und Chemismus wird nicht mehr ausgeblendet, daß das Subjekt am Zustandekommen der Verhältnisse der Objektivität beteiligt ist. »Der Zweck ist der in freie Existenz getretene ... Begriff«. (VIII, 413)

> Wir denken im Zweck nicht nur das Subjektive einfach als Gegenbegriff zur Objektivität, sondern Zweck ist derjenige Begriff, der sich selbst als die Form der bloßen Subjektivität überwindend denkt. Die Aufhebung der Trennung zwischen Subjekt und Objekt ist im Zweckbegriff allerdings noch vom Subjekt her gedacht: wir denken den Zweck als etwas Gesolltes, wir wollen, daß in der Wirklichkeit etwas sei und nicht nur in unserem Kopf. Aber solange wir es teleologisch formulieren, ist dies Wollen eben in unserem Kopf. Bevor wir aber diese Herkunft des Zweckbegriffs aus der Selbsterfahrung weiter bedenken, wenden wir uns noch einmal der Logik zu:

Im Zweck ist die unmittelbare Objektivität negiert, d. h. der Zweck ist das Entgegengesetzt-Mitgedachte einer unmittelbaren (ohne Beteiligung der Subjektivität gesetzten) Objektivität, wie sie im Mechanismus und Chemismus gedacht wurde. Diese Negation ist zunächst abstrakt und steht der Objektivität einfach gegenüber. Insofern ist der Zweck die subjektive Negation der Objektivität, die – so gedacht – in den Widerspruch gerät, einerseits das vorausgesetzte Objekt als an sich nichtig zu setzen,[64] andererseits seiner als Voraussetzung zu bedürfen, um in der Negation überhaupt zu sich zu kommen.

> »Als dieser Widerspruch seiner Identität mit sich gegen die in ihm gesetzte Negation ... ist es [der Zweck] selbst das Aufheben, die *Tätigkeit*, den Gegensatz so zu negieren, daß er ihn identisch mit sich setzt. Dies ist das Realisieren des Zweckes.« (VIII, 414)

Der Prozeß des Zweckes ist seine eigene Realisation.

Die durch den Widerspruch im endlichen Zweck hervorgerufene Tätigkeit bezieht sich darauf, daß die vorausgesetzte, äußerlich-gleichgültige Objektivität vom Zwecke seiner inneren Bestimmtheit gleichgemacht, d. h. als «durch den *Begriff Bestimmtes* gesetzt werden soll, zunächst als *Mittel*« (V, 221). Durch die innere Macht des Begriffs in seiner Tätigkeit wird das vorausgesetzte Objekt zum Mittel.

> Der Zweck erklärt sozusagen mechanische und chemische Objekte zu seinen Mitteln, bedient sich ihrer als die Macht dieser [der mechanischen und chemischen] Prozesse, worin das *Objektive* sich aneinander abreibt und aufhebt, [wobei er] sich selbst *außer ihnen* hält und das in ihnen sich *Erhaltende* ist (VIII, 420). Im Gegensatz zu einer mechanischen Ursache, die in der Wirkung vergeht, oder einem chemischen Prozeß, der im neutralen Produkt erlischt, hält sich der Zweck im Verlaufe seiner Realisation durch, ist am Schluß wie am Anfang vorhanden.
>
> Im endlichen Zweck ist damit kein wahrhaftes Ende erreicht: »Es ist ganz gleichgültig, ein durch den äußeren Zweck bestimmtes Objekt als ausgeführten Zweck oder nur als Mittel zu betrachten« (V, 230): diese Bestimmung ist dem Objekt äußerlich. Alle endlichen Zwecke haben darüber hinaus die Zweckbestimmtheit so an sich, daß sie ihre Bestimmung durch ihre eigene Abnutzung erfüllen: die Federn der Uhr, die Steine und Balken des Hauses erhalten sich nicht auf Dauer: ihr Zweck liegt nicht *in* ihnen. Äußerliche, endliche Zweckbestimmtheit bringt es nur bis zum Mittel, welches zwar die Wahrheit des Mechanischen und Chemischen ist – aber in dieser Widersprüchlichkeit eben erneut noch nicht die ganze Wahrheit.

Der unendliche Prozeß der äußerlichen Mittel-Zweck-Beziehungen resultiert aus der Einseitigkeit des Aufhebens der Trennung von Subjektivität und Objektivität, die zunächst unmittelbar, d. h. vom Subjekt aus geschah. Mit dieser eingrenzenden und beschränkenden Bestimmung ist aber durch die drei Entwicklungen der Zweckbestimmung – subjektiver Zweck/Mittel/realisierter Zweck – gleichzeitig antizipiert und gesetzt die objektive Einheit von Subjektivität (Begriff) und Objektivität: die Idee, zunächst als unmittelbar: das Leben.

Wir rekapitulieren noch einmal den etwas schwierigen Gedankengang (= Bewegung des Begriffs). Hegel knüpft zunächst an dem Phänomen an, wie wir uns als Lebende erfahren: [65] in Bedürfnis und Trieb. Die aus ihnen resultierenden Zwecke sind keineswegs Setzungen des Bewußtseins,[66] sondern gehen diesem voraus: in Bedürfnis und Trieb sind die Zwecke schon da. Und unter ihrer Voraussetzung *setzen* wir dann Zwecke, welche (als endliche) den Charakter von Mitteln zur Erreichung jener natürlichen Zwecke haben. »Der Trieb ist sozusagen die Gewißheit dafür, daß das Subjektive nur einseitig ist und keine Wahrheit hat, ebensowenig als das Objektive.« (VIII, 415) Der Zweck als die Einheit von Subjekt und Objekt, auf subjektive Weise gedacht, *soll* erst hergestellt werden. Dies aber, so der weitere Gang von Hegels Überlegung, kann nur gedacht werden, wenn die tatsächliche, umfassende Einheit von Subjektivität und Objektivität schon existiert, in Kants Worten: die innere Zweckmäßigkeit des Naturzwecks, welche bei Hegel als die erste unmittelbare Form der Idee, als Leben erscheint. Um sinnvoll von äußeren Zweckmäßigkeiten sprechen zu können, muß ein Zweck vorhanden sein, bei dem die Zweck-Mittel-Reihe endet, d. h. der wahre Zweck eine Totalität von Zweck-Mittel-Beziehungen ist.
Für den Menschen ist die Einheit von Subjektivität und Objektivität, die sog. Leib-Seele-Einheit, die Bedingung der Möglichkeit des *Handelns*. Handeln heißt, als Leib in die Wirklichkeit einzugreifen, und das geht nur, wenn man – als Leib – der Welt der Objektivität angehört. Handeln heißt nicht, daß das Bewußtsein sich überlegt, wie es den Leib in Bewegung setzt und das dann tut, sondern Handeln heißt, daß wir als organische Wesen etwas tun. Um Zwecke in einer objektiven Welt realisieren zu können, also um die Trennung von Objekt und Subjekt subjektiv zu überwinden, müssen wir diese Trennung schon objektiv als überwundene voraussetzen.
Dieser Gedanke kennzeichnet für Hegel unser gesamtes Verhältnis zur Wirklichkeit. Alles Zweckhandeln ist im Grunde nur immer ein bewußtes Einholen dessen, was wir in Wahrheit schon sind. Wenn wir ein Haus bauen, so ist der Zweck das Wohnen – aber wir wohnen schon, bevor wir es bauen. »Die Vollführung des unendlichen Zwecks ist so nur, die Täuschung aufzuheben, als ob er noch nicht vollführt sei. Das

> Gute, das absolut Gute, vollbringt sich ewig in der Welt, und das Resultat ist, daß es schon an und für sich vollbracht ist und nicht erst auf uns zu warten braucht.« (VIII, 422)

Blicken wir zurück auf das Teleologiekapitel der Logik. Wir gingen aus von einem Abstraktum – dem gleichgültigen, äußerlichen, mechanischen Objekt. Beim Durchdenken dieses Abstraktums gerieten wir in Widersprüche, welche letztlich darauf verwiesen, daß derjenige, der hier »abstrahiert« und gewisse Denkbestimmungen festgehalten hat, mit in das Durchdenken einbezogen werden muß. Ein mechanisches oder chemisches Verhältnis bestimmend zu setzen, geschieht immer unter der Voraussetzung, daß es als Mittel zu einem Zwecke dient – so die nächste Stufe, welche über sich hinausweist auf das Lebewesen, welches die Zwecke hat, weil es selbst eine Zweck-Totalität ist. Beim Durchdenken dieser Stufe stößt das Denken im Gang der Logik zum erstenmal auf sich selbst: es entdeckt sich als die Voraussetzung der gesamten Tätigkeit des Begriffs, das von seiner ärmsten Bestimmung, dem Sein, über die ganzen Zwischenstufen des Mit-Gedachtseins sein eigenes Denken als das Mit-Gedachtsein schlechthin erkennt. Die zweite Idee ist daher das Erkennen. Die Wahrheit alles endlichen Erkennens in seiner Identität von theoretischer und praktischer Idee ist die absolute Idee; »sie allein ist *Sein*, unvergängliches *Leben, sich wissende Wahrheit*, und ist *alle Wahrheit*« (V, 328).

d) Teleologie in der Geschichte

Hegels »Wissenschaft der Logik« beansprucht, aller Perspektivität gegenüber der Wirklichkeit, aller Ideologie in ihrem System einen Platz anzuweisen, der den jeweiligen Standpunkt in seiner Stärke und Berechtigung, jedoch auch in seiner Einseitigkeit nachvollzieht, so daß das Wahre in ihm als ein Moment eines allerdings höheren Wahren erscheint. Die Wirklichkeit in ihrer Fülle ist in dieser Weise von den Momenten des Wahren strukturiert. Auch die Teleologie ist ein Moment des Wahren auf dem Wege des Begriffs vom Sein zur absoluten Idee, ein Moment, das in sich alle voraufgegangenen Stufen aufgehoben enthält, und selbst ein *Moment* aller folgenden Stufen, in welchen sie aufgehoben, wohlverwahrt in dem Sinne ist, als sie ein notwendiges Strukturmoment aller höheren Stufen ist. Nur geht es dort nicht mehr um den formalen Charakter des Zwecks, sondern in den Ideen des Lebens, Erkennens, Wollens geht es um inhaltliche Zwecke, die auf das Gute zielen.[67] Von daher kann es nicht überraschen, daß auch die Geschichte für Hegel teleologisch zu interpretieren ist: was der Begriff lehrt, zeigt ebenso notwendig die Geschichte (VII, 36). Die Philosophie geht davon aus, »daß die Vernunft die Welt beherrsche, daß es also auch in der Weltgeschichte vernünftig zugegangen sei« (XI, 34). Das ist für Hegel indes nicht eine Annahme, die man machen kann oder auch nicht, sondern Geschichte als der Prozeß des Geistes in seiner realen Entwicklung, als absolute Idee, die sich in der Menschheit realisiert (XIV, 358), kann gar nicht anders gedacht werden.[68] Eine teleologische Interpretation der Geschichte meint aber nicht, daß in ihr ein Zustand als Ziel erst herzustellen ist, im Verhältnis zu welchem alle früheren Stadien den Charakter von bloßen Mitteln einnähmen (wie Marx s. u.): »Die Weltgeschichte ist der Fortschritt im Bewußtsein der Freiheit – ein Fortschritt, den wir in seiner Notwendigkeit zu erkennen haben« (XI, 46); wohlgemerkt: nicht im *Herstellen* von Freiheit, sondern im Bewußtsein der Freiheit, denn Freiheit ist nicht ohne ihr Bewußtsein.

Ein Mensch, der in einem Zimmer sitzt und sich eingesperrt glaubt (ohne es zu sein), ist genauso unfrei wie derjenige, der tatsächlich eingesperrt ist. Das Sich-Bewußtwerden der Freiheit ist für Hegel zugleich ein Prozeß der Befreiung.[69]

Das Bewußtsein der Freiheit kann nicht zweckrational hergestellt werden. Auch hier gilt, daß der wesentliche Zweck schon als erreicht gedacht werden muß, damit er im Einzelnen überhaupt erreicht werden kann: Befreiung kann nur die Form des Bewußtwerdens des schon Frei-Seins sein. Hegel sagt demgemäß, daß derjenige, der in der einfachen Sittlichkeit lebt und nach seinem Gewissen handelt, abseits der Weltgeschichte immer schon am Ziel ist. Die Tatsache, daß Geschichte insgesamt eine Struktur hervorbringen soll, in welcher Freiheit auch faktisch im Miteinanderleben der Menschen sichtbar wird, ändert nichts daran, daß das wesentliche Ziel der Geschichte in jedem ihrer Augenblicke schon als erreicht gedacht werden kann und muß.

So schreibt Hegel, daß in bestimmten Epochen gerade diejenigen allein gerechtfertigt sind, die sich gegen den Gang der Geschichte stellen und an ihren sittlichen Verhaltensweisen festhalten.[70] Das wäre mit der Auffassung eines erst herzustellenden Zieles der Geschichte unvereinbar, während für Hegel diese Individuen eine Totalität verwirklichen, die die Geschichte als Ganze erst am Ende zur Anschauung bringt. Diejenigen, die den Prozeß tatsächlich vorantreiben, sind u. U. gar nicht diejenigen, die richtig gehandelt haben: Geschichte legitimiert überhaupt nicht von sich her bestimmte Handlungsweisen,[71] sondern Geschichte setzt sich durch gegen die Intention von Individuen.

Diese Thesen sind für Hegel exemplifiziert in der Französischen Revolution. Revolutionäre wie Mirabeau, Desmoulins, Danton, St. Just und Robespierre haben zwar sogar das intendiert, was am Schluß als bürgerliche Freiheit im Rechtsstaat herauskam – aber es war nicht das unmittelbare Resultat ihres Wollens. Dieses Resultat bestand vielmehr in der Schreckensherrschaft der Jahre 1792–1794 und der totalen Tyrannei. Durch den Mechanismus der Geschichte setzt sich der Zweck der Vernunft – Selbstdarstellung des absoluten Geistes – ebenso mächtig wie listig durch.[72]

Aber der sittlich Handelnde – und nur er – ist jeweils schon am Ziel.

Wie wirkt aber die Vernunft in der Geschichte? Sie wirkt sozusagen als Entelechie. Aber das Ganze der Welt ist doch kein Organismus, sondern besteht aus lebendigen, ihrerseits teleologisch handelnden Einzelsubjekten. – Wie kann deren *telos* sich in ein historisches Universal*telos* einfügen? Deshalb, weil das *telos* der einzelnen und das universale *telos* nicht gänzlich heterogen sind. In den einzelnen ist ja eben jene Vernunft am Werke, die auch im Ganzen sich durchsetzt. Sie setzt sich aber nicht durch als unmittelbares Resultat der Vernünftigkeit der einzelnen, sondern als dialektisches. Was heißt das? Es heißt, daß die Individuen einerseits ihre partikulare Befriedigung erstreben, daß sie diese aber – als vernünftige Wesen – nicht erreichen können: »Das Bewußtsein leidet die Gewalt, sich die beschränkte Befriedigung zu verderben, von ihm selbst« (II, 74). Diesen Gedanken verfehlt jede bloß materialistische Dialektik.

Jeder Zustand ist mehr als er selbst, jede Gestalt des menschlichen Bewußtseins ist charakterisiert durch eine Antizipation einer Totalität, die durch die jeweilige Manifestation in ihrer faktisch-historischen Gestaltung nicht vollständig eingelöst ist. »In einen Widerspruch geraten« ist etwas, was in der materiellen Sphäre gerade nicht geschehen kann, denn in der bleibt alles einander äußerlich. Sich in einen Widerspruch verwickeln heißt, etwas meinen und darüber etwas sagen, was sich mit dem Gemeinten nicht deckt.

Der Wahrheitsanspruch der Vernunft ist notwendigerweise der Anspruch, das *Ganze* der Wirklichkeit adäquat auszudrücken. In ihren realen Gestalten drückt die Vernunft aber zunächst nur endliche Perspektiven aus. Dies entdeckt sie, und danach kann sie sich nicht mehr mit einer aufgedeckten Beschränktheit zufriedengeben.

Man kann zwar empfehlen, man solle doch verschiedene, endliche Bewußtseinszustände und Weltanschauungen so pflegen wie seltene Gewächse oder Schmetterlinge. Aber die Vielfalt des Nebeneinanderbestehens ist mit dem Allgemeinheitsanspruch der Vernunft unverträglich. Meine Wahrheit, meine Einsicht soll ja nicht nur *meine* partikulare sein. Wenn ich die eigene Bewußtseinsgestalt als inadäquat und beschränkt einsehe, habe ich sie bereits gesprengt.

Der Anspruch auf Wahrheit ist der Vernunft immanent. Wahrheit ist nicht ein entferntes, anzustrebendes und irgendwann zufällig erreichtes X, sondern als Ziel schon präsent. Es wäre absurd, ihr nachzujagen, wenn das Absolute »nicht an und für sich schon bei uns wäre und sein wollte« (II, 68). Nur durch die Präsenz des Zieles gibt es überhaupt Dialektik. Wollte man die Teleologie aus der Dialektik entfernen und als Surrogat für sie einen Prozeß annehmen, bei welchem Qualitäten blindlings ineinander»umschlagen« und am Schluß »höhere«, sinnvolle Dinge herauskommen, dann wird die Redeweise von einem »höher« widersprüchlich: es gibt ja keinen Maßstab, der über »höher« oder »niedriger« entschiede.[73]

Die Weise, in der die Teleologie des Geistes sich durchsetzt, ist die Dialektik der *Ideologien.*

Ideologie unterscheidet sich sowohl von Philosophie als auch von einem bloßen Interessenstandpunkt. Sie artikuliert nicht einfach Eigeninteressen, sondern beansprucht, ein allgemeines Interesse auszudrücken. Allerdings ist, wie die Ideologiekritik zeigt, das als wahrhaft Allgemeines ausgegebene Interesse in Wirklichkeit doch nur partikular: die Ideologie gibt ihr Gutes nur denjenigen, welche sie vertreten, nicht allen. Warum aber beansprucht die Ideologie, das allgemeine Interesse auszudrücken? Weil es ein Zusammenleben von Menschen nicht ohne das Allgemeine gibt, nicht so, daß jeder einfach nur das »für ihn selbst Gute« will:[74] der Gedanke der Gerechtigkeit ist für menschliches Zusammenleben fundamental. Daher sind Ideologien insofern human, als sie die Gerechtigkeits- und Billigkeitsforderung anerkennen. Gleichzeitig ergibt sich in ihnen immanent der Widerspruch zwischen dem Gemeinten (dem partikularen Interesse) und dem Gesagten (dem Anspruch des Allgemeinen), ein Widerspruch, der Ideologien zur Selbstaufhebung forttreibt.

Philosophie ist für Hegel die Aufhebung der ideologischen Begrenztheit der Vernunft-Perspektiven in bezug auf Wahrheit und Wirklichkeit. Sie ist der Versuch, den Prozeß der Dialektik der Ideologien – der geschichtlich-politischen wie der philosophischen[75] – selbst zu begreifen.

e) Teleologie und Kultur

Die teleologische Struktur der Wirklichkeit findet auch ihren Niederschlag in Hegels Kulturtheorie. Aber es ist noch einmal daran zu erinnern: Teleologie wird nicht generell gegen jede nicht-teleologische Wirklichkeitsbetrachtung ausgespielt, sondern die Wahrheit aller berechtigten, nicht-teleologischen Perspektiven besteht darin, daß Perspektiven selbst nur unter teleologischen Intentionen eingenommen werden. Ein kausalmechanischer Ausschnitt aus der Wirklichkeit ist berechtigt, solange im Bewußtsein bleibt, daß zu einem Ausschnitt jemand gehört, der ihn aus einem beliebigen, aber bestimmten Grund macht. Die nicht-teleologische Betrachtung der Wirklichkeit bekommt sowohl in der Logik[76] als auch in der Geschichte der Menschheit ihren notwendigen und berechtigten Platz angewiesen: die Vergegenständlichung der Welt durch ihre Entteleologisierung ist selbst ein Stadium auf dem Wege zur Verwirklichung der Freiheit.

In der Kulturtheorie Hegels findet das Verhältnis von berechtigter Abstraktion und umgreifender Wirklichkeit seine Ausprägung darin, daß dem Prozeß der direkt angestrebten, äußeren Zwecke die innere Zweckmäßigkeit des organisch verlaufenden, geschichtlichen Prozesses vorausgesetzt ist: der Endzweck der Menschheitsgeschichte – das liegt in seinem Begriff – ist schon wirklich und zugleich Bedingung dafür, daß überhaupt Zwecke erreicht werden können. Unter dieser Bedingung stehen die *Mittel* zur Erreichung von Zwecken höher als die endlichen, äußeren Zwecke selbst – der Pflug höher als die unmittelbaren Genüsse, welche durch ihn bereitet werden und die Zwecke sind. Das *Werkzeug* erhält sich, während die unmittelbaren Genüsse vergehen und vergessen werden. (V, 226)

Das Ziel unserer Zivilisation sind zunächst endliche Zwecke: Bequemlichkeit, Lustmaximierung, Lebenssicherung etc. Auf dem Rücken des Anstrebens dieser Zwecke entsteht gleichzeitig die Kultur: Kultur als der Inbegriff von Mitteln, die Menschen entwickeln, um Zwecke erreichen zu können. So hatte es auch Kant aufgefaßt: Der letzte Zweck der Natur in bezug auf den Menschen ist die Kultur, diese aber nichts als »die Hervorbringung der Tauglichkeit eines vernünftigen Wesens zu beliebigen Zwecken überhaupt« (Kant V, 431). Kultur, so Hegel, als Inbegriff der Mittel, ist als Ganze selbst ein Zweck – ein Gedanke, welcher von A. Gehlen in der Form aufgegriffen wurde, daß die Bedingung jeder Kultur in der menschlichen Fähigkeit besteht, Mittel zu Zwecken zu erheben und in ihnen Befriedigung zu finden.[77] Würden unsere biologisch vorgefundenen Zwecke bei uns wie bei Tieren immer sogleich

unmittelbar durchschlagen, so würde es gar keine Kultur geben. Kultur existiert dadurch, daß Menschen eine Unzahl von Zwecken entwickeln, welche *biologisch* gesehen alle nur *Mittel* zu Zwecken sind, für den Menschen, welcher sich niemals ganz auf seinen biologischen Standpunkt stellen kann,[78] aber wahrhaft Zwecke.
So können wir die Aufführung eines Musikwerkes, das Erzählen eines Mythos auch auf unsere primären, natürlichen Zwecke beziehen – eine bestimmte Gemütsverfassung, eine gewisse Zufriedenheit, ein seelischer Gleichgewichtszustand, sogar eine Einübung in die eigene Stammesgeschichte. Aber das wäre eine ganz unzulängliche Bestimmung für Musik wie Mythos – es würde ihren Reichtum unverständlich machen, man könnte zur Erreichung desselben primären Zweckes ja auch eine Droge einnehmen. Die Herstellung eines Musikwerkes, eine Komposition, ist für den Komponisten ein Zweck, der seinerseits nicht noch einmal vollständig als Mittel zu anderen Zwecken begriffen werden kann. Und dies gilt, so Hegel, auch für alle anderen kulturellen Leistungen, die technischen, die künstlerischen, ja die Philosophie selbst. Nur Unverstand und Ressentiment können Leistungen dieser Art als natürliche Antworten auf natürliche Bedürfnisse auffassen: selbst das Konstatieren der eigenen Endlichkeit ist schon eine Distanznahme von ihr.

Die von der inneren Zweckmäßigkeit der Kultur als Ganzer umgriffenen Mittel zu äußeren Zwecken werden aus der Sicht der Kultur zu Zwecken; die Kultur erscheint in dieser Hinsicht als Totalität, als Organismus. Sie entwickelt sich aus einem Keim zu ihrer vollen Entfaltung, wobei ihr Zweck von Anfang an die Entwicklung leitet. Aber Fortschritt besteht darin, daß in einer allmählichen Ausbildung der Strukturen des menschlichen Zusammenlebens zur inneren und äußeren Anschauung gebracht wird, was in Wahrheit schon ist.

Man kann Hegel als den Höhepunkt des teleologischen Denkens in der Philosophiegeschichte bezeichnen. Die teleologische Struktur seiner gesamten Auffassung der Wirklichkeit ist kein beiläufiges Moment seines Denkens: erkennt doch in dieser Wirklichkeitsauffassung nicht der Philosoph Hegel etwas als wahr, sondern der Geist »kommt zu sich selbst«, erkennt sich in ihr als seine eigene Manifestation, als bewußtes Einholen des ewig schon erreichten Zieles.

Die Logik zeichnete die Entwicklung des Begriffs, zugleich das Begreifen der Wirklichkeit nach; die Geschichte erwies sich als Offenbarwerden des Geistes in verschiedenen, dialektisch einander ablösenden Bewußtseinsgestalten in bezug auf die menschliche Praxis; die Geschichte der Philosophie als eben solche, aus der Eigendynamik des Begriffs hervorgehende dialektische Abfolge von Bewußtseinsgestalten, Darstellungen der Idee in bezug auf das menschliche Erkennen. Niemals sind vergangene Stufen unwichtig oder wertlos: das Resultat der Geschichte der Philosophie »ist nicht eine Galerie von Verirrungen des menschlichen Geistes, sondern vielmehr einem Pantheon von Göttergestalten zu vergleichen« (VIII, 205 f). Die Philosophie, welche nicht die unwesentlichen Bestimmungen von Erscheinungen betrachtet, sondern das Wirkliche in seiner Wahrheit, das Dasein in seinem Begriffe, dankt als Philosophie in ihrer Vollendung ab und wird zur »Wissenschaft der Logik«. Die auf diese Weise begriffene Erscheinung »ist das Entstehen und Vergehen, das nicht selbst entsteht und vergeht, sondern an sich ist und die Wirklichkeit und Bewegung des Lebens der Wahrheit ausmacht«. Das Wahre ist so »der bacchantische Taumel, an dem kein Glied nicht trunken ist« (II, 44 f). Das Charakteristikum einer so begriffenen Wirklichkeit ist ihre Konvertibilität mit dem Vernünftigen.

»Was vernünftig ist, das ist wirklich,
und was wirklich ist, das ist vernünftig.« (VI, 33)

Wir können der Berechtigung von Hegels Anspruch, die Philosophie in Wissenschaft überführt zu haben, hier nicht weiter nachgehen. Historische Tatsache ist, daß mit Hegels Philosophie die Geschichte der Philosophie nicht zu Ende war. Das muß kein Indiz gegen den Anspruch sein: schließlich könnten die nachkommenden Philosophen das Niveau Hegels auch wieder verloren haben. Und diese Bemerkung verweist auf ein seit Platon der Philosophie anhaftendes Problem hin: das Problem des Faktischen. Schon früh wurde Hegel von dem (bedauernswerten) »Herrn Krug«[79] aufgefordert, er möge seine Schreibfeder deduzieren. Hegel antwortete, daß es weit mit der Philosophie gekommen wäre, wenn sie sich mit etwas so Wichtigem wie der Schreibfeder des Herrn Krug beschäftigte.[80] Ähnlich hatte Hegel die Faktizität mit Hohn bedacht, als ein weiterer Planet von Piazzi in Palermo entdeckt wurde, nachdem Hegel zuvor die Siebenzahl der Planeten »apriorisch« in seiner Habilitationsschrift deduziert hatte.[81] Hegel soll geantwortet haben: »Um so schlimmer für die Tatsachen.«[82] Das Faktische, das Kontingente ist das Unwirkliche, Unwahrhafte, Unwesentliche, und es kann überhaupt nur bestehen, insofern es wenigstens den Schimmer des Wesentlichen besitzt (VIII, 424 f). Das rein faktische Moment an den wirklichen Tatsachen wurde als das Unwesentliche angesehen und begriffen. Und das Unwesentliche schlug zurück.

1 Wir zitieren nach der von I. H. Fichte besorgten Ausgabe Fichtes »Sämtlicher Werke« (Berlin 1845/46, repr. Berlin 1971), Bandzahl röm., Seitenzahl arab.

2 »Es tritt bei Fichte völlige Naturverachtung zutage« (Ueberweg Bd. IV, S. 25); Fichte ging »mit geschlossenen Augen an dem Reichthum der äußeren (Welt) vorüber«, R. Haym: Die romantische Schule (Berlin 1870, S. 578), ebenso Kroner oder Hirschberger.

3 Lauth (1967, 1974); dazu auch Schrader (1972).

4 Der Begriff »Bildungstrieb« *(nisus formativus)* stammte vom Biologen J. F. Blumenbach; vgl. dazu Lenoir (1980), Löw (1980, S. 174–179); in diesem Begriff schlägt sich die Dynamisierung des bei Kant noch statischen Zweckbegriffs nieder (vgl. Schrader (1972, S. 44ff).

5 Das Streben ist die *Erscheinung* des Zweckes in der Natur. Die Interpretation einer natürlichen Bewegung als »Streben« geht der Reflexion auf ein *telos* der Bewegung vorauf; das *telos* ist aus dem Streben abstrahiert.

6 Zitiert nach Schrader (1972, S. 37; weitere Stellen dort angeführt, S. 75).

7 Auch hier wird der eigentümliche Charakter der menschlichen Freiheit sichtbar: daß Freiheit nicht in Wahlfreiheit aufgehen kann, sondern daß das *Ergreifen* der Freiheit selbst noch unter Bedingungen steht, zu deren Konsequenzen auch ein freies Sich-Verfehlen gehören kann. Wenn der Mensch sich selbst kausalmechanisch erklärt, so tut er dies aus *freien Stücken*, obwohl er Freiheit damit ausschließt und sich selbst als triebbestimmt annimmt. Zu den Konsequenzen vergleiche das 9. Kapitel.

8 Vgl. dazu Hoppe (1967), Snelders (1972), Esposito (1977), Löw (1977), Lenoir (1980).

9 Darauf hat bes. K. E. Rothschuh mehrfach hingewiesen; Rothschuh (1978, S. 385ff).

10 Vgl. dazu Walter E. Ehrhardt: Nur ein Schelling. In: Studi Urbinati 51 (1977, S. 111–122), Esposito (1977).

11 Schelling konnte Kants Gedanken natürlich nicht kennen, während Kant möglicherweise in die »Weltseele« (1798) Einsicht hatte. Die vielfach sehr nahe verwandten Gedankengänge verweisen aber eher auf innere Dynamik der KU, durch welche sich der Geist gegenüber dem Denken verselbständigte.

12 Es ist kein Widerspruch, daß Schelling mehrfach vom »Verderblichen« (III, 610) oder »Widersinnigen« (VI, 379) der teleologischen Erklärungsart spricht: mit letzterer ist jene Art gemeint, die auch der analytischen Philosophie heute als Zielscheibe dient: Teleologie als »Ziehen des Ziels«, welches dem Prozeß vorhergehe.

13 Eingeschränkt wie bei Kant: daß die Kategorien definitorisch an den Erfahrungsbegriff angeknüpft sind, in Absicht auf welchen sie notwendig gedacht werden müssen. Was dann eigentlich »Erfahrung« heißt und woher der Begriff stammt, kann nicht mehr thematisiert werden.

14 Fichtes Position zur Teleologiefrage, wie im vorhergehenden Abschnitt entwickelt, wird hier nicht eigens noch einmal aufgenommen, da seine Radikalisierung in bezug auf die praktische Philosophie bei Schelling keine Rolle spielt. Dagegen ist der Übergang vom Zweck zum »Streben« ausführlich berücksichtigt.

15 Vgl. Wieland (1967).

16 Damit ist von vorneherein klar, daß Schellings Philosophie weder zu einem einheitlichen System der Transzendentalphilosophie (als Wissenschaftslehre – Fichte) noch zu *einer* Logik im Sinne Hegels kommen kann, da die Aufhebung von Subjektivität und Objektivität weder *im* einen oder anderen gedacht werden kann, sondern nur in einem *beiden* voraufliegenden Absoluten.

17 Die Zitate beziehen sich auf die Ausgabe Stuttgart 1856–1861 von Schellings Werken, besorgt von seinem Sohn K. F. A. Schelling, so wie sie im Münchner Jubiläumsdruck von 1927 (Hg. M. Schröter) bei neuer Textanordnung jeweils in Klammern angegeben wird.

18 Im »Ältesten Systemprogramm des deutschen Idealismus«, 1914 von Rosenzweig als

Abschrift von Hegels Hand erkannt; man schreibt es heute allgemein Schelling zu und nicht Hölderlin; abgedruckt in: Sitz. Ber. der Heidelberger Akademie der Wissenschaften, Phil. Hist. Klasse (Heidelberg 1917), vgl. dazu L. Strauss: Hölderlins Anteil an Schellings frühem Systemprogramm. In: Dt. Vierteljahresschrift f. Lit. wiss. und Geistesgesch. 5 (1927, S. 679–733, 743–747).

19 Die Unterscheidung wird von Schelling in V 107f getroffen und erläutert. Von ihr her erscheinen die ursprünglich *natur*-philosophischen Schriften als überwiegend spekulativ-physikalisch. Schelling war zeit seines Denkens ohne Skrupel gegenüber Widersprüchen und Unstimmigkeiten in seinen Entwürfen: auch die Philosophie war im *Werden*.

20 Wieland (1967, S. 435).

21 Schellings dynamische Atomistik, wie entwickelt in III 289ff, ist höchstmodern; eine gründliche, auch naturwissenschaftlich versierte Bearbeitung dieses Komplexes darf als großes Desiderat gelten.

22 Alle Wirklichkeit ist logisch bereits strukturierte Wirklichkeit. *Logogenese* (H. Krings) heißt dann nicht, sich irgend etwas auszudenken über Entstehungsbedingungen, sondern ein Wirkliches in der Genese seiner Struktur begreiflich machen. Damit ist aber nie eine *historische* Genese der Erscheinung gemeint. Um darüber sprechen zu können, müssen erst die naturphilosophisch implizierten Probleme gelöst sein. Eine »Erklärung« unserer historischen Evolutionstheorie in bezug auf die Entstehung des Lebens aus »Materie und Spielregel« (M. Eigen) wäre für Schelling absurd, da sie einen Zusammenhang zwischen den philosophisch unerörterten, naiv gebrauchten Begriffen »Leben«, »Materie«, »Spielregel« stiften wollen, welcher aber in äußerstem Maße von deren Klärung abhängen muß. Vgl. das 9. Kapitel. Zu einer *Onto*genese der Natur kann die Naturphilosophie schon deswegen nicht kommen, weil ihr Ausgangspunkt die Identität ist: aus Identität kann aber nichts Ontogenetisches, sondern nur Logisches gefolgert werden.

23 Der Beweis wird von Schelling ausführlich in II, 34ff geführt.

24 Die Termini *un*organisch, anorganisch, anorgisch, aorgisch werden univok verwendet; es geht nur um den Begriff zum *jetzt* Organischen, und sie alle drücken ja aus, was die Negation ist, und daß dies das logische Posterius gegenüber dem Organischen ist.

25 Von der leichten Abweichung vom geraden Fall der Atome bei Epikur, dem universalen Pneuma der Stoa, bis zur gegenteiligen Leugnung des Lebens bei Tieren (Descartes).

26 Bei der umgekehrten Fragerichtung setzen wir willkürlich an den Anfang etwa Materie und Spielregeln, und Geist, Freiheit, Sittlichkeit sind dann das Unbegreifliche – und also als »Schein« entlarvt. Vgl. das 9. Kapitel.

27 Irritabilität als Vermögen, gereizt zu werden *ohne* seelische Vorstellung, Sensibilität ideo mit Sinneswahrnehmung (also mit seelischem Bild), Reproduktionskraft als Vermögen, Seinesgleichen herzustellen. Die Begriffe führen von Glisson und Haller her (vgl. Rothschuh (1968, S. 135 et passim), Löw (1980, S. 95ff)), wurden von J. Brown zu einer allgemeinen Pathologie ausgebaut, von Kielmeyer zu einem System der organischen Kräfte (vgl. D. Kuhn: Uhrwerk oder Organismus? K. F. Kielmeyers System der organischen Kräfte. In: Nova Acta Leopoldina, N. F. 36 (1970, S. 157–168); R. Löw (1977, S. 91–112)).

28 Schelling faßt Zweckmäßigkeit als Ausdruck für die Gleichzeitigkeit von Ursache und Wirkung. Ohne dies hier weiter auszuführen, sei darauf hingewiesen, daß Schelling damit nur eine formale Bestimmung gibt, die über materiale Verhältnisse nichts aussagt.

29 Nämlich die aus der Selbsterfahrung gewonnenen Begriffe der Ursache und des Zwecks.

30 »Daher das Widersinnige und für alle wahre Betrachtung Zerstörende der sogenannten teleologischen Erklärungsarten« (VI, 379), wann immer der Zweck als dem Objekt vorhergehend, aber an sich, gedacht wird. Der Begriff des Ganzen muß in Wahrheit in dem der Teile enthalten sein, und zwar *identisch* (VI, 378). Die Zweckmäßigkeit im Organismus ist nicht wie im Werkzeug zufällig, sondern eine »ganz blinde, nothwendige« (l.c.).

31 II, 92: Schelling zitiert in der Anmerkung Lichtenberg zur Nichthintergehbarkeit der Bildersprache in der exakten Naturforschung.

32 Hegel wird, wie üblich, nach der Stuttgarter Jubiläumsausgabe (ed. H. Glockner, 1951 – zitiert, Bandzahl römisch, Seitenzahl lateinisch (Orthographie nach der Suhrkamp Ausgabe, Frankfurt 1970).

33 Hegel war mit Schelling und Hölderlin zusammen Schüler des Tübinger Stifts gewesen, und nicht zuletzt auf Schellings Betreiben wurde Hegel 1801 an die Universität Jena berufen. Vgl. dazu K. Fischer: Hegels Leben und Lehre. (Heidelberg [2]1911, repr. Darmstadt 1963, S. 58–74).

34 Vgl. IV, 147f.

35 Wahrheit steht bei Hegel immer im Gegensatz zur Richtigkeit, welche nur bedeutet, daß ich weiß, daß etwas *ist*. Wahrheit dagegen besteht darin, »daß die Objektivität mit dem Begriff identisch ist ... wenn z. B. von einem *wahren* Staat oder einem *wahren* Kunstwerk die Rede ist. Diese Gegenstände sind *wahr*, wenn sie das sind, was sie sein *sollen*, d. h. wenn ihre Realität ihrem Begriff entspricht« (VIII, 424).

36 Kant, und zwar der Kant der KrV, ist auch der Autor, auf den sich Hegel zuallermeist direkt bezieht (Fichte und Schelling werden meist ohne Nennung kritisiert). Vgl. dazu J. Görland: Die Kantkritik des jungen Hegel (Frankfurt/M. 1966).

37 So jedenfalls die Gegenüberstellung in KrV B 72 und KU § 77; es deutet aber auf eine Abwehr Kants von diesem Gedanken bereits KU § 71, wo die Auflösung der Antinomie (der teleologischen Urteilskraft) *nicht* auf den *intellectus archetypus* rekurriert. Vgl. dazu Löw (1980, S. 204ff).

38 Jedenfalls nehmen Menschen das an. Es ist nicht selbstverständlich, wir erinnern den Witz mit dem Angler im Gespräch mit einem Kollegen: »Was ist das heute für ein herrlicher Tag für Fische!« – »Aber das kannst Du gar nicht wissen! Du bist doch kein Fisch!« – »Woher willst Du wissen, daß ich es nicht weiß? Du bist doch nicht ich!« – Vielleicht weiß die Katze mehr als sie sagt, so wie Kant die Anekdote erzählt, die amerikanischen Gorillas könnten wohl sprechen, sie täten es aber nicht, um nicht arbeiten zu müssen (IX, 337) ...

39 Auch Hegel zitiert diese Mephistopheles-Verse aus dem Faust (1940–41, 1938–39) in der Enzyklopädie, allerdings im Zusammenhang mit den Empiristen (VIII, 120). Das »geistige Band« ist nicht etwa nur eine hübsche Metapher, sondern ein naturwissenschaftlicher Fachterminus: vgl. dazu Löw (1981).

40 Diese Kritik trifft wahrscheinlich Kant nicht, denn er sagt nichts gegen ein ursprüngliches Gegebensein der Phänomene. Seine Transzendentalphilosophie erörtert, unter welchen logogenetischen Bedingungen dieses Gegebenseins erstens eine *einheitliche* Natur und zweitens eine mathematische Wissenschaft von ihr denkbar ist.

41 So gibt Hegel als Beispiel für ein mechanisches Verhältnis das Auswendiglernen an, »insofern die Worte ohne Sinn für uns sind, dem Sinne, Vorstellen, Denken äußerlich bleiben und sich selbst ebenso äußerlich, eine sinnlose Aufeinanderfolge sind« (VIII, 406); zum Chemismus (V, 201), Geschlechtsverhältnis, Liebe etc.

42 Vgl. Anm. 40; Kant meint mit dem allgemeinen Sittengesetz nichts mehr und nichts weniger als die *Erfahrung* des Sollens; das ist kein ausformulierter Kodex sittlicher Gebote. Zu dieser Auseinandersetzung von Kant und Hegel vgl. insbesondere: J. Ritter: Moralität und Sittlichkeit. In: Metaphysik und Politik (Frankfurt 1969, S. 281–309).

43 Das war insonderheit die Position des naiven Empirismus.

44 D. h. die Selbsttätigkeit wird ganz dem Subjekt zugeschlagen, bei Descartes dem *cogito*, bei Kant der transzendentalen Apperzeption. Beide sind aber *auch* Vorkommnisse in der äußeren Welt und führen zu den bekannten Schwierigkeiten des Dualismus.

45 Es bedeutet systemtheoretisch: ein System übersetzt Außenkomplexität in Innenkomplexität (N. Luhmann). Das Haus draußen ist zugleich etwas für mich und ist nur insofern zu mir etwas anderes als ich, als ich mich zu ihm in ein bestimmtes Verhältnis gesetzt habe; in Hegels Worten: das andere meiner selbst ist für mich selbst. Nur unter dieser Voraussetzung gibt es überhaupt Differenzen, Identisches und Nicht-Identisches.

46 Druck und Stoß bei Descartes, bei Kant die Äußerungen der Attraktionskraft (Gravitation) und Repulsionskraft (hierunter Druck und Stoß, hervorgerufen durch Impenetrabilität).

47 Extremes Gegenbeispiel ist die menschliche Rede: hier wird nicht äußerlich eingewirkt, sondern man übersetzt das Gehörte in seinen eigenen Horizont des Verstehens. Dies gilt in Stufen der Analogie überhaupt für das Verhältnis des Lebendigen zueinander – auch wenn es rein mechanische Einwirkungen gibt: wenn ich einen Kaktus zum Fenster hinauswerfe, dann fällt er hinunter wie jedes andere mechanische Objekt.

48 Dieser Gedanke führt auf den göttlichen Rechner von Laplace, der aus einem bekannten Weltgesamtzustand alle früheren und künftigen errechnen kann. Aber auch dieser Rechner tritt der Welt als *Subjekt* gegenüber und ist nicht ein Vorkommnis in ihr, das sich selbst auch als Teil der Welt berechnen könnte.

49 Logik: »Die Objektivität«, Enzyklopädie §§ 194–212 (VIII, S. 403–423).

50 Die Entwicklung des Begriffs beginnt bei seiner (von uns abstrahierten!) abstraktesten Bestimmung, dem Sein (von welchem »nicht viel Aufhebens zu machen ist«) (V, 333), wobei der entwickelte Begriff selber »das schlechthin Konkrete« (VIII, 361) ist. Konkretisieren heißt damit, die im abstrakten Begriff als dem Keime noch unentwickelten Bestimmungen im Bewußtsein ausdrücklich setzen und den Prozeß des Begriffs dadurch bis zur absoluten Idee unterhalten.

51 Vgl. Anm. 41.

52 Wir verkürzen hier den Gedankengang gemäß der Enzyklopädie; in der großen Logik entwickelt Hegel den Begriff des Mechanismus über das mechanische Objekt und den mechanischen Prozeß zum absoluten Mechanismus, ähnlich dem Chemismus. Dies ist für unsere Darstellung der Teleologie bei Hegel unerheblich.

53 Es ist eine Form des Skeptizismus, der ja nicht nur zweifelt: »vielmehr ist derselbe seiner Sache, d. h. der Nichtigkeit alles Endlichen, schlechthin gewiß« (VIII, 194).

54 Vgl. in der Begriffslogik »das negative Urteil« (V, 82 ff).

55 Vgl. D. v. Engelhardt: Hegel und die Chemie (Wiesbaden 1976, S. 31–78); Löw (1977, S. 79–90, 259–299).

56 In bezug auf die Acidität, Löslichkeit, die Flüchtigkeit o. ä.

57 Wenn e.g. 2-wertiges Zinn in 0-wertiges und 4-wertiges disproportioniert, so betrachten wir die Elektronenabgabe für den einen Teil, die Elektronenaufnahme für den anderen als günstiger unter dem Aspekt des insgesamt besseren (niedrigeren) Energieniveaus.

58 Nach der heute herrschenden Theorie erlischt nichts, sondern es stellt sich ein dynamisches Gleichgewicht zwischen Hin- und Rückreaktion ein (gemäß des Massenwirkungsgesetzes). Ist dies ein Einwand gegen Hegels These? Keineswegs, wenn man das neu sich einstellende Gleichgewicht als Stillstand im Vergleich zu einem anderen Gleichgewicht ansieht, und der *Prozeß* zwischen den beiden Stillständen stattfand. Daß dann noch ein Oszillieren um diese Marke stattfindet, ist nur ein weiteres Indiz dafür, daß die Natur in ihrer Schlamperei »den Begriff nicht in seiner Reinheit festzuhalten vermag« (wie bei der Individuation der Arten).

59 Eine genaue Verfolgung der Begriffslogik durch die Einzelheiten ihrer Stufen (vgl. Anm. 53), welche den Rahmen unserer Aufgabe sprengte, wäre gleichwohl ein Desiderat.

60 »Setzen«, das heißt: das im Keim bereits Befindliche ausdrücklich ins Bewußtsein als Bestimmtheit treten zu lassen. Setzen gehört daher in die Sphäre des Wesens, der Reflexion: es ist die bewußte Einholung der Voraus-Setzung.

61 Abstrakt, denn wir haben willkürlich diese oder jene Verstandesbestimmung: gleichgültig, äußerlich, unmittelbar, selbständig usf. herangezogen.

62 Wahrheit ist die Identität der Identität und Nichtidentität; vgl. zu diesem Gedanken F. Kaulbach: Einführung in die Metaphysik. (Darmstadt 1979, S. 19–29); wenn wir sagen A ≡ B, dann sind die beiden zwar als identisch gesetzt, dabei aber gleichwohl nichtidentisch, *sonst hätten wir sie gar nicht in A und B unterscheiden können.*

63 Vgl. Logik (IV, 165–74); Enzyklopädie § 94, (VIII, 222 ff.).

64 Insofern, als der Zweck selbst die Wahrheit des Objekts und die Beteiligung des Subjekts *konstitutiv* für das vorausgesetzte Objekt ist.

65 Mit dem Begriff des Erfahrens sind wir auch schon über die Idee des Lebens hinaus: ein *Erfahren* des eigenen Lebens denkt zugleich mit das *Erkennen* der Erfahrung als Erfahrung – und das *Erkennen* ist somit die zweite, höhere Stufe der Idee.

66 Vgl. die Einleitung und das 9. Kapitel.

67 Vgl. Logik »Die Idee« (V, 236–243).

68 Eine Theorie, nach welcher die gegenwärtige Wirklichkeit des Bewußtseins Resultat zufälliger oder mechanischer Prozesse wäre, würde sich selbst zu einer bloß zufälligen Theorie erklären und ihren Wahrheitsanspruch aufgeben müssen.

69 »Zugleich ist es die Freiheit in ihr selbst, welche die unendliche Notwendigkeit in sich schließt, eben sich zum Bewußtsein – denn sie ist, ihrem Begriff nach, Wissen von sich –, und damit zur Wirklichkeit zu bringen: sie ist sich der Zweck, den sie ausführt, und der einzige Zweck des Geistes« (XI, 47).

70 »Die, welche demjenigen, was der Fortschritt der Idee des Geistes notwendig machte, in sittlicher Bestimmung und damit edler Gesinnung widerstanden haben, stehen in moralischem Werte höher als diejenigen, deren Verbrechen in einer höheren Ordnung zu Mitteln verkehrt worden sind, den Willen dieser Ordnung ins Werk zu setzen.« (Geschichtsphilosophie, XI, 105).

71 Die bei Politikern so beliebte Redeweise von der »Übernahme der Verantwortung vor der Geschichte« erweist sich aus dieser Perspektive als hohle Phrase: die Geschichte als ganze hat niemand zu verantworten, und die Verantwortung in bezug auf einzelne Handlungen wird niemals von der Geschichte, sondern nur von Menschen eingefordert.

72 Vgl. Enzyklopädie, S. 209 Zusatz (VIII, 420).

73 Das gilt, wie wir noch ausführlicher im 9. Kapitel erörtern, besonders für jede Evolutionstheorie. In der Darwinischen Form kann prinzipiell nicht von einer »Höherentwicklung« gesprochen werden: Komplexitätszuwachs findet ja gerade auch bei Wucherungen statt. Sollte aber die Überlebensfähigkeit den Maßstab des Höheren abgeben, so ist zu fragen, ob dann nicht die Einzeller oder Erdsporen und Viren das Höchsterrungene sind. Man kann dies bejahen: aber eben auch wieder als willkürlicher Mensch, nicht als absolute Instanz. Selbst bei der Überlebensfähigkeit einer Species ist zu fragen, woher wir das Recht nehmen, *unseren* Zeitbegriff (in seiner Rückbindung an *unsere* Lebensdauer) als Maßstab der Beurteilung heranzuziehen. Unser Zeitbegriff ist ja weder objektiv noch voraussetzungsfrei.

74 Dies ist der Standpunkt des Zynismus, der in dieser reinen und reflektierten Form selten ist und auch in der Wirklichkeit auf Dauer nicht bestehen kann.

75 »Philosophische Ideologie« ist hier so zu verstehen, daß in den verschiedenen historischen Philosophemen etwas anderes als die Wahrheit ausgegeben wurde als sie [in Hegels Sinn] wirklich ist. Daraus ist kein Vorwurf zu konstruieren, im Gegenteil: es ist *eine* Philosophie, die sich vom Aufkeimen des Begriffs bis Hegel hinzieht, und die Geschichte der Philosophie ist selbst die geistesgeschichtliche Nachzeichnung der Entwicklung des Begriffs.

76 »Dem Mechanismus (ist) ausdrücklich das Recht und die Bedeutung einer allgemeinen logischen Kategorie zu vindizieren und derselbe demgemäß keineswegs bloß auf jenes Naturgebiet zu beschränken, von welchem die Benennung dieser Kategorie entnommen ist. ... Auch im Gebiet der geistigen Welt hat der Mechanismus seine, jedoch gleichfalls nur untergeordnete Stelle. Man spricht mit Recht vom mechanischen Gedächtnis ..., (wobei) die mechanische Weise des Verhaltens sogar zum Wesen derselben (gehört); ein Umstand, der nicht selten, zum großen Schaden der Jugendbildung, in mißverstandenem Eifer für die Freiheit der Intelligenz von der neueren Pädagogik übersehen worden ist« (VIII, 408).

77 Vgl. A. Gehlen: Urmensch und Spätkultur (Bonn 1956).

78 Wir können uns nicht auf einen »biozentrischen Standpunkt« stellen, denn »sich auf einen Standpunkt stellen« ist schon wieder ein anthropozentrischer Vorgang, bei welchem der Mensch zwar von etwas absieht, aber eben als ein »Absehender«; vgl. dazu das 9. Kapitel.

79 Wilhelm Traugott *Krug* (1770–1842, Nachfolger Kants in Königsberg!!) wurde im Kritischen Journal der Philosophie 1 (1802) von Hegel ironisch vorgeführt (»Wie der gemeine Menschenverstand die Philosophie nehme – dargestellt an den Werken des Herrn Krug« I, 191–212). Das Problem der Faktizität kann aber genauso ironisch von der Gegenseite geltend gemacht werden; vgl. O. Marquard: Freiheit und Zeit. In: Prinzip Freiheit (H. M. Baumgartner ed., Freiburg/München 1979, S. 322–341, darin: »wie hält es die Transzendentale ›Freiheitslehre‹ ... mit der Endlichkeit?«, S. 327; »... auf die Frage ›wie ist transzendentale Freiheit menschenmöglich‹ (ist) die vielleicht entscheidendste Antwort diese: nicht ohne die Faktizität der Herkunftsgeschichte. Transzendentalität braucht Faktizität als Apriori aller Aprioris«, S. 339). Vgl. dazu auch das 9. Kapitel.

80 Genauer, daß Krug nicht das Geringste am Anliegen des transzendentalen Idealismus begriffen habe (I, 203). Aber uns scheint, als habe er doch auf ein Problem aufmerksam gemacht, das von Hegel ebenso als unwichtig beiseite gelegt wird wie von Plato die Frage nach der Idee des Schmutzes (Parmenides 130c).

81 Bei Piazzi's Entdeckung des Ceres (1801) handelt es sich um einen großen Planetoiden.

82 Vgl. K. Rosenkranz: G. W. F. Hegels Leben (Berlin 1844, repr. Darmstadt 1963, S. 150–159). (So übrigens auch schon Don Quijotte: »die Tatsachen sind die Feinde der Wahrheit«). Allerdings sind die Darstellungen dieser Anekdote meist polemisch gegen Hegel gefärbt.

VII. Die Radikalisierung und Zerstörung der Erhaltungsteleologie im 19. Jahrhundert

Obwohl in Hegels Philosophie das teleologische Denken des Abendlandes eine Kulmination erreicht, kommt es mit seinem Tod 1831 fast abrupt für ein Jahrhundert zu Ende. Die Gründe sind vielfältig;[1] der Expansion und Institutionalisierung der Naturwissenschaften, ihrem dezidierten Pragmatismus[2] und Ateleologismus bei gleichzeitig enormen technischen und ökonomischen Erfolgen vermochte die nachhegelianische Philosophie nicht mehr ein spekulatives Gegengewicht zu halten. Sie konnte diese Wissenschaft nicht mehr integrieren. Insbesondere deshalb nicht, weil sie – aus Gründen, die hier nicht zu erörtern sind – die Dimension des »Absoluten« selbst preisgegeben hatte. Sie behandelte daher das Teleologieproblem nur noch auf dem Niveau der auf Selbsterhaltung reduzierten Teleologie, die wir im 4. Kapitel als »bürgerliche Ontologie« charakterisiert haben und die bei Spinoza die Form angenommen hatte, daß das Subjekt sich gerade dann absolut erhält, wenn es sich als Subjektivität aufgibt und als Akzidens der einen, universalen Substanz, *deus sive natura*, begreift. Diese Selbsterhaltungs-Ontologie läßt, wie Schopenhauer und Nietzsche entdecken, den Wert der Selbsterhaltung selbst fraglich werden: Wozu ist sie gut? Die klassische Antwort haben wir kennengelernt. Den beiden Antworten von Schopenhauer und Nietzsche gilt dieses Kapitel.

1. Arthur Schopenhauer (1788–1859)

Über seine eigene Weise des Philosophierens hat Arthur Schopenhauer einmal Abälard zitiert: »*si omnes patres sic, at ego non sic*« – »Wenn auch alle Kirchenväter so sagen, ich aber sage nicht so« (III, 409).[3] Platon und Kant nannte er seine beiden philosophischen Genien; für den Deutschen Idealismus hatte er nur Hohn und Verachtung übrig. Schelling, schrieb er, deduziere all das a priori, was er vorher a posteriori gefunden habe (III, 320), und auf ihn sind wohl auch die Worte gemünzt, daß er bereit sei,

»nötigenfalls sogar den Teufel und seine Großmutter a priori zu deduzieren, ja, wenn es sein muß, intellektual anzuschauen« (III, 326). Der eigentliche Feind ist Hegel: »ein platter, geistloser, ekelhaft-widerlicher Scharlatan, der mit beispielloser Frechheit Aberwitz und Unsinn zusammenschmierte« (IV, 121), »absoluten Unsinn (davon ¾ bar und ¼ in aberwitzigen Einfällen)« (III, 326) – Hegel, der «freche Unsinnsschmierer« (III, 312). Wie konnte Schopenhauer so schimpfen, ohne sich doch näher kritisch mit Hegels Philosophie zu beschäftigen? Vermutlich liegt viel am Charakter Schopenhauers, »seinem bizarren Doktrinarismus und cholerischen Verfolgungswahn, seiner theoretischen Lebensweisheit und praktischen Weltfremdheit, ... seiner tragischen Genieeinsamkeit und komischen Hagestolzenversponnenheit« (Egon Friedell[4]). Er legte als junger Philosophiedozent seine Vorlesungen genau auf die Zeit der berühmten Hegelschen Collegia und hat diesem dann nie verziehen, daß er daher keine Hörer fand.

Doch wollen wir nicht in den Fehler verfallen, eine Philosophie aus dem Charakter des zugehörigen Philosophen zu »erklären«: ein zweifellos herrschendes Wechselverhältnis wird immer vom *Wahrheits*anspruch der Philosophie transzendiert. Die Grundgedanken Schopenhauers ziehen sich durch jedes seiner Werke; wir entwickeln sie hier anhand seines Hauptwerkes »Die Welt als Wille und Vorstellung« (Leipzig 1815)[5] und anhand der für die Teleologie besonders wichtigen Schrift »Der Wille in der Natur« (Frankfurt 1836).

Die Welt als Vorstellung ist im Sinne Kants die Welt als Erscheinung. Der Zerfall der Welt in Objekt und Subjekt, welchem sie als Objekt erscheint, ist die wesentliche Grundform der Welt als Vorstellung; beide, Objekt wie Subjekt, sind in jeder Erscheinung dem »Satz vom Grund«,[6] dem Kausalitätsprinzip unterworfen (I, 71). Kant hatte den Begriff eines Dinges an sich eingeführt, um der »Ungereimtheit« zu entgehen, daß es eine Erscheinung gebe, aber kein Etwas, das erscheint; gleichzeitig hatte er aber unsere theoretische Erkenntnis auf die Welt der Erscheinung beschränkt und jede Aussage über das Ding an sich – außer *daß* es erscheint – abgewehrt. Schopenhauer dagegen, der sich als einzigen authentischen Kant-Interpreten und -Kritiker seiner Zeit versteht, identifiziert in einer bemerkenswerten Wende gegen Kant das Ding an sich als den Willen: Das »*Ding an sich* ist allein der *Wille*. Er ist das Innerste, der Kern jedes Einzelnen und ebenso des Ganzen: er erscheint in jeder blindwirkenden Naturkraft: er auch erscheint im überlegten Handeln des Menschen« (I, 170). Zeit und Raum sind die *principia individuationis* des Willens.[7] Alle Gestalten der Welt als Vorstellung sind nichts als Erscheinungen, »Objektivationen« des einen Willens; die sog. »freien« Handlungen sind der

Kausalität streng unterworfen; die Person ist nie frei (I, 407), denn ihre Willkür ist nicht Wille an sich, sondern *Erscheinung* des einen Willens (der allein frei ist). Und dieser Wille als *hypokeimenon* aller Erscheinung ist zwar frei, sich als ein bestimmter menschlicher Charakter zu objektivieren oder nicht; aber wenn ein Mensch mit diesem gegebenem Charakter da ist, dann folgt bei gegebenem Motiv seine Handlung mit naturgesetzlicher Naturnotwendigkeit (I, 396).

Da *ein* Wille aller Welt der Erscheinung zugrundeliegt, beansprucht Schopenhauer, mit seiner Willensmetaphysik einen integrierenden Ansatz für die sonst immer einander entgegengesetzte Welt des Anorganischen und des Organischen aufgefunden zu haben (III, 301).

> »Spinoza sagt (›Epistulae‹ 62), daß der durch einen Stoß in die Luft fliegende Stein, wenn er Bewußtsein hätte, meinen würde, aus seinem eigenen Willen zu fliegen. Ich setze nur noch hinzu, daß der Stein recht hätte« (I, 191). Genauso frei sind Menschen auch: bei ihm wie in der Natur setzen sich die mächtigsten Motive durch[8] (III, 242); es ist gar nicht nötig, daß man sie als Motive *erkennt*. Erkennen ist nur selbst eine besondere Form zur Erweiterung der Bandbreite von Motiven, auf welche wir »anspringen« können, die das Reiz-Reaktionsschema auslösen. »Kurzum, der *Determinismus* steht fest. ... Infolge seiner aber wird die Welt zu einem Spiel mit Puppen, an Drähten (Motiven) gezogen; ohne daß auch nur abzusehen wäre, zu wessen Belustigung: hat das Stück einen Plan, so ist ein *Fatum*, hat es keinen, so ist die blinde Notwendigkeit der Direktor« (II, 415).

Der eine Wille objektiviert sich auf den verschiedensten Stufen (die Schopenhauer als platonische Ideen identifiziert, I, 195), von den Steinen und Sternen bis zum Intellekt des Menschen, in den einfachsten Naturkräften der Schwere oder der Elektrizität über die chemischen Qualitäten bis zur Willkür. Kraft als Kraft, die Erscheinung als Erscheinung ist grundlos, d. h. allein durch den Willen an sich bedingt; wenn sie aber erscheint, dann ist sie in der zeitlichen Sukzession dem Satz vom Grund unterworfen.

> Zur Bestätigung zieht Schopenhauer Beweise und Hinweise aus allen Wissenschaften heran; aus Botanik und Zoologie alle Erscheinungen des Strebens genauso wie aus der Chemie[9], der Sinologie[10], dem animalischen Magnetismus[11], Linguistik[12], Physik[13], oder der physischen Astronomie: ihre wahre Natur äußert die Gravitationskraft im Weltraum, »wo die Weltkörper miteinander spielen, Zuneigung verraten, gleichsam liebäugeln, aber es nicht bis zur plumpen Berührung treiben,

sondern, die gehörige Distanz bewahrend, ihren Menuett mit Anstand forttanzen, zur Harmonie der Sphären« (III, 403).

Der Intellekt, die Erkenntnis ist zwar die oberste Manifestation des Willens, gleichwohl aber ein *posterius* von Materie und Organismus. Der Intellekt ist eine Funktion eines Teils des Leibes, das objektivierte Erkennenwollen, »indem der Wille zu seinen Zwecken der Erkenntnis bedarf« (III, 340). Daher lassen sich Anschauen und Denken immer mehr (bis zur Vollständigkeit) aus dem Organismus und der Materie erklären, nicht aber das Wollen, »sondern umgekehrt: aus diesem der Organismus« (l.c.). Der Intellekt ist in seinen verschiedenen Stufungen eine Waffe und ein Mittel zur Erhaltung des Individuums und der Art, mit welchem sich der Wille in jeder Tiergestalt ausgerüstet hat (III, 370).

Die Begründung dieser zentralen Rolle des Willens für seine Metaphysik nimmt Schopenhauer aus der Selbsterfahrung. Daß wir *wollen*, ist das Primärphänomen unserer Selbsterfahrung, der Kern unseres innersten Wesens; der ungerichtete Wille in uns bringt die ganze Welt als Vorstellung hervor, gemäß unserer kategorialen Ausstattung individuiert in Raum und Zeit und der Kausalität unterworfen. Der eigentlich metaphysische Gedanke ist die Einsicht, daß der Grund dafür, daß etwas einem Subjekt als Objekt erscheinen kann, selbst in einem Willen liegt, für welchen das Subjekt eine primäre Manifestation ist (mit all seiner kategorialen Ausstattung, seinem Intellekt). Die Welt der Objektivität ist einerseits eine Folge *dieser* Primär-Manifestation, andererseits selbst ein Ausfluß von Primär-Manifestation auf anderen Stufen und in anderen Gestaltungen. Der Wille selbst ist überzeitlich und überräumlich, nicht dem Satz vom Grund unterworfen: er begründet alles Erscheinende. Alles Erscheinende trägt als vom Willen Begründetes das Hauptsignum einer *Strebens*struktur nach Selbsterhaltung.[14] Sie ist das Etwas, nach welchem aller Wille als Erscheinung letztlich strebt. Willkür als die höchste Form solchen erscheinenden Willens »heißt der Wille da, wo ihn Erkenntnis beleuchtet und daher Motive, also Vorstellungen die ihn bewegenden Ursachen sind« (III, 341): aber auch in dieser höchsten Form kann nur Motiv werden, was mittelbar oder unmittelbar der Selbst- oder Arterhaltung dient. Alles andere ist Illusion.[15] Der Wille an sich aber hat kein solches Etwas, nach welchem er strebt: er ist an sich *grundloses, endloses* Streben (I, 240), und diese Einsicht ist die Einsicht in die Absurdität der Welt.

Vor der Betrachtung der praktischen Konsequenzen können wir nun die erkenntnistheoretische Basis des teleologischen Denkens bei Schopenhauer zusammenfassen.

Der Wille an sich objektiviert sich in Zeit und Raum als Materie; alle seine Erscheinungen, vom Stein bis zum Menschen, sind durch Kausalität vollständig determiniert auf das *telos* der Selbsterhaltung. Für dieses Streben sind alle Gestaltungen optimal eingerichtet: der Wille hat alles so geordnet, daß die Natur als von universalem teleologischem Zusammenhang erscheint: »Alle Teile in der Natur kommen sich entgegen, weil *ein* Wille es ist, der in ihnen erscheint« (I, 235). An einem einzelnen Organismus »*muß* alles zweckmäßig sein« (II, 426), so daß jeder nicht aufzufindende Zweck eines Vorgangs oder einer Einrichtung nur ein *noch* nicht aufgefundener ist.[16] Zwischen den Zwecken eines Organismus »und den Mitteln zur Erreichung derselben, die seine Organisation ihm darbietet, (muß) die allergenaueste Übereinstimmung sein« (III, 355). »Da kann nichts Unnützes, nichts Überflüssiges, nichts Fehlendes, nichts Zweckwidriges, nichts Bedürftiges oder in seiner Art Unvollkommenes an ihm gefunden werden. ... Daher ist jeder Organismus ein überschwenglich vollendetes Meisterstück« (III, 377).

Die Welt als Vorstellung, als Erscheinung des Willens ist bis ins kleinste Detail teleologisch strukturiert. Mit Hegel gesprochen: Schopenhauer erklärt auch die Begriffe des Lebens und des Erkennens, also alle über das Teleologische hinausfahrenden Entwicklungen des Begriffs als *vollständig* durch die Stufe des Teleologischen, und zwar der Teleologie der Selbsterhaltung bestimmt. Hegel würde sagen: Schopenhauer hält die Stufe des Teleologischen als abstrakte Verstandesbestimmung fest und wird dabei etwa den »mechanischen« oder »chemischen« Handlungen des Menschen (deren Wahrheit das Teleologische ja ist) gerecht. Aber er führt auch das Leben selbst, sowie theoretisches wie praktisches Erkennen auf den Willen zur Erhaltung zurück, und vollendet so das, was wir als »bürgerliche Ontologie« bezeichneten. Wird er damit auch den Phänomenen gerecht? Schopenhauers charakteristischer Gedanke, welcher diese Frage gar nicht erst problematisch werden läßt, steht noch aus: Zwar ist alles in der Welt aufs Schönste teleologisch auf die Selbsterhaltung aller Stufen der Erscheinungen des Willens, vom Stein bis zum Menschen ausgerichtet. Diese Selbsterhaltung, dieses *telos* aber ist *in sich schlecht, es anzustreben absurd.*

Teleologie stand bis dahin immer in einem Universalzusammenhang, in welchem das Erreichen des Zieles zugleich gedacht wurde als Erreichen von Sinn. Selbst bei Spinoza wird in der Teleologie der Selbsterhaltung diese als der sinnvolle, höchste Punkt in der Einsicht in die Struktur der Wirklichkeit erreicht. Durch die Selbstidentifikation mit dem Ganzen wird die Selbsterhaltung absolut gesichert, und das ist gut. Für Schopenhauer aber gibt es keinen vernünftigen Grund, warum sich ein bestimmtes endliches Wesen erhalten sollte. Der Wille zur Erhaltung ist grundlos, er ist als unmittelbare Manifestation des Willens an sich nicht dem Satz vom Grunde unterworfen. Und obwohl er grundlos ist, sind seine Konsequenzen doch schlecht: *Leben ist Leiden.*

> Zu der theoretischen Grunderfahrung des Menschen als eines selbst Strebenden, eines vom Willen Beherrschten, gesellt sich die praktische Grunderfahrung, daß der Wille niemals Befriedigung findet. Alles Glück ist Befriedigung eines Mangels, aber nur in dem Sinne, daß Schmerz und Bedürfnis für einen Moment erlöschen, um sogleich einem neuen Mangel Platz zu machen. Fehlt es dem Willen an einem Objekt, so stellt sich sogleich Langeweile ein als neuer Mangel (I, 428). »Das Leben schwingt also gleich einem Pendel hin und her zwischen dem Schmerz und der Langeweile« (l.c.), »das Leben (ist) nur ein fortdauerndes gehemmtes Streben, ein immer aufgeschobener Tod« (I, 427). Jeder Optimismus gegenüber dem Leben erscheint daher »nicht bloß als eine absurde, sondern auch als eine wahrhaft *ruchlose* Denkungsart, als ein bitterer Hohn über die namenlosen Leiden der Menschheit« (I, 447).

Wenn man einsieht, daß auf der einen Seite die Struktur der Welt der Wille ist, das Resultat des blind wollenden Willens aber nur Schmerz und Leid, so stellt sich dem Menschen die Alternative: Bejahung eines Leidens zwischen Zeugung und Tod ohne Ende (I, 452) oder Verneinung dieses Willens und Entsagung, seine Triebe zu befriedigen, an allererster Stelle den Geschlechtstrieb. Die Einsicht in die Natur dieser Alternative vernichtet die Alternative. Der »Schleier der Maja« ist so weit gelüftet, daß die Einsicht in die Absurdität der Bejahung des Willens den Willen selbst aufhebt. Der Sehende macht die Leiden alles Lebenden zu seinen eigenen und wendet sich dann von seinem Leben ab,[17] wodurch alle Leiden selbst nichtig werden:[18]

> »Es liegt an eines Menschen Schmerz, an eines Menschen Wunde nichts
> ...
> Einförmig stellt Natur sich her, doch tausendförmig ist ihr Tod,
> Es fragt die Welt nach meinem Ziel, nach deiner letzten Stunde nichts
> ...
> Es hoffe Jeder, daß die Zeit ihm gebe, was sie keinem gab,
> Denn Jeder sucht ein All zu sein, und Jeder ist im Grunde nichts,«

dichtete der Schopenhauer stimmungsmäßig sehr nahestehende August Graf von Platen.[19]

Den Zustand der Auslöschung beschreibt Schopenhauer in der Sprache der Mystik als »Ekstase, Entrückung, Erleuchtung, Vereinigung mit Gott«

(I, 557). Man kann ihn nicht durch Vorsatz erzwingen; für den Weg der Einübung ist als abendländisches Analogon der fernöstlichen Disziplin der Meditation besonders die Musik hilfreich.[20] Das äußerste *bonum*, das erreicht werden kann, ist die Aufhebung des Leidens. Dieses äußerste Gute[21] ist kein *summum bonum* im Sinne einer endgültigen, finalen Befriedigung des Willens – ein solches *summum bonum* ist für Schopenhauer Selbstwiderspruch, *contradictio in adiecto* (I, 493) –, sondern es ist der Zustand, bei welchem die Rechnung zwischen Lust und Unlust auf Null gebracht ist:

»Nur die Erkenntnis ist geblieben, der Wille ist verschwunden. Wir bekennen es vielmehr frei: was nach gänzlicher Aufhebung des Willens übrigbleibt, ist für alle die, welche noch des Willens voll sind, allerdings nichts. Aber auch umgekehrt ist denen, in welchen der Wille gewendet und verneint hat, diese unsere so sehr reale Welt mit allen ihren Sonnen und Milchstraßen – nichts« (I, 558).

Schopenhauer denkt die absolute teleologische Strukturiertheit des Wirklichen. Aber die invertierte Selbsterhaltungsteleologie ist das Absurde schlechthin. Sinn liegt nur in ihrer Überwindung. Sein und Sinn, deren Einheit den Gottes-Begriff definieren, treten aus- und gegeneinander. Der Wille tritt an die Stelle Gottes, aber er ist ein böser Gott. Und was vom Christentum zu lernen ist, ist nicht seine Lehre vom liebenden Vatergott, sondern seine Lehre von der Erlösung als Aufhebung des Willens. Man kann diese Aufhebung nicht »wollen«, durch Vorsatz erzwingen: sie »kommt daher plötzlich und wie von außen angeflogen« (I, 549), als *Gnadenwirkung*. »Wirklich ist die Lehre von der Erbsünde (Bejahung des Willens) und von der Erlösung (Verneinung des Willens) die große Wahrheit, welche den Kern des Christentums ausmacht« (I, 550). Jesus Christus ist daher aufzufassen als Symbol oder die Personifizierung der Verneinung des Willens zum Leben – für das Volk (l.c.) – Rückübersetzung des Christentums in Buddhismus!

Für Friedrich Nietzsche war Schopenhauer ein unvergleichlicher »Erzieher«. Es ist jedoch für den Rang Nietzsches als Philosoph kennzeichnend, daß er den Zusammenhang der Lebensverneinung Schopenhauers mit der neuzeitlichen Form der Selbsterhaltungsteleologie klar erkannt hat.

2. Friedrich Nietzsche (1844–1900)

Mit Friedrich Nietzsche beschließen wir die Reihe der ausdrücklich philosophischen Positionen zum Problem des teleologischen Denkens im Gang der Geschichte der Philosophie. Nietzsche bringt, so Martin Heidegger,[22] die abendländische Metaphysik konsequent zu ihrem Ende, und zwar zu ihrem schlechten Ende.[23] Das trifft auch für die Teleologie in einer gewissen Weise zu, denn in einem Rückgriff auf vorsokratische Gedanken[24] formuliert Nietzsche eine vollkommene Entleerung der Welt von Sinn, Zweck und Ziel. In gleichzeitiger Aufnahme der Willensmetaphysik Schopenhauers wird dieser radikale Antiteleologismus paradox: das Ende aller Teleologie ist Anfang einer neuen, ateleologischen Teleologie.

Nietzsche betont gegen die Selbsterhaltungsteleologie, die »bürgerliche Ontologie«, wieder das Moment der Transzendenz, des Überschusses von *eu zen*, des guten und edlen Lebens, über das bloße Leben der Selbsterhaltung. Grundcharakteristikum alles Seienden[25] ist sein Wille zur Macht, sein Wille zur Steigerung. Dieser Wille ist ohne Sinn und Ziel.

Wir nehmen Nietzsches Position zunächst anhand seiner Spinoza- und Schopenhauer-Kritik und der gleichzeitigen Attacken auf den Antiteleologismus der Naturwissenschaften im 19. Jahrhundert auf, entwickeln danach die Pointe von Nietzsches Teleologiekonzept – ateleologische Teleologie[26] – und wenden unseren Blick schließlich noch einmal zurück auf Hegel.

a) Nietzsches Kritik an der Teleologie der Selbsterhaltung

Die neuzeitliche Abkehr von einer Teleologie der Selbstverwirklichung zugunsten einer Teleologie der Selbsterhaltung hatte ihren konsequenten Ausdruck bei Spinoza gefunden (s. o.). Nietzsche warnt vor seiner versteckt teleologischen Position: »Vorsicht vor *überflüssigen* teleologischen Prinzipien! – wie ein solches der Selbsterhaltungstrieb ist (man dankt ihn der Inkonsequenz Spinozas –)« (II, 578)[27]. Die Selbsterhaltung als einen Zweck zu bezeichnen ist schon Interpretation: den Dingen selbst kommt er nicht zu. Erhaltung ist nur eine *Konsequenz* davon, daß »etwas Lebendiges seine Kraft auslassen will« (III, 504).

> Dieser Gedanke findet sich bei Nietzsche ganz früh (1868) in seinem Dissertationskonzept: »Die Teleologie seit Kant«.[28] Seine Kritik an Kant leugnet den Zweck-Begriff als zwingendes, regulatives Prinzip anläßlich gewisser Naturerscheinungen. »Ordnung und Unordnung giebt

es nicht in der Natur«[29]. »Das Zweckmässige ist entstanden als ein Spezialfall des Möglichen ... unter (zahllosen mechanischen Zusammensetzungen) können auch lebensfähige sein«[30]. »Der Zufall kann die schönste Melodie finden«[31]. Alle Einheiten, Ganzheiten, alles Zweckmäßige und Organische wird erst in seinem Begriffe *von uns* erzeugt, so daß Kants Definition »Die Vorstellung des Ganzen als Ursache gedacht ist der Zweck« von Nietzsche kommentiert wird mit »Das ›Ganze‹ ist aber selbst nur eine Vorstellung«[32].

Schopenhauer hatte wie Spinoza den Willen zum Leben, den Willen zur Selbsterhaltung als Grundstruktur alles Seienden bestimmt, als Grundmanifestation des Willens an sich. Nietzsche kritisiert diese Bestimmung: Zwar weist der Gedanke der Rückführung der Welt der Erscheinung auf den Willen in die richtige Richtung (»Das innerste Wesen des Seins ist der Wille« III, 778), aber Trieb und Begierde sind nicht das Wesentliche am Willen (III, 516). Der »Wille an sich« ist »bloß ein leeres Wort, aus welchem der Inhalt heraussubtrahiert wurde« (III, 750). In Wahrheit hat der Wille einen Inhalt: alles Lebendige will sich steigern, will seine Kraft auslassen (III, 504); aller Wille ist in Wahrheit *Wille zur Macht*. Die entscheidende Einsicht Schopenhauers liegt daher an einer ganz anderen Stelle: er hat als erster die furchtbare Frage gestellt: »Hat denn das Dasein überhaupt einen Sinn?« (II, 228).

Seine Antwort – Erlösung vom Leiden durch Verneinung des Willens – gilt Nietzsche, der damit freilich Schopenhauers Deutung des Christentums kritiklos übernimmt, »ein Stehen- und Steckenbleiben in ... den christlich asketischen Moral-Perspektiven« (l.c.). Und schlimmer: die Verneinung des Willens hat selbst noch Eudaimonie, *gutes* (d. h. bestmögliches, Lust = Unlust = Null) Leben als *Ziel* (III, 447). Die Verneinung des Willens ist selbst noch Wille, ein Wille, der mit dem »Pathos des Umsonst« (III, 549) zum Wahnwitz des Willens zur Macht wird (III, 587). Der Widerwille gegen das Leben bleibt *Wille*. Und: »lieber will noch der Mensch *das Nichts* wollen als *nicht* wollen« (II, 900). Schopenhauer kämpfte mit dem 18. Jahrhundert, trat dabei aber unfreiwillig ins 17. Jahrhundert zurück. Er ist »ein moderner Pascal, mit Pascalschen Werturteilen ohne Christentum« (III, 633). Und daher: »man muß Schopenhauer *zuerst verneinen* ...« (II, 1011).

Die furchtbare Frage nach einem Sinn der Welt wird von Nietzsche wie von Schopenhauer verneint. Nietzsche will aber diesen Nihilismus als Durchgangsstadium zu einer neuen Zukunft sehen, und dies Neue soll durch eine Kritik derer erfolgen, die zuerst Sinn und Zweck aus der Welt entfernt haben: die also zwar an der Schwelle zur Wahrheit standen, aber den entscheidenden Schritt nicht vollzogen. Ihr Antiteleologismus blieb in Wahrheit auf der Stufe der Teleologie stehen. Eine wahre Negation der Negation muß zu einer neuen Ebene vordringen, von der aus beide Seiten als Abstraktionen zu erkennen sind: »Zur Bekämpfung des Determinismus *und* der Teleologie« (III, 540; Hervorhebung von uns).

b) Nietzsches Kritik an der herkömmlichen Teleologiekritik

Der Antiteleologismus Nietzsches ist in seinen frühen Schriften an eine streng mechanistische Weltsicht geknüpft. Ein Gedicht des 18jährigen Schülers nimmt die Metapher von der Weltenuhr auf:

> »Des Weltalls ewge Räder
> Rollen im kreisenden Lauf
> Des Erdballs rostge Feder
> Zieht stets sich von selber auf.«[33]

Und obwohl Nietzsche an der Erkenntnis der blinden Notwendigkeit allen Geschehens festhält, obwohl sie in der Theorie der »Ewigen Wiederkehr des Gleichen« eine entscheidende Stelle in seiner Sicht der Welt einnimmt, ist sie doch in der Weise, wie sie von der Naturwissenschaft vorgetragen wird, für ihn absolut unzulänglich. In dieser Weise ist sie selbst nur Ausdruck einer beschränkten Form des Willens zur Macht.

> »Es dämmert jetzt vielleicht in fünf, sechs Köpfen, daß Physik auch nur eine Weltauslegung und -zurechtlegung ... und *nicht* eine Welt-Erklärung ist ... Sie hat Augen und Finger für sich, sie hat den Augenschein und die Handgreiflichkeit für sich: das wirkt auf ein Zeitalter mit plebejischem Grundgeschmack bezaubernd, überredend, *überzeugend*« (II, 579).

Es gibt für Nietzsche keine »Tatbestände«, keine »Fakten an sich«: »ein Sinn muß immer erst hineingelegt werden, damit es einen Tatbestand geben kann« (III, 487).[34] Gerade diese versteckten Interpretationen kennzeichnen die Grundbegriffe einer mechanistischen Physik:

> »*Druck* und *Stoß* etwas unsäglich Spätes, Abgeleitetes, Unursprüngliches. Es setzt ja schon etwas voraus, das *zusammenhält* und drücken und stoßen *kann*! Aber woher hielte es zusammen?« (III, 496).

Wenn der Physiker von Ursache und Wirkung und einer »notwendigen«

Aufeinanderfolge der beiden spricht, bedient er sich einer genauso falschen Metaphysik wie die Teleologie. Er überträgt den Grundirrtum seiner Selbsterfahrung auf alle anderen Ereignisse der Welt.

Dieser »Grundirrtum« ist für uns von höchstem Interesse. Denn auch Nietzsche leitet die Weltkonstitution des Subjekts von dessen Selbsterfahrung ab (III, 475 ff.). Diese aber steht, wenn sie im Gedanken fixiert wird, in der Dimension eines ontologischen Irrtums, weil das Gedachte und denkend Festgemachte ja etwas anderes als die gemeinte Sache ist. Jede Übertragung von Etwas auf Etwas ist unzulässig. Alle Logik und alle aus ihr stammende Naturwissenschaft (die für Nietzsche nichts als in Raum und Zeit übertragene Logik ist) ruht auf der Voraussetzung, daß es *identische Fälle* gibt (III, 476): das aber ist »eine grundsätzliche Fälschung allen Geschehens« (l.c.), »der Irrtum als Voraussetzung selbst des Denkens. Bevor ›gedacht‹ wird, muß schon ›gedichtet‹ worden sein; das *Zurechtbilden* zu identischen Fällen, zur *Scheinbarkeit* des gleichen ist ursprünglicher als das *Erkennen* des *gleichen*« (III, 477).
Dementsprechend dürfen weder Ursache und Wirkung noch Absicht als Ursache eines Geschehens und das Geschehen selber voneinander getrennt werden (III, 502). Von einer Ursache haben wir keinen objektiven Begriff, sondern entnehmen ihn der Selbsterfahrung, die aber ihrerseits nur subjektive Zutat ist. Der Begriff Ursache stammt »aus der subjektiven Überzeugung, daß *wir* Ursache sind, nämlich, daß der Arm sich bewegt ... *Aber das ist ein Irrtum.* Wir unterscheiden uns, die Täter, vom Tun, und von diesem Schema machen wir überall Gebrauch« (III, 769). Alle Ursachen sind Projektionen dieses Grundirrtums. »Es gibt weder Ursachen noch Wirkungen ... ein Geschehen ist weder bewirkt noch bewirkend. *Causa* ist ein *Vermögen zu wirken*, hinzu erfunden zum Geschehen ...« (III, 768).
Dann bleibt für die »wahre Welt« nur Einwirkung im Sinne einer Überwältigung eines Willens durch einen anderen übrig, im Anorganischen, Organischen wie im Geistigen. Auch alles mechanische Geschehen ist Einwirkung von Wille auf Wille: Die angeblichen Naturgesetze sind »absolute Feststellung von Machtverhältnissen« (III, 457): »man muß alle Bewegungen, alle ›Erscheinungen‹, alle ›Gesetze‹ nur als *Symptome* eines innerlichen Geschehens fassen und sich der Analogie des Menschen zu diesem Ende bedienen« (III, 455). Wir *müssen* dies zwar, aber es ist gleichzeitig der Boden allen Irrtums. Durch den Willen zur Wahrheit isolieren wir interpretierend bestimmte Geschehnisse voneinander, machen sie fest und bezeichnen sie mit physikalischen oder

teleologischen Begriffen. Damit verfälschen wir jedoch unentwegt die »wahre Wirklichkeit«[35]: in dieser gibt es nur Weltgesamtkonstellationen in einem rauschenden Fluß, und dieser kann nicht einmal mehr als *bewegter* angesehen werden, weil »Bewegung« selbst noch Interpretation ist: Mechanik ist eine bloße »Semiotik der Folgen« (III, 776), eine »Übersetzung in die Sinnensprache des Menschen« (III, 777), nichts Reales. Es bleibt letztlich gar keine Welt übrig.

Trotz dieser grundsätzlichen Kritik an der versteckten Metaphysik in aller Physik ist sie doch solange *redlich*, als sie nur zu beschreiben, also nicht zu erklären beansprucht; – selbst dann, wenn die Beschreibung nichts über wahre Verhältnisse, sondern nur über Bemächtigungstendenzen des Physikers etwas aussagt. Dagegen glaubte der zeitgenössische, eben erst entstandene Darwinismus, die teleologischen Phänomene aus mechanistischen Verhältnissen *erklärt* zu haben. Von Nietzsche aus gesehen ist die Weltauslegung dieser »Darwinisten und Antiteleologen unter den physiologischen Arbeitern, mit ihrem Prinzip der ›kleinstmöglichen Kraft‹ und der größtmöglichen Dummheit« (III, 578) allerdings noch falscher und übler als die der Physiker.

Nietzsches Polemik wird verständlich erst durch eine (von ihm selbst *nie* ausdrückliche bedachte) Zusatzannahme in seiner Willensmetaphysik: daß das Höhere und Edlere eines Willens zur Macht immer an einen einzelnen gebunden ist, daß die größere Macht einer Menge dagegen Ausdruck von Feigheit und Schwäche ist.[36] Der Darwinismus erscheint Nietzsche geradezu als Ausdruck von »englischer Übervölkerungs-Stickluft, wie Kleiner-Leute-Geruch von Not und Enge« (II, 215).

Nietzsches Argumentation gegen den Darwinismus bestreitet den Kampf ums Dasein als die Regel: er ist *Ausnahme*; in Wirklichkeit geht es beim Kampf um »Wachstum und Ausbreitung, um Macht« (II, 215), und alles Dasein ist eine sekundäre Folgeerscheinung der Mächtigen. Dementsprechend erklärt auch der Nutzen eines Organs für die Erhaltung des Individuums nicht seine Entstehung. Der Begriff des Nutzens für die Erhaltung hat zudem konkurrierende Gesichtspunkte:

»Z. B. was der *Dauer* des Individuums nützt, könnte seiner Stärke und Pracht ungünstig sein; was das Individuum erhält, könnte es zugleich festhalten und stillstellen in der Entwicklung. Andererseits kann ein *Mangel*, eine *Entartung* vom höchsten Nutzen sein, insofern sie als Stimulans anderer Organe wirkt ...

Der Einfluß der ›äußeren Umstände‹ ist bei Darwin ins Unsinnige *überschätzt*: das Wesentliche am Lebensprozeß ist gerade die ungeheure gestaltende, von innen her formenschaffende Gewalt, welche die ›äußeren Umstände‹ *ausnützt, ausbeutet* –« (III, 889).

Abgesehen aber von dieser Kritik vor dem Hintergrund seiner Willensmetaphysik sieht Nietzsche die entscheidende Schwäche der Biologie in deren Bezug auf ihr physikalisches Fundament:

»Jedermann kennt diese Prozeduren (der Mechanisten): man läßt die ›Vernunft‹ und die ›Zwecke‹, so gut es gehen will, aus dem Spiele, man zeigt, daß, bei gehöriger Zeitdauer, alles aus allem werden kann, man verbirgt ein schadenfrohes Schmunzeln nicht, wenn wieder einmal die ›anscheinende Absichtlichkeit im Schicksale‹ einer Pflanze oder eines Eidotters auf Druck und Stoß zurückgeführt ist ... Aber man kann Druck und Stoß selber nicht ›erklären‹, man wird die *actio in distans* nicht los« (III, 455).

Und darum hat die »Krämerphilosophie des Herrn Spencer« (II, 593) ein Loch, »welches über kurz oder lang zu ihrem letzten Loche werden könne: ich meine zu jenem, auf dem man pfeift, wenn man in höchsten Nöten ist« (III, 455).

c) Übermensch und Ewige Wiederkehr des Gleichen – Nietzsches ateleologische Teleologie

Nietzsches Kritik an Teleologie wie Determinismus bringt seine eigenen Aussagen über die ›wahre‹ Beschaffenheit der Welt in innere Widersprüche – ganz einfach, weil er sich ja in ihnen selbst der Sünde des Isolierens, Feststellens, des Redens ... über schuldig macht. Bevor wir dies in einem letzten Abschnitt eigens thematisieren, wollen wir uns seiner Weltsicht zuwenden, wie er sie als ›wahre‹ der Teleologie und dem Determinismus entgegenstellt.

Die Welt hat weder einen Zweck oder ein Ziel – hätte sie dergleichen, dann müßte sie es längst erreicht haben (III, 458, 853) – noch ist sie eine Maschine, ein Organismus (II, 115; III, 682). Die ›wahre‹ Welt ist ein chaotischer Fluß des Werdens ohne Stillstand, ohne daß ein Ereignis vom anderen isolierbar wäre: »man darf nichts Seiendes überhaupt zulassen« (III, 684). Auch von Lebewesen, lebendigen Einheiten, menschlichen Subjekten zu sprechen, ist Irrtum[37]: es gibt weder ein Ich noch den dazugehörigen freien Willen (III, 536). Alles, was erscheint, sind Ausdrucksformen des Willens zur Macht. Aber qua Erscheinungen sind sie schon falsch, weil sie vortäuschen, sie wären selbst etwas. Leben ist Wille zur Macht (III, 480), ein freies Steigernwollen *ohne Ende* (III, 541): der Wille will nur sich selbst. In der Evolution der Willensgestalten ist die Stufe des Menschen selbst einer solchen Steigerung unterworfen:

> »A. Macht über die Natur gewinnen und *dazu* eine gewisse Macht über sich. (Die Moral war nötig, *um* den Menschen durchzusetzen im Kampf mit Natur und ›wildem Tier‹).
> B. *Ist* die Macht über die Natur errungen, so kann man diese Macht benutzen, um *sich selbst* frei weiterzubilden: Wille zur Macht als Selbsterhöhung und Verstärkung« (III, 858).

Die Stufe des Menschen ist selbst nur eine unter anderen: das Schöpferische ist noch nicht zu Ende. Ziel einer weiteren Evolution in Nietzsches Sinn ist jedoch nicht die Verbesserung der Erhaltungsfähigkeit, die »unverwüstliche Mittelmäßigkeit«, der »bestangepaßte Erdfloh«, sondern Ziel ist der Übermensch.

Der Mensch, wie er jetzt lebt, ist ein Seil, eine Brücke zwischen Tier und Übermensch (II, 281 et passim). Der Mensch ist das »noch nicht festgestellte Tier« (II, 623), das »in höchst gefährlicher Weise den gesunden Tierverstand verloren hat« (II, 152). Zarathustras Lehre in Nietzsches bekanntestem Werk[38] dreht sich im Wesentlichen um den Übermenschen.

Der Übermensch als Ziel der Evolution: ist das nicht Kennzeichen einer teleologischen Struktur der Wirklichkeit? Ja, zweifellos. Aber der Übermensch ist das Wesen, das ohne teleologische und ohne mechanische Vorstellungen, *ohne Weltinterpretation überhaupt* zu leben imstande ist. Der rezente Mensch braucht Teleologie wie Physik, um handelnd in die Wirklichkeit eingreifen zu können. Er braucht Interpretationen der Welt, Rechtfertigungen vor sich und anderen, welche er in seiner Wirklichkeit bereits vorfindet. Der Übermensch ist das Wesen, das in vollem Bewußtsein der Tatsache, daß es all das nicht gibt, dennoch leben kann, weil er seine, ihn verpflichtenden Werte *selbst* erst *schafft*. Das Neinsagen zu Werten ist noch kein Kennzeichen des Übermenschen.

> »Frei nennst du dich? Deinen herrschenden Gedanken will ich hören und nicht, daß du einem Joch entronnen bist. ...
> Frei wovon? Was schiert das Zarathustra? Hell aber soll mir dein Auge künden: frei *wozu*?
> Kannst du Dir selbst dein Böses und dein Gutes geben und deinen

> Willen über dich aufhängen wie ein Gesetz? Kannst du dir selber Richter sein und Rächer deines Gesetzes?
> Furchtbar ist das Alleinsein mit dem Richter und Rächer des eigenen Gesetzes. Also wird ein Stern hinausgeworfen in den öden Raum und in den eisigen Atem des Alleinseins« (II, 326).

Der Übermensch schafft und setzt seine eigenen Werte, und trotz des Wissens, daß sie »nur« seine eigenen sind, tragen sie ihm die Verbindlichkeit eines Gesetzes. Wert bedeutet dabei den Gesichtspunkt der Steigerungsbedingungen: »Wert ist wesentlich der Gesichtspunkt für das Zunehmen oder Abnehmen (von) herrschaftlichen Zentren« (III, 685). Doch verdeutlichen wir den formalen Gesichtspunkt der Selbstverpflichtung.

> Der Übermensch ist ein Wesen, das sich selbst verpflichtet. Wir Menschen halten unser Wort, weil wir glauben, daß dies gut und richtig ist, abgesehen davon, daß gerade wir es tun. Es ist unabhängig von uns ein Wert, und es ist auch gut, daß der Mensch dies so empfindet.
> Der Übermensch hält sich an seine Werte, obwohl es diese Formen von Verbindlichkeit nicht gibt, obwohl es also nicht einmal gut ist, *daß* er sich an sie hält.

Der Übermensch würde damit die Funktion Gottes erfüllen, auch sich selbst gegenüber. Die Idee Gottes wird daher ja auch von Nietzsche als die größte Idee der Menschheit bisher herausgestellt (II, 620 f.).[39] Ihre Größe besteht darin, daß in ihr der Mensch gelehrt wird, den Menschen nicht um des Menschen, sondern um Gottes willen zu lieben. Der Mensch, wie er sich tatsächlich vorfindet, kann nicht Gegenstand einer absoluten Bejahung sein; man muß ihn lieben um etwas willen, das größer ist als er selbst. Nun ist Gott tot[40]; es muß für ihn ein Äquivalent geschaffen werden: die Idee des Übermenschen. Die Sehnsucht nach dem Übermenschen erlaubt es dem Menschen, sich Menschen liebend zuzuwenden: als Pfad zu den »Herren der Erde« (III, 432). Gott ist tot:

> »daß niemand mehr verantwortlich gemacht wird, daß die Art des Seins nicht auf eine *causa prima* zurückgeführt werden darf, daß die Welt weder als Sensorium noch als ›Geist‹ eine Einheit ist, *dies ist erst die große Befreiung* – damit ist erst die *Unschuld* des Werdens[41] wieder hergestellt.
> ... Wir leugnen Gott, wir leugnen die Verantwortlichkeit in Gott: *damit* erst erlösen wir die Welt« (II, 978).

In der Welt des Gott-Ersatzes »Übermensch« ergibt sich allerdings die Schwierigkeit, daß der Übermensch die Wirklichkeit unter sich als Substrat seiner Steigerung, seines Kraft-Auslassens behandeln soll, dabei gleichzeitig aber ihr Produkt ist, Resultat eines kontingenten Willens-Erscheinungsprozesses. Der Herr der Erde als zufällige Konstellation von Klümpchen aus ihr?

Nietzsches Antwort ist die Theorie der Ewigen Wiederkehr des Gleichen. Nicht zuletzt unter dem Eindruck des Gesetzes von der Erhaltung der Energie (Julius R. Mayer[42]) wird in diesem Gedanken die Selbsterhaltungstheorie noch einmal in einem gigantischen Maßstab reproduziert. Anstelle Gottes als eines sich selbst als unbedingtes »Um ... willen« begreifenden und wollenden Wesens tritt ein Universalprozeß von Ereignissen, die sich in riesigen, epochalen Abständen[43] wiederholen.

Alles kehrt, bei der Annahme von endlicher Materie/Energie und unendlicher Zeit, notwendig immer wieder – »ewig rollt das Rad des Seins« (II, 463). Zarathustra ist der Lehrer der ewigen Wiederkunft:

> »daß alle Dinge ewig wiederkehren und wir selber mit, daß wir schon ewige Male dagewesen sind und alle Dinge mit uns.
> Du lehrst, daß es ein großes Jahr des Werdens gibt, ein Ungeheuer von großem Jahre: das muß sich einer Sanduhr gleich, immer wieder von neuem umdrehn, damit es von neuem ablaufe und auslaufe: – so daß alle Jahre sich selber gleich sind, im Größten und auch im Kleinsten, so daß wir selber in jedem großen Jahre uns selber gleich sind, im Größten und auch im Kleinsten ...
> [Wenn Zarathustra stürbe, so würde er sprechen:]
> ›Nun sterbe und schwinde ich, und im Nu bin ich ein Nichts. Die Seelen sind so sterblich wie die Leiber. Aber der Knoten der Ursachen kehrt wieder, in den ich verschlungen bin – der wird mich wieder schaffen! Ich selber gehöre zu den Ursachen der ewigen Wiederkunft.« (II, 466)
> »›War *das* – das Leben?‹ will ich zum Tode sprechen. ›Wohlan! Noch einmal!‹« (II, 552).

Aus dem Gedanken der Ewigen Wiederkehr, von Nietzsche auch »Gipfel der Betrachtung ..., extremste Annäherung einer Welt des Werdens an die des Seins« (III, 895)[44] bezeichnet, ergibt sich nunmehr auch eine neue Moral. An die Stelle von Kants Kategorischem Imperativ tritt bei Nietzsche der Imperativ: Handle so, daß du wollen kannst, unendlich oft wieder genau so zu handeln.

> In dieser Verallgemeinerungsforderung ist Nietzsche genauso radikal wie Kant. Es gibt keine Handlungen im Geheimen, von welchen wir für eine allgemeine Gesetzgebungsmaxime einmal absehen wollen. Bei Kant zielt die Maxime der allgemeinen Gesetzgebung auf ein »Jetzt«

und »Für alle jetzt lebenden Menschen«, bei Nietzsche dagegen auf ein »Nur für Dich«, aber dafür »Immer wieder«. Es ist quasi eine Intersubjektivität eines einzigen in der Zeit unendlich oft vervielfältigten Ich.

Der Übermensch kann nicht nur mit dem Gedanken der Ewigen Wiederkehr leben, sondern soll aus ihr sogar den »Sinn des Lebens« schöpfen: der Übermensch ist Überwinder des Nihilismus.[45] In Wirklichkeit mündet der gegen Spinoza erneuerte Gedanke eines Überschusses über die Erhaltung doch in eine Vorstellung eines toten Universums, dessen einziges *telos* darin besteht, sich unendlich oft zu reproduzieren.

»Welt – ist von Erz:
Ein glühend Stier –, der hört kein Schrein.
Mit fliegenden Dolchen schreibt der Schmerz
Mir ins Gebein:
  Welt hat kein Herz,
Und Dummheit wärs, ihr gram drum sein.« (II, 269)

d) Hegel in Nietzsche

Der Übermensch ist Mitglied »einer neuen, ungeheuren, auf der härtesten Selbstgesetzgebung aufgebauten Aristokratie, in der dem Willen philosophischer Gewaltmenschen und Künstler-Tyrannen Dauer über Jahrtausende gegeben wird« (III, 505). Er ist allein beherrscht von Selbstgesetzgebung und Selbstübermächtigung, er läßt seinen Schaffensdrang, seine Kraft grausam und rücksichtslos aus. Aber woran? Wie sehen die Gesetze aus, die er sich gibt? Was schöpft der Schöpferische? Die Steigerung, das Schöpfen ist nicht qua Steigern und Schöpfen gut; schließlich wurde ja auch das Ressentiment schöpferisch (II, 782), sind auch Herrscher entartet: »die besten Dinge sind *verlästert* worden, weil die Schwachen oder die unmäßigen Schweine ein schlechtes Licht darauf warfen« (III, 426).

»Als Nero und Caracalla oben saßen, entstand die Paradoxie ›der niedrigste Mensch‹ ist *mehr wert* als der da oben« (III, 427).

In der Umwertung der Werte hat sich der Übermensch von allen Moral-Vorurteilen befreit: in der Ausführung dessen, was der Übermensch nun aber tut, ist Nietzsche zurückhaltend. Allein sein So-sein soll alle seine Taten veredeln[46]: wie dumm das ist, was er tut, ist gleichgültig: »Die Vornehmheit der Seele ist nicht am wenigsten an der prachtvollen und stolzen Dummheit zu erkennen, mit der sie *angreift*« (III, 505). Aber je genauer wir fragen, in bezug worauf der Übermensch eigentlich seine Kraft auslassen soll, desto deutlicher wird, daß, wann und wie und wem gegenüber immer er es täte, er sich auf eine Minderung seiner selbst einließe. Er kann tun, was er will, es ist ohnedies gleichgültig. Der höchste Wille zur Macht ist: dem Werden den Charakter des Seins aufzuprägen: aber das gelingt auch dem Übermenschen nicht, der selbst rettungslos zum Werden gehört. Die Einsicht in die Aussichtslosigkeit des Unterfangens löst den Reflex des Kraftauslassens in eine beliebige Richtung aus – unschuldig, ob daraus etwas folgt oder nicht. Mit dieser Konsequenz stellt sich die ganze Lehre vom Übermenschen in Frage. Nietzsche deutet es selbst an in bezug auf Absolutheit in einem anderen Bereich:

> »*Eine Fabel.* – Der Don Juan der Erkenntnis: er ist noch von keinem Philosophen und Dichter entdeckt worden. Ihm fehlt die Liebe zu den Dingen, welche er erkennt, aber er hat Geist, Kitzel und Genuß an Jagd und Intrigen der Erkenntnis – bis an die höchsten und fernsten Sterne der Erkenntnis hinauf! – bis ihm zuletzt nichts mehr zu erjagen übrig bleibt als das absolut *Wehetuende* der Erkenntnis, gleich dem Trinker, der am Ende Absinth und Scheidewasser trinkt. So gelüstet es ihn am Ende vielleicht nach der Hölle – es ist die letzte Erkenntnis, die ihn verführt. Vielleicht daß auch sie ihn enttäuscht, wie alles Erkannte. Und dann müßte er in alle Ewigkeit stehen bleiben, an die Enttäuschung festgenagelt und selber zum steinernen Gast geworden, mit einem Verlangen nach einer Abendmahlzeit der Erkenntnis, die ihm nie mehr zuteil wird! – denn die ganze Welt der Dinge hat diesem Hungrigen keinen Bissen mehr zu reichen« (I, 1198).

Selbst der Edelste, der Größte, der Übermensch kann das Ziel nicht erreichen: die »Unschuld« des Werdens widersteht jedem Versuch des Überwältigens zum Sein. Hegel dagegen hatte gelehrt, daß selbst der Geringste, wenn er seine Pflicht tut, abseits der Weltgeschichte das maximale Ziel erreicht. Wie kann bei einer solchen Entgegensetzung von einem »Hegel in Nietzsche« die Rede sein?

»Wir Deutsche sind Hegelianer, auch wenn es nie einen Hegel gegeben hätte« (II, 226). Nietzsches häufig polemische Kritik an Moral, Werten, Erkenntnis, Wahrheit usf. hat immer den Charakter einer zweifachen Negation. Neben dem direkten Angriff wird gleichsam auf einem Nebenkriegsschauplatz die *bisherige* Kritik am selben Phänomen, wie sie etwa Naturwissenschaft, Atheismus etc. vortrugen, als Unverständnis, Ressentiment, Dummheit entlarvt. Denn die Werte oder Erkenntnisse oder Wahrheit, gegen welche er sich richtet, haben zumindest die Dignität,

Ausdrucksformen des Willens zur Macht zu sein. Wenn sie als *Phänomene* geleugnet werden ohne eine edlere Perspektive aufzuzeigen, so ist die Leugnung verächtlicher als die Position selbst.

So ist zu verstehen, daß der spätere Nietzsche einerseits eine vernichtende Kritik an Wagner übt[47], andererseits duldet er keine andere Kritik an ihm als seine eigene:
»Wenn ich in *dieser* Schrift Wagner den Krieg mache ..., so möchte ich am allerwenigsten irgendwelchen *andern* Musikern damit ein Fest machen. *Andre* Musiker kommen gegen Wagner nicht in Betracht« (II, 932).
Genauso steht den heftigsten Ausfällen gegen die Religion im »Antichristen« (II, 1161–1235) die Nachlaßbemerkung »Christus am Kreuze ist das erhabenste Symbol – immer noch –.« (III, 499) gegenüber. Und schließlich sei noch einmal an Nietzsches Anti-Antiteleologie gegen die Darwinisten erinnert, bei gleichzeitig fundamentaler Kritik an aller Teleologie.

Die ›wahre‹ Sicht der Dinge muß die Position wie die Negation als Irrtümer entlarven. Position wie Negation sind beide Ausflüsse des Willens zur Macht – das ist ihr Wahres –, mit ihrer Feststellung wird jedoch ihr Moment des Sich-Steigerns geleugnet. Position wie Negation drücken eine Perspektive aus, welche der Steigerung des Individuums dienlich sein soll; qua Perspektive wird die Steigerungsmöglichkeit aber schon gehemmt.

So waren weder die Perspektive des Teleologischen noch die des Determinismus ›wahr‹, so ist die Entgegensetzung lebendig–tot falsch (I, 115), so falsch wie die moralisch-unmoralisch (III, 527), wahre Welt – scheinbare Welt (III, 538), Zufall – Zweckmäßigkeit[48]. Jede Form der Manifestation des Willens zur Macht ist als festgestellte auch schon falsch. Auch dies deutet auf das Manko des Übermenschen: daß der Wille zur Macht nur dort *rein* ist, wo er sich gar nicht mehr ausläßt.

Das Paradox in bezug auf den Gegensatz von Wahrheit wird von Nietzsche mehrfach auf die Spitze getrieben:

»›Wahrheit‹ das bezeichnet innerhalb meiner Denkweise nicht notwendig einen Gegensatz zum Irrtum, sondern in den grundsätzlichen Fällen nur eine Stellung verschiedener Irrtümer zueinander« (III, 915).
»Wahrheit ist die Art von Irrtum, ohne welche eine bestimmte Art von lebendigen Wesen nicht leben könnte. Der Wert für das *Leben* entscheidet zuletzt« (III, 844).

Gleichzeitig ist »Wahrheit« ein Wort für den »Willen zur Macht« (III, 541): das kann nur bedeuten, daß alle Manifestationen des Willens zur Macht in der Tat schon die Dimension des Irrtums notwendig bei sich führen.[49] Die höhere Stufe, welche die beiden Gegensätze Position – Negation in sich aufhebt, ist die, daß es sich in beiden Fällen um Phänomene des Willens zur Macht handelt. Aber auch diese Feststellung ist falsch. Das *falsum* wird zum *index sui et veri*! Wahrheit und Irrtum sind beide Dimensionen des Irrtums. Diese Form des Irrtums ist eine Bedingung des Lebens – denn Leben muß sich an Feststehendem orientieren, muß es fressen oder fliehen usw. – aber das Leben ist selbst ein Irrtum. Nietzsche stimmt mit Hegel völlig überein in der Identität von Denken und Sein: daß das Denken das Sein erst erzeugt, daß »Sein« eine äußerst entfernte Abstraktion aus »Leben« ist (III, 548). Aber das Denken eröffnet die ontologische Dimension des Irrtums. Denken isoliert einzelnes aus dem Ewigen Fluß des Werdens, es distanziert sich daraus, obwohl es hineingehört. Die Welt ist *ein* Ganzes (II, 978), jedes Distanzieren fällt in sie zurück, ist nur Schein. Der Irrtum entsteht, weil das Gedachte/Gesagte mit dem Gemeinten nie übereinstimmt. Das Gedachte täuscht eine Identität im Auseinandergetretensein vor: es *soll* mit dem Gemeinten identisch sein.

»›Denken‹ ... kommt gar nicht vor: das ist eine ganz willkürliche Fiktion, erreicht durch Heraushebung *eines* Elementes aus dem Prozeß und Substraktion aller übrigen, eine künstliche Zurechtmachung zum Zwecke der Verständlichung ...
Der ›Geist‹, *etwas, das denkt*: ... das heißt *sowohl das Tun als auch der Täter sind fingiert*« (III, 674).
»Meine Forderung ist, daß man den *Täter* wieder in das Tun hineinnimmt, nachdem man ihn begrifflich aus ihm herausgezogen und damit das Tun entleert hat; daß man das *etwas*-Tun, das ›Ziel‹, die ›Absicht‹, daß man den ›Zweck‹ wieder in das Tun zurücknimmt ...« (III, 679).

Ganz aristotelisch sollen Ziel, Zweck und Täter wieder in das Tun hineingenommen werden, der Geist in das Denken: *aber so, daß nicht mehr gedacht wird!*[50] Sie sollen im Rad des Seins aufgehen. Wie Hegel stellt Nietzsche fest: das Isolieren abstrakter Verstandesbestimmungen ist falsch. Aber der Grundfehler liegt darin beschlossen, daß mit dem Denken überhaupt begonnen wurde. Der Vorrang des Werdens vor dem Sein kennzeichne die Hegelianer und auch ihn, schreibt Nietzsche (II, 226); aber während für Hegel die Erkenntnis im Werden des Begriffs besteht, schließen für Nietzsche Erkennen und Werden einander absolut aus. »Wir aber *wollen die werden, die wir sind*«, ruft Nietzsche ganz hegelianisch aus, um fortzufahren: »die Neuen, die Einmaligen, die Unvergleichbaren

...« (II, 197), letztlich also die Übermenschen, und *die* enden dann in der Tat dort, wo sie immer sind: im ewigen Kreislauf der Wiederkehr des Gleichen.

Die These, daß Denken und Sprechen innerhalb des ontologischen Horizonts von Irrtum stattfinden, macht vor Nietzsche selbst nicht halt. »Die Sprache«, heißt es, »ist auf die allernaivsten Vorurteile hin gebaut« (III, 862). »Jedes Wort ist ein Vorurteil« (I, 903), »die Sprache enthält« die »versteinerten Grundirrtümer der Vernunft« (II, 789). Und doch: seine, Nietzsches Thesen sollen wahr sein, obwohl sie gedacht, gesprochen, geschrieben sind? Er selbst erkennt, daß er noch von dem Pathos der Wahrheit lebt, das er bekämpft,

> »daß auch wir Erkennenden von heute, wir Gottlosen und Antimetaphysiker, auch *unser* Feuer noch von dem Brande nehmen, den ein jahrtausendealter Glaube entzündet hat, jener Christenglaube, der auch der Glaube Platos war, daß Gott die Wahrheit ist, daß die Wahrheit göttlich ist« (II, 208).

Und damit hebt sich die Wahrheit selbst auf:

> »Die wahre Welt haben wir abgeschafft: welche Welt blieb übrig? die scheinbare vielleicht? ... Aber nein! *mit der wahren Welt haben wir auch die scheinbare abgeschafft.*« (II, 963)

Hegel erscheint in Nietzsche wie in einem Spiegel, in welchem Hegels Wirklichkeit als entwickelte Logik des Irrtums erscheint. Dem Werden des Begriffes, beginnend beim schon über sich hinausweisenden Sein korrespondiert eine Entwicklung des Irrtums, beginnend mit den elementaren Manifestationen des Willens zur Macht, die steigerungswillig über sich hinausweisen und im Menschen, seinem ›Erkennen‹ und ›Sollen‹ den Gipfel des Irrtums erklimmen. Der Übermensch wird den Irrtum als Irrtum erkennen, und diese Erkenntnis als Irrtum, und diese ... und sich zurückverlieren ins Werden.

Anmerkungen

1 Erst im letzten Jahrzehnt hat sich die Wissenschaftsgeschichte dieses Endes der Epoche des Deutschen Idealismus angenommen; zu lange hielt sich die Verwunderung, wie sich dieser »Schwindel«, diese »schwarze Pest der Naturphilosophie«, so lange halten konnte. Bemerkenswerterweise sind es vornehmlich Amerikaner, die sich ohne Vorurteile und Vorbehalte der Frage angenommen; vgl. die (demnächst erscheinenden) Arbeiten von Kremer und Lenoir.

2 Pragmatismus lag schon deswegen nahe, weil es in der Nachfolge der napoleonischen Kriege und der mit ihnen verbundenen Hungersnöte nicht ums gute, sondern ums *nackte* Leben ging. Allerdings fand sich dieser Pragmatismus in den Naturwissenschaften

hinsichtlich der kurzfristigen Verwertbarkeit im wesentlichen bei Naturforschern, die Schelling und seiner Naturphilosophie nahe standen (Kastner, Döbereiner, Pfaff); vgl. dazu Löw (1977, S. 292–353). Die Verurteilung der Romantik entstammt erst der zweiten Generation von Pragmatikern, Liebig oder Kopp.

3 Zu Schopenhauers Leben und Werk vgl. K. Fischer: A. Schopenhauer (Heidelberg 1893); A. Hübscher: A. Schopenhauer (Leipzig 1937); zur Teleologie in Sonderheit H. Schöndorf: Das Problem des Leibes bei Schopenhauer (Phil.Diss. München 1980). Die Zitate beziehen sich auf A. Schopenhauer: Sämtliche Werke (W. von Löhneysen ed., 5 Bde., Cotta Stuttgart 1965).

4 E. Friedell: Kulturgeschichte der Neuzeit (München 1931); von der Berechtigung des Urteils kann man sich besonders leicht anhand der Lektüre der jeweiligen Vorreden zu der *zweiten* Auflage von Schopenhauers Werken überzeugen.

5 Alle Schriften Schopenhauers hängen eng zusammen, setzen auch das jeweils zuvor Publizierte voraus; die Neuauflage vom Hauptwerk ist fast auf das Doppelte erweitert, und spätere Schriften sind häufig Vertiefungen einzelner Problemata daraus.

6 Dem Kausalitätsprinzip galt Schopenhauers Jenenser Dissertation: Ueber die vierfache Wurzel des Satzes vom zureichenden Grunde (Rudolstadt 1813).

7 Die transzendentale Ästhetik in Kants KrV ist von daher für Schopenhauer der Höhepunkt der Kantischen Philosophie; er setzte auch durch, daß in der ersten Gesamtausgabe der Schriften Kants (ed. Rosenkranz, Leipzig 1832–42) die 1. Auflage und nicht die 2. für den Text verwendet wurde. Vgl. W. Abendroth: Arthur Schopenhauer (Hamburg 1967).

8 Das ist allerdings entweder trivial oder falsch: Vgl. R. Spaemann: Philosophie als Lehre vom glücklichen Leben. In: Die Frage nach dem Glück (G. Bien ed., Stuttgart 1978, S. 1–19) und A. Gehlen, Theorie der Willensfreiheit.

9 Schopenhauer zitiert J. Liebig: »Es entsteht Aldehyd, welcher mit derselben *Begierde* wie schweflige Säure sich direkt mit Sauerstoff zur Essigsäure verbindet«, in: Die Chemie in ihrer Anwendung auf Agricultur und Physiologie (Braunschweig 1841, S. 349); auch heute wird ganz unbefangen von chemischen Elementen gesprochen, welche danach *streben*, auf der äußersten Elektronenschale Edelgasabschluß zu erreichen.

10 Die Übereinstimmung von Schopenhauers Lehre mit buddhistischen und konfuzianischen Gedanken verleiht den ersteren höchste »Auktorität« (III, 468).

11 Alle Magie und animalischer Magnetismus nehme letztlich an, daß »›der Wille das Prinzip alles geistigen und körperlichen Lebens sei‹. – Der animalische Magnetismus tritt demnach geradezu als die praktische Metaphysik auf« (III, 429).

12 Linguistik steht hier für Lichtenbergs Überzeugung, daß in der Sprache viel Weisheit steckt; daß also »der Bach hinab *will*, nicht hinan«, »das Gefäß bersten will«, »die Leiter nicht stehen bleiben will«, »der Dampf seinen Ausweg sucht« (III, 419ff). Heimito von Doderer: »Die Sprache hat eine verflixte Tendenz zur Wahrheit in sich.«

13 So habe Euler die Gravitation letztlich auf ›Neigung und Begierde‹ der Körper zurückgeführt (I, 192), so faßt Schopenhauer die Hydraulik als eine »Charakterschilderung des Wassers auf . . ., indem sie uns die Willensäußerungen abgibt, zu welchen dasselbe durch die Schwere bewogen wird« (II, 384).

14 Alle Objekte des Strebens sind letztlich für Schopenhauer auf die Selbsterhaltung zurückbezogen; mit besonderer Vorliebe »entlarvte« er psychologische Strukturen scheinbar »höherer« Objekte; vgl. Anm. 24.

15 Die Entlarvung wandte Schopenhauer besonders nachdrücklich auf die Geschlechtsliebe an (»Metaphysik der Geschlechtsliebe« II, 678–727); ursprünglich dem weiblichen Geschlecht durchaus zugetan, wurde für ihn später die Geschlechtsliebe zur höchsten und verderblichsten Manifestation des blinden Willens, und den Beginn der Verneinung des Willens verlegte er in eine radikale geschlechtliche Askese (»Der einzige Mann, der wirklich nicht ohne Frauen leben kann, ist der Frauenarzt«). Die Einschätzung der Freund-

schaft differiert aus demselben Grund sehr stark von der Nietzsches: selbst Freundschaft ist bis ins Letzte mit Egoismus durchwoben (IV, 547), und er, Schopenhauer selbst, »gebe mehr auf das Schwanzwedeln eines ehrlichen Hundes als auf hundert ... Demonstrationen und Gebärden (von Freunden)« (l.c.).

16 Im Falle der Geschlechtsliebe wirft Schopenhauer Kant vor, er habe den Gegenstand »sehr oberflächlich und ohne Sachkenntnis« erörtert; das hindert ihn nicht daran, seinerseits eine Theorie der Päderastie zu entwickeln (II, 718–727), welche aus der Sicht der absoluten Zweckmäßigkeit der Natur darin gipfelt, daß die Natur mit der Knabenliebe alte Männer von »einer zufälligen und vorzeitigen Depravation der Zeugungskraft ..., welche nur schlechte Zeugungen liefern könnte« (II, 724), ablenkt; dasselbe gilt für das unreife Sperma der Jünglinge.

17 Schopenhauer wendet sich allerdings mit einer bemerkenswerten Schärfe gegen den Selbstmord: das sei eine besonders *starke* Bejahung des Willens: »Der Selbstmörder will das Leben und ist bloß mit den Bedingungen unzufrieden, unter denen es ihm geworden ...« (I, 541). Wenn Jean Amery vom Selbstmord als der »einzigen Möglichkeit, praktische Metaphysik zu betreiben,« schreibt (Artikel Selbstmord in: Meyers Enzyklopädisches Lexikon, 9. Auflage, Bd. 21, S. 550) wäre das Schopenhauers »praktischer Metaphysik« (dem animalischen Magnetismus; s. o.) diametral entgegengesetzt.

18 Schon Rousseau hatte als die beiden gleichberechtigten Reaktionen beim Ansichtigwerden fremden Leidens – Mitleid – das Helfen oder das (ebenfalls unschuldige) Weglaufen genannt. Bei Schopenhauer findet sich dieselbe Alternative, aber als Aufeinanderfolge: der Mensch erkennt das Leiden aller Wesen so sehr, daß er »nicht mehr den egoistischen Unterschied zwischen seiner Person und der fremden macht, sondern an dem Leiden der anderen Individuen so viel Anteil nimmt wie an seinem eigenen und dadurch nicht nur im höchsten Grade hülfreich ist, sondern ... auch die endlosen Leiden alles Lebenden als die seinen betrachten und so den Schmerz der ganzen Welt sich zueignen muß« (I, 515). Dann aber ist die Reaktion nicht *Hilfe*, sondern Verneinung des Willens, und damit »verschwindet auch von selbst die übrige Welt in nichts« (I, 517) – die höchste Ausformung des »Weglaufens«.

19 Eine Beeinflussung durch Schopenhauer ist allerdings unwahrscheinlich, da diese Ghasele 1823 gesponnen wurde (= Gesammelte Werke des Grafen August von Platen, Stuttgart 1853, S. 51 [No. 100]).

20 Die Musik hat bei Schopenhauer die Funktion, den Willen zum Leben zu überwinden; sie stimmt das Subjekt auf das Absterben des Willens ein. Musik spricht »allein das innere Wesen, das An-sich aller Erscheinung, den Willen selbst aus« (I, 364). In der Musik wiederholt der Künstler in vollendeter Weise, was die Welt selbst ist; in ihr wird ihm allerdings auch der Widerstreit aller Elemente rein und ohne Beimischung vor Augen geführt (I, 370), welcher in der Welt als Kampf und Leiden erscheint. – Diese Auffassungen Schopenhauers hatten größten Einfluß auf R. Wagner.

21 »Gut« wird von Schopenhauer als ein *relativer* Begriff definiert, welcher »die Angemessenheit eines Objekts zu irgendeiner bestimmten Bestrebung des Willens (bezeichnet)« (I, 491): dann ist das »Gute« in der Welt als Vorstellung – in bezug auf die einzige Weise des richtigen Lebens, die Verneinung des Willens, also *schlecht*. Gleichwohl betont Schopenhauer, daß *seine* Metaphysik allein ein Fundament für eine philosophische Ethik abgeben kann: »Nur *die* Metaphysik ist wirklich und unmittelbare Stütze der Ethik, welche schon selbst ursprünglich ethisch ist, aus dem Stoffe der Ethik, dem Willen konstituiert ist; weshalb ich mit viel besserem Recht meine Metaphysik hätte »Ethik« betiteln können als Spinoza ...« (III, 473). Die einzige *freie* und verantwortliche Tat in der philosophischen Ethik Schopenhauers ist allerdings gerade die *Verneinung* des Willens und die Abkehr von jeder *Tat*.

22 Heidegger (1961, bes. Bd. II, S. 199–202, S. 257–334); vgl. dazu Hans Peter Balmer:

Freiheit statt Teleologie. Ein Grundgedanke von Nietzsche (Freiburg/München 1977, S. 14f, Anm.).

23 Vgl. zu Heideggers Nietzsche-Interpretation G. Rohrmoser: Anläßlich Heideggers Nietzsche, in: NZSTh 6 (1964, S. 35–50).

24 »Schließlich kann auf streng menschlichem Standpunkte eine Lösung möglich sein: die empedokleische, wo das Zweckmäßige nur als ein Fall unter vielem Unzweckmäßigen erscheint.« F. Nietzsche: Die Teleologie seit Kant (Frühjahr 1868). In: Gesammelte Werke (Musarion-Ausgabe, München 1922, Bd. I, S. 407).

25 In der Ausweitung der Willensmetaphysik auf das Anorganische folgt Nietzsche Schopenhauer – ja, es bekommt sogar den Vorrang: »Wo es keinen Irrtum gibt, dies Reich steht höher: das Unorganische ist die individualitätslose Geistigkeit«. Zitiert nach Jaspers (1974, S. 312).

26 Mit dieser paradoxen Formulierung soll gekennzeichnet sein, daß Nietzsche teleologisches Denken für genauso falsch hält wie antiteleologisches Denken (vgl. den Text, Abschnitt c)), weil Denken qua Denken schon der ontologischen Dimension des Irrtums verfallen ist.

27 Wenn nicht ausdrücklich anders angegeben, zitieren wir nach Friedrich Nietzsche. Werke in drei Bänden (hrsg. von Karl Schlechta, München 1954–1966).

28 Vgl. Anm. 3, Musarion-Ausgabe I (S. 406–428); Nietzsche erhielt noch vor der Promotion den Ruf nach Basel.

29 l. c., S. 410.

30 l. c., S. 413.

31 l. c., S. 408.

32 l. c., S. 415; es geht um den § 77 der KU.

33 In: Friedrich Nietzsche. Werke und Briefe. Historisch-kritische Gesamtausgabe (ed. Hans Joachim Mette), Werke, Bd. II, München 1934, S. 68). Das Gedicht scheint ein Beleg dafür zu sein, daß nicht erst die Bekanntschaft mit Julius Robert Mayers Energie-Erhaltungssatz die Lehre von der Ewigen Wiederkehr des Gleichen induzierte (A. Mittasch: Friedrich Nietzsches Verhältnis zu Robert Mayer. In: Bl. f.dt. Phil. 16 (1942, S. 139–161).

34 Vgl. auch III, 903: »nein, gerade Tatsachen gibt es nicht, nur *Interpretationen*. Wir können kein Faktum ›an sich‹ feststellen«. So alt ist die Entdeckung der sog. »Theoriebeladenheit der Fakten«!

35 Wir setzen den Begriff hier und im folgenden in Anführungszeichen, wenn Nietzsche einerseits gegen die *falsche* Weltsicht polemisiert, andererseits mit »Wahrheit« etwas meint, was dadurch, daß er es so ausspricht, auch schon falsch ist; vgl. dazu den Text, Abschnitt d).

36 So bestreitet Nietzsche in seiner Auseinandersetzung mit dem Darwinismus, daß die *Starken* im Kampf ums Dasein siegen (II, 998); im Gegenteil, die Selektion begünstige nur die niedersten Formen (III, 740) und die größte Zahl (III, 748). Dies gerät in Widerspruch mit der These, daß das Entwicklungsgeschehen eine Manifestation des *Willens zur Macht* ist: so scharf Nietzsche Subjektivität und Individualität als Schein im Fluß des Geschehens angreift, so herrisch verteidigt er sie im Zusammenhang mit dem Übermenschen.

37 So ja auch der Molekularbiologe R. Dawkins 1978: Subjektivität ist Schein. »In der Praxis ist es gewöhnlich zweckmäßig, den einzelnen Körper annäherungsweise als ein Subjekt zu betrachten.« (Das egoistische Gen. Berlin 1978, S. 56); vgl. das 8. und 9. Kapitel.

38 F. Nietzsche: Also sprach Zarathustra. Es ist Nietzsches bekanntestes Werk, gleichzeitig aber sein am wenigsten zugängliches; eine Bekanntschaft mit Nietzsches Denken sollte möglichst *nicht* mit dem »Zarathustra« beginnen.

39 Von Jesus Christus, der schon früh als »der vollkommenste Weise« (I, 591) und »der

edelste Mensch« (I, 686) bezeichnet wurde, ist selbst in »Jenseits von Gut und Böse« (1886) die Rede als: »er bleibe uns in alle Zeiten heilig und verehrenswert als der Mensch, der am höchsten bisher geflogen und am schönsten sich verirrt hat« (II, 621). In einer Nachlaßreflexion heißt es: »›Christus am Kreuze‹ ist das erhabenste Symbol – immer noch« (III, 499).

40 Zur Genesis und Bedeutung dieser These in Nietzsches Denken, die wir hier nicht weiter verfolgen können, vgl. Jaspers (1974, S. 331–374), Eugen Biser: Gott ist tot. Nietzsches Destruktion des christlichen Bewußtseins (München 1962), M. Heidegger: Nietzsches Wort ›Gott ist tot‹. In: Holzwege (Frankfurt/M. [5]1972, S. 193–247).

41 Vgl. K. Jaspers (1974, S. 290–330).

42 Vgl. Nietzsches Brief an Peter Gast (20. 3. 1882, III, 1177–79), wo er Mayers Grundthese übernimmt, ihn aber für seine mechanistische Denkweise (wie auch III, 585 f) kritisiert. Dazu A. Mittasch (1948, S. 692–726).

43 Vgl. dazu Heidegger (1961, S. 255–472). Auch die modernsten Kosmogonien bedienen sich dieser uralten These der Ewigen Wiederkehr – von Urknall zu Urknall, *per omnia saecula saeculorum.*

44 Dieses Extrem wird hier erreicht: in der ungeheuerlichen Reproduktion des Prozesses ist das einzige »Sein« – das Werden. Vgl. dazu den Aufsatz von U. Hölscher: Nietzsche und Heraklit. In: Neue Hefte f. Philosophie 15/16 (1979).

45 Vgl. K. Jaspers (1974, S. 161–189).

46 »Der Egoismus ist so viel wert als der physiologisch wert ist, der ihn hat« (III, 788).

47 Zum Wandel des Verhältnisses zwischen Wagner und Nietzsche vgl. die Studie von D. Fischer-Dieskau: Wagner und Nietzsche. Der Mystagoge und sein Abtrünniger (Stuttgart 1974).

48 Diese Gegenüberstellung ist von besonderem Interesse; einerseits heißt es in »Die fröhliche Wissenschaft«: »Wenn ihr wißt, daß es keine Zwecke gibt, so wißt ihr auch, daß es keinen Zufall gibt: denn nur neben einer Welt von Zwecken hat das Wort ›Zufall‹ einen Sinn. Hüten wir uns zu sagen, daß Tod dem Leben entgegengesetzt sei. Das Leben ist nur eine Art des Toten, und zwar eine sehr seltene Art« (II, 116). Andererseits heißt es immer wieder: »Die Natur ist der *Zufall*« (II, 994), die »eisernen Hände der Notwendigkeit, welche den Würfelbecher des Zufalls schütteln« etc. (I, 1102), »der Zufall kann die schönste Melodie finden«, vgl. Anm. 24. Erstere Einsicht widerspricht diesen Aphorismen nur dann nicht, wenn Nietzsches »Zufall« wiederum den ontologischen Hintergrund für die falschen Ausformungen von Teleologie und Antiteleologie abgibt.

49 So waren alle Werte bisher »falsch« (III, 679 et passim), aber sie waren alle auch Ausdruck des Willens zur Macht (III, 678).

50 Der Gedanke mutet durchaus spinozistisch an: nur werden Tun und Täter nicht in die eine, göttliche Substanz zurückgenommen, sondern in den sinnlosen Kreislauf der Ewigen Wiederkehr des Gleichen. Vgl. zum ganzen Abschnitt auch Löw (1984).

VIII. Die Vollstreckung des Antiteleologismus durch die Naturwissenschaft des 19. und 20. Jahrhunderts

Wie wir im 4. Kapitel gesehen hatten, ist der Beginn der neuzeitlichen Naturwissenschaft seit Bacon von einem Verzicht auf Teleologie getragen. Daß dies nicht so einfach war, blieb in den Jahrhunderten vor dem 19. Jahrhundert eher verborgen, da sich die größten Geister um die physikalischen Disziplinen bemühten. Da war mit dem Verzicht auf regionale Teleologie, wie es schien, nicht viel verloren, zumal von Kepler und Newton, von Huygens und Leibniz der Garant des Sinnes aller Weltendinge in Gott bestehenblieb. Bis ins 19. Jahrhundert hinein aber war jeder Versuch einer a- oder gar antiteleologischen Biologie[1] schon nach einer kurzen Argumentationsstrecke in den Bereich des Absurden geraten,[2] wurde auch gar nicht für Naturwissenschaft genommen, sondern für das, was es wohl war: untaugliches Mittel zum Beweis von Atheismus oder Materialismus. Erst im Laufe des 19. Jahrhunderts gelang es, nicht nur eine Fülle einzelner Phänomene im Bereich des Lebendigen auf mechanische Ursachen zurückzuführen,[3] sondern ein Prinzip zu ersinnen, nach welchem generell *jede* Lebenserscheinung auf nicht-teleologische Ursachen zurückgeführt werden konnte. Die Einzelfälle hatten es immer noch an sich gehabt, auch als Ausschnitt eines teleologischen Gefüges interpretiert werden zu können: daß der mechanische Umlauf des Geblütes, das optische Instrument Auge usf. als *Mittel* zu Zwecken eines lebendigen Organismus dienten. Nunmehr, und zum erstenmal mit beträchtlicher Evidenz, wurden Organismen, als Individuen wie als Arten, ihres Charakters entkleidet: daß sie als in sich zweckhafte Einheiten nur noch auf ihren Schöpfer verweisen, den sie, ihn repräsentierend, verherrlichen. Sie selbst wurden zu zufälligen Wirkungen eines zufälligen Geschehens, welches nur noch durch das ateleologische Makroprinzip der Selektion[4] »gesteuert«[5] wurde. Die Anwendung des Selektionsprinzips in der Biologie – es entstammte der englischen Sozialökonomie des auslaufenden 18. Jahrhunderts – ist mit dem Namen Charles *Darwin* (1813–1882) untrennbar verbunden. Wir heben die Bedeutsamkeit der Anwendung dieses Prinzips hier deswegen so heraus, weil die einzelnen, theoretischen Bestandteile des Darwinismus – der Entwicklungsgedanke ebenso wie der der Variabilität der Arten – im Geist des 19. Jahrhunderts ebenso präsent waren wie die naturwissenschaftlichen »Befunde« zu seinen Gunsten[6] (s. u.) spätestens um 1830 vorlagen, also 30 Jahre vor dem Erscheinen des berühmten Werkes »On the Origin of Species« (1859)[7]. Als Vorläufer des Entwicklungsgedankens wurden und werden bis heute u. a. Herder, Kant und Goethe zitiert: man muß dabei allerdings vergessen, daß es sich bei deren Entwicklungsreihen um *teleologische* handelt, welche aufgrund einer innewohnenden Vervollkommnungstendenz (bei gleichzeitiger Artkonstanz) den Menschen hervorbringen *sollen*. Der Artenwandel hingegen war eine wesentliche Idee der romantischen Naturphilosophie gewesen – in den 50er Jahren des 19. Jahrhunderts eher ein Grund, ihn zu verwerfen. Virchow, der große Arzt und liberaldemokratische Politiker schreibt 1856, drei Jahre vor dem »Origin«:

> »Der Artenwandel ist eine unbewiesene Idee der Naturphilosophie; der wahre Naturforscher betrachtet sie mit Skeptizismus –«

und 1877 erinnert er sich, daß es schon

> »etwas überraschend war, wie das Genie eines einzelnen Mannes eine Idee, die schon in der Naturphilosophie den Status einer a priori-Notwendigkeit hatte und lange, und nicht ganz ungerechtfertigt verbannt gewesen war, nicht nur wiedereingesetzt hat, sondern aus ihr die Basis einer allgemeinen Theorie der Geschichte der organischen Welt gemacht hat.«[8]

Was die naturwissenschaftlichen Befunde anlangt, die Darwin zu seiner Stützung heranzog – Paläontologie, das biogenetische Grundgesetz[9], neue Erkenntnisse aus der Pflanzengeographie, der vergleichenden Anatomie, der menschlichen Zuchtwahl[10], so lagen sie nicht nur schon seit etwa 1830 bereit, wie Lovejoy[11] gezeigt hat, sondern konnten, einzeln genommen, auch direkt *gegen* Darwins Theorie eingewendet werden; darüber hinaus gab es genügend Befunde gegen Darwin. Selbst alle positiven Indizien zusammengenommen erbrachten nicht mehr als eine »circumstantial evidence« (Lovejoy) für den Artenwandel. Doch gerade in bezug auf dieses Herzstück seiner Theorie packte Darwin den Stier bei den Hörnern – Musterbeispiel einer Kuhn'schen Revolution[12]: Darwin erklärte den Artenwandel für ein *Faktum*.

Denn wann immer man davor den Artenwandel angenommen hatte, wurde sofort zurückgefragt, *wie* man sich das vorstellen sollte; es gab ja noch keine Theorie der Mutation am Erbgut. Und dann konnte als Gegenbeispiel die Sterilität der Hybriden (Maultier etc.) angeführt werden: Mischarten können sich nicht fortpflanzen. Aus *diesen* Überlegungen[13] schien es den großen Biologen vor Darwin evident, daß Art*konstanz* ein unhintergehbares Grundprinzip der organischen Natur sei.

Darwin erklärte den Artenwandel (»Variabilität«) für ein Faktum. Gleichzeitig nahm er die Position des Artennominalismus ein – daß der Artbegriff nur ein vom Menschen eingeführter Klassifikationsbegriff sei, dem in der Natur nichts entspreche (Darwin selbst verzichtete wohlweislich darauf zu definieren, was er selbst unter »Art« verstand)[14] – und drehte die Beweislast um: die Unmöglichkeit der Artenumwandlung sei durch die Sterilität *einiger* Hybrider nicht erwiesen; dazu müßte erst in einem ganz anderen Ausmaß Experimentalforschung betrieben werden. Solange aber der Beweis nicht erbracht ist, gehe er vom Artenwandel als Faktum aus – wofür Darwin selbst nun eine Unmenge von Beispielen anführte,[15] die freilich nur im Lichte eines Artennominalismus Beispiele sein konnten[16]. Als *Grund* für den Artenwandel nahm Darwin eine unbekannte Variationstendenz an und gab gleichzeitig zu, daß hier seine Theorie eine Lücke habe, welche schon noch geschlossen werde. Von Darwin aus wurde darüber weiter nicht verhandelt.[17]

Wir begnügen uns im folgenden mit einer kurzen Skizze der Grundgedanken Darwins, ihrer Anwendung zur Entteleologisierung der lebendigen Natur, und geben daran anschließend einen Überblick über die Ausweitung der darwinischen Prinzipien auf alle Bereiche der menschlichen Wirklichkeit, wie sie sich in Haeckels Monismus ebenso wie im Weltbild mancher heutiger Naturwissenschaftler – ungleich fortifiziert – darstellt.

1. Grundlagen des biologischen Darwinismus

Mit der Annahme der Variabilität von Arten als Faktum ist die Evolutionstheorie[18] natürlich noch nicht erfunden, wie das Beispiel der Romantischen Naturphilosophie zeigte. Die Artenvariabilität ist nur Voraussetzung, Substrat für das Wirksamwerden des Selektionsprinzips, des Kampfes ums Dasein. Erst diese beiden Bedingungen bringen zusammen das Phänomen Evolution hervor. Ernst Mayr (Harvard), einer der glänzendsten gegenwärtigen Evolutionstheoretiker und zugleich Historiker der Biologie, stellt es differenzierter im folgenden Schema dar[19] (unter Absehung von den zur Stützung hinzugezogenen Befunden [s. o.]):

Tatsache 1:	potentiell exponentielles Bevölkerungswachstum (übermäßige Fruchtbarkeit, Quelle: Malthus u. a.)			
Tatsache 2:	Durchschnittliche Stabilität der Populationsgröße, (allgemeine Beobachtung)	*Schlußfolgerung* 1 Existenzkampf der Individuen (Malthus)		
Tatsache 3:	Begrenztheit der Ressourcen (eigene Beobachtungen und Malthus)		*Schlußfolgerung* 2 Unterschiedliches Überleben, d. h. *natürliche* Auslese (Darwin)	
Tatsache 4:	Einzigartigkeit des Individuums (Quelle: Tierzüchter, Taxonomen)	T4		*Schlußfolgerung* 3 Über viele Generationen hinweg: *Evolution* (Darwin)
Tatsache 5:	Erblichkeit eines Großteils der individuellen Variation (Voraussetzung für: künstliche Auslese) (Quelle: Tierzüchter)		T5	

Dieses Schema gibt die logische Grundstruktur des darwinischen Evolutionsgedankens zutreffend wieder. Gerade dadurch, daß Mayr auf die anderen Stützungen aus den verschiedensten Disziplinen verzichtet, wird der intuitive Charakter von Darwins Schlußfolgerungen sichtbar: nach der Annahme der Variabilität als Faktum [20] besteht das Wesen der darwinischen Revolution in der Entdeckung des Mechanismus der natürlichen Auslese für die Adaption und für alle anderen Erscheinungen der lebendigen Natur, die davor als Beweis für Teleologie, für geplante Zweckmäßigkeit in bezug auf Selbst- und Arterhaltung gegolten hatten. Die einzige zu jener Zeit noch existierende Konkurrenzhypothese zur Erklärung der Befunde war der Spezialkreatianismus gewesen: die Annahme von bis zu 100 (Agassiz) einzelner Schöpfungen Gottes [21]; man konnte auf sie verzichten, ebenso auf alle Vervollkommnungstendenzen in den Organismen, und schließlich auf die Anthropozentrik der Natursicht. Der Mensch wurde selbst zum Teil der Evolution. [22]

Für Darwin wurde ein Gott nur zur Schaffung des ersten Lebens benötigt, d. h. für ihn war der Übergang vom Nichtleben zum Leben noch nicht vorstellbar. Dann aber entwickelte sich alles Lebendige gemäß seiner Prinzipien, und die Evidenz seiner Theorie erfuhr nach 1859 mannigfache Bestätigung; neben der künstlichen Zuchtwahl der Kropftaube fehlten in keinem Lehrbuch das *missing link* Archäopterix (entdeckt 1862) [23], die Entwicklungsreihe der Pferde vor Eohippus bis zu den rezenten Wildformen nach Marsh (aufgezeigt 1875), der augenfällige Vergleich der Embryonalentwicklung verschiedener Säugetiere nach Haeckel (letztere hatte allerdings den Schönheitsfehler, daß Haeckel nachgewiesen werden konnte, daß er für Affe und Mensch *dieselbe* Schablone verwendet hatte; diese Fälschung gab Haeckel treuherzig zu: weil Embryonen dieser Art gleich *seien*, dürfe man auch ruhig dieselbe Schablone verwenden ...)[24]. Bis etwa 1930 währte noch ein Kampf gegen die Evolutionstheorie mit wissenschaftlichen Argumenten. Durch Einbeziehung der Evolutionsfaktoren: Populationswellen, »ökologische Nischen«, Isolation erreichte die Evolutionstheorie einen solchen Status, daß antievolutionistische Argumente heutzutage *per definitionem* unwissenschaftlich sind. Nur unter »Nichtbiologen und Laien ist der Widerstand gegen die Selektionstheorie bis zum heutigen Tag noch nicht völlig überwunden« (Mayr[25]). Die Evolution ist so wenig bezweifelbar wie die Drehung der Erde um die Sonne, und sollten je höhere Lebewesen aus dem Weltraum auf die Erde kommen, so werden sie unsere Zivilisationsstufe einschätzen mit der Frage: »Haben sie die Evolution schon entdeckt?« (Dawkins[26]).

2. Evolutionstheorie und Teleologie

Darwin hat jede teleologische »Erklärung« als unwissenschaftlich aus der Biologie ausgeschlossen. Wenn man mit dem Bewußtsein dieser Voraussetzung an darwinistische Einzel- oder Gesamtdarstellungen herantritt, dann mutet es den unbefangenen Leser merkwürdig an, daß in ihnen unentwegt von Nützlichkeit, Tauglichkeit, Anpassung, Funktion usf. die Rede ist, also von höchst teleologischem Vokabular Gebrauch gemacht wird. Dies wurde schon früh gegen den Darwinismus als Einwand geltend gemacht, trifft ihn aber eigentümlicherweise nicht. Denn wann immer man sich solcher Begriffe bedient, handelt es sich um Zweckmäßigkeiten *ohne Zweck*, d. h. ohne eine Zweck*ursache*, welche den Prozeß geleitet und ihm bereits präexistiert hätte. Anpassung, Tauglichkeit, Zweckmäßigkeit treten im Darwinismus immer erst als Resultat eines Auslese- (Selektions-)prozesses auf, welcher selbst (in Evolutionsreihen) nicht zweckgeleitet ist, sondern ein (sinnfreies) Ausmerzen des Unzweckmäßigen, fürs Bestehen und Überleben Untauglichen zum Ergebnis hat. Es sieht immer erst im Nachhinein so aus, als sei etwas zweckmäßig fürs Überleben, und umgekehrt das Überleben der *Zweck* bestimmter Einrichtungen oder Prozesse. In Wirklichkeit hat sich etwas erhalten, ist übriggeblieben, und uns, die wir in bezug auf die lebendige Welt immer »im Nachhinein« sind, erscheint es als Zweckmäßiges; denn das Nicht-Angepaßte und Unzweckmäßige sehen wir trivialerweise als Nicht-Übriggebliebenes nicht. Wir sehen nur die wenigen »Treffer« der Evolution, nicht die Nieten.[27]

Bis in die 30er Jahre unseres Jahrhunderts führte dieses Phänomen der »Zweckmäßigkeit ohne Zweck« einige Schwierigkeiten mit sich, weil die Verwendung einer teleologischen Sprache immer eine Nähe zum Vitalismus, vielleicht sogar einen Beweis für ihn nahezulegen schien. So schreibt Haldane: »Die Teleologie ist für den Biologen wie eine Mätresse: er kann nicht ohne sie leben, aber er will nicht mit ihr in der Öffentlichkeit gesehen werden.«[28]

Daher bemühten sich die Biologen, ohne alles teleologische Vokabular auszukommen, was entweder einen immensen Aufwand für die Erklärung des kleinsten Details erforderte oder dazu führte, daß der interessanteste Aspekt der meisten biologischen Phänomene ausgeklammert wurde. Es durfte, so Mayr,[29] z. B. nur festgestellt werden, *daß* die Nachtigall im Herbst in wärmere Länder fliegt, aber *warum* sie das tut, blieb ausgeklammert. Man konnte sich lange Zeit nur damit behelfen, in Anführungszeichen solche »abkürzenden Sprechweisen« wiederzugeben. 1930 änderte sich das: »Nachdem der Vitalismus endlich völlig überwunden war, konnten es die Biologen sich leisten, in ihrer Ausdrucksweise etwas freier zu werden.«[30] Sie konnten die Anführungszeichen weglassen, weil nunmehr jeder wußte, was gemeint war und was nicht. Um aber jede Verwechslung auszuschließen, wurde der 1958 von Pittendrigh eingeführte Terminus »Teleonomie« für den ganzen Bereich scheinbar zweckgerichteter Phänomene in der organischen Natur im darauffolgenden Jahrzehnt allgemein von den Biologen akzeptiert.[31]

> »Teleonomische Erklärungen sind streng kausal und mechanistisch. Sie sind kein Trost für die Anhänger vitalistischer Vorstellungen.«[32]

Mit der Einführung der Teleonomie gewinnt die Biologie wieder die Unbefangenheit ehemals »teleologischen« Sprechens zurück und kann sich aller Vorteile, besonders auch der heuristischen, dieses Verfahrens erfreuen. Es handelt sich um die Konstatierung von tatsächlicher Zweckmäßigkeit (*nicht* »metaphysischer«)[33] als Zufallsprodukt in einem sonst ateleologischen Kosmos. Die Vorteile der Teleologie sind damit von der Biologie integriert worden, ihre Nachteile hingegen blieben draußen.

Aus dieser bereits bei Darwin voll entwickelten Einsicht ergab sich im 19. Jahrhundert allerdings noch eine Schwierigkeit von unerwarteter Seite. Während nämlich Aristoteles mit seiner kritischen Teleologie unbefangen vom Verfehlen des Zweckes, von Mißbildungen usw. sprechen konnte, gibt es dergleichen eigentlich für den klassischen Darwinisten nicht: jedes Phänomen im Bereich des Lebendigen, welches sich vererbte,[34] mußte zweckmäßig sein fürs Überleben: warum sonst sollte es sich erhalten haben? Das gab bei einem Phänomen wie dem Schwanzwedeln von Hunden schon Anlaß zu bedeutenden Reflexionen:

> »Es gab Zeiten, wo die Hunde noch nicht mit dem Schwanz wedelten, aber einmal kam ein spitzfindiger Hund dahinter, daß das Entleeren des Mastdarms leichter wird, wenn er mit dem Schwanz wedelt; die mit angenehmen Gefühlen verbundene Entdeckung wurde zur Gewohnheit, wurde von Nachkommen geerbt – siehe da, warum der Hund mit dem Schwanz wedelt, wenn ihm etwas angenehm ist.«[35]

Ähnliches galt für die Schönheit von organischen Gebilden,[36] für Blütenfarbe und Blütenduft, die entweder für die Verbesserung der Arterhaltung, speziell der sexuellen Zuchtwahl,[37] oder für die Verbesserung der Selbsterhaltung – Schutzfarben oder Warnfarben – zweckmäßig zu sein hatten.[38] Im 19. Jahrhundert erbte der Darwinismus mit seinem universalen Prinzip der zweckmäßigen Anpassung die säkularisierte Version des Problems des Bösen in der Welt als das Problem des Unangepaßten oder Unzweckmäßigen in der Natur. Er gab auch seine säkularisierte Antwort mit dem Hinweis darauf, daß jede scheinbare Unzweckmäßigkeit eine nur *noch* nicht erkannte Zweckmäßigkeit sein konnte. Erst unser Jahrhundert ließ wieder einen gewissen Spielraum von Zwecklosigkeiten in bezug auf Balzrituale und gebogene Hörner durch die Theorie der intraspezifischen Selektion zu und übergab deren Systematik im übrigen dem Zufall.[39] Wesentlich für uns ist noch die Betrachtung des Ganzen der Evolution. In bezug auf dieses muß *jede* Teleologie – also auch teleonomische Sprechweise – *strictu sensu* ausgeschlossen werden. Darwin: »Verwende niemals die Worte höher oder niedriger.« Und Mayr: »Sie (Die Evolution) ist niemals zielgerichtet. Solch ganz allgemeine Vorstellungen wie Überleben oder Fortpflanzungserfolg als klar umrissene und vorgeschriebene Ziele zu bezeichnen, ist irreführend und völlig unzulässig.«[40] Weder die Differenziertheit noch die verschiedenen Lebensdauern von Individuen oder Arten geben einen Maßstab für eine *Bewertung* des Evolutionsgeschehens ab.[41] Mit der Entfernung des Menschen als Bezugspunkt alles Geschehens, mit dem Verwerfen des anthropozentrischen Weltbildes ist jeder Fortschritt aus der Evolution verbannt: »erst mit der Vielzelligkeit (kam) der Tod, mit dem Nervensystem der Schmerz in diesen Kosmos, und mit dem Bewußtsein die Angst«[42]; wer wollte es verantworten, hier Maßstäbe anzulegen an die Fakten?

3. Die Ausweitung der Evolutionstheorie auf das gesamte Gebiet der Wissenschaft

Darwins neue Lehre hatte zunächst einen eminenten Eindruck in der gesamten Biologie hinterlassen. Keineswegs beschränkte sie sich auf die Gebiete, aus der sie ihre Stützen genommen hatte: Paläontologie, vergleichende Anatomie etc.: auch die Embryologie, Zytologie, Genetik, schließlich die chemische Physiologie wurden von ihr tangiert, und dies geschah ohne allzu großes Widerstreben, denn die Biologen konnten ihre Forschung wie bisher weiter betreiben; sie war nur um eine Dimension, die historisch-genetische, erweitert worden, welche zudem für das eigene Forschungsgebiet neue Aufschlüsse verhieß. Haeckel, von dem noch zu sprechen sein wird, erweiterte die Biologie noch um eine neue Disziplin, die *Ökologie*,[43] welche sich mit den Interdependenzen verschiedener Arten von Lebewesen und der organischen Umgebung beschäftigen sollte. Als Biologen brauchten die Forscher zunächst keine Stellung gegen Darwins Hypothese zu beziehen. Gegen den in ihr und hinter ihr vermuteten Atheismus und Materialismus geschah dies allerdings vehement. Mißverständnisse und Polemiken blieben nicht aus (der Bischof Wilberforce weigerte sich etwa, von einer Kartoffel abzustammen, andererseits bezeichnete Haeckel Gott als ein gasförmiges Wirbeltier),[44] aber bis heute fehlte es nicht an Versuchen, Darwinismus und Christentum miteinander zu versöhnen.[45]

Keineswegs blieb die Idee der Entwicklung nach darwinischen Prinzipien auf die Biologie beschränkt; verschiedene physikalische und chemische Spezialgebiete sprachen von Selektion und Kampf ums Dasein,[46] und wenn dies aufgrund des offensichtlich allzu guten Willens bald fallengelassen wurde, so war doch die Evolutionsbiologie mit der Preisgabe der Teleologie dem Gedanken einer *Einheit* der Naturwissenschaft, welcher in den Jahrzehnten vor Darwin vorzüglich in der Physik bekräftigt worden war,[47] sehr entgegengekommen. Eine noch viel nachhaltigere Wirkung zeitigte der Darwinismus in Nationalökonomie, Politik, Ethik, Geschichtswissenschaft und Soziologie. Es wäre auch ein Wunder gewesen, wenn eine Theorie, welche soviel diesen Gebieten verdankte, nicht ihrerseits, mit ihrer Lösung, ihrem Zusammenklingen mit ganz bestimmten Theorien dieser Gebiete auf sie Einfluß genommen hätte. So wie Darwin Tiere und Pflanzen als Glieder einer Gesellschaft, als Bürger der Natur interpretierte, welche zu einem Gleichgewicht, einem vernünftigen Haushalt erst nach einem Kampf aller gegen alle gekommen waren und dieser Kampf sich – in der gemäßigten Form des klassischen englischen Liberalismus – auch jetzt noch fortsetzen konnte, ja sollte, so nahmen sich die liberalen Vertreter der genannten Gebiete Darwins Resultat zum Argument, daß ein solch faktisches Laissez-faire auch ein harmonisches Miteinander, naturgesetzliche Zweckmäßigkeit zum Besten aller Beteiligten herbeiführen werde. Es ist hier nicht der Ort, den Zusammenhang von Utilitarismus, Sozialdarwinismus, Biologismus usw. mit den »Origins of species« darzustellen – auch der Imperialismus und die Ähnlichkeit der Außenpolitik mit einem Miteinanderumgehen von Räuberbanden deuten dorthin: – die in einer 1977 erschienenen Publikation zur Evolutionstheorie vertretene These: »*Sinnvoll* ist jedes Tun, das mit der Entwicklung ist«[48] stellt seit Darwin nichts als eine säkularisierte Form der Prädestinationslehre dar, nach welcher die Evolution die Bestangepaßten (»the fittest for the survival«) mit dem Sich-Durchsetzen belohnt, und zwar nicht *schon* im Diesseits, sondern *nur* im Diesseits. Jeder Versuch einer »Rechtfertigung« von irgend etwas durch die Evolution konnte und kann sich diese ideologische Koketterie allerdings schenken: das »Recht des Stärkeren« ist nämlich kein Recht, sondern ein Zynismus.

Diese praktische Verwertung des Darwinismus in verschiedensten Bereichen bildet indessen nicht den einzigen Reiz seiner Übertragung auf Gebiete, die bislang den Humanwissenschaften zugerechnet worden waren. Mit der Einbeziehung des Menschen in die Naturwissenschaft als Produkt der Evolution eröffnete sich nämlich augenblicklich und sofort sichtbar die *prinzipielle* Möglichkeit, die Human- oder Geisteswissenschaften selbst in (c. g. s.) exakte Naturwissenschaften (eines fernen Tages) überzuführen. Es schien plötzlich – gegen die Intentionen einer Rettung der Geisteswissenschaften, wie sie der aufrechte H. v. Helmholtz in einer berühmten Rede vortrug[49] –, als ob die Teleologie aus menschlichen Handlungen, individuellen wie politisch-geschichtlichen oder gesellschaftlichen, entfernt und durch naturgesetzliche Erklärungen ersetzt werden könnte. Bis zum Menschen hinauf führt die biologische Evolution; und ohne daß damit ein anderes denn ein *quantitativ* neues Niveau betreten wäre, beginnen bei ihm einige andere Evolutionen genauso naturgesetzlich, nach denselben darwinischen Prinzipien, nur etwas komplexer als in der Natur: in der Moral, in der Gesellschaft, der Religion, Kultur, Wirtschaft, sogar der Wissenschaft, welche letztlich genauso *zwecklos* evolvieren, wie dies in der Natur geschieht. Übrig bleibt, was zur Selbst-Erhaltung geeignet war, und der Darwinismus *in* den Wissenschaften, wie er uns von Imre Lakatos und Paul Feyerabend im letzten Jahrzehnt dargestellt wurde (Kampf der Forschungsprogramme etc.), treibt diese Erkenntnis der Geisteswissenschaften als Naturwissenschaften[50] schon in die gefährliche Nähe von Plessners Paradoxon, daß der Mensch das Produkt der Phylogenie und die Phylogenie Produkt des Menschen ist.[51] Das Durchsetzen des Darwinismus trägt im übrigen ohnedies alle Züge einer Revolution im Sinne Feyerabends: mit Propaganda und Diffamierungen, Scheinargumenten und Fälschungen usw.[52] Die Popularisierung ist für das Überleben einer Theorie sogar in besonders hohem Grade maßgebend (jedenfalls wenn es sich um eine dem Augenschein widersprechende handelt): wenn auch die jetzt-lebenden (rezenten) Fachkollegen nicht alle zustimmen, so wird die nächste Generation eine *populär* gewordene Lehre mit dem Elternhaus und der Grundschule einatmen, und genau darauf liefen Haeckels – zuerst fehlgeschlagene[53] – Intentionen hinaus. Diese Popularisierung des Darwinismus war aber weder eine Sache Darwins, der zu wenig Kampfeslust zeigte, noch seines Kollegen Huxley[54], der für einen Dogmatiker zu souverän war, sondern die eines Deutschen, Ernst Heinrich Haeckels (1834–1919). Wir können uns auf Haeckel beschränken, da die deutschen Materialisten Moleschott, Büchner und Vogt[55] (»der Affe Vogt«, wie er genannt wurde, nachdem er den Darwinismus zu predigen begonnen hatte), Karl Marx und Friedrich Engels[56] den Darwinismus nur als Instrument für ihren Materialismus, nicht als dessen Grundlage verwendeten.

Haeckels Monismus

Ernst Haeckel verhalf nicht nur dem Darwinismus zum Durchbruch, sondern benutzte die Theorie Darwins zum Aufbau einer generellen, natürlichen Morphologie unter konsequenter Einbeziehung des Menschen und aller seiner Kulturleistungen, einschließlich der Wissenschaften, der Geschichte, der Religion und Philosophie.[57] Der von ihm propagierte Monismus wies den Weg zur Lösung aller »Welträtsel« oder stellte selbst die Lösung schon dar.

E. Dubois-Reymond hatte in einer berühmten Rede 1880 von sieben Welträtseln gesprochen,[58] von welchen er drei als lösbar ansah (Entstehung des Lebens, Zweckmäßigkeit in der Natur, Ursprung von Denken und Sprache), drei für prinzipiell unlösbar hielt (Wesen von Materie und Kraft, Ursprung der Bewegung, Entstehung des Bewußtseins), beim siebten Welträtsel, der Frage der Willensfreiheit, schwankte er. Haeckel dagegen hielt die lösbaren Rätsel für bereits gelöst (durch Darwins Entwicklungslehre); die Willensfreiheit war kein Rätsel, denn »sie beruht als reines Dogma nur auf Täuschung und existiert in Wirklichkeit gar nicht«,[59] und die restlichen Rätsel ließen sich durch den Substanzbegriff des Monismus lösen.

Die vier Grundthesen des Monismus waren ebenso einfach wie leicht zu merken:[60]

1. Der Kosmos besteht nur aus einer einzigen Substanz mit den beiden untrennbaren Attributen Materie und Energie.[61]
2. Es gibt daher nur eine Wissenschaft; Geisteswissenschaften sind Teile der allumfassenden Naturwissenschaft.
3. Die Erkenntnis aller Erscheinungen in Natur und Geist erfolgt empirisch; alles andere ist bewußte oder unbewußte Täuschung.
4. Das Substanzgesetz (universale Erhaltung von Materie und Energie) hat Geltung auch im Bereich des Vorstellens und Denkens.

Und mit diesen vier Grundthesen ist auch schon der höchste Standpunkt der Erkenntnis erreicht, gleichzeitig der definitive Sturz der »drei Centraldogmen der Metaphysik, Gott, Freiheit, Unsterblichkeit« vollbracht (WR, 267).

Alle Phänomene sind per definitionem *Natur*erscheinungen. So ist der Geist »ein physikalischer Prozeß ..., das Gesamtresultat der Funktionen der Zellen, die es, das Geistesorgan, zusammensetzen« (LW, 387); das Bewußtsein ist eine Art innere Anschauung im Sinne einer Spiegelung (WR, 198, 211); die Gesetze der Ethik sind empirische Produkte der Physiologie, gut und böse daher relativ, »abhängig vom Bildungsgrad und Zeitgeschmack« (LW, 502), und im übrigen sind alle Handlungen und somit die Ethik vollständig determiniert.

Dem Monismus pflegt Haeckel in Tabellen den Dualismus gegenüberzustellen, der auch unter dem Namen Teleologie, Spiritualismus und Eingötterei firmiert. Teleologie ist überhaupt Ausdruck der »reinen Unvernunft«.[62] Dem Christentum wie jedem anderen Anspruch auf Wahrheit, der nicht mit dem Monismus übereingeht, gilt teilweise unflätigstes Schimpfen.[63] Schwierigkeiten der eigenen Position werden nicht erwähnt, geschweige denn erörtert. Immerhin erwähnt der Haeckel gedanklich eng verwandte L. Büchner solche Schwierigkeiten, aber mit dem Hinweis auf ihre völlige Unwesentlichkeit, was sehr modern ist:

> »Das Bewußtsein ist eine Verrichtung gewisser Theile des Gehirns ... Wie die Nervenzellen oder die Materie es anfangen, um Empfindung oder Bewußtsein zu erzeugen ..., kann uns gleichgültig sein; *es genügt vollständig zu wissen, daß es so ist.*«[64]

Trotz der Annahme der vollständigen Determination der Handlung und damit der Ethik entwickeln Haeckel wie Büchner eine monistische Ethik, und sie sind sich dabei wohl bewußt, daß sie eine freiwillige, nichtgeforderte Mehrleistung erbringen, denn: sind diese »Anschauungen richtig, so müssen sie anerkannt werden, einerlei, welche Folgen daraus entstehen.«[65] Die naturgemäße Ethik baut allein auf der sogenannten Goldenen Regel[66] auf, die im Tierreich schon als Trieb und Instinkt verankert ist. Aus der Notwendigkeit des Zusammenlebens hat sie sich weiter verfeinert, und die phylogenetischen Ergebnisse werden durch die Determination in der Erziehung zusätzlich aufgeprägt. Nicht zuletzt, um diese Ethik weiter zu verbreiten und damit ein verbessertes Funktionieren des Kosmos zu gewährleisten nach dessen eigenen Gesetzen, sollte den Kindern schon auf der Elementarschule die reine, monistische Lehre beigebracht werden, alle anderen Lehren, besonders aber die Religion, verboten werden.[67] Mit dem Monismus steht ja schließlich die Vernunftreligion schlechthin zur Verfügung, und konsequent ließ sich Haeckel 1906 in Rom von der monistischen Synode zum Gegen-Papst krönen.[68]

4. Die entteleologisierte Wirklichkeit

Der Monismus in der von Haeckel propagierten Form bot mehr als nur eine naturwissenschaftliche Erklärungsgrundlage: er war Weltanschauung und – offen bekräftigt – Religionsersatz. Der Monismus hatte den im Laufe der Spezialisierung des 19. Jahrhunderts verlorengegangenen Gedanken der Einheit der Natur wieder ans Licht geholt, eine Einheit, von der es auf der anderen Seite auch nur *eine* Wissenschaft geben konnte. Ein entscheidender Schritt in die Richtung der cartesischen Wunschwissenschaft oder des Leibnizschen »Calculemus« schien getan. Die rohen, mechanischen Automaten aus dem 17. und 18. Jahrhundert gehörten quasi endgültig zum Alten Testament des Materialismus: das Neue Testament begann mit der Evolution. Und dessen erlösendes Wort war da; doch die eine, auch vom Deismus erlösende *Tat*: die naturwissenschaftliche Erklärung des Problems der Entstehung des Lebens, fehlte noch.

Louis Pasteur hatte in seinen Versuchen nach 1860 der Theorie von der Urzeugung den Garaus gemacht. Eine solche Urzeugung muß aber für die Lösung des Übergangsproblems postuliert werden. Haeckel nannte die Wesen, die den ersten Schritt der leblosen Materie ins Leben darstellen sollten, *Moneren*, einfachste Protoplasmakristallisationen. Als das Atlantikkabel gelegt wurde, stieß man auf dem Meeresboden auf einen gallertartigen Schlamm, den Huxley als Protoplasma erkannte und dem er den Namen *Bathybius* (in der Tiefe lebend) *Haeckelii* gab. Bei genauerer Untersuchung stellte sich die Gallerte als anorganisch heraus. Ein ähnliches Schicksal erlitt das *Eozoon* (»zur Zeit der Morgenröte (der Erde) lebend«), der Urvater der Tiere im Gneis kanadischen Marmors.[69]

Einen Rückschlag erhielt der Monismus auf jener berühmten Tagung der Gesellschaft deutscher Naturforscher und Ärzte in München 1877, als Virchow sich von Haeckel distanzierte und klarstellte, daß die Evolutionstheorie wissenschaftliche *Hypothese* sei und nicht, zumindest nicht in der Wissenschaft, zur Grundlage *dogmatischen* Verkündigens werden dürfe.[70] Haeckel vermehrte daraufhin seine Anstrengungen. Der endgültige Durchbruch für die Evolutionstheorie in ihrer monistischen Form vollzog sich erst in den 30er Jahren des 20. Jahrhunderts, als der aussichtsreichste wissenschaftliche Kontrahent, der Neovitalismus von Hans Driesch und seiner Schule, die Anhänger verlor und die Richtungskämpfe in der Evolutionstheorie (Neolamarckismus u. a.) beendet werden konnten.

Hans Driesch (1867–1941) entdeckte, geleitet von Seeigelexperimenten, daß das Keimplasma eines Organismus nicht von Anfang an vollständig determiniert ist, daß im frühen Stadium geteilte Lebewesen sich noch zu vollständigen entwickeln. Sein Kollege Hans Spemann (1869–1941) klärte dabei die einzelnen Stadien der fortschreitenden Selbstdetermination des Organismus auf. Driesch zog daraus den Schluß, daß zur Erklärung solcher »hartnäckigen Zielverfolgung« eines auszubildenden Endzustandes, der sich als *nicht*-festgelegt durch Ausgangszustand und Randbedingungen erwies, ein immaterieller, teleologischer Faktor in die Naturwissenschaft eingeführt werden müsse. Er nannte diesen ganzheitsstiftenden Faktor *Entelechie* nach aristotelischem Vorbild.[71] Dieser sollte sowohl das harmonische Zusammenwirken aller chemischen und physikalischen Erscheinungen im Organismus erklären als auch die Entstehung und Reproduktion ganzheitlicher Strukturen insgesamt verständlich machen.
Diese Lösung geriet zunächst aus wissenschaftstheoretischen Überlegungen in Mißkredit. Drieschs Entelechie hat den Charakter einer *ad-hoc*-Hypothese: eine, die unabhängig von der Funktion, für welche sie eingeführt wurde, gar nicht überprüfbar ist. Für die Erklärung der Ganzheit wird auf die Entelechie verwiesen; und bei der Frage nach dem Beweis für ihre Existenz führt man die Ganzheit an – eine Situation wie in dem jüdischen Witz, wo die Leute ihren Rabbi loben, weil er nachmittags im Garten mit Gott geredet hat. Anderen, die das bezweifeln, antworten sie, er habe es ihnen doch selbst gesagt. Und als die Zweifler dagegen einwenden: dann hat der Rabbi halt gelogen, bekommen sie mit strafendem Blick die Antwort: Wird denn Gott mit einem Rabbi reden, der lügt?
In dieser Weise stellte Drieschs Lösung – Beibehaltung des objektivi-

stisch-naturwissenschaftlichen Weltbildes und Einführung eines zusätzlichen teleologischen Faktors – einen Verstoß gegen das alte Prinzip Ockhams dar: *Entia non sunt multiplicanda praeter necessitatem.*[72] Und wenn auch einige der von ihm herangezogenen Phänomene, besonders die der »fremddienlichen Zweckmäßigkeit«[73], ihrer wissenschaftlichen Erklärung noch harren, ließen sich andere durch Kybernetik und Spieltheorie nach 1940 als *Gegen*argumente gegen die Evolution entkräften.

Mit dem Fall des Vitalismus – und das hieß nicht von ungefähr auch: mit dem Resignieren, der Emeritierung, dem Tod der ihm nahestehenden, hartnäckigen Verteidiger,[74] verschwanden auch die von ihnen gegen die Evolutionstheorie erhobenen Argumente. Die monistische Weltsicht war – ausdrücklich *annon* – konkurrenzlos in der Naturwissenschaft.

Wir können dem Gang der kumulierenden Befestigung des Monismus, der Einheit der Natur aus materialistischer Sicht, nicht im einzelnen bis heute nachgehen, sondern wollen seine gegenwärtige Form skizzieren und die Rolle betrachten, die die Teleologie in ihm spielt.

Das naturwissenschaftliche Bild der Wirklichkeit ist heute von einer nie zuvor erreichten, großartigen Einheitlichkeit. Die Genetisierung der Natur, ihre Projektion auf die seit dem Urknall verstrichene Zeit erfaßt sämtliche Phänomene der Wirklichkeit, weit über die organische Evolution hinaus, und lokalisiert sie an einer bestimmten Stelle der Zeitgerade in ihrem Auftreten. Wie das Auftreten des radikal Neuen als eine prinzipiell unvorhersehbare *Fulguration* (K. Lorenz) interpretiert werden soll, scheint eine für das Gesamtbild eher unwesentliche Geschmacksfrage zu sein.[75] Einzelne Teile des gesamten Programms werden zwar noch Hypothese genannt, besonders in den Extrembereichen Astro- und Teilchenphysik, aber das ganze Programm als eine Hypothese in dem Sinne zu bezeichnen, daß sie auch als ganze falsch sein könnte, das würden wohl alle ernstzunehmenden Naturwissenschaftler für eine Koketterie befinden. Die zentrale Stelle im Programm nimmt der »unvorstellbar lange Zeitraum« ein, der seit dem Urknall verstrichen ist: um sich die Unvorstellbarkeit vorzustellen, bedient man sich gern einer uralten Metapher, des großen, kosmischen Jahres:

»Um Null Uhr Null am 1. Januar entsteht das All im Urknall, am 1. Mai formt sich die Milchstraße, am 14. September entsteht die Erde, um den 25. September bildet sich das erste Leben aus der Ursuppe, zum 1. November wird die Sexualität erfunden, zum 12. November die Photosynthese. Am 19. Dezember erscheinen schließlich die ersten Fische, am

24. Dezember die ersten Dinosaurier; vier Tage vor Jahresende sterben die Saurier aus, einen Tag später entstehen die Primaten.
Erst am letzten Tag dieses kosmischen Kalenderjahres taucht der Mensch auf: Am Silvestertag um 13.30 Uhr erscheint Ramapithecus, die ersten echten Menschen lassen sich sogar bis eineinhalb Stunden vor Mitternacht Zeit; um 23.46 beherrscht der Peking-Mensch das Feuer, um 23.59 malt der Cro-Magnon Mensch seine Höhlenbilder. 40 Sekunden vor Mitternacht wird die Landwirtschaft erfunden, zehn Sekunden vor Jahresende entstehen die ersten Hochkulturen der Sumerer und Ägypter, sechs Sekunden später findet Christi Geburt statt, und es ist 23.59 Uhr und 59 Sekunden, als die Kopernikanische Wende die wissenschaftliche Revolution einleitet.«[76]

In dem anschaulichen Bild ist nur vom Faktum des Auftretens des Neuen die Rede, nicht vom »Wie?«. Die Zahlen mögen sich absolut und relativ noch weiter ändern, wie sie es seit Haeckel getan haben. Aber daß die Neuentstehungen etwas mit göttlicher Schöpfung zu tun haben könnten, ist für die Naturwissenschaft nicht weniger *ad hoc* als Drieschs Entelechie. Die Ehrfurcht vor Gottes Schöpfung gründet letztlich auf einer Ehrfurcht vor dem Urknall oder vor einem pulsierenden Universum.

Es hat sich ohne Eintrag gegenüber der Einheit der Natur eingebürgert, im Gesamtprogramm der genetisierten Natur drei verschiedene Evolutionen zu unterscheiden:

1. eine Evolution des Kosmos; Beginn vor ca. 18×10^9 Jahren[77]
2. eine Evolution des Lebens; Beginn vor ca. 4×10^9 Jahren[78]
3. eine Evolution des Menschen; Beginn vor ca. $1{,}5 \times 10^7$ Jahren[79]

Innerhalb der dritten Evolution lassen sich noch einmal zwei logisch differente Entwicklungen unterscheiden, deren Korrelation hier nicht zur Debatte steht,

3a. die Evolution des Geistigen (auch: Sprache, Bewußtsein)[80]
3b. die Evolution des Sittlichen (auch: Kultur, Wirtschaft)[81]

Wir betonen aber, daß es sich um eine *logische* Differenz handelt, die hier wegen der differenten Übergangsproblematik (s. u.) eingeführt wird. Entscheidend im Verhältnis der Evolutionen 1.–3. ist, daß nicht die eine durch die andere abgelöst wurde, sondern daß alle weiterhin und gleichzeitig stattfinden, aber mit erheblichsten Geschwindigkeitsdifferenzen. Dabei sind auch direkte Einflüsse besonders von Evolution 3 auf Evolution 1 (potentielle Zerstörung eines Planeten; aber von noch *sehr* geringer Größenordnung) und auf Evolution 2 möglich (Domestikation von Arten;

Ausrottung natürlicher Arten [auch Selbstausrottung der Menschen]; Erzeugung künstlicher Arten von Krankheitserregern wie von Insulinproduzenten; Erzeugung von Übermenschen[83]); überdies beschleunigte sich Evolution 3a in den letzten Jahrzehnten, was von 3b nicht zu behaupten ist.[84] Doch stehen für unsere Überlegungen weder die Evolutionen im einzelnen noch die zugehörigen Jahreszahlen zur Debatte, so faszinierend Erörterungen dieser Art sind. Für unsere Zwecke interessieren vor allem die Frage nach der Entstehung des Neuen sowie die Folgerungen, die sich aus den Antworten für das Teleologieproblem ergeben.

Für die Entstehung des Neuen wählen wir nur die vier Nahtstellen zwischen den Evolutionen aus.[85]

1. Wie kommt es zum Urknall, zu den Naturgesetzen, zur Materie?
2. Wie kommt es vom Nicht-Lebendigen zum Lebendigen?

3a. Wie kommt es vom Nicht-Bewußtsein zum Bewußtsein?
3b. Wie kommt es vom Nicht-Sittlichen zum Sittlichen?

Während die Antworten auf diese Fragen im 19. Jahrhundert für alle (außer die gläubigen Monisten) noch unbefriedigend ausfielen, haben sich im 20. Jahrhundert neue Wissenschaftszweige etabliert, innerhalb derer, besonders in den letzten zwanzig Jahren, Antworten formuliert wurden, die selbst den philosophisch problembewußten Naturwissenschaftlern wie strengen Wissenschaftstheoretikern plausibel erschienen. Wir beschränken uns – nicht zuletzt aufgrund des Vorliegens überaus beredter Zusammenfassungen[86] – auf das Wesentlichste.

ad1: Fast alle Autoren zu dieser Problematik sind sich darüber einig, daß die menschliche Vorstellungskraft für sie bei weitem überfordert ist. Die Unanschaulichkeit verschiedener Grade[87] hindert jedoch die wenigsten Autoren, nicht doch sehr hübsche Modelle zu entwerfen, die dem Leser das hypothetische Geschehen (schon der Name »Geschehen« täuscht etwas Anschauliches vor) sehr plausibel illustrieren:[88] Der Urknall vollzog sich vor $\sim 18 \times 10^9$ Jahren in einem Weltenkern, der die gesamte Materie des künftigen Universums enthielt, also bei einem sehr kleinen Umfang eine sehr hohe Dichte und besonders die sehr hohe Temperatur von 10^{12} Grad Kelvin hatte. Die Materie (was immer das sein mag)[89] in ihrer Verschiedengestaltigkeit der 92 Elemente entsteht nach einer Hadronenzeit, einer Zeit der Kernreaktionen, der Atomkerne und der Strahlung, erst nach etwa einer Million Jahren aufgrund der lapidaren Tatsache, daß Neutronen, welche mit einer Halbwertszeit von ~ 17 Minuten zerfallen ($n \rightarrow p + e^- + \bar{\nu}_e$)in Kernverbindung mit Protonen aufgrund einer minimal günstigeren Energiebilanz *nicht* zerfallen, andernfalls alles beim Wasserstoff geblieben wäre. Naturgesetze sind nichts »Entstandenes« (wenn sie sich auch ändern können und nie mehr als eine – *fast* beliebig zu erhöhende – Wahrscheinlichkeit besitzen)[90]. Wer sie gemacht hat, ist keine sinnvolle Frage. In der ersten Frage schließlich nach dem Ursprung des Urknalls, welche bei Darwin noch ein minimales deistisches Refugium für Gott beließ, ist die Naturwissenschaft wieder zu einer vorsokratischen Antwort zurückgekehrt: Ewig läuft das Rad des Seins. Das Universum pulsiert: es explodiert im Urknall, expandiert eine Weile bis zu einem gewissen Durchmesser, kontrahiert dann wieder bis zum nächsten Urknall. Allerdings sollte die metaphorische Sprechweise nicht allzusehr verdekken, daß es in diesen Fragen für das »geistige Auge« nichts vorzustellen gibt.

ad 2: In der Frage der Entstehung des Lebendigen hat die Molekularbiologie zusammen mit Kybernetik und Informatik eine Hypothese vorgelegt, die in der Naturwissenschaft auf allgemeine Zustimmung gestoßen ist: Manfred Eigens *Hyperzyklus*, welcher eine Lösung des Problems »der Selbstorganisation von Makromolekülen zu autokatalytischen Hyperzyklen« darstellt;[91] »autokatalytisch« bedeutet dabei: befähigt zur Selbstreproduktion. Entscheidende Grundlagen für diese Theorie erbrachte der *annus mirabilis* 1953 mit dem Experiment von Stanley Miller, der aus der Ursuppe (Methan, Wasser, Ammoniak) durch Funkenentladung schon nach zwei Tagen Aminosäuren erhielt, sowie mit der Strukturaufklärung des genetischen Codes durch Watson und Crick.[92] Mit der Ebene der Selbstreplikation eines Systems, welchem dabei Fehler unterlaufen können (Mutation), ist der Ausgangspunkt für die Selektionstheorie erreicht: von ihr ab beginnt die Evolution des Lebendigen. »Leben hat nur die Funktion, Leben zu erzeugen« (C. Bresch[93]): diese Funktion ist auf der Ebene selbstreplikativer Molekülstrukturen bereits erreicht. Und umgekehrt kann man definieren: »Ein System lebt, wenn es zur Evolution durch natürliche Auslese fähig ist.«[94] Die Entstehung solcher Systeme gilt als im Prinzip geklärt.[95]

ad 3a: Die Frage nach der Entstehung des Bewußtseins wird in einem Teilgebiet der Evolutionstheorie beantwortet, der sog. evolutionären Erkenntnistheorie. Diese Theorie betrachtet das Leben als »erkenntnisgewinnenden Prozeß« (K. Lorenz).[96] Alle Lebewesen im Prozeß der Evolution stehen vor der Aufgabe, die Umwelt möglichst zutreffend wahrzunehmen, d. h. jene Lebewesen pflanzten sich in stärkerem Maße fort, überlebten besser, welche sich ein richtigeres Bild von ihrer Umwelt machten. Das beginnt mit der Erkenntnis geeigneter Nahrung und führt über das Erkennen der Geschlechtsgespielen und Gefahrenherde zu den kompliziertesten »Weltbildapparaten« (K. Lorenz), welche Informationen über die Außenwelt sammelten und sie zu zweckmäßigem Verhalten verarbeiteten.

»Um es grob, aber bildhaft auszudrücken: der Affe, der keine realistische Wahrnehmung von dem Ast hatte, nach dem er sprang, war bald ein toter Affe – und gehört daher nicht zu unseren Urahnen« (G. Simpson[97]).

In diesem Evolutionszusammenhang liegt der Vorteil des Denkens im zentralen Apparat der Primaten auf der Hand:

»Die Intention zum Handeln konnte sich von ihrer unmittelbaren Umsetzung in Motorik ablösen, und diese Aufhebung ... machte im Gehirn selbst ein *Modell* des äußeren Raumes frei verfügbar, an dem es nunmehr möglich war, vorstellungsmäßig anschaulich »herumzugreifen«, »zu hantieren«, »Operationen zu vollziehen« ... Das Tier konnte auf einmal *denken*, ehe es handelte! Der biologische Wert dieser Fähigkeit, rein vorstellungsmäßig Lösungsmöglichkeiten durchzuprobieren, ist leicht einzusehen: Das Tier kann die Folgen verschiedener Handlungsweisen »erfahren«, ohne etwaige üble Konsequenzen in Kauf nehmen zu müssen.« (K. Lorenz[98])

Demgemäß stammen die apriorischen Anschauungs- und Denkformen Kants aus der Evolution. Sie passen auf die Welt, weil sie sich im Laufe der Evolution in der Anpassung auf sie herausgebildet haben; dies gilt für die Anschauungsformen genauso wie für die logischen Kategorien. Das Selbstbewußtsein muß ebenfalls in dieser Weise entstanden sein; zweifellos ist so etwas wie das »Gefühl für die Einheit des Subjekts« von Selektionsvorteil[99], wenn es auch nicht mehr als eine »Arbeitshypothese« – allerdings eine heuristisch fruchtbare – darstellt (R. Dawkins); die Sprache ist eine Konsequenz des Bewußtseins (R. Riedl), das Bewußtsein selbst ein »hochkomplexes Zerlegungsmuster« im Gehirn (C. Bresch), welche die Existenz des eigenen Organismus anzeigt. Das einzige Problem, das für K. Lorenz in der evolutionären Erkenntnistheorie unauflöslich bleibt, ist das Leib-Seele-Problem.[100] Darin stimmen ihm andere moderne Theoretiker, welche den Begriff »Seele« für unsinnig halten, verständlicherweise nicht zu.

ad 3b: Der Ursprung der menschlichen Moralität ist Teilgebiet einer Wissenschaft vom tierischen Sozialverhalten geworden, der sog. Soziobiologie.[101] Alle Antworten auf die Frage: »Was ist der Mensch?«, welche aus der Zeit vor 1859 gegeben wurden (»Origin of Species«), kann man *prinzipiell* ignorieren (G. Simpson[102]), da die Wurzel *jedes* menschlichen Verhaltens im Evolutionsprozeß liegt und die Qualifikation vom Verhalten als moralisch oder unmoralisch selbst keine andere

Funktion hat als die Selektionsfunktion von Gruppen zu erhöhen (E. O. Wilson[103]). Die Soziobiologie in ihrer Anwendung auf den Menschen erklärt, wie es zum Altruismus kommt, welcher dem darwinistischen Prinzip des Eigennutzes zu widersprechen scheint: jede Form von Altruismus ist in Wahrheit entweder *direkt* mit der Verbesserung der eigenen Überlebensfähigkeit in der Gruppe verknüpft oder führt, in extremen Fällen der Selbstaufopferung, zu einem verbesserten Überleben der eigenen Familie oder Gruppe, jedenfalls von Exemplaren mit weitestgehend ähnlicher genetischer Ausstattung (indirektes Erhalten der Gene). Es handelt sich hierbei um die naturwissenschaftliche Formulierung des platonischen Arguments, daß selbst Räuberbanden nur dann wirklich erfolgreich böse sein können, wenn sie innerhalb der Gruppe ein Mindestmaß an ethischem Verhalten an den Tag legen. Wesentlich bleibt auch hier, daß das Sprechen vom »Egoismus der Gene« oder »Altruismus des Verhaltens« niemals einen Zweck oder ein Ziel bezeichnet (Selbsterhaltung, Gruppen-Selbsterhaltung), sondern nur eine Abkürzung des Sachverhaltes »Selektionsprodukt im Kampf ums Dasein« ausdrückt. Die natürliche Ebene dieses Kampfes stellt evolutionsgeschichtlich die Ebene der genetischen Ausstattung, der Gene dar, denn jedes Lebewesen ist in seinem Sein und Verhalten darauf reduzierbar, dann aber nicht weiter (außer unter Einbeziehung des gesamten Evolutionsprozesses). Von dieser genetischen Basis aus lassen sich nun alles menschliche Verhalten, alle Kulturleistungen, Kunst und Religion erklären.

Zunächst der Zusammenhalt der Familie:

> Was ist eine Mutter? »Eine Mutter ist eine Maschine, die so programmiert ist, daß sie alles in ihrer Macht Stehende tut, um Kopien der in ihr enthaltenen Gene zu erhalten.«[104]

Wie kommt es zum Lächeln des Säuglings? Das Lächeln des Säuglings ist daraufhin selegiert, »daß er mehr als den gerechten Elternaufwand erhält«[105]. Wie kommt es dazu, daß der Mann nach dem Schwängern der Frau trotzdem bei ihr bleibt? »Die Natur wußte auch aus dieser sozialen Zwickmühle einen Ausweg: Die Frauen verloren die sonst bei allen Tieren übliche Brunftzeit, konnten dadurch das ganze Jahr über Geschlechtsverkehr anbieten – und sicherten sich die zum Überleben [der Gene!] essentielle Mithilfe der Männer durch den Köder Sexualität.«[106]

Dies muß man für größere Gruppierungen, erst die Eiszeithorden, dann die kleineren und größeren gesellschaftlichen Zusammenballungen übertragen. In diesen wurden natürlich Kontrollen in bezug auf das soziale Verhalten nötig, überall dort, wo individueller Gen-Egoismus dem Gruppen-Gen-Egoismus vorgezogen wurde – zunächst aber nur in den für letzteren *schädlichen* Vorgängen. Das änderte sich mit der Verselbständigung der Priesterkaste, welche im Besitz des Wissens der moralischen Normen waren. Ursprünglich war die Sanktionierung der Normen durch Götter oder Ähnliches evolutionstheoretisch sehr sinnvoll gewesen, vermochte doch der Glaube an die Unsterblichkeit ein ungekanntes Maß an Bereitschaft zur Selbstaufopferung freizusetzen. Die Verselbständigung der Priesterkaste führte dann aber zur Priesterherrschaft, schließlich zu Religionskriegen und Folter.[107] Wenn aber auch die Religion als Gegenstand der Biologie vollständig erklärt werden kann und damit die *Theologie* hoffentlich bald verschwinden wird, so stellt Wilson doch resignierend fest, daß die *Religion* dennoch weiter bleiben wird: schließlich liege der Selektionsvorteil zugunsten des Altruismus auf der Seite des Unsterblichkeitsglaubens, und deshalb werden jene Leute alle sein Buch zurückweisen, deren »emotionale Bedürfnisse von der traditionell organisierten Religion befriedigt wurden«.[108] Dennoch werden im Bereich der Wissenschaften »die Politologie, Jura, Wirtschaftswissenschaft, Psychologie, Psychiatrie und Anthropologie alle Zweige der Soziobiologie werden« (Trivers[109]). Man ist geneigt zu ergänzen, daß selbst die Soziobiologie zu einem Zweig der Soziobiologie werden wird.

Zusammenfassend läßt sich zu den vier Lösungen der Übergangsfragen festhalten, daß das jeweils prinzipiell Neue *prinzipiell* neu ist nur in bezug auf sein plötzliches Auftreten. K. Lorenz hat diese Vorgänge »Fulgurationen« genannt:

> »Wenn z. B. zwei voneinander unabhängige Systeme zusammengeschaltet werden ..., so entstehen schlagartig *völlig neue Systemeigenschaften*, die vorher nicht, und zwar *auch nicht in Andeutungen* vorhanden gewesen waren. Genau dies ist der tiefe Wahrheitsgehalt des mystisch klingenden, aber durchaus richtigen Satzes der Gestaltpsychologen: ›Das Ganze ist mehr als seine Teile‹.«[110]

In dieser Weise schließen sich im Hyperzyklus die Moleküle zusammen zum Lebewesen, im Weltbildapparat die Einzelwahrnehmungen zum Bewußtsein, in der Intersubjektivität die Individuen zu moralischen Gliedern einer Gruppe. Jedesmal entstehen vorher nicht dagewesene Qualitäten. Nur scheinbar widerspricht dieser »Fulgurationstheorie« die »Emergenztheorie der Evolution«[111]: Letztere behauptet ja keineswegs eine *Präformation* der neuen Qualitäten in den jeweils niedrigeren Ebenen – das wäre Teleologie! – sondern nur ihre vollständige Rückführbarkeit auf diese.[112]

Unsere letzte Frage gilt der Teleologie in dieser Wirklichkeitssicht. Im Bereich des Anorganischen, in welchem Aristoteles ja auch noch vom *oikeios topos*, dem natürlichen Ort von schweren oder leichten Dingen, gesprochen hatte, herrscht »Teleomatie«: automatisches Erreichen von Endzuständen kraft Naturgesetzlichkeit, also kraft Antecedensbedingungen und einschlägiger Naturgesetze. *Telos* bedeutet in »Teleomatie« nur »Ende«. Im Bereich des nicht-menschlichen Organischen herrscht »Teleonomie«, die Zweckmäßigkeit ohne Zweck, die scheinbar im Verlauf des Mutations-Selektionsprozesses übriggebliebene Zweckmäßigkeit »fürs Überleben«, welches aber selbst kein Zweck ist; *telos* bedeutet hier Ziel, wobei das Ziel ausdrücklich nicht den Charakter des Zweckes trägt.[113]

Die »Zwecke« im Bereich des Erkennens sind der Teleonomie untergeordnet: die Außenweltsimulation resp. Komplexitätsreduktion der Außenwelt durch Wahrnehmung und logische Verarbeitung sind Evolutionsprodukte. Im Bereich der Atavismen biologischer Selektionsvorteile ist eine bunte Variabilität von nunmehr Selektionsneutralem möglich: ausufernde Balzrituale bei Tier und Mensch, »Ausschmückung« des Habitus, beim Menschen Kunst, Religion, ja sogar Philosophie.

Übrig bleiben die »Zwecke« von menschlichen Handlungen. Aber sie bleiben nur scheinbar übrig: auch hier ist das Sprechen von »Zwecken« im wesentlichen eine abkürzende Sprechweise einerseits und das Eingeständnis andererseits, daß unsere Neurophysiologie und vergleichende Humanethologie/Soziobiologie *noch nicht* ausreichen, um auch zeitvorläufige »Handlungszwecke« auf Systemkausalität zurückzuführen. Auch das menschliche Handeln unter sittlichen Aspekten wird sich *prinzipiell* auf teleonomische Strukturen zurückführen lassen, ebenso wie diese über das Evolutionsgeschehen letztlich nur durch ihre Komplexität von teleomatischen Vorgängen »willkürlich« und zur übersichtlichen Gliederung abgegrenzt werden.

Anmerkungen

1 Der Begriff »Biologie« entstammt einer terminologischen Verlegenheit (»Zoologie« war schon vergeben) und wurde um 1800 von Cuvier, Treviranus und Burdach unabhängig voneinander eingeführt.

2 Vgl. dazu Löw (1980, S. 77–100).

3 Kausalmechanische Erklärungen im physiologischen und medizinischen Bereich finden sich seit Hippokrates; erst Descartes und die Iatrophysik sowie dann wieder das 19. Jahrhundert behaupteten, daß *alle* Lebenserscheinungen physikalisch befriedigend zu erklären seien.

4 Die Mutation könnte nur metaphorisch »Prinzip« genannt werden, da sie ganz dem Zufall überlassen bleibt. Der Zufall kann aber nicht »Prinzip« sein, da er auf eine Normalsituation angewiesen ist; vgl. das 2. Kapitel.

5 Wir verwenden Anführungszeichen, weil es sich nur *teleonomisch* um Steuerung handelt: es sieht so aus, aber es gibt keinen Steuermann, vgl. den Text.

6 Darwin interpretierte sie zu seinen Gunsten, ohne daß dies irgend zwingend gewesen wäre; vgl. A. O. Lovejoy: The Argument for Organic Evolution Before the Origin of Species. In: Glass (1968, S. 356–414).

7 Charles Darwin: On the Origin of Species by Means of Natural Selection, or Preservation of Favoured Races in the Struggle of Life (London 1859).

8 Zitiert nach O. Temkin: The Idea of Descent in Post-Romantic German Biology. In: Glass (1968, S. 323–355, die Stellen S. 350f).

9 Es besagt, grob vereinfacht, daß Individuen einer Art in ihrer Embryonalzeit ihre Phylogenese wiederholen; es wurde aufgestellt von Kielmeyer und Meckel zu Beginn des Jahrhunderts, widerlegt von Baer, später von Haeckel als der wichtigste (von Darwin als der zweitwichtigste) Beweis des Darwinismus angesehen.

10 Vgl. dazu J. Oppenheimer: An Embryological Enigma in the Origin of Species. In: Glass (1968, S. 292–322). Zuchtwahl heißt: menschliche Selektion innerhalb einer Tierart, etwa durch Domestikation. Die Kropftaube bildete ein besonders illustratives Beispiel. Allerdings handelte es sich dabei *nie* um einen echten Artwandel!

11 A. O. Lovejoy (1968), vgl. Fußnote 6.

12 Im Sinne von T. Kuhn: Die Struktur wissenschaftlicher Revolutionen (Frankfurt 1973). E. Mayr (1979, S. 157) mißversteht diese Klassifizierung aus zwei Gründen. Einmal wendet er ein, diese Revolution müsse dann 250 Jahre gedauert haben – der *Kern* des darwinischen Arguments aber ist doch die sehr schnell durchgesetzte Theorie vom *Ineinandergreifen* von Artenwandel und Selektion, *nicht* die Befunde *abgesehen* vom Ineinandergreifen – zum zweiten aber scheint ihm der Darwinismus dann die *letzte* Revolution im Sinne Kuhns zu sein. Das schließt Kuhn für jede Theorie aus.
Musterbeispiel ist diese Revolution gleichwohl: denn in ihr (wie vergleichbar nur in der Berthollet-Proust-Kontroverse; vgl. Löw (1979, S. 83)) findet sich die *definitorische* Umwandlung eines Problems ohne befriedigende Lösung in einen *Befund*, der als Ausgangspunkt der Theorie dienen kann.

13 Und nicht aus irgendwelchen katholischen, dogmatischen oder »essentialischen« Relikten, wie man gerne der Kirche oder der Philosophie vorwirft.

14 Rádl schreibt, daß Darwin auch sonst nicht gerne definierte, sondern lieber gleich an Evidenz appellierte und sich auf seine Intuition berief (II, 135ff).

15 »Darwin und Spencer greifen ihre Gegner nicht in einem gelehrten Diskussionsgefecht an, sondern sie vernichten sie, indem sie sie steinigen.« P. Duhem (1908, S. 83).

16 Würde man nämlich die Art nach Buffon definieren (Buffons Regel: zu *einer* Art gehören dann zwei (verschiedengeschlechtige) Individuen, wenn sie miteinander fruchtbare Junge hervorbringen können), dann wäre Artenwandel per definitionem ausgeschlossen.

17 Darwin *forderte* Experimente, er führte sie nicht durch.

18 Zum Begriff Evolution vgl. H. Krings: Evolution und Revolution. Zwei Interpretamente der modernen Welt. In: Fortschritt ohne Maß? (R. Löw et al. ed., München 1981).

19 Mayr (1979, S. 148); wir haben das Schema geringfügig in der Anordnung geändert, weil die Klammer – wie aus dem Text bei Mayr ersichtlich – falsch gezeichnet wurde. Wir verdanken Prof. Mayr – bei aller Verschiedenheit der Interpretation – die klarste Darstellung des Darwinismus!

20 Über diesen *Kern* der Argumentation gleitet Mayr a. a. O., S. 179 allerdings elegant hinweg.

21 Vgl. dazu Temkin bei Glass (1968, S. 330); die Theologie geriet mit der Erhöhung der Wundertaten Gottes zunehmend ins Zwielicht; wären ihre Mängel schon 1844 so sichtbar wie 1859 gewesen, so würde der Darwinismus heute Chamberismus heißen (weil

Chambers 1844 in seinen »Vestiges ...« Darwins Grundgedanken vorwegnahm – so jedenfalls Lovejoy bei Glass (1968, S. 380f).

22 Mayr. a. a. O., S. 136, 156; Darwin bezog erst 1871 (The Descent of Man, London 1871) den Menschen ins Evolutionsgeschehen mit ein.

23 Unter »missing link« versteht man den (u. U. fossilen) Repräsentanten jener Zwischenform, die dann zwei Arten aus sich entläßt: der Archäopterix Reptilien und Vögel, der Quastenflosser Land- (Lungen-) und Wasser- (Kiemen-) Tiere.

24 Zitiert nach Illies (1979, S. 63f): zu ähnlichen Fehlleistungen (Eozoon, Bathybius) vgl. den Text im 4. Abschnitt.

25 Mayr (1979, S. 182).

26 R. Dawkins (1978, S. 1). Vielleicht fragen sie, wenn es sich um höhere [??] Lebewesen handelt, auch weiter, ob uns auch schon die Widerlegung eingefallen ist ...?

27 Fehlanpassungen und zwecklos gewordene Vorrichtungen und Rituale gibt es zwar auch, aber dafür gibt es mit der »intraspezifischen Selektion« auch darwinistische Erklärungen.

28 Nach Mayr (1979, S. 210).

29 a. a. O., S. 222.

30 a. a. O., S. 199.

31 Vgl. dazu Mayr (1979, S. 207–216); Mayr selbst will Teleonomie in Abgrenzung zur Teleomatie (anorganische, scheinbar zielgerichtete Prozesse wie den Lauf eines Flusses zum Meer, das Kollern eines Steines vom Berg) nur in Verbindung mit einem genetischen Programm konstatieren. E. Nagel warf ihm daher (1977, S. 271) zu Unrecht vor, auch der Uranzerfall müsse teleonomisch sein, weil er einem statistischen Gesetz gehorche: das ist noch kein genetisches Programm. Nagel trifft Mayr aber messerscharf dort, wo er ihm vorwirft, daß seine Unterscheidung *rein* definitorisch erfolge: daß nämlich organische Moleküle etwas anderes sind als Uranatome!!

32 Mayr (1979, S. 227).

33 So Mayrs Unterscheidung (201, 223); allerdings ist die »Tatsächlichkeit« in der materialistischen Weltsicht genauso *meta*physisch wie alle anderen Weltsichten; vgl. das 9. Kapitel.

34 So die klassische Definition bei Kant: was »anartet«, muß auch zweckmäßig sein resp. irgendwann einmal zweckmäßig gewesen sein.

35 Zitiert nach Rádl II (1909, S. 140).

36 Wobei »Schönheit« für den Darwinisten immer in grellen Farben, langen Schwanzfedern, möglichst auffallenden und weitriechenden Merkmalen besteht: ein eigentümlicher Begriff von Schönheit gewiß, wenn man die zartesten und nuanciertesten Gebilde betrachtet, welche die Natur auch hervorbringt; vgl. dazu A. Portmann und seine Lehre von der Selbstdarstellung des Lebendigen (A. Portmann: Biologie und Geist. Frankfurt 1973); vgl. das 9. Kapitel zur Zirkularität des Versuchs, Schönheit als Arterhaltungsvorteil *und* als Anthropomorphismus zu »erklären«. Vgl. auch Rádl II (1909, S. 245f).

37 Die ganze Lehre von der sexuellen Zuchtwahl – daß der häufiger oder besser Kopulierende u. U. einen Selektionsvorteil hat vor dem nur sonst gut Angepaßten – stellte eine wesentliche Korrektur und Ergänzung des Darwinismus dar! Vgl. Mayr (1979, S. 59–79).

38 Zu den Problemen bei der Mimikry vgl. Rádl II (1909, S. 257–264).

39 Einer Art Mutationstheorie ohne zugehörige Selektion, die ans Leben ginge.

40 Mayr (1979, S. 204).

41 Man könnte meinen, Erdsporen, welche bei 120°C und 3 atü in Autoklaven überleben können, sind *besser* fürs Überleben angepaßt als Menschen. Das ist falsch: es gibt hier kein »besser« oder »schlechter«, welches nicht Ausdruck der anthropomorphen Denkweise wäre.

42 R. Riedl: Die Strategie der Genesis (München 1976, S. 290).

43 Bei Aristoteles finden sich zwar ökologische Bemerkungen und Beobachtungen in Fülle; vor Darwin und Haeckel wurden sie als die üblichen Anthropomorphismen verlacht.
44 Vgl. Rádl II (1909, S. 235), Haeckel im Text.
45 Daß dies nicht gelingen *kann*, solange der Evolutionismus nicht darauf verzichtet, metaphysische Aussagen zu machen und Konditional- mit Kausalzusammenhängen zu verwechseln, hat Hengstenberg (1963) in unwiderlegbarer Weise dargetan.
46 Vgl. dazu Rádl II (1909, S. 212–230).
47 Vgl. E. Ungerer: Die Erkenntnisgrundlagen der Biologie: Handbuch der Biologie I/2 (Frankfurt 1941, S. 1–94, bes. S. 50ff).
48 C. Bresch: Zwischenstufe Leben (München 1977, S. 297).
49 H. v. Helmholtz: Über das Verhältnis der Naturwissenschaften zur Gesamtheit der Wissenschaften. In: Vorträge und Reden (Braunschweig [5]1903, S. 157–186).
50 Während – in Wahrheit – die Naturwissenschaften in *eminentem* Maße Geisteswissenschaften sind: wo soll denn das *Wissen* sonst stecken? Vgl. das 9. Kapitel.
51 H. Plessner: Die Stufen des Organischen und der Mensch (Berlin [2]1965, S. 6).
52 Eine Darstellung der darwinischen Revolution aus einem Sichtwinkel wie Feyerabends »Wider den Methodenzwang« (Frankfurt 1976) wäre sicher sehr fruchtbar.
53 Vgl. Rádl II (1909), S. 172–182).
54 Zum Verhältnis von Huxley und Darwin vgl. Lovejoy bei Glass (ed. 1968, S. 358–363 et pass).
55 Vgl. dazu die verdienstliche Studie von F. Gregory: Scientific Materialism in Nineteenth Century Germany (Boston 1977).
56 Vgl. Gregory (1977, S. 201ff). Der Marxismus ist das Dogma, auf das die Biologie zurückgeführt werden muß, nicht umgekehrt. Das wurde bei Lyssenko (vgl. J. P. Regelmann: Die Geschichte des Lyssenkoismus, R. G. Fischer Verlag 1981) besonders deutlich, findet sich aber auch heute ganz ungebrochen. Vgl. Löther (1979).
57 Vgl. Rádl II (1909, S. 270–297), Autrum bei Gerlach (ed.): Der Natur die Zunge lösen (München 1967, S. 321–330); J. Hemleben: Ernst Haeckel (Hamburg 1964 = romono 99).
58 E. Dubois-Reymond: Die sieben Welträtsel. In: Vorträge über Philosophie und Gesellschaft (Meiner, Hamburg 1974, S. 159–188).
59 E. Haeckel: Die Welträtsel (Bonn [5]1900, S. 23), im Folgenden: WR.
60 Wir paraphrasieren das Schema auf S. 267 der »Welträtsel«; die Einfachheit der Thesen machte es leicht, sie für Unterricht und Erwachsenenbildung einzusetzen; wie die Bolschewiki 1905 bezeichnete Haeckel die Darwinisten übrigens als Mehrheit zu einem Zeitpunkt, wo dies keineswegs der Fall war (Die Lebenswunder, Stuttgart 1904, S. 558).
61 Haeckel orientiert sich am »reinen und unzweideutigen Monismus von Spinoza« (WR 23) und identifiziert stillschweigend Geist mit Energie.
62 Der Kant der KrV ist »Atheist mit reiner Vernunft«, die KU Produkt von Kant, dem »Theisten mit reiner Unvernunft« (LW 528).
63 Der Papst als »schamlose Karikatur des Christentums«, (WR 314), als »brutaler Attentäter gegen die Wissenschaft« (WR 385) usf.
64 Auch hier die typische Umwandlung eines *Problems* in ein *Faktum*. Büchner: Kraft und Stoff (Frankfurt 1855, zitiert nach der Ausgabe 1894, S. 198).
65 a. a. O., S. 281. Aus genau diesem Grunde kann man die »Evolutionstheorie als Faktum« (Dawkins) nicht hinnehmen: sie ist *Interpretation*; vgl. das 9. Kapitel.
66 Die goldene Regel (Was du nicht willst daß man dir tut, das füg' auch keinem anderen zu) sei identisch mit Jesus' Forderung: Liebe deinen Nächsten wie dich selbst! – soviel wie: Kratzt Du mir den Rücken kratz ich dir den Rücken.
67 Büchner (Anm. 64), S. 282.
68 Vgl. Hemleben (Anm. 57), S. 126ff.
69 Vgl. dazu Rádl II (1909, S. 292).

70 Vgl. dazu Rádl II (1909, S. 165–182).
71 H. Driesch: Philosophie des Organischen (Leipzig [2]1921, S. 400-557).
72 Vgl. das 2. Kapitel.
73 E. Becher: Die fremddienliche Zweckmäßigkeit der Pflanzengallen und die Hypothese eines überindividuellen Seelischen (Leipzig 1917). Pflanzengallen zeigen Zweckmäßigkeitsphänomene, die teleologisch auf ihren eigenen Untergang zugunsten der Wespen ausgerichtet sind.
74 Die ganze Gruppe, die in der Schriftenreihe BIOS publizierte, die Münchner Naturphilosophische Schule (Becher, Dacque, Wenzl, Conrad-Martius), J. v. Uexküll, A. Portmann, A. Meyer usf.
75 Denn jede Unvorhersehbarkeit ist zwar nur im Nachhinein von Menschen konstruiert – also als sie selbst gerade nicht auszuweisen. Dies wird von Kontinuitätstheoretikern berücksichtigt – damit gibt es aber gar nichts »radikal Neues« mehr; vgl. das 10. Kapitel.
76 Carl Sagan: The Dragons of Eden (New York 1977, zitiert.nach: Die Zeit, Universum-Leben-Mensch. Nr. 6–8, Februar 1978, S. 32 des Sonderdrucks).
77 Vgl. dazu S. Weinberg: Die ersten drei Minuten (München 1977); J. Störig: Knaurs Buch der modernen Astronomie (München 1972). Der Wert für den Urknall wird immer weiter nach hinten verlegt; es scheint auf eine Milliarde mehr oder weniger nicht so anzukommen. E. Mayr (1979, S. 80–102) hält die Bezeichnung »Evolution des Kosmos« für irreführend, da Evolution an das Vorhandensein genetischer Programme geknüpft ist. Das ist nicht zwingend, wenn man sich darüber verständigt, daß mit Evolution genetischer Programme die Evolution des Lebens gemeint ist, und Evolution des Kosmos für die Herausdifferenzierung von Strukturen zunehmender Komplexität im organischen Bereich steht (e.g. die Ausdifferenzierung der Materie in 94 Elemente).
78 Vgl. dazu H. Erben: Die Entwicklung der Lebewesen (München 1974); Eigen (1975), Bresch (1977) usw.
79 Vgl. dazu R. E. Leakey: Wie der Mensch zum Menschen wurde (Hamburg 1978); W. Wickler (1977), R. Dawkins (1978), usw.
80 Wir müssen uns notwendig auf das Allgemeinste dieses Evolutionsgeschehens beschränken und müssen unerörtert lassen, wie Bewußtsein mit Denken und Sprache zusammenhängen.
81 Damit ist die »Naturgeschichte des Sollens« angesprochen, die von Spencer bis zur Soziobiologie heutiger Prägung reicht, aber auch die Evolution des Wirtschaftens nach F.A. von Hayek.
82 Sie überlagern sich; Ausnahme allerdings Bresch (1977, S. 233). »Die biologische Evolution ist am Ende.«
83 Vornehmlich durch Genmanipulation.
84 Diese Behauptung ist natürlich strittig: man könnte auch sagen, Bewußtseinsmanipulation durch Drogen und Massenpsychose und vielleicht demnächst auch genetische Manipulationen stellen den größten Fortschritt der Menschheit hinsichtlich der Erzeugung einer reibungsfrei ablaufenden Computergesellschaft dar. Wer dann noch etwas anderes will, »geht freiwillig ins Irrenhaus« (F. Nietzsche, Zarathustra, Vorrede II, 284).
85 Es sind nur die schwerstwiegenden Nahtstellen: andere wären der Übergang vom Nicht-Auge zum Auge, von der Nicht-Warmblütigkeit zur Warmblütigkeit, die Übergänge zur Sexualität, zur Brutphase, zur Mehrzelligkeit, zur Schmerzempfindung usf.
86 Sie sind in der Regel so beredt (Monod, Riedl, Bresch, Stegmüller, Vollmer etc.), daß der Verdacht naheliegt, die Autoren waren als Augenzeugen von Anfang an dabei. Bei Manfred Eigen liest es sich vorsichtiger.
87 W. Stegmüller (1975, S. 341–362).
88 Wir paraphrasieren aus S. Weinberg: Die ersten drei Minuten (München 1977). Vgl. dazu auch das symmetrische Gegenstück von R. Breuer: Vom Ende der Welt. In: Bild

der Wissenschaft 18 (1981, 1, S. 46–55), sowie R. Löw: Vom Ende der Welt. Der Wettlauf zwischen den Hasen (In Vorbereitung).

89 Auch der Begriff »Materie« täuscht etwas Anschauliches vor und ist letztlich anthropomorph. Vgl. das 9. Kapitel.

90 Das Problem der Zeit-Invarianz von Naturgesetzen ist nicht durch eine Überzeugung (*daß* sie invariant seien) gelöst; gegenwärtig wird die potentielle Zeitabhängigkeit der Gravitationskonstante diskutiert; vgl. Vollmer (1975, S. 59).

91 Stegmüller (1975, S. 413); Stegmüller zeichnet Eigens Gedankengang faßlich nach.

92 Vgl. dazu J. D. Watson: Die Doppelhelix (Hamburg 1973); unbedingt aber auch: E. Chargaff: Das Feuer des Heraklit (Stuttgart 1979, S. 142–145).

93 Bresch (1977, S. 88).

94 T. Randow (1978, S. 17, Die Zeit; Anm. 76).

95 Das Forschungsgebiet *Synergetik* beschäftigt sich mit den Selbstorganisations-Formen im anorganischen Bereich: Teilsysteme rein anorganischer Systeme »arbeiten zusammen« und entwickeln ganz neue Eigenschaften (H. Haken): dabei sind »Versklavung«, »demokratische Zusammenarbeit von Rechnern« und deren »Verhalten« zentrale Begriffe. Fazit: Die materielle Evolution bis zum Beginn des Lebens verlief zwangsläufig. Vgl. dazu H. Haken: Synergetics (Berlin 1977).

96 K. Lorenz' Arbeiten sind zusammengefaßt in Lorenz (1973). Weitere bedeutende Vertreter sind R. Riedl, G. Vollmer, F. M. Wuketits; eine Selbstdarstellung des Fachgebiets (einschließlich einer ausführlichen Kritik von R. Löw) findet sich in F. M. Wuketits (Hg.): Concepts and Approaches in Evolutionary Epistemology (Dordrecht/Boston 1981).

97 G. Simpson: Biology and the Nature of Science. Science 139 (1963, S. 81–88); zitiert nach Vollmer (1975, S. 103).

98 K. Lorenz, zitiert nach Vollmer (1975, S. 104).

99 R. Riedl (1976, S. 225).

100 Lorenz (1973, S. 227).

101 Vgl. E. O. Wilson: Sociobiology (Cambridge/Mass. 1975); ders.: On human nature (Cambridge/Mass. 1978); R. Dawkins (1978), W. Wickler (1977).

102 Zitiert nach R. Dawkins (1978, S. 1).

103 Wilson (1978, S. 167).

104 Dawkins (1978, S. 145); bei den »Kopien« handelt es sich um Kinder.

105 a. a. O., S. 163.

106 Zit. nach Die Zeit (Anm. 76), S. 31.

107 R. Riedl (1976, S. 295).

108 Wilson (1978, S. 205); und »What about Mother Theresa?« fragt sich Wilson selbst (S. 164); es geht ihr um ihre eigene Sicherheit in Christus und Unsterblichkeit, an die sie glaubt!!

109 Zitiert nach »Die Zeit« vom 29. 9. 1978 (Dossier »Soziobiologie«, S. 33).

110 Lorenz (1973, S. 48). Es soll wohl heißen, daß das Ganze mehr ist als die *Summe* seiner Teile.

111 E. Mayr (1979, S. 195f): Lorenz (1973, S. 47) polemisierte gegen einen versteckten Präformationismus in der Emergenztheorie, während Mayr Emergenz und Fulguration gleichsetzt.

112 Inwiefern die »vollständige Rückführbarkeit« aber den Begriff »neu« aufhebt, dazu vgl. das 9. und 10. Kapitel.

113 »No species, ours included, possesses a purpose beyond the imperatives [!! imperative or law?] created by its genetic history.« Wilson (1978, S. 2).

IX. Kritik am Antiteleologismus

Die Teleologie ist nun also verstorben. Und trotz des *de mortuis nil nisi bene* bekommt sie von denjenigen, die sie zur Strecke gebracht haben, noch böse Worte ins Grab hinterher: sie sei »im wesentlichen das Weltbild der Schwachen und Rückgebundenen gewesen« (N. Hartmann[1]), oder »teleologische Auffassungen gehören zu den Haupthindernissen für die Theorienbildung in der Biologie« (K. Lagerspetz[2]). Umso ungehinderter kann man dafür das Erbe der Teleologie antreten und sich ihrer »abkürzenden« Sprech- und Schreibweise bedienen. Jeder weiß, wie es gemeint ist: »zweckmäßig ohne Zweck« und: nicht dogmatisch und metaphysisch, sondern hypothetisch und heuristisch. Bemerkenswerterweise wird die Ausdrucksweise um so teleologischer, je weiter man sich von Lebewesen entfernt, bei Maschinen, Elementarteilchen oder Wirbelstürmen. Es ist nur konsequent, daß sie auch Personennamen bekommen, was bei Leghennen in einer 10^6-Hühner-Eierfabrik nicht mehr gut möglich ist.[3]

Uns bleibt es aufgegeben, für die Teleologie einen schönen Nachruf zu verfassen. Wir verteilen ihn auf zwei Kapitel: das erste beschäftigt sich mit den »trauernden Erben« (die in Gedanken schon beim fröhlichen Leichenschmaus sitzen), das andere mit der Verblichenen selbst. Der Tenor unseres Nachrufs läßt sich mit zwei Sätzen so andeuten: daß, *wenn* es wirklich die Teleologie war, die hier zur Strecke gebracht wurde, dann mit ihr alle Trauergäste und selbsternannten Erben mitverstorben sind. Da aber die Obduktion der zu Grabe Getragenen ergibt, daß es nicht »die Teleologie« war, sondern eine schwache Karikatur von ihr, wird sie selbst an der Spitze der Tafel ihres Leichenschmauses Platz nehmen und, wie es immer ihre Art war, ihren Verfolgern wie Anhängern ein reiches Mahl bieten.

1. Gegenkritik an der Evolutionstheorie

Für die in diesem Abschnitt folgenden Überlegungen gehen wir davon aus, daß durch das Programm der Evolutionstheorie im Verein mit ihren Stütz- und Hilfswissenschaften die Elimination des teleologischen Denkens als endgültig gelungen behauptet wird. Wir machen diesem Programm, das im letzten Kapitel skizziert wurde, einige Einwendungen, überlegen uns, wie die Wissenschaft ihnen begegnen würde (und tatsächlich begegnet). Daraus ziehen wir einige Konsequenzen.

a) Innerbiologische Kritik am Evolutionsprogramm

Nicht nur Wissenschaftstheoretiker (z. B. Popper, nicht allerdings Stegmüller[4]), auch namhafte Biologen wie der Max-Planck-Instituts-Direktor Joachim Illies haben sich gegen die universale Erklärungskraft des Darwinismus ausgesprochen:

> »Der Darwinismus ist trotz mancher Wiederbelebungsversuche eigentlich längst tot. Die Tragik unserer Zeit ist nur, daß dies die meisten Biologen nicht zugeben wollen oder noch gar nicht bemerkt haben.«[5]

Die Kritik entzündet sich zunächst am Stammbaum der Evolution, der zum Menschen führt. Haeckel zeichnete einen schönen, geradegewachsenen Baum, an dessen Seitenästen »alle Klassen und Ordnungen erblühen, während der Mensch den Gipfel schmückt. Das ist nur die logische Folgerung aus der verallgemeinerten Abstammungslehre – doch eine logische Folgerung ist noch lange kein Baum![6]«. Eine zentrale Rolle mußten die Verzweigungsstellen an diesem Baum spielen; von Haeckel zunächst postuliert und vorab mit Namen versehen (wie *Pithecanthropus*, der *Affenmensch* [7]), wurden die jubelnd begrüßten Entdeckungen von rezenten oder fossilen Zwischenformen zu einer der stärksten Stützen für den Darwinismus. Bei genauer Untersuchung ergab sich freilich, daß diese Zwischenformen doch nur Seitenzweige waren, *nicht* aber selbst die Verzweigungsstellen, also die erhofften Vorfahren. Das gilt für das Paradebeispiel Archäopterix, den Urvogel als Bindeglied von Reptil und Vogel[8] genauso wie für die Abstammung des Menschen von einer gemeinsamen Vorform von Mensch und Affe.

Sowohl der »Affenmensch« Haeckels wie der jüngere Neandertaler wurden inzwischen degradiert zu ausgestorbenen Seitenzweigen der

Menschengattung *homo*. »Die neuesten Stammbäume in der Biologie sind daher gar keine mehr, sondern sie zeigen brav und gewissenhaft auf, was doch auf keinen Fall sein dürfte, nämlich parallele Reihen, die sich erst im Unendlichen (in einer vagen, meist durch gestrichelte oder geschwungene Linien angedeuteten fernen Vergangenheit) noch treffen, also vor Dutzenden von Millionen Jahren oder endgültig erst am St. Nimmerleinstag« (Illies [9]). Mit dem Fortschreiten der Wissenschaft ändern sich – jährlich – auch die Stammbaumverzweigungen: Der führende deutsche Anthropologe G. Heberer veröffentlichte daher regelmäßig »Jeweilsbilder« der Abstammung, und eine »besonders findige Lehrmittelfirma ist inzwischen dazu übergegangen, in Anpassung (!!) an diese Situation einen »flexiblen Stammbaum der Evolution des Menschen« für den Schulunterricht anzubieten. Auf einer Magnettafel kann man den *Stammbaumset* – der hauptsächlich aus Schemazeichnungen von Schädeln, Gebissen und Faustkeilen besteht – nach Belieben montieren. So habe der Lehrer »die Möglichkeit, den Stammbaum auf dem gegenwärtigen Wissensstand zu halten« (Sandrock 1979)« (Illies [10]).

Dieses »Bäumchen, Bäumchen wechsel dich!« weist auf zwei Charakteristika des Darwinismus hin: das eine ist, daß er nicht eine zur Überprüfung anstehende Hypothese, sondern ein wissenschaftliches Paradigma im Sinne von Thomas Kuhn [11] ist. Gegenargumente enthalten bestenfalls Rätsel, die es *noch* zu lösen gilt. Keinem Biologen käme es in den Sinn, Gegenbeispiele als Hinweise darauf anzusehen, daß es sich beim Paradigma *selbst* um eine u. U. falsifizierbare Hypothese handeln könnte. Lieber nimmt man zu ständig wechselnden »hopeful monsters« [12] Zuflucht, die man sich als Zwischenformen *ersinnt*, und zwar so, daß sie einerseits Stammarten sind (die abgeleitete Anpassungen in der unabgeleiteten Urform besitzen), gleichzeitig aber alle speziellen Anpassungen haben, die sie in Darwins Sinn *selbst* schon zum Tüchtigsten und Bestangepaßten machen. Und da zeigt sich das zweite Charakteristikum: Stammbäume, Zwischenformen, Ahnenreihen sind *logische* Gebilde. Sie sind ersonnen und erschlossen aufgrund bestimmter Indizien; ihr oberstes *logisches* Konstruktionsprinzip aber ist der Darwinismus. Stammbäume sind *Argumentationsschemata* (W. Hennig [13]). Das ist keine Widerlegung des Darwinismus, aber eine Einschränkung seiner Aussagekraft. Die Evolutionstheorie ist unter bestimmten Voraussetzungen (auf welche man sich in der Biologie geeinigt hat und welche noch zu diskutieren sind) eine Theorie zur Erklärung von Befunden, die sehr fruchtbar ist und manche Bestätigung erfuhr. Aber wenn man sie zu mehr macht, nämlich zur Beschreibung eines

»Faktums« (Dawkins), dann wird die Zirkularität der Beweisführung an den entscheidenden Stellen offensichtlich. Der Tüchtigste überlebt, heißt es – aber der Tüchtigste wozu? Zum Überleben![14] Bei Stammbäumen, in der Ontogenie usw. liefert »der Verdacht die Spuren, und die Spuren liefern dann den Verdacht – das ist ein logischer Salto mortale, dem nur zu entnehmen ist, daß darwinistische Betriebsblindheit den Blick für die erkenntnistheoretische Schwäche des eigenen Systems vernagelt« (Illies[15]). In derselben Weise wird die Entstehung der Sprache zirkulär «erklärt«[16]; natürlich, wenn die Oberhypothese Evolution *wahr* ist, dann muß irgendwann alles qualitativ Neue als aus dem Vorhergehenden abzuleitende Variante aufgetreten sein. Die Häufung des Hilfsverbums »müssen« ist in den Darstellungen des Evolutionsprogramms ganz ungewöhnlich[17]; die Neuerung *muß* irgendwann einmal aufgetreten sein, und *warum* hat sie sich erhalten? Weil sie einen Selektionsvorteil bot: es ist von bestimmtem Vorteil, in Scharen zu leben, sonst würden Vögel es nicht tun (Dawkins). Die «Beweise« der Evolutionstheorie setzen deren zentrale Gedankenfigur immer schon voraus.

Wir wollen dies hier noch nicht weiter vertiefen. In Anbetracht der Heftigkeit der Auseinandersetzungen zwischen dem harten Kern der Darwinisten und ihren Kritikern wäre es jedenfalls eine Koketterie, nur von einer Hypothese zu sprechen. Wir haben es vielmehr mit einer dezidierten Wahrheitsüberzeugung zu tun. Und erst aus dieser Wahrheitsüberzeugung lassen sich die weitreichenden Folgerungen in allen anderen Gebieten, auch Gesellschaftswissenschaften usf. rechtfertigen. Tatsächlich aber hat der Darwinismus nach wie vor den Status einer Hypothese, die in vieler Hinsicht gut begründet ist und der andererseits weiterhin gewichtige Schwierigkeiten im Wege stehen. Ob diese Schwierigkeiten nur *noch nicht* beseitigt sind (Evolutionstheoretiker) – oder ob sie prinzipiell nicht zu beseitigen sind – in bezug auf diese Frage besteht ein Patt der Kontrahenten.

Die Resultate der Evolutionsbiologie müssen nicht falsch sein, aber falsch ist die apodiktische Form, in der eine bestimmte, auf einer antiteleologischen Option beruhende Erklärungsperspektive als einzig mögliche auftritt.

b) Philosophische Kritik am Evolutionsprogramm. Die Analyse einiger zentraler Begriffe

Kausale Erklärung

Unter »kausaler Erklärung« eines Ereignisses sei hier zunächst eine Erklärung im Sinne des Hempel-Oppenheim-Schemas verstanden: die Angabe von Ausgangsbedingungen (auch »Randbedingungen«) und eines Naturgesetzes, gemäß welchem die Ausgangsbedingungen das zu erklärende Ereignis hervorbrachten. Kausale Erklärungen sind für die antiteleologische Naturwissenschaft die einzig redlichen, »metaphysikfreien« Erklärungen: dies gilt für die gesamte anorganische und organische Welt als erwiesen, nur die «kausale Determination im Verhalten des Forschers (und von Menschen generell) entzieht sich vorläufig noch unserer Analyse« (K. Lorenz[18]). Für Nicolai Hartmann, welcher den herrschenden Evolutionsbiologen als der einzige bedeutende Philosoph des 20. Jahrhunderts erscheint[19], ist Kausalität eine *Realkategorie* im Gegensatz zur Finalität (Teleologie) als Bewußtseinskategorie[20]. Der Kausalnexus determiniert alle natürlichen Ereignisse. Ausgangsbedingungen für das gesamte Evolutionsprogramm sind das Vorhandensein von Materie (und zwar in gewissen Konstellationen[21]) und Zeit (»hinreichend großer Zeiträume«[22]), die speziellen »Spielregeln« neben den allgemeinen Naturgesetzen sind Ausflüsse aus letzteren: die Spielregeln der Evolution wie Selbstreproduktion, Mutation, Selektion, genetische Isolierung usf. Anstelle der einlinigen Kausalitätsketten, welche vornehmlich »in unserem Kausalitätsempfinden, also in der Ursache-Wirkungs-Verrechnung unseres ratiomorphen Apparates«[23] bestehen, sind in Biologie und Evolutionstheorie vernetzte und verschaltete Kausalitätszusammenhänge getreten, sog. »Systemkausalität«:

> »In jeder Gesamtsicht sind es Schlingen und Netze, die, verflochten wie ein Kegel sich ausbreitender Zusammenhänge, aus der Vergangenheit durch den Gegenwartspunkt unserer Aufmerksamkeit in einen ebensolchen Kegel der Konsequenzen in die Zukunft führen. Kurz, Kausalität als System scheint die Form, die der Natur ganz entspricht.«[24]

Das ist durchaus im Horizont des H.-O.-Schemas (Hempel-Oppenheim): es ist nicht nur *eine* Ausgangsbedingung zu berücksichtigen, sondern das Zusammentreten oder -treffen von mehreren, die zudem untereinander auch noch naturgesetzlich (e. g. in Rückkoppelungs-Strukturen) verknüpft sein können.

Das erklärt freilich noch nicht, wie es überhaupt zu so einer Vorstellung von Kausalität, also eines Ursache-Wirkungs-Zusammenhanges kommt und nicht nur zu einem Vorher-Nachher. In der evolutionären Erkenntnislehre wird die Antwort gegeben, welche Hume und Kant, Empirismus und kritischen Idealismus versöhnt: Kants Kausalitätskategorie ist ein A priori der Erfahrung für das Individuum, gleichzeitg aber ein A posteriori der menschlichen Stammesentwicklung. Das Kausalprinzip, in Vorformen bei Affen durchaus entwickelt, hat sich im Laufe der Evolution im Gehirn des Menschen eingebürgert, weil es im Umgang mit der Welt einen Selektionsvorteil bot. Zwar können wir nicht mit Bestimmtheit sagen, »ob es Kausalität wirklich gibt ... Wir wissen nur, daß sich unsere Kausalhypothese im Normalbereich oft bewährte.«[25]

Diese Auffassung von Kausalität hat allerdings drei Einwände wider sich.

Der erste ist relativ alt und wurde schon von Bergson gegen Spencer erhoben[26]. Wenn man nämlich das Kausalprinzip, welches apriorische Kategorie unseres Denkens sein soll, als Anpassungsprodukt an die Natur erklären will, dann muß diese Kategorie (als Realkategorie) schon irgendwie in der Natur vorhanden sein, wenn nicht als Denk-, so doch als Seinsform. Damit wird bei dieser Erklärung die Natur bereits als das vorausgesetzt, was erst vermittels der Kategorien möglich wird. Wenn man die Denkkategorien aus der Natur genetisch abzuleiten versucht, unterstellt man der Natur an sich, die andererseits als subjektiv gespiegelte gedacht und vorausgesetzt wird, dasselbe Kategoriensystem nur mit einem anderen Namen. Ohne hier genauer auf die im einzelnen sehr klar entwickelte Ausarbeitung des Arguments von H. Köchler einzugehen[27], sei darauf hingewiesen, daß auch die übrige Genetisierung des menschlichen Erkennens im Sinne von: »Die Rückseite des Spiegels« (K. Lorenz) selbstverständlich *ein Bild im Spiegel ist* [28] (!), daß die evolutionäre Erkenntnistheorie die Gültigkeit der Kategorien voraussetzt, mit deren Hilfe sie dann die evolutionäre Entstehung und Geltung eben dieser Kategorien zu erklären trachtet. Ein analoger Vorwurf war Kant schon früh gemacht worden: Kant war sich dessen aber, im Gegensatz zu seinen modernen Überwindern, ganz bewußt und konnte ihm auch begegnen.[29]

Die Sache ist die: die »Anpassungstheorie« bleibt ein theoretisch naiver Zwitter zwischen Transzendentalphilosophie und »realistischer« Ontologie bzw. Erkenntnistheorie. Wird Kausalität als anthropologisch begründete Weise, die Welt anzusehen, verstanden – ohne Anspruch auf Erkenntnis der »Welt an sich«, dann taucht die Frage auf, wieso gerade kausales Denken geeignet sei, sich in der Welt zu behaupten, wenn nicht die Welt so *ist*, wie das kausale Denken sie denkt. Ganz abgesehen davon, daß die Anpassungstheorie selbst schon die Kategorie voraussetzt, die sie erklären will: sie ist selbst eine kausale Theorie! Wenn aber eine bestimmte Sehweise dann als angepaßt gelten darf, wenn sie sieht, was unabhängig von Leben so *ist*, dann stellt sich die Frage, warum wir nicht statt von »Anpassung« gleich von »Erkenntnis« sprechen.

Der zweite Einwand gegen die Verwendung des kausalen Erklärungsprinzips ist viel schwerwiegender. Es handelt sich um die wissenschaftstheoretische Entdeckung, daß Kausalität gar nicht ohne ein teleologisches Moment gedacht werden kann. Was heißt es denn: zu einem Vorgang eine kausale Erklärung geben? Es heißt zunächst einmal, aus dem Gesamtzusammenhang der Natur einen Ausschnitt machen, indem ein Ereignis B als Explanandum isoliert wird. B bildet das Ende des Ausschnitts. Wir fragen nach den Bedingungen A des Zustandekommens von B und konstatieren eine gesetzmäßige Verknüpfung dieser Bedingungen mit dem Ereignis. Ohne das *Setzen* eines B als Endzustand gibt es keine kausalen Erklärungen. Die regelmäßige Verknüpfung eines A mit einem B hatte auch Aristoteles zur Grundlage des Begriffs *Erklärung* gemacht; aber für ihn war die Regelmäßigkeit Beweis für eine *teleologische* Verknüpfung: A hat die Tendenz, B hervorzubringen. Richtig daran ist, daß in der Tat ein B von uns isoliert werden muß, damit man von Erklärung reden kann; nur nahm Aristoteles dieses teleologische Moment auch bei Erklärung anorganischer Vorgänge in die Natur des zu erklärenden mit hinein. *Ohne telos keine Ursache.* Aber in der mechanischen Welt gibt es weder Ursachen noch Ziele unabhängig vom Beobachter. Jede Isolierung eines Ereignisses, das mit irgendwelchen anderen in einem gesetzmäßigen Zusammenhang steht, setzt bereits ein dieses Ereignis beobachtendes Subjekt voraus (s. u.). Und dies gilt nun nicht nur für die Konstatierung eines Ereignisses B als Endzustand, nach dessen »Ursachen« gefragt werden kann, sondern genauso für diese Ursachen, Ausgangs- oder Randbedingungen selbst: wir setzen nicht nur das Ende, sondern auch den Anfang des Kausalnexus.

Zu sagen, daß A die Ursache von B ist, heißt ja nicht nur, daß B regelmäßig auf A folgt. Sonst könnte man sagen, daß die Sonne aufgeht, weil der Hahn kräht. Warum sagen wir das nicht? Die Antwort ist: weil wir uns vorstellen, was wäre, wenn wir den Hahn (oder alle Hähne) zum Schweigen bringen. Es gibt die Geschichte von dem Irren, der jeden Morgen die Sonne aufgehen ließ. In seinem Kalender waren die Sonnenaufgangszeiten eingetragen; kurz davor trat er ins Freie und befahl der Sonne aufzugehen, und siehe, sie ging auf. Wie will man ihm beweisen, daß nicht *er* die Ursache für den Sonnenaufgang ist? Doch nur dadurch, daß man ihm sagt: »Bleib einmal morgens im Bett und sieh, was dann geschieht.« Dagegen wird er freilich den richtigen Einwand machen, daß er das nicht machen dürfe, weil sonst die Welt unterginge. (Richtig ist der Einwand insofern, als es für jeden, der es auch nur für möglich hält, daß der Zusammenhang von dieser Art ist, unmoralisch wäre, hier ein Experiment zu machen. Auch der Arzt darf einen Patienten nicht zu Testzwecken ein Medikament vorenthalten, von dessen lebensrettender Wirkung er überzeugt ist).

Die These der sog. »interventionistischen Kausalitätstheorie«[30] besagt, daß jede kausale Interpretation eines Geschehens voraussetzt, daß wir entweder in Wirklichkeit oder in Gedanken ein Ereignis A handelnd beeinflussen, variieren und dann feststellen (oder überlegen), was mit B geschieht. Bei einem »wirklich« kausalen Zusammenhang müßte sich mit A auch B verändern, während der umgekehrte Fall aber noch nicht den Beweis für einen tatsächlich kausalen Zusammenhang liefert.[31] Daraus folgt, daß die kausale Interpretation stets schon den Begriff von Handeln voraussetzt. Ohne den Gedanken eines möglichen Eingriffs läßt sich nur feststellen, was im Fluß der Dinge alles aufeinanderfolgt.[32] Dies gilt auch für die These, daß alles Handeln des Menschen selbst kausal determiniert ist.[33] Hier muß ein anderer Mensch handelnd hinzugedacht werden, der in das Handeln des ersteren eingreift – sei es durch Hypnose, Überredung, Pharmaka o. ä. Im einzelnen läßt sich jeder Vorgang kausal interpretieren, aber immer nur unter der Voraussetzung, daß er vorher in einen Handlungszusammenhang integriert wurde. Mechanische Interpretation ist grundsätzlich nur möglich unter der Voraussetzung eines umgreifenden Lebenszusammenhanges. Und die Einheit der Wissenschaften, so H. J. Schneider in einer tiefsinnigen Arbeit, ist deswegen nie aus der Physik, sondern nur aus einem vorwissenschaftlichen Standpunkt zu gewährleisten, »von dem aus die Wissenschaften als spezialisierte Handlungsmöglichkeiten entwickelt werden.«[34]

Dieser zweite Einwand gegen die naive Verwendung der kausalmechanischen H.-O. -Erklärung zeigt zum einen, daß diese nicht als Waffe gegen die Teleologie taugt, zum anderen, daß die Alternative »redliche, metaphysik-freie Kausalerklärung« vs. »erdichtet-idealistische Finalerklärung« unredlich ist: der hinter der These des universalen Kausalnexus stehende Materialismus ist nicht ein Gegensatz zur Metaphysik, sondern selbst Metaphysik, und zwar eine der am besten widerlegten Formen.[35]

Gegen die vorgetragenen Einwände ist eine Ausflucht möglich, die in zwei Versionen – soft and hard – vorgeführt wird. Die erste Version verweist darauf, daß es sich ja nur um Aussagen eines »hypothetischen Realismus« handelt, daß wir also »nur mal so tun«, als ob die abgebildete

Außenwelt mit der objektiven Wirklichkeit identisch wäre. Diese Ausflucht ändert nichts an den beiden Einwänden, denn diese zielen gerade darauf, daß diese *Hypothese* falsch ist. Was die Bezeichnung »Realismus« bei K. Lorenz u. a. anlangt, so verweisen wir auf die Kritik von C. F. v. Weizsäcker:

> »Lorenz (nennt) seinen Realismus eine Hypothese. In der Wissenschaft aber pflegt sich eine Hypothese wenigstens grundsätzlich der empirischen Kontrolle zu stellen. Ich schlage statt dessen die Ansicht vor, daß die hier verwendeten Worte »real« und »Realität« sinnlose Vokabeln sind, durch deren vollständige Elimination sich an allen positiven Erkenntnissen der Naturwissenschaft überhaupt nichts ändert.«[36]

Die *hard-core*-Version hat ein anderes begriffliches Niveau. Sie verläßt Weismanns Diktum vom unauflöslichen Zusammenhang von Naturwissenschaft und kausalmechanischer Erklärung[37] mit dem Schluß, »*daß für kein Ereignis eine wissenschaftlich haltbare kausale Erklärung existiert*« (Stegmüller[38], Hervorhebung von uns). Damit ist «die Kausalerklärung der Finalerklärung in die Rumpelkammer gefolgt.« (H. Jonas[39])

Die Auflösung des Begriffs »kausale Erklärung« vollzieht sich in zwei Schritten. Zunächst gab es in der klassischen Physik neben den kausalen Naturgesetzen auch statistische Wahrscheinlichkeitsgesetze. Diese aber waren nur ein *asylum ignorantiae*: während im Prinzip das Modell vom göttlichen Rechner à la Laplace in Kraft blieb, waren sie Ausdruck der Endlichkeit menschlichen Datensammeln-Könnens. In der Quantenphysik hingegen erhielten diese Gesetze einen neuen Status: sie sind prinzipiell nicht mehr – durch noch so viele zusätzliche Informationen – reduzierbar auf deterministische Gesetze. Daraus würde eine Paradoxie für das Kausalprinzip[40] folgen – wenn es a priori Gültigkeit *hätte*. Dagegen scheint »der Begriff eines von irreduziblen statistischen Gesetzen beherrschten indeterministischen Universums paradoxiefrei zu sein«[41]: aber es *scheint* nur so, wie auch Stegmüller konstatiert. Zwar wird hierbei eine logische Paradoxie vermieden; dafür muß das traditionelle Hauptziel der neuzeitlichen Naturwissenschaft, nämlich durch Gesetze zu Erklärungen zu kommen, fallengelassen werden. Dies ergibt sich aus einer Analyse des H.-O.-Schemas, wenn man den Begriff des »Gesetzes« genauer untersucht für den Fall statistischer Gesetze (und *alle* Naturgesetze sind, bei hinreichend vorgetriebener Genauigkeit, nur statistische Gesetze!). Die Versuche einer Parallelisierung zum Idealfall des Kausalgesetzes durch Hempel und Salmon lassen die entscheidende Möglichkeit außer Betracht: daß das Unwahrscheinliche eintritt. Das wurde von Stegmüller dargelegt[42]. Daraus folgt, daß statistische Gesetze nie für eine »kausale

Erklärung«, sondern nur für die »Begründung rationaler Erwartungen« verwendet werden können. Im Begriff der »rationalen Erwartung« steckt schon der nächste Haken: sollte es nämlich nicht gelingen – und bisher ist es nicht gelungen –, einen objektiven Begriff von statistischer Wahrscheinlichkeit einzuführen, dann sind die ermittelten statistischen Gesetze *Meinungswellen*. Zum Gegenstandsbereich der Atomphysik gehörten dann auch theoretische Physiker, »über deren rationales Wettverhalten Aussagen gemacht werden«[43] – wobei auch hier noch unklar ist, was *rational* heißen soll, abgesehen von der Tatsache, wie P. Feyerabend feststellt, daß sich die Mitglieder des Stammes der Wissenschaftstheoretiker und der ihm verwandten Stämme mit dem Prädikat »rational« zu schmücken pflegen wie Marxisten mit dem Prädikat »fortschrittlich«.

Als Fazit ergibt sich, daß die Begriffe Ursache und Wirkung jedenfalls ungeeignet sind, um Ereignisse zu erklären: es gibt Aufeinanderfolgen von Zuständen; erstere gehorchen mathematischen Funktionen, während letztere nur durch statistische Gesetzmäßigkeiten beschreibbar sind.

Damit ist im H.-O.-Schema der Erklärungsbestandteil »Gesetz« obsolet geworden. Doch auch die beiden noch übrigen Bestandteile »Ereignis« und »Antecedentien« halten einer genaueren Analyse nicht stand. Zum einen ist es eine wissenschaftlich unstatthafte Willkür, sich nur einige Antecedentien herauszugreifen und zum Erklärungsbestandteil eines Ereignisses heranzuziehen: *alle* Antecedentien müßten herangezogen werden, da jeder Bestandteil des Universums mit jedem in irgendeiner Weise verknüpft ist. Jedes Ausgrenzen von Fernwirkungen ist anthropomorph.[44] Damit ist sozusagen dem Querschnitt des Werdens-Flusses Genüge getan, da ein Ereignis A zu einem Zeitpunkt t_0 mit der gesamten Welt vernetzt ist. Doch die Vernetzung bezieht sich auf alle davorliegenden Zustände, wie J. König gezeigt hat: es ist *auch* schon willkürlich und anthropomorph, ein Ereignis A von seinen *Ante*cedentien überhaupt abzugrenzen: das »Ante ...« stellt bei N. Hartmanns Annahme eines realen Determinationsnexus in der objektiven Welt eine überflüssige Zutat dar, weil die Genesis bereits zur Definition des jeweiligen Ereignisses gehört[45]. Selbst die Rede von der vollständigen Vernetzung in einem Fluß des Werdens ist unwissenschaftlich metaphorisch, weil sie ein Nacheinander unterscheidet – dieses Nacheinander aber nur von einem Ausschnitte machenden Bewußtsein willkürlich herausinterpretiert wird (s. u.).

Nicht nur ist die Behauptung einer »notwendigen Aufeinanderfolge« pleonastisch[46], sondern schon das Bild des »Aufeinanderfolgens« isoliert auf unwissenschaftliche Weise aus dem Werdensfluß Ereignisse aus ihrer universalen Vernetzung in Raum *und Zeit*. Die Rede von Zufall und Notwendigkeit ist, wie nicht mehr auszuführen ist, selbstverständlich redundant.

Mit dieser Präzision der im H.-O.-Schema verwendeten Begriffe »Ereignis«, »Antecedensbedingungen«, «Gesetz« entgeht man dem Einwand, der dem kausalmechanischen Denken entstand durch die interventionistische Theorie der Kausalität. Man entgeht ihm um einen hohen Preis: der Begriff »kausale Erklärung« selbst muß preisgegeben werden. Daraus folgt, daß auf die Frage nach dem *Warum* eines Ereignisses nicht nur die Angabe eines Zweckes (*per definitionem*) unzulässig ist, sondern ebenso die Angabe der Antecendens-Bedingungen und des dazugehörigen Gesetzes. Ja es folgt darüber hinaus, daß die Frage nach dem *Warum* eines Ereignisses schon deswegen unstatthaft ist, weil ein Ereignis aus einem Fluß herauspräpariert wurde und dieses Isolieren selbst schon den Grund für die Nichtbeantwortbarkeit der Frage enthält.

Daß der Begriff einer Wirkursächlichkeit tatsächlich aus dem Handlungsbegriff abstrahiert ist und deshalb eine teleologische Implikation hat, mit der er steht und fällt, wurde schon im 17. Jahrhundert erkannt. Malebranche und die sogenannten Okkasionalisten verhängten bereits über den Begriff einer innerweltlichen Verursachung das gleiche Verdikt, das 100 Jahre zuvor über die Teleologie ausgesprochen wurde: von einem Ding sagen, es verursache etwas, ist Mythologie, Götzendienst. Es schreibt Dingen Eigenschaften des Schöpfers zu. Und bereits hier zeigt sich die Konsequenz für das Selbstverständnis menschlichen Handelns: wenn im Bereich der materiellen Wirklichkeit keine Verursachung möglich ist, dann muß dies auch für das Handeln gelten. Das menschliche Wollen kann kein »Anlaß« (*occasio*) sein für eine nach Naturgesetzen ablaufende göttliche Wirksamkeit. B. Russells Ersetzung des Kausalbegriffs durch den eines naturgesetzlichen Funktionszusammenhangs ist nur die moderne Fassung dieses Gedankens.

System und Information

»System« und »Information« – zwei für die Kybernetik zentrale Begriffe – sind für unsere Teleologiediskussion von höchster Bedeutung, weil mit ihrer Hilfe die Genesis *teleonomischer* Strukturen im Verlauf der Evolutionstheorie auf molekularer Ebene nachgezeichnet wurde. Leben wird als »informationsgewinnender Vorgang« beschrieben[47], und es sind »Systeme«, welchen man die Eigenschaft »lebendig« nachsagt. Wir stellen uns die Frage, ob diese Begriffe wirklich das leisten, was sie sollen. Ein System ist (in seiner lebendigen Urform, dem Hyperzyklus, besonders anschaulich[48]) eine in sich kreisende Folge von Ereignissen, die im Verhältnis zu denjenigen Ereignissen, die nicht zu diesem System gehören, abgegrenzt sind. Von einem System zu reden hat nur einen Sinn, wenn es im Verhältnis zu diesem System ein Außen gibt. Das Außen wirkt auf das System ein in einer Weise, die von Einwirkungen rein mechanischer Art unterschieden ist. Wenn ich ein System zum Fenster hinauswerfe, ist das eine Einwirkung auf das System *nicht* qua System: vom Innen des Systems wird dabei abgesehen. Wenn ich es selbst bin, der hinausgeworfen wird, nehme ich zwar wahr, daß ich jetzt hinunterfliege, aber diese Wahrnehmung ist für den Vorgang als äußeren Vorgang gleichgültig.

Es gibt aber für Systeme auch eine Einwirkung des Außen auf ihr »Innen«, welche man im Bereich von Organismen als *Wahrnehmung*, im Bereich der nicht-organischen Systeme (e. g. Thermostat) als *Registrierung, Verrechnung,* »Umsetzung von Außenkomplexität in Innenkomplexität« (Luhmann[49]) bezeichnet. Dafür ist Voraussetzung, daß die Einwirkung eine Struktur hat und das System diese Struktur in sein Innen umsetzen *kann*: bei zu großer Lautstärke kann man Musik nicht hören; sie verwandelt sich in eine mechanische Einwirkung, von der der Mensch nur noch physisch betroffen ist. Das gilt auch für den Thermostaten – im Menschen oder in der Wohnung –, der die Temperatur des Systems stabil hält, für das er verantwortlich ist. Wenn die Hitze zu groß wird, verbrennt das System. Für Systeme ist es daher charakteristisch, daß sie etwas registrieren können, das ihnen äußerlich ist, und dieses Registrieren vom bloß *mechanischen* Affiziertwerden durch eine Qualität (Hitze, Nässe, Krafteinwirkung etc.) verschieden ist.

> Bei Regen wird der Mensch genauso naß wie der Stein. Aber der Stein kann nicht seinen Schirm aufspannen, seinen Schritt beschleunigen und sich in das nächste Kaffeehaus setzen. Der Stein wird mechanisch affiziert, das System *reagiert*.

Systeme, welche einen Zustand aufrechterhalten – sei es Temperatur, Gasdrucke im Blut oder Selbsterhaltung – legen dem Menschen immer eine teleologische Interpretation nahe: es *soll* der Zustand aufrechterhalten werden. Dieser Gesichtspunkt des immer erneuten Sich-Einstellens eines gleichförmigen Zustandes tragen jedoch *wir* an den Gegenstand heran. Wenn der Thermostat die Temperatur in einem Raum konstant hält, so nicht deswegen, weil *ihm* kalt wird, sondern *wir* haben eine bestimmte Temperatur eingestellt an diesem *von uns* konstruierten Mechanismus. Diesen wesentlichen Gedanken hat auch E. Mayr der unzureichenden Definition teleologischer Systeme durch den Begriff der »Steuerung durch negative Rückkoppelung« entgegengehalten[50]: diese Steuerung ist nur eine Vermittlung des Programmes. Aber der *entscheidende* Aspekt an dieser Feststellung geht sehr viel weiter: daß die nach einer Außentemperaturveränderung und einem Abfallen der Innentemperatur wiederhergestellte Innentemperatur die gleiche ist wie vorher, das ist etwas, was nur der *Interpret des Mechanismus wahrnimmt* und *nicht* der Thermostat! Das Moment der Gleichheit von Zuständen ist nur für ein Bewußtsein, es ist selbst nicht ein »objektives Faktum«. Mechanismen sind gleichgültig gegen Identität und Nicht-Identität, denn zur Bestimmung von Identität gehört Negativität, gehört das Bewußtsein möglichen Andersseins[51]. Arrangements von Materie als System zu interpretieren ist nur möglich unter Voraussetzung eines *Bewußtseins von Identität*. Der Systemcharakter eines Systems ist eine Interpretation eines Arrangements durch Menschen[52]. *Sie* interpretieren das Arrangement analog zu ihrem eigenen Lebensvollzug, in welchem das Sollen eines Erhaltens bestimmter Zustände unmittelbar erfahren wird[53]. Weit entfernt davon, Leben am Ende systemtheoretisch ableiten zu können, ist umgekehrt menschlich-bewußtes Leben Voraussetzung für die Qualifikation auch nur des einfachsten Systems als System. Mayr ersetzt den Systembegriff in seiner Definition des Wortes »teleonomisch« durch »Programm«: »Ein teleonomischer Vorgang ... ist ein Vorgang, der sein Zielgerichtetsein dem Wirken eines Programms verdankt«[54]. Das vermeide die Assoziation mit einem statischen Zustand, die bei »System« naheläge. »Programm« wird dann definiert als »kodierte oder im voraus angeordnete Information, die einen Vorgang . . . so steuert, daß er zu einem vorgegebenen Ende führt«[55]. Diese hellsichtige Definition macht nun aber die Schwierigkeiten des ganzen Ansatzes auch klar. Denn entweder – und dies wird Mayr kaum wollen – handelt es sich um eine Aussage in der Weise aristotelischer Teleologie: daß das vorgegebene Ende (oder Ziel) in seiner Voraus-Anordnung tatsächlich den Vorgang steuert, und diese Voraus-Anordnung als nicht-materielle (gleichwohl an Materie gebundene) Information auch wörtlich als *entelecheia* bezeichnet werden kann. Oder Mayr beharrt darauf, daß «Information« nur der Ausdruck für eine besondere Konstellation von Materie ist und Teleonomie durch ein »Ineinanderübergehen«[56] mit »Teleomatie« verknüpft ist. Dann zieht erstens das Argument von Nagel gegen Mayr (8. Kap., Anm. 31): daß dann auch der Uranzerfall teleonomisch ist (und andersherum das Leben teleomatisch); es muß ein zusätzliches Kriterium dafür geben, daß nur die besondere Konstellation als Information im Sinne eines Programms bezeichnet wird. Und dabei wird zweitens sichtbar, daß der Begriff Information ohne ein *Subjekt* der Information überhaupt keinen Sinn macht. Er ist nämlich nicht *der* Ausdruck für eine besondere Konstellation, sondern *unser* Ausdruck, welcher eine Konstellation als besondere auszeichnet, welche von ihr selbst her weder Auszeichnung noch Bedeutung besitzt. Von Information auch nur zu sprechen heißt: genau jenem sog. »Essentialismus« oder »Idealismus« Platons und Hegels zu »verfallen«, der bei allen Evolutionstheoretikern so unverstanden angegriffen wird[57]. Denn die Information strukturiert die Materie entweder so, wie das *eidos* die *hyle* (vgl. das 1. Kapitel), oder es ist sinnlos, überhaupt von Information zu sprechen. Die Teleonomie hat nur die Option, zur Teleologie oder Teleomatie zu werden. Als Teleonomie ist sie jedenfalls widersprüchlich.

Die Begriffe »System«, »Information«, »Programm« und im übrigen auch »Struktur«[58] leisten daher nicht eine »metaphysikfreie« Erklärung des Lebendigen, sondern verweisen selbst auf einen umgreifenden teleologischen Zusammenhang, vor dessen Hintergrund sie erst überhaupt zu ihrer Bedeutung gelangen können. Das soll uns erst im nächsten Kapitel beschäftigen.

Materie und Spielregeln, Zufall und Notwendigkeit, Freiheit

Da die Grundstruktur unserer Einwände gegen eine Ablösung der menschlichen Wirklichkeitssicht durch ein gesamtwissenschaftliches Erklärungsprogramm bereits hinreichend ausführlich vorgestellt ist, können wir uns bei diesen und ähnlichen Begriffen[59] kurz fassen.

Das Weltbild der Evolutionsbiologen ist im wesentlichen noch das klassische. Demgegenüber stellt Stegmüller als den »Treppenwitz des Jahrhunderts« dar, daß der Grundbegriff des Materialismus, die Materie, »ausgerechnet der schwierigste, unbewältigste und rätselhafteste Begriff dieses Jahrhunderts blieb«[60]. Klar ist nur, daß in den schönen, anschaulichen Bildern der festen Materie-Teilchen in verschiedener Bewegung,[61] ihrem Zusammentreten nach Zufall und Notwendigkeit, die Erkenntnisse der Physik des 20. Jahrhunderts einfach ausgeblendet werden. Diese Begriffe wenden sich nämlich immer noch an die menschliche Vorstellungskraft, und bei ihrer Verwendung scheinbar *zugunsten* des Materialismus wird übersehen, daß sie alle noch anthropomorph sind. Unter Materie stellt man sich letzten Endes etwas vor, was man anfassen kann, wobei – wiederum »letzten Endes« – das eigene (auch oder nur) Materie-Sein noch einmal Voraussetzung ist. Diese Anthropomorphismen lassen sich ja auch noch aus Kants Begriff der Impenetrabilität, aus Anziehungs- und Abstoßungskraft ablesen. »Spielregel« ist ebenfalls anthropomorph, auch wenn man es durch das neutralere »Naturgesetz« ersetzt. Auch hier entdeckt man bei genauerer Analyse, daß nicht die Menschengesetze sich letztlich auf Naturgesetze zurückführen lassen, sondern daß – nicht nur begriffsgeschichtlich![62] – der *Mensch* es ist, der etwas *festsetzt*. Zwar orientiert er sich dabei an der Natur (wie bei der Gesetzgebung auch[63]), aber *er* stellt die Fragen, er definiert die Begriffe, zwischen welchen dann Relationen ermittelt werden, und diese Begriffe tragen unauslöschlich *seine* Züge. Nicht zuletzt deswegen heißt es vermutlich bei Stegmüller, daß alle bisherigen Versuche, den Gesetzesbegriff zu definieren, versagt haben.[64] Vollends ist das Reden von Zufall und Notwendigkeit, so wie es etwa von J. Monod vorgetragen wurde, von schweren logischen Fehlern durchsetzt.

> Monod betrachtet die Entstehung des Lebens als einen extrem unwahrscheinlichen Zufallstreffer (resp. »Betriebsunfall«) der Natur. Die Unwahrscheinlichkeit sei so groß, daß es nirgendwo sonst im Kosmos Leben geben könne. Der Gedankenfehler dieser Überlegung besteht darin, daß jedes Ereignis *im Nachhinein* beliebig unwahrscheinlich gemacht werden kann. Man stelle sich nur einen Würfel vor und würfele mit ihm 10000-mal. Man erhält dabei eine Folge von 10000 Ziffern (von 1 bis 6). Wie groß war die Wahrscheinlichkeit, daß sich gerade *diese* Folge einstellte? Nun, die extrem unwahrscheinliche Zahl $1/6^{10000}$. Nur besagt das, wenn ein Ereignis bereits stattgefunden hat, überhaupt nichts, denn zu *Beginn* des Würfelns waren alle 6^{10000} Möglichkeiten für solche Folgen *gleich* wahrscheinlich.[65]

Um sinnvoll von »Zufall« sprechen zu können, wird nämlich eine Normalsituation erfordert, dergegenüber das zufällige Ereignis als eine unwahrscheinliche Abweichung erscheint. Der Begriff der Notwendigkeit hat denselben anthropomorphen Anruch: er ist »nichts anderes als ein letzter Rest einer animistischen Weltauffassung« (Stegmüller[66]): man kann ihn aus jeder naturwissenschaftlichen Feststellung als Pleonasmus herauslassen (s. o.). Ein letztes Wort sei in diesem Zusammenhang auf den Begriff der Freiheit verwandt. Gegenüber dem Kausal-Determinismus der klassischen Physik und dem Weltbild des vollständigen Evolutionsprogrammes hat der Atomphysiker P. Jordan versucht, Freiheit in der quantenphysikalischen Indetermination zu orten: freie Willensentscheidungen beruhen danach auf der Spontaneität des Zerfalls bestimmter Atome im Gehirn. Von der Mehrzahl der Evolutionstheoretiker wird diese Lösung abgelehnt. Für sie resultiert Freiheit aus der ungeheuren Komplexität unserer jeweiligen Determination durch Erbgut, Erziehung, Umwelt, welche so groß ist, daß wir prinzipiell keinen Einblick in sie haben können. Durch dieses Nicht-einsehen-können gewinnen wir scheinbar einen gewissen Freiheitsspielraum, innerhalb dessen sich unsere scheinbar freien Handlungen abspielen. Schon im letzten Jahrhundert wurde den Theoretikern einer evolutionären Ethik entgegengehalten, daß sie eigentlich keine Ethik schreiben und keine Sollensforderungen oder Wertungen begründen, sondern nur Tatsachen beschreiben können.[67] Atemberaubend ist ja der Haken, der von einschlägigen Autoren meist gegen Ende des Buches oder Vortrages zugunsten einer Ethik der Erkenntnis (J. Monod), einer Ethik des Verzichts (F. Cramer) oder der Evolution (H. Krieg) oder überhaupt einer traditionellen Ethik[68] geschlagen wird – im Unterschied zur analytischen Wissenschaftstheorie, die sich auf die Freiheitsproblematik gar nicht einläßt. Solange nicht die anthropomorphen Bestandteile des Freiheitsbegriffes aus diesem entfernt sind, stellt sie lediglich die verschiedenen Meinungen neben- und gegeneinander, die man dazu haben kann und gedacht hat.[69]

Als Schlußfolgerung der drei letzten Abschnitte halten wir fest, daß auch die anscheinend metaphysikfreien physikalischen Begriffe bei genauerer Analyse auf einen teleologischen Handlungshorizont des Menschen verweisen, von welchem sie gar nicht scharf abgelöst werden können, und daß sie daher der Entteleologisierung und Entanthropomorphisierung der Wissenschaft, in deren Dienst sie stehen, bei konsequenter Betrachtung selbst zum Opfer fallen.

Leben, Bewußtsein, Sittlichkeit

Wir wenden uns zum Abschluß unserer Begriffsanalyse jenen drei Begriffen zu, welche durch die drei Wissenschaften vom Übergang (Molekularbiologie, evolutionäre Erkenntnislehre, Soziobiologie) in ein einziges General-Evolutionsprogramm integriert wurden. Sie bildeten die Angelpunkte der antiteleologischen Interpretation von Naturgeschehnissen, zu welchen letztlich auch die Handlungen des Menschen zu rechnen sind. Wir werden sehen, daß alle drei Übergänge durch wohlverborgene Argumentationszirkel *erschlichen* sind.

Leben

Voraussetzung für jeden Lösungsversuch des Problems des Übergangs von Nicht-Lebendigem zu Lebendigem ist die Definition des Begriffes »Leben«, die so erfolgen muß, daß in ihr keine spezifisch lebensweltlichen Ausdrücke vorkommen (wie etwa bei Aristoteles: «Leben heißt Seele haben«). An dieser Stelle der Definition fällt die Entscheidung darüber, ob der Übergang prinzipiell glücken kann oder nicht. So definierte im 19. Jahrhundert Friedrich Engels »Leben ist die Daseinsweise der Eiweißkörper«.[70] Dann ist das Rätsel des Lebens mit Millers Ursuppen-Experiment gelöst. Heute definieren wir: »Ein System lebt, wenn es zur Evolution durch Mutagenese fähig ist.«[71] Dann kann Eigens Hyperzyklus als Antwort auf die Frage nach der Entstehung des Lebens angesehen werden.[72] Soll das aber wirklich heißen, daß die Lösung der Übergangsproblematik davon abhängig gemacht werden soll, auf welche Definition des Lebens sich gerade die materialistischen Biologen in ihrer Mehrzahl geeinigt haben? Sie haben immer schon die Definition des Lebens ihrem jeweiligen Wissensstand so angepaßt, daß Leben letztlich eben nicht »lebte«. Was dabei nominalistisch jeweils als Leben definiert wurde, hat kaum noch mit dem etwas zu tun, als was wir Leben ursprünglich erfahren: als unser eigenes Leben nämlich. Natürlich *bedient* sich das Leben des Mechanischen, des Physikalisch-Chemischen, der Selbstregulation, am Schluß sogar der Naturwissenschaft als Mittel zu seinen Zwecken: aber es geht nicht darin auf. Deswegen ist auch Eigens Hyperzyklus keine Antwort auf die Frage, wie Leben entstand, sondern *darauf*, wie selbstreplikative Strukturen unter bestimmten Bedingungen innerhalb eines vernünftigen Wahrscheinlichkeitsspielraumes entstanden sein könnten. Diese Strukturen sind vielleicht *conditiones sine quibus non*, notwendige Bedingungen für Leben, aber nicht schon lebendig. Denn um das zu behaupten, müßten wir endgültige Kriterien für das Phänomen des Lebens haben und nicht nur einfallsreiche Definitionen.

Verständnis des Lebens kann nur den umgekehrten Weg gehen: das einzig sichere Kriterium für Leben ist unser *Selbstvollzug* des Lebens, und Analogien dieses so in seiner Fülle erfahrenen Lebens schreiben wir anderen Wesen zu, wobei andere Organismen dem Menschen bestimmte Lebensfunktionen voraushaben können – der Mensch kann nicht umherflattern wie ein Schmetterling, seinen Wasserbedarf nicht aus dem Boden decken wie eine Primel, und er hat auch nicht die Fähigkeit, 10 Minuten in Autoklaven bei 200° C zu überleben wie bestimmte hochresistente Erdsporen. Zu unserer Selbsterfahrung als lebendige Wesen gehört aber sowohl die *Bewußtheit* dieser Selbsterfahrung als auch die Dimension des Sittlichen: »Leben« auf den Vollzug des Organischen in uns zu reduzieren stellt bereits eine Abstraktion dar, welche freilich wissenschaftlich (e. g. medizinisch) sehr hilfreich sein kann.[73] Wir haben das Leben nicht von uns selbst, und die Eltern, von denen wir es haben, wissen darüber nicht mehr als wir. *Erst* leben wir, und dann können wir definieren und abstrahieren. Aber mit diesen Operationen können wir keineswegs die Voraussetzung des eigenen bewußten Lebens aufheben.

Um diesen Schwierigkeiten zu entgehen, wird in bester nominalistischer Tradition versucht, den Begriff »Leben« überhaupt zu vermeiden und nur von lebendigen Systemen zu sprechen. Nun wäre es interessant zu wissen, aufgrund welcher Eigenschaft man weiß, ob ein System in die Klasse der lebendigen Systeme gehört oder nicht. Und wenn die Antwort empirisch-pragmatisch lautet: »lebendige Systeme haben ein genetisches Programm«[74], so zeigt sich, daß man diese Definition aus einer früheren Untersuchung der Klasse lebendiger Gegenstände gewonnen hat, bei welcher man offensichtlich *ohne* diese Bestimmung auslangte! Sie mag sogar eine notwendige Bedingung für das Phänomen Leben sein, aber: Notwendige Bedingungen für ein Phänomen dürfen nicht mit dem Phänomen verwechselt werden! Es ist das legitime Verfahren der Wissenschaft, ein »heuristisches Vorverständnis« empirisch-experimentell wie theoretisch zu präzisieren, auch wenn die Biologie dabei zur Wissenschaft von den lebendigen Gegenständen wird, insoweit diese nicht »leben«. Nur kann sie anschließend nicht ihre Abstraktionen für die *Wahrheit* des vorverstandenen Phänomens ausgeben und dieses durch jene ersetzen. Als Indikator dafür, daß es nicht geht, bleibt jenes Bewußtsein, daß man zwischen verschieden guten Abstraktionen in bezug auf das Vorverständnis wohl unterscheiden kann: so daß dieses Vorverständnis bei allem »Ersetzen durch Präzision« letztlich der Maßstab auch für wissenschaftliche »Rationalität« bleibt.[75]

Bewußtsein

Die Entstehung des Bewußtseins ist in der evolutionären Erkenntnistheorie noch ein dunkles Kapitel und wird deswegen auch in der Regel vorsichtig behandelt.[76] Eine erfreuliche Ausnahme macht auch hier Richard Dawkins. Nach der Definition des »Erkennens« als Außenweltsimulation vermutet Dawkins, daß das Bewußtsein dann entsteht, »wenn das Gehirn die Welt so vollständig simuliert, daß diese Simulation ein Modell ihrer selbst enthalten muß.«[77] Im Zusammenhang damit muß man zugeben, daß kompliziertere Rechenmaschinen in Zukunft auch Bewußtsein entwikkeln können, und nachdem es sich beim zum Bewußtsein zugehörigen Menschen ja um eine »Überlebensmaschine« der in ihm enthaltenen Gene handelt, ist das Gefühl der Einheit des Selbstseins, dessen sich das Bewußtsein bewußt wird, nichts als eine subjektive, heuristisch fruchtbare Arbeitshypothese.[78] Und das ist nur konsequent: die im Computerbereich ganz unschuldig verwendeten Anthropomorphismen und teleologischen Kennzeichnungen sollen nicht signalisieren, daß der Computer Selbstbewußtsein hat und liest, sondern daß umgekehrt menschliches Lesen auch kein Lesen ist, und das zugehörige Bewußtsein Begleiterscheinung einer komplexen Vernetzung organischer Moleküle.

Die Logik des Arguments leuchtet ein: einerseits weil in einer im Prinzip vollständig durchschauten Evolution der Materie bis zum Menschen nirgendwo Bewußtsein auftritt, andererseits dieses Bewußtsein bei heute vorkommenden Menschen vorhanden ist, muß es so *erklärt* werden, daß es eben kein eigentliches Bewußtsein ist. Wieder aber wird nicht eigentlich *erklärt*, sondern auf dem Wege des Definierens *wegerklärt*. Wenn man *Erkennen* als Außenweltsimulation oder -registrierung definiert, dann verkürzt man den Begriff des Erkennens genau um seinen entscheidenden Aspekt: den der Subjektivität. Ob es sich um sinnliche Wahrnehmung oder begriffliche Erkenntnis handelt, ist dabei gleichgültig. Außenwelt simulieren: das kann ein Fotoapparat, eine Fernsehkamera auch. Aber sie können nicht *sehen*. Wir können sehr wohl wissenschaftlich ausmitteln, welcher physikalisch-technischer Vorrichtungen sich unser »ratiomorpher Weltbildapparat« bedient, um Informationen über die Außenwelt zu liefern. Dafür blenden wir aus, daß diese Informationen nur *für* ein Subjekt sind und (s. o.) nur *durch* so etwas wie Subjektivität überhaupt Informationen sein können. Menschen können »ausblenden«, abstrahieren, und sogar sehr erfolgreich. Nur ist es eine *petitio principii*, wenn man das Vorausgesetzte hinterher als Produkt solcher Abstraktionen erklärt.

Im übrigen gilt auch für den Begriff des »Simulierens« dasselbe, was früher mit Bezug auf den Systembegriff gesagt wurde: er ist selbst bereits vom Bewußtsein abstrahiert. Denn daß etwas einem anderen »ähnlich« (simile) ist – so z. B. das Bild auf der Photoplatte einem Ding –, das ist nur *für* ein Bewußtsein.

Daß auf der Ebene bewußten Erkennens sich der Anspruch der Evolutionstheorie auf Wahrheit selbst aufhebt, wird in einem anderen Gedankengang klar. Gesetzt, das Programm wäre *wahr*: dann sind wir weder frei, es einzusehen, noch frei, es zu widerlegen. *Wir sind nämlich überhaupt nicht frei.* Wer die Evolutionstheorie vertritt, ist eben *so* determiniert, und wer nicht, der anders. Wenn zwei Wissenschaftler darüber streiten, dann handelt es sich darum, daß zwei Computer einander wechselseitig zu programmieren versuchen. Wer hier der erfolgreichere ist, hat mehr mit der Fähigkeit sich durchzusetzen, als mit »Wahrheit« zu tun. Wissenschaftliche Überzeugung kann von Rhetorik prinzipiell nicht unterschieden werden. Und Sie, verehrter Leser, *lesen* diesen Text ja nicht geschweige denn «*begreifen*« ihn, sondern Ihr ratiomorpher Weltbildapparat simuliert Schwarzes auf Weißem: entweder »paßt« das Simulierte zum bereits Determinierten Ihrer 81 Regelkreise, oder Ihre Überlebensmaschine [das ist natürlich unscharf: es klingt so, als *hätten* Sie eine Überlebensmaschine; dabei *sind* Sie eine] feuert das Schwarz auf Weiß Simulierte getrost in die Ecke ...

Übrigens zeigen sich in dieser Frage der *Wahrheit* des Programms dessen Vertreter sehr geschickt: angeblich handelt es sich doch wieder nur um eine Hypothese, allerdings die Hypothese, welche *allein* den Anspruch auf Wissenschaftlichkeit und die dazugehörigen Forschungsmittel geltend machen kann. Von der tatsächlichen *Überzeugung*, daß das materialistische Weltbild *wahr* ist, darf jedoch nicht die Rede sein.

Sittlichkeit

Die Soziobiologie hat einen entscheidenden Fortschritt für ein altes philosophisches Problem gebracht: das Verhältnis von Genesis und Geltung. Während vor ihr das Aufzeigen des Entstehens einer Norm nicht als Argument gegen das Gelten der Norm gebraucht werden konnte,[79] wird in der Soziobiologie das *Gelten selbst* genetisiert. Dies geschah nicht zuletzt unter dem Druck der Tatsache, daß das große Evolutionsprogramm nicht nur wahr sein, sondern auch gelten soll!
Die Genetisierung des Geltens liegt erneut in der Konsequenz der Evolutionstheorie. Einerseits zeigt sich bei rezenten Überlebensmaschinen der Species Mensch ein Gefühl, das diese Species als *Sollen* bezeichnet, andererseits kommt das, was die »zu Philosophierzwecken verbeamteten« Exemplare dieser Species, die Philosophen (Odo Marquard) damit meinen, in der Evolution nicht vor. Also muß es sich bei diesem Gefühl um eines handeln, welches einen Selektionsvorteil zumindest für Gruppen oder Genpools dieser Species darstellte. Den entscheidenden Fehler begehen Soziobiologen nur, wenn sie fordern, wir *sollten* uns gemäß diesem Gefühl verhalten, und für diese Forderung Gründe angeben, die über den Hinweis auf die Macht der Mehrheit und die Konsequenzen bestimmten Handelns hinausgehen.

So schreibt der deutsche Physiologe Hans Krieg einerseits, daß wir uns jede Ethik schenken können, »weil Ethik eine Selbstverständlichkeit ist, eine dem Menschen innewohnende Eigenschaft im durchaus biologischen Sinne, nicht ein Als-Ob einer nicht bestehenden Willensfreiheit«[80]. Andererseits fordert er aber: wir *sollten* uns in »gesunder Triebhaftigkeit« in das Gesetz einfügen, »nach dem der Mensch im Laufe seiner Stammesentwicklung angetreten ist.«[81] Mit der damit verknüpften Sollensforderung gibt Krieg aber lediglich bestimmten eigenen Determinationen Ausdruck. Denn wenn andere sich nicht daran halten, so ist das, was sie tun, ebenfalls etwas, was bei der Evolution herausgekommen ist – genauso, wie wenn sie sich daran halten würden.

Eine Welt der reinen Faktizität kennt kein Sollen: also sind die atemberaubenden Haken (s. o.) zugunsten der Forderungen von Verzicht und Askese, Erziehung zur Selbstlosigkeit oder zur Anerkennung von Pflichten, so wie sie sich in den vielen Programmdarstellungen finden,[82] gegenstandslos. Man kann mit Dawkins zwar noch sagen: »Ein Kind sollte sich keine Gelegenheit zum Betrügen ... Lügen, Täuschen, Ausbeuten ... entgehen lassen«[83], aber *sollen* bedeutet dabei nur, daß die natürliche Auslese dazu tendieren wird, Kinder zu begünstigen, die so handeln. Das ist ein naturwissenschaftliches Faktum, keine Aufforderung. Wenn Dawkins daraus eine Aufforderung ableitet, so wäre zu fragen, in wessen Interesse er das tut. Im Interesse der Kinder? Aber welches Interesse kann er an der Förderung fremder Kinder haben, die für seine eigenen Gene nur Konkurrenten darstellen? Ist seine Theorie richtig, dann kann er sein Buch nur geschrieben haben, um sich bzw. seinen eigenen Genen Vorteile irgendwelcher Art zu verschaffen. Man tut dann allerdings ganz unrecht, die Theorie unter dem Aspekt ihrer möglichen *Wahrheit* zu betrachten.
Manche Verhaltensforscher ziehen aus ihren Ergebnissen die Folgerung, Menschen sollten sich auf ihre edlen Eigenschaften nichts zugute halten. Die treue Freundschaft unter Graugänsen[84] ist ja durch Konrad Lorenz berühmt geworden. Und auch der Mann, der ein ertrinkendes Kind sieht und von der Brücke springt, um es zu retten, findet beim Schimpansen seinesgleichen. Die Frage ist: was folgt daraus? Was folgt aus der Hypothese, solche »edlen« Eigenschaften hätten sich als Selektionsvorteil wegen ihrer Dienlichkeit für Selbst- und Arterhaltung durchgesetzt? Wenn wir sie unter diesem genetischen Aspekt betrachten, unterscheiden sie sich nicht von anderen Weisen der Erhaltungsverbesserung, vom Parasitismus oder vom Auffressen des Gatten nach der Kopulation. Das Phänomen des Edlen, die Bereitschaft Maximilian Kolbes, im Hungerbunker von Ausschwitz zu sterben, um einen Familienvater zu retten, die Tätigkeit der Mutter Teresa von Kalkutta im Dienst Sterbender entspringen der soziobiologisch erklärbaren Gruppenselektionsprämie auf bestimmte Gefühle. Oder aber die Soziobiologie hat, wie immer es mit dem Wahrheitswert ihrer genetischen Theorien bestellt sein mag, zum Phänomen des Sittlichen selbst keinen Zugang. Dieses Phänomen entzieht sich wesentlich jeder genetischen »Rekonstruktion«, es erschließt sich einer – allenfalls durch Erziehung zu begünstigenden – Aufmerksamkeit.

Hans Jonas nennt als paradigmatischen Fall einer Verpflichtung einen schreienden Säugling.[85] Für einen Wissenschaftler als Wissenschaftler mag es sich um ein »schallaussendendes Materieagglomerat am Rande seiner im übrigen abgeblendeten Wirklichkeit« handeln. Aber für jeden Menschen als Menschen gilt: »Sieh hin und du weißt!« Der Hinweis auf Kindchenschema und Affenliebe besagt gegenüber der Tatsache, daß der Mensch hier etwas *als Pflicht* weiß, überhaupt nichts mehr. Wenn man über das Phänomen »Sittlichkeit« spricht, dann sind Genesis und Geltung *notwendig* getrennt.

Für das Evolutionsprogramm zeigt sich erneut der Zirkel. Von aus der Selbsterfahrung gewonnenen Voraussetzungen her werden Abstraktionen anthropomorph ins Tierreich übertragen, und danach rekonstruiert man sich selbst aus diesen Abstraktionen mit Hilfe von Selektionstheorien, und das heißt: der Mensch entlarvt sich selbst als Anthropomorphismus.

Wir beschließen unsere bisherigen Überlegungen mit dem Fazit, daß das große, vollständige Evolutionsprogramm, welches der Teleologie für immer und auf jeder Ebene den Garaus machen sollte, bis in seine *physikalische* Begrifflichkeit von einem teleologischen Horizont umschlossen ist, und daß in Sonderheit die drei Wissenschaften vom Übergang ihre Problem»lösungen« prinzipiell Zirkelschlüssen verdanken. Die Rettung des antiteleologischen Programms kann daher nicht durch *Präzisierung* der Begrifflichkeit erfolgen, sondern nur durch den *Verzicht auf Begrifflichkeit.*[86] Zu diesem Schluß gelangt letztlich auch die analytisch-philosophische Behandlung des Teleologieproblems, die wir im folgenden Abschnitt kurz skizzieren und kritisieren.

2. Gegenkritik an der wissenschaftstheoretischen Analyse des Teleologieproblems

Unsere Analyse hat gezeigt, daß die sog. Kausalforschung in den Naturwissenschaften vor dem Dilemma steht, entweder sich als eingeordnet in einen teleologischen Horizont zu verstehen oder sich durch Aufgabe des Ursachen- wie des Erklärungsbegriffs ad absurdum zu führen und ins Sinnlose, Unsagbare, Unverständliche zu verschwinden. Bislang haben wir uns mit dem teleologischen Horizont der Kausalforschung nur im allgemeinen beschäftigt. Wir wollen ihn nun genauer analysieren und dabei auch die berechtigte Kritik an bestimmten Formen des teleologischen Denkens zu Wort kommen lassen.

Wenn auch alles kausale Denken letzten Endes in teleologische Strukturen eingebettet ist, so gilt doch damit weder, daß Teleologie »gut« und Kausalmechanik »schlecht« ist, noch, daß alle teleologischen Interpretationen gleich »gut« sind. Die besonders bei N. Hartmann zusammengetragene Kritik an der Teleologie verfängt an einigen ihrer Formen in der Tat.

So ist die Kritik an der Einführung immaterieller Agentien wie etwa im Neovitalismus berechtigt, *wenn* es sich dabei um naturwissenschaftliche Erklärungen handeln soll. Berechtigt ist überhaupt alle Kritik an der Teleologie, wenn diese etwas im naturwissenschaftlichen Sinne *erklären* will. Das geht schon aus der Definition des Erklärens hervor, denn teleologisches Denken ist wesentlich *nachträgliche* Interpretation (s. u.).

Das führt ins Zentrum der Teleologie-Kritik. N. Hartmann analysiert den Finalnexus folgerdermaßen:[87]

Der Finalnexus gliedert sich in drei Akte, welche im vollziehenden Bewußtsein fest verbunden sind.

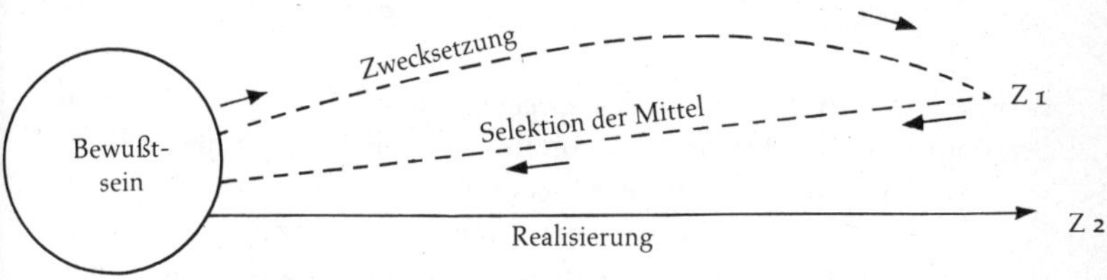

1. Akt: Setzung des Zweckes im Bewußtsein mit Überspringen des Zeitflusses, als Antizipation des Künftigen
2. Akt: Selektion der Mittel vom «gesetzten« Zweck aus im Bewußtsein (rückläufige Determination)
3. Akt: Realisation durch die Reihe der selegierenden Mittel; rechtläufiger Realprozeß außerhalb des Bewußtseins.

Da eine Antizipation des Künftigen nur im menschlichen Bewußtsein stattfinden kann, ist die Teleologie damit aus der Natur eliminiert. Aristoteles hatte den ersten Akt, die Zwecksetzung, »einfach vergessen«.

Neuere Überlegungen haben die Sonderstellung des Menschen relativiert. Man sollte gar nicht von »Zweck« sprechen, sondern besser von Motiv-Kausalität[88], denn »Motive«, Vorstellungen von etwas Angestrebtem, haben Affen und, absteigend, andere Tiere ja auch. Damit kommt aber nicht wieder die Teleologie in die Natur, sondern sie verschwindet auch aus dem menschlichen Bereich.[89]

Diese Kritik an der Teleologie wäre berechtigt, wenn es sich beim Kritisierten wirklich um Teleologie handeln würde. Vielmehr ist es eine Kritik an der Übertragung des Modells menschlichen Handelns nach Vorsätzen auf die Natur. Niemand aber behauptet, daß Naturvorgänge nach *Vorsätzen* geschehen: Ausdrücklich und immer wieder betont Aristoteles, daß zur Teleologie *nicht* Bewußtsein gehöre (vgl. 2. und 3. Kapitel)! Das stärkste antiteleologische Argument beruht auf einer Verwechslung von *Vorsatz* und *Zweck*! Wenn man *Motiv* anstatt *Vorsatz* sagt, zieht man zwar den Menschen ein wenig mehr in die Richtung des Tierreiches und kann darauf hoffen, daß Motive durch Psychologie und Neurophysiologie schon eines Tages noch der Naturwissenschaft zugänglich werden. Aber damit ist für den *Zweck* nichts gewonnen, denn auch zum Motiv gehört jemand, der es hat; die Arterhaltung als *Motiv* wird man den Pflanzen aber doch nicht unterstellen wollen? Zwecke sind weder Ursachen noch Wirkungen, also auch weder Motive noch Evolutionsprodukte. Daher geht jede Interpretation des Zweckes, die den Zweck als »aus der Zukunft ziehende Zweckursache«, als Dämon interpretiert, ins Leere.

b) Ziele und Zwecke als Kategorie der Selbsterfahrung

Formal läßt sich der Begriff des Zweckes zunächst bestimmen als »die Bedingung der Möglichkeit von Mitteln«.[90] Doch ist damit nicht viel gewonnen, denn für den Mittelbegriff benötigen wir wieder den Zweck. Die Voraussetzung, daß das Auseinandertreten der Aspekte Zwecke – Mittel möglich ist, besteht in einem Etwas, das ein anderes Etwas in Dienst nehmen kann als Mittel. Im allgemeinsten Sinn nennt man ein Wesen, welches dies kann, ein Lebewesen. Dieses Wesen, in welchem zwar mit Kant alles zugleich Mittel und Zweck sein mag, ist für sich selbst die aufgehobene Einheit von Mittel und Zweck. Und es empfiehlt sich hier, bei der Übersetzung des *telos*-Begriffs eine Differenzierung einzuführen, die in etwa der aristotelischen Unterscheidung von *finis quo* und *finis cuius* entspricht, die Unterscheidung zwischen «Zweck« und »Um... willen« bzw. zwischen »Zweck« und Ziel«. Ziel wäre dann jenes »Um... willen«, das wir jeweils schon vorfinden und innerhalb dessen wir uns überhaupt erst als lebendige Wesen verstehen können. »Zweck« dagegen wäre das bewußt gesetzte und in konkrete Handlungsorientierung übersetzte Ziel. Zwecke setzend halten wir zugleich nach Mitteln Ausschau, während das Ziel als Ermöglichungsgrund des Zweck-Mittel-Dualismus diesem voraufliegt.

Dem Menschen zeigt sich das Ziel ursprünglich an durch ein Sollen, eine Nötigung. Dieses Sollen, diese Nötigung sind nicht vom Menschen gesetzt, sie treten zunächst unabhängig von seinem Wollen auf: Hunger, Durst, Schmerz, Liebesbedürfnis und können ebenso – auch ohne Befriedigung – wieder verschwinden. Zu ihnen gehört kein vorstellendes Bewußtsein: Hunger oder Schmerzen *hat* man, man kann sie sich nicht einbilden, oder umgekehrt: eingebildete Schmerzen *sind* Schmerzen. Sie tragen den Charakter von Wahrnehmungen, die qua Wahrnehmung nicht täuschen können. Im Gegensatz zu anderen Wahrnehmungen, bei welchen das interpretierende Denken getäuscht werden kann (Fata morgana, optische Täuschungen[91]), können die im Sollen angezeigten Ziele nicht durch Interpretation als nicht daseiend erwiesen werden. Im Erfahren des organischen Sollens unterscheidet sich der Mensch nicht prinzipiell von anderen Tieren. Aber der Mensch kann sich nach dem *Wozu* der erfahrenen Nötigung fragen, er kann sich von ihr, zunächst reflexiv, distanzieren. Die Antwort auf *diese* Wozu-Frage bezeichnet ursprünglich den Ort des Zieles. *Das Ziel ist das begriffene Sollen.* Das Sollen zeigt das Ziel nur an, auf welches – in Zwecke transformiert – hin Dinge als Mittel zu seiner Realisierung ergriffen werden sollen. Aber in diesem Anzeigen ist das Ziel selbst präsent, es ist nur noch nicht als Zweck ausgeführt. Zweck und Mittel zeigen das begriffliche Auseinandertreten einer Einheit an, welche das Lebewesen nicht nur kennzeichnet, sondern welche das Lebewesen *ist*. Man könnte sagen, Tier und Pflanze verhalten sich zu ihren Zielen *unmittelbar*. Wenn wir freilich sagen, daß sie sich unmittelbar verhalten, schreiben wir ihnen etwas zu, was wir an uns selbst erst begriffen haben, als es nicht mehr »unmittelbar« war. Die nachträgliche Reflexion versichert der vergangenen Einheit Unmittelbarkeit: aber als reflektierte ist sie nicht mehr unmittelbar.

Der Mensch unterscheidet sich von den anderen Lebewesen in seiner Selbsterfahrung in doppelter Weise. Zum einen verhält er sich zu den im Sollen angezeigten Zielen nicht unmittelbar, er muß nicht beim Auftreten der Nötigung sofort ihre Aufhebung in Angriff nehmen und sie dadurch realisieren, und zum zweiten kennt er neben den Sollensanforderungen an sein Selbst als Naturwesen auch Sollensforderungen an sein Selbst als sittliches Wesen. »Kennt er« bedeutet: der Mensch besteht in der Einheit beider Anforderungen.

Die Ziele, die der Mensch als organisches Wesen erfährt, zeigen sich schon beim Säugling: vom »*Setzen*« eines Zweckes oder von einem dazugehörigen Bewußtsein ist dabei nicht die Rede. *Setzen* eines Zweckes heißt vielmehr, daß das *Wollen* seiner Realisation bewußt affirmiert wird.

Wenn ich zum Mittagessen in ein Wirtshaus gehe, dann heißt das nicht: ich *setze* den zeitvorläufigen Zweck »Wirtshausessen« und ergreife anschließend kausalmechanisch die Mittel zu seiner Realisation, sondern: *angezeigt* in der Nötigung des Hungers (oder/und der Gewohnheit) erfahre ich das Ziel meiner Selbsterhaltung in Integrität, und was ich jetzt bewußt *setze*, ist die Bekräftigung des Wollens der Realisation dieses Zweckes. Ich muß das gar nicht »setzen«, ich kann auch einfach zu Tisch gehen. Aber wenn vom bewußten Setzen die Rede ist, so ist es nicht das Ziel, das ich setze, sondern die Tatsache, daß ich jetzt »in der Tat« essen will und nicht noch weiterarbeiten oder abnehmen will. Ich übernehme das Ziel, indem ich es mir zum Zweck mache.

Es ist ja nicht so, daß ein Vorsatz, ein Motiv schon die Handlung herbeiführt. Das gilt analog für nicht-menschliche Lebewesen: Perzeption ruft noch keineswegs Verhalten hervor: für eine hungrige Katze ist eine Maus ein Nahrungsobjekt, für eine vollgefressene nicht – eine Frage der *Stimmung* der Lebewesen.[92] Die Analogie endet, wo selbst für den hungrigen Menschen das Mittagessensziel nicht angestrebt wird, weil er etwas anderes vorhat. Eine hungrige Katze, die eine Maus sieht, »hat nichts anderes vor«, es sei denn, ein Hund stürzt sich auf sie. Das eine Fluchtziel vernichtet augenblicklich das Beuteziel. Beim Menschen gibt es das Phänomen des gleichzeitigen Nebeneinanderbestehens verschiedener Ziele, sei es, daß das eine zugunsten des anderen aufgeschoben wird, sei es, daß es zugunsten eines anderen überhaupt »ausgehängt« wird. Es bleibt als ein Wert präsent, auf den ausdrücklich zu Gunsten eines höheren verzichtet wird. Das ist der Fall in der sittlichen Entscheidung.

Ebenso wie dem Menschen im natürlichen Sollen Ziele des Lebens angezeigt werden, werden ihm im Sollen der sittlichen Pflicht Ziele der Sittlichkeit[93] angezeigt. Für Kant besteht das ganze Sittengesetz in der Erfahrung dieses zweiten Sollens. Es handelt sich um eine *Erfahrung*: man muß sie *gemacht* haben, um zu wissen, wovon die Rede ist, und zwar muß man sie *selbst* gemacht haben. Die »empirische Testbarkeit« beschränkt sich auf die eigene Person: Man wird ja sehen, ob man *weiß*, was zu tun ist, wenn man ein Kind am offenen Fenster im 5. Stock eines Hauses spielen sieht.

Und man weiß auch, was zu tun ist, wenn man bezaubert ist von der Frau eines Freundes. Der Verzicht, den Freund zu betrügen, muß nicht bezahlt werden mit der Herabsetzung der Frau zu einer »sauren Traube«. Eben dies heißt Freiheit. Der Anspruch des Sollens in der Präsenz der Pflicht ist nur einem freien Wesen möglich.

Der Mensch ist das handelnde Wesen. Auch wo er seine natürlichen Ziele verfolgt, tut er es als freies, zwecksetzendes Wesen. Als Handelnder steht der Mensch prinzipiell unter sittlicher Teleologie. Im Normalfall steht die Verwirklichung des Sittlichen nicht in Konkurrenz mit der Realisierung seiner natürlichen Ziele: daher ist der Mensch auch der reflexiven, ethischen Rechtfertigung seiner meisten Handlungen überhoben. Das heißt nicht, daß sie prinzipiell wertneutral sind. Das Ethische tritt nicht fallweise in Ausnahmesituationen auf. Es wird nur in Ausnahmesituationen thematisch für ein Wesen, das *immer* unter einer ethischen Zielsetzung lebt, weil es aufgrund der Sprache nicht nur die Welt mit seinen Augen, sondern immer schon sich mit den Augen anderer, also »objektiv« zu sehen imstande ist. So ist der Trieb für ihn nicht ein unmittelbar wirkendes Agens, sondern ein »Grund«, der , wenn kein wichtigerer Grund entgegensteht, ein Handeln begründet und rechtfertigt, das seine Befriedigung zum Zweck hat. Auch in die Naturwissenschaft kann man an bestimmten Grenzen nur deshalb ethische Überlegungen *einführen*, weil sie von Anfang an selbst ein menschliches, also in sittlicher Teleologie stehendes Unternehmen ist.

Der Gedanke der »Finalisierung« der Wissenschaft ist berechtigt, solange er meint, daß Wissenschaft wie alle menschliche Tätigkeit unter einem Ziel, einem »Um ... willen« als ihrer einschränkenden Bedingung steht, nicht allerdings, wenn er dahin umgedeutet wird, daß dieses Ziel in einen außerwissenschaftlichen Zweck transformiert werden müßte, dem die Wissenschaft als Mittel unterzuordnen wäre.

Wissenschaft ist ein Selbstzweck, aber sie ist kein absoluter Zweck, der sich als »Wahrheit« gegen »animistische Relikte« von Sittlichkeit stellen könnte. Deswegen haben auch alle in der Wissenschaft vorgenommenen Abstraktionen ihre bestimmte Berechtigung: die Auflösung der Begriffe Kraft, Ursache, Erklärung, Materie usf., wie von bestimmten konsequenten Wissenschaftstheoretikern vorgenommen (s. o.), mißt Wissenschaf*ten* nur an einem bestimmten Grad von Exaktheit der Begriffsbildung im Sinne einer quantifizierten Präzision. Dieses Ideal tritt an die Stelle jedes bestimmten Wissenschaftszweckes, dem die jeweiligen Begriffe dienen. Wo das Ideal gar nicht in der Quantifizierung liegt, sondern in der (unter ethischen Kriterien stehenden) *Brauchbarkeit* dieser Begriffe zu bestimmten – wissenschaftlichen – Zwecken, da ist die Unmöglichkeit einer weiteren Präzisierung kein *Einwand*, sondern die Erkenntnis einer Grenze. Diese Erkenntnis kann sehr nützlich sein. An solche Grenzen stoßen Menschen vielerorts, nicht nur in der Wissenschaft.

Wittgenstein, der in seinem »Tractatus logico-philosophicus« das Ideal der Exaktheit konsequent entwickelt und geschrieben hatte: »Alles, was man reden kann, kann man klar sagen, und wovon man nicht reden kann, davon soll man schweigen«, mußte später entdecken, daß man bei einem gewissen gesteigerten Grad des Exaktheitsanspruchs gar nichts mehr sagen kann, und entwickelte daraufhin seine Theorie kontextstiftender, also teleologischer Sprachspiele, innerhalb deren Reden überhaupt erst Sinn bekommt.

Wenn etwa J. König den Begriff der Ursache als »Begriff einer befriedigenden Antwort auf eine gewisse Warum-Frage«[94] definiert oder analog dazu schreibt, daß »eine Wirkung existiert, ...« weiter nichts bedeutet, als daß es möglich ist, praktische Warum-Fragen befriedigend zu beantworten«[95], so ist das ganz in diesem Geiste gedacht. »Befriedigend« bedeutet dabei, daß die Warum-Frage mit einem Interesse verknüpft war, welches im weitesten Sinn (vgl. Einleitung) auf die Wiederherstellung des Vertrautseins mit der Welt abzielte.

»Praktische Warumfragen« sind – im Sprachgebrauch Königs – Fragen, die auf das Verstehen eines konkreten, einzelnen Ereignisses abzielen. »Theoretische Warumfragen« haben eine ganz andere Interessenrichtung. Sie zielen auf Generalisierung, Beherrschung und Kontrolle der Natur und führen eigenartigerweise gerade umgekehrt zu wachsender Unvertrautheit der uns umgebenden Wirklichkeit.

Zu beiden Zwecken ist der Mensch *finis cuius*, Ziel, Willen des Interesses. Und als solches auch einschränkende Bedingung bei der Mittelwahl in der Verfolgung der sich verselbständigenden Zwecke. Denn dieses Ziel ist nicht ein erst herzustellendes, sondern immer schon realisiertes und präsentes. Die äußerste Anforderung an den Menschen kann daher nur lauten:

»Werde, der du bist.«(Pindar)

Das folgende Kapitel versucht, diese letzten Überlegungen zu erhärten durch die Einordnung teleologischer Interpretationen in die Gesamtwirklichkeit des Menschen – »Teleologie ist nicht das Höchste« – sowie der Erörterung des Verhältnisses von Teleologie und Interesse.

Anmerkungen

1 N. Hartmann (1951, S. 134); kurz davor spricht er vom »vulgären Wozu-Fragen« (S. 127) und dem »grotesken Wichtignehmen des eigenen Ichs«, welches »deutlich die Enge und Borniertheit des am Seienden als solchem gänzlich uninteressierten Denkens« zeigt (S. 128).

2 Zitiert nach E. Mayr (1979, S. 202).

3 Dafür heißt das Auto dann »Schnucki« oder »Bergziege«, wird gepflegt und gestreichelt, und Gefühlausbrüche beim Ableben dieses teleologischen Gebildes sind nicht allein auf die zu erwartende Ausgabe zurückzuführen.

4 «Weder Darwin noch irgendein Darwinist hat bisher eine effektive Erklärung der adaptiven Entwicklung eines einzigen Organismus oder Organs geliefert.« K. Popper, zitiert nach Illies (1979, S. 48).

5 Illies (1979, S. 53).

6 a. a. O., S. 55.

7 Als der Affenmensch entdeckt wurde, legte man ihn Haeckel zu Füßen.

8 a. a. O., S. 55; es handelte sich um ein »anständiges, wenn auch eigenartig spezialisiertes Reptil (nach O. Kuhn konnte sie gar nicht fliegen, sondern benützte ihre flügelähnlichen Vorderbeine zum Schmetterlingsfang während des Laufens auf den Hinterbeinen)« (S. 58).

9 a. a. O., S. 55–56.

10 l. c.

11 Vgl. Anm. 12 vom 8. Kapitel. E. Mayr (1979, S. 157) übersieht bei seiner Anknüpfung, daß selbst ein geltendes Paradigma wie die Evolutionstheorie gegen künftige Revolutionen nicht gefeit ist – eben weil es Hypothese ist und nicht Faktum.

12 Vgl. Illies (1979, S. 57f).

13 W. Hennig: Grundzüge einer Theorie der phylogenetischen Systematik (Berlin 1950).

14 Die Verschiebung des Problems auf die Ebene der Gene (darauf läuft natürlich auch die Ersetzung des »Kampfes ums Dasein« durch »verbesserten Fortpflanzungserfolg« hinaus) verändert an der Trivialität der Erkenntnis nichts; und Stegmüllers Interpretation (1975, S. 430ff) der Selektionsfunktion von M. Eigen verdeckt dies durch Mathematisierung.

15 Illies (1979, S. 49).

16 «Auch die Sprachfähigkeit ist ein Ergebnis der Evolution, woraus sich die Vorzüge und Grenzen der Sprache erklären« (Vollmer 1975, S. 189; die Zirkel werden S. 138–157 gezogen).

17 Vgl. dazu R. Löw: Die zwei Grundbegriffe der Evolutionstheorie: Irgendwann und Irgendwie (in Vorbereitung).

18 Lorenz (1973, S. 135).

19 Der Materialismus und seine Natürlichkeit: dazu ist »seit Descartes viel Gescheites, das Gescheiteste von Nicolai Hartmann gesagt worden« (Riedl 1976, S. 308); vgl. K. Lorenz (1973, S. 57–62).

20 Hartmann (1951, S. 3).

21 In der Größenordnung der Erde samt dazugehöriger Atmosphäre, entsprechender Temperatur, vernünftiger Mischung der Elemente und Verbindungen usf.

22 Die Entdeckung der großen Zeiträume ist konstitutiv für die heutige Evolutionstheorie; sie ist der alles heilende große Theriak, der auch haarsträubenden Erklärungen noch ein Lebenslicht beläßt, denn »Auch sehr Unwahrscheinliches ereignet sich, wenn eine hinreichend [!!!] lange Zeit zur Verfügung steht.« (Stegmüller 1975, S. 450, im Original kursiv).

23 Riedl (1976, S. 93); bei Lorenz ist es ein *Zwang*: »Jedem von uns wohnt ein Zwang inne, nach wiederholtem Eintreten eines bestimmten Ereignisses einen irgendwie gearteten, zunächst nicht näher definierbaren *Zusammenhang* zwischen den einzelnen Geschehnissen anzunehmen« (Lorenz 1973, S. 137); über die Ursache des Zwangs wird so wenig gehandelt wie bei Hume; der Text fährt fort: »Ich erinnere mich genau ...«. ... Eine innerbiologische Kritik an Lorenz' These von der *Entwicklung* der Kausalitätskategorie im ratiomorphen Weltbildapparat stammt von Th. v. Uexküll: Der Mensch und die Natur (München 1953). Das Charakteristische an einem Verhaltensschema besteht darin, daß die Gegenstände, die in ihm keine Bedeutung besitzen, also nicht wahrgenommen werden, auch *niemals* eine Bedeutung bekommen können. Was nicht Auslöser in einem Verhaltensschema *ist*, kann es auch nie werden, weil es gar nicht wahrgenommen wird. Die Kausalitätsverrechnung ist entweder schon da, oder es kommt nie zu ihr.

24 Riedl (1976, S. 91).

25 Riedl (1976, S. 98); vgl auch Wuketits (1981).

26 Nach H. Plessner: Die Stufen des Organischen und der Mensch ([2]Berlin 1965, S. 7).

27 Hans Köchler: Transzendentalphilosophie als Anthropologie? Bemerkungen zum universalen Anspruch der evolutionären Erkenntnistheorie. In: Festschrift für Ivo Kohler (1980).

28 C. F. v. Weizsäcker: Der Garten des Menschlichen (München 1977, S. 187). In bezug auf seine Kritik gehen wir mit Weizsäcker überein.

29 Vgl. das 5. Kapitel.

30 Vgl. dazu G. H. v. Wright: Causality and Determinism (New York 1974); Schneider (1978), dazu auch Jürgen Habermas: Erkenntnis und Interesse (Frankfurt 1968).

31 Es könnte sich um zufällige oder von einem Bewußtsein beabsichtigte, selbst gesetzmäßige Koinzidenzen handeln; vgl. den 1. Abschnitt bei Schneider (1978).

32 Selbst diese Fest-Stellung ist aber ein Eingriff: ein Eingriff mit dem Begriff!

33 Wenn sie *mehr* sein soll als ein Laut- oder Buchstabengebilde oder deterministischer Ausdruck der Überzeugung von der Richtigkeit des Materialismus.

34 Schneider (1978, S. 234).

35 Es lohnt sich, Riedls Thesen zur »Natürlichkeit des Materialismus« (1976, S. 307 ff) gegen Hans Jonas' Kapitel über »Wahrnehmung, Kausalität und Teleologie« in: Jonas (1973, S. 42–59) zu lesen.

36 Weizsäcker (1977, S. 191).

37 Rádl II (1909, S. 193).

38 Stegmüller (1960, S. 187).

39 Jonas (1973, S. 57).

40 Denn das Kausalprinzip spricht von einem *notwendigen* Wenn-dann, so daß Fundamentalgesetze einer Theorie nicht statistische Gesetze sein dürften. Vgl. Stegmüller (1975, S. 333f).

41 Stegmüller (1975, S. 334).

42 Vgl. Stegmüller (1975, S. 337ff).

43 a. a. O., S. 350.

44 Wenn der Begriff Ursache als »Gesamtheit der Antezedensbedingungen« gefaßt wird (Stegmüller 1960, S. 185), dann kann man mit Stegmüller bezweifeln, ob dieser Begriff irgendeine Bedeutung besitzt: »denn kein Ereignis kann in bezug auf alle seine Eigenschaften – zu denen auch sämtliche raumzeitliche Relationen zu den übrigen Ereignissen im Universum gehören – erklärt werden, sondern nur in bezug auf bestimmte Merkmale, die je nach Sachlage erklärungsbedürftig erscheinen« (a. a. O., S. 179). Jede »Bedürftigkeit« dieser Art ist aber anthropomorph!

45 König (1978, S. 97-100); vgl. auch das 5. Kapitel zu Leibniz.

46 Stegmüller (1960, S. 183ff).

47 Lorenz (1973), Vollmer (1975), Riedl (1976, 1979).

48 Vgl. die Abbildung in die Zeit (Anm. 76 im 8. Kapitel), S. 18 und die Erläuterungen und Ableitungen bei Eigen (1975, S. 259–263).

49 Vgl. N. Luhmann (1967).

50 Mayr (1979, S. 209).

51 Vgl. den im 6. Kapitel ausführlich entwickelten Gedankengang bei Hegel. Zum Problem auch die schöne Darstellung von C. F. v. Weizsäcker: Materie, Energie, Information. In: Die Einheit der Natur (München 1971, S. 342–366).

52 Es genügt *nicht* der Hinweis auf Lebewesen wie bei Uexküll (1953); denn so wie Menschen ihr Leben erfahren, ist es bereits entscheidend *bewußtes* Leben und nicht tierisches Leben!

53 Vgl. dazu das 10. Kapitel.

54 Mayr (1979, S. 207).

55 Mayr (1979, S. 213).

56 Mayr (1979, S. 216).

57 Lorenz (1973, S. 25ff); Riedl (1976, S. 307ff); Mayr (1979, S. 35, 144ff) ; Wuketits (1980, S. 24).

58 Die Rolle des »Systems« bei Riedl oder des »Programms« bei Mayr spielt bei Eigen der Begriff »Struktur«, und zwar gerade für das Übergangsproblem vom Anorganischen

zum Organischen. Die Trennung in konservative und dissipative Strukturen (Eigen 1975, S. 114f) erscheint uns allerdings *keine* prinzipielle, sondern eine quantitative und daher letztlich willkürliche zu sein. Das gilt sowohl für den Unterschied in bezug auf Bildung des stationären Musters ohne Fixierung der Materieteilchen – denn das Verhältnis von »Kraft« im konservativen Modell zu »Energie« im dissipativen wird gar nicht erörtert. Die Behauptung, das dissipative Modell erfordere zu seiner Aufrechterhaltung einen ständigen Zustrom von Energie, gilt *selbstverständlich* auch für jedes konservative Modell, welches Reibungsverluste hat. Die Zeiträume mögen länger sein; aber genau wegen dieses Problems wurde für Newton ja das periodische Eingreifen Gottes notwendig, um die »Weltenuhr« in Gang zu halten. Dem generellen Einwand gegen Eigens Theorie vom Auftreten radikal neuer Eigenschaften in einer dissipativen Struktur, welche durch additive Summation der einzelnen Elemente unerklärlich seien, entspricht das im Text gegen den System- und Programm-Begriff Vorgebrachte. Von »radikal neuen Eigenschaften« zu sprechen heißt, das Subjekt, das sie konstatiert, vernachlässigen. Denn für das Subjekt sind sie *nicht* radikal neu, und für die Struktur selber sind sie – gar nichts.

59 Es gehörte eine Analyse aller wesentlichen naturphilosophischen Begriffe hierher, bes. aber e. g. »Kraft« und »Bewegung«; den Rahmen unserer Untersuchung würde dies sprengen; aber der Rückgriff der sog. Protophysik auf Aristoteles wird ganz unvermeidlich sein, wenn die »erklärten« Begriffe weiterhin etwas »bedeuten« sollen.

60 Stegmüller (1975, S. 341f)

61 In gerichteter wie in sog. »ungeordneter« (für die Temperaturdefinition) Bewegung. Letztere ist, wie im 1. und 2. Kapitel ausgeführt, streng gar nicht zu denken.

62 Vgl. den Artikel »Gesetz« von S. Müller bei Krings (ed.) (1974, S. 569–84, mit Literatur).

63 Jede Reflexion über Recht setzt voraus, daß es ein wie auch immer geartetes »von Natur aus Rechtes« gibt. Vgl. R. Spaemann: Die Aktualität des Naturrechts. In: Spaemann (1977, S. 183–198).

64 Stegmüller (1960, S. 190).

65 J. Monod (1971); vgl. dazu die Widerlegung bei Stegmüller (1975, S. 407– 413). Die Meinung, daß es sich bei Monods Buch um eine «schriftstellerische Meisterleistung« handelt (S. 407), vermögen wir allerdings nicht zu teilen.

66 Stegmüller (1960, S. 184).

67 So Huxley gegen Spencer in »Evolution and Ethics« (1894): Sittlichkeit und Pflicht bestehen in einer Auseinandersetzung mit den tierischen Instinkten und lösen sich auf, wenn sie als Wirkung solcher Instinkte erklärt werden; vgl. im nächsten Abschnitt das zu «Sittlichkeit« Bemerkte.

68 Hierzu wäre K. Lorenz zu rechnen, e. g. mit »Die acht Todsünden der zivilisierten Menschheit« (München 1974).

69 Riedl passim, Stegmüller (1975, S. 126–129).

70 Im Anti-Dühring (Marx-Engels-Werke Bd. 20, Berlin 1962, S. 75/76).

71 Dies wird in dem Artikel der »Zeit« (Anm. 76, Kap. 8, S. 17) von einem »Biologen« gesagt; er stimmt nach unserer Erfahrung im Prinzip mit dem gängigen Verständnis der Naturwissenschaftler überein, besonders aber mit den Vorstellungen der Wissenschaftsjournalisten. Ausnahmen bestätigen die Regel, vgl. die folgende Anmerkung. Diese sind natürlich nicht die Adressaten unserer Kritik.

72 Bemerkenswerterweise *nicht* für Manfred Eigen selbst; Eigen ist sich sehr im Gegensatz zu seinen Popularisatoren bewußt, »daß es allenfalls möglich ist, *notwendige*, unabdingbare Voraussetzungen für den Übergang vom Unbelebten zum Belebten anzugeben, daß aber eine vollständige Umschreibung des Begriffs Leben ohne Bezug auf ein spezielles Lebewesen ... sinnlos ist«. Eigen (1975, S. 206), vgl. auch M. Eigen und R. Winkler: Ludus vitalis. Mannheimer Forum 73/74 (Mannheim 1973) sowie den Artikel »Leben«

von M. Eigen in Meyers Enzyklopädischem Lexikon Bd. 14 (Mannheim 1975, S. 713–18).

73 Nicht aber immer hilfreich ist: psychosomatische Vorgänge geraten zu leicht aus dem Blickwinkel.

74 E. Mayr in einer Diskussion mit R. Löw in Harvard im Januar 1980.

75 Wenn z. B. die Präzisierung des Begriffs Leben in einem bestimmten Schwefelgehalt der Organismen versucht würde, oder die Präzisierung des Begriffs Mensch über das Schlüsselbein. Rationalität muß darauf zurückgreifen, daß man vorher schon in gewisser Weise weiß, was in die richtige Richtung geht und was nicht.

76 «Vorsichtig« aber nur in dem Sinne, daß man über Einzelheiten noch nicht genauer Bescheid weiß. Das ändert nichts daran, daß »das Bewußtsein ein Evolutionsprodukt« ist (K. Lorenz, R. Riedl) – so bei F. M. Wuketits (1980). Wuketits erklärt, Bewußtsein sei eine Systemeigenschaft, und dazu definiert er Bewußtsein als »ein Wissen um bestimmte Zustände das eigene Ich betreffend«. Wissen definiert er nicht.

77 Dawkins (1978, S. 70).

78 Dawkins (1978, S. 56).

79 L. Strauss weist in »Naturrecht und Geschichte« (Frankfurt 1956) darauf hin: Für das *Erkennen* des Naturrechts war ein entsprechender kultureller Standard Voraussetzung; das aber ändert nichts daran, daß es Naturrecht auch gibt, ohne daß es schon alle erkannt haben.

80 H. Krieg (1946, S. 22).

81 H. Krieg (1946, S. 27); die Definition von »gesund« bleibt er freilich schuldig.

82 C. Bresch (1977), F. Cramer (1975), J. Monod (1971), R. Dawkins (1978).

83 Dawkins (1978, S. 164); Trivers (bei Dawkins, S. 173) hat sich Gedanken darüber gemacht, was eine Mutter tun sollte, »die von ihrem Mann verlassen worden ist. Das allerbeste für sie wäre ..., ein anderes Männchen soweit zu täuschen, daß es ihr Kind adoptiert in dem ›Glauben‹, es sei sein eigenes«.

84 Lorenz berichtet auch von der Treulosigkeit einer Graugans, was die Haushälterin oder alte Tante, jedenfalls die *dea ex machina* (im Besitze des Schlüssels zur Wahrheit) kommentiert mit »Graugänse sind auch nur Menschen«!

85 H. Jonas (1979, S. 236ff).

86 W. Stegmüller befindet sich immer auf halbem Weg zu dieser Konsequenz. So definiert er z. B. »System« nicht (1969, S. 558, S. 589), weil jede bisherige Definition zu unpräzise war; ebenso wurde und wird gezeigt, daß alle bisherigen Fassungen der Begriffe Ursache, Erklärung, Gesetz, Kraft etc. unhaltbar sind; aber er ist optimistisch, daß die präzise Fassung schon noch kommen werde, nicht zuletzt, weil sonst die Wissenschaft ja Menschen, ihre Meinungen und ihren Glauben in ihre Überlegungen mit einbeziehen müßte (1975, S. 350). Dieser entsetzlichen Alternative kann man aber sogar mit Stegmüller entgegensehen: »Eine Tragödie wäre dies auch nicht« (1975, S. 362).

87 Hartmann (1951, S. 69).

88 Stegmüller (1969, S. 530ff).

89 Wenn wir dann über menschliches Handeln genauer Bescheid wissen wollen, dann müssen wir Mikrogesetze in bezug auf Mikrozustände im Zentralnervensystem ermitteln: Stegmüller (1969, S. 525).

90 Uexküll (1953, S. 105ff).

91 Merkwürdigerweise kann nur das Auge in dieser Weise getäuscht werden: die anderen Sinnesorgane leisten Fehlmeldungen nur durch mechanische Reizungen oder Schädigungen (wie beim Auge durch Schlag auf dasselbe).

92 Vgl. Uexküll (1953, S. 129–133, 218–225).

93 Vgl. dazu Löw (1980, S. 301ff).

94 König (1978, S. 185).

95 König (1978, S. 194).

X. Die wiederentdeckte Teleologie

In diesem Kapitel ziehen wir die Schlußfolgerungen aus unserer Kritik des Antiteleologismus. Nach einigen Überlegungen zum symbolischen Charakter der Sprache, zum Mißlingen aller »Entanthropomorphisierungen«, dem neuen Status der Evolutionstheorie wenden wir uns in drei Abschnitten der praktischen Dimension des Teleologieproblems zu, um abschließend den ontologischen Status der Teleologie zu bedenken.

1. Zum symbolischen Charakter der Sprache

Schon für Friedrich Nietzsche war klar zu erkennen, daß, wenn man sich erst einmal auf das Sprechen und Argumentieren einläßt, damit die Chance für einen »freien« Menschen (in seinem Sinne) vorbei ist: »die Sprache enthält die versteinerten Grundirrtümer der Vernunft.« Zum selben Resultat gelangten Mitglieder des Wiener Kreises bei ihrem Versuch, die menschliche Sprache endlich so zu präzisieren, daß sie wissenschaftlichen Eindeutigkeitsforderungen genügt. Übrig bleiben drei Worte, welche nunmehr alles sind, was sie in Gesellschaft noch sprechen: »ja«, »nein« und »ich weiß nicht«. Ludwig Wittgenstein zog aus diesem Resultat der Präzisierungen einen andern Schluß: er wurde nicht irrsinnig, wie Nietzsche, sondern Mystiker.[1]

> »Wir fühlen, daß, selbst wenn alle *möglichen* wissenschaftlichen Fragen beantwortet sind, unser Problem noch gar nicht berührt ist«[2].

Wir haben in unserer Analyse des Antiteleologismus gefunden, daß die Sprache, derer sich die schärfsten Gegner der Teleologie bedienen, offensichtlich vom Feind verseucht ist, und das nicht von ungefähr: die Sprache ist schließlich das Anthropomorphste, was wir besitzen; in ihr findet gerade jene Vermittlung von äußeren Geschehnissen und eigenem Weltverstehen statt, die durch ihre unaufhebbar subjektive Verankerung die Wissenschaft so stört. Die Sprache ist selbst der Grundwiderspruch gegen die These der puren Faktizität von Welt und Evolutionsprogramm: sie ist das Medium, in welchem primär Sinn erscheint, in welchem irreduzibel und unentwegt Fakten, z. B. Tonschwingungen, nicht nur sie selber sind, sondern etwas bedeuten, als Symbol für etwas stehen, was einen Empfänger, einen Verstehen-Könnenden voraussetzt. Wenn die Überzeugung von der Richtigkeit des Antiteleologismus so weit geht, daß man auch die Sprache als Medium der Diskussion über sie ablehnt, dann kann man den Status der Autonomie erreichen. Man selbst ist nämlich dann nichts als ein zustandegekommenes Faktum. Man darf dann allerdings auch nicht mit Pathos von der Redlichkeit der Einsicht in diese Faktizität reden wie Monod oder Dawkins o. a.: dieses Pathos ist wie alles andere Reden und Sichgebärden Unsinn. Die Soziobiologie, sagten wir aber, wird zu einer Unterabteilung ihrer selbst: Soziobiologen versuchen auf ihre Weise das Fortkommen ihrer Gene zu bewerkstelligen, nämlich durch entlarvende Bücher und Reden, d. h. durch den Verkaufserlös derselben. Die Evolutionstheorie hat ebenso wenig »Wahrheit« wie jede Theorie gegen sie; sie ist übrigens auch keine Hypothese, sondern sie ist ein Vorkommnis unter anderen. So lange es genügend andere Überlebensmaschinen gibt, die dumm genug sind, um diesen Zusammenhang nicht zu durchschauen, kann man sie ja vertreten, ganz wie der große Sophist Gorgias mit seinen drei gewaltigen Thesen:

1. Es gibt nichts;
2. Wenn es etwas gäbe, könnten wir es nicht erkennen;
3. Wenn es etwas gäbe und wir könnten es erkennen, dann könnten wir das nicht mitteilen.[3]

In jedem Satz widerspricht er sich: was er sagt, steht im Widerspruch zu der Tatsache, *daß* er es sagt und daß er davon ausgehen kann, daß jeder versteht, was er meint. Nur Sokrates konnte ihn – eben deshalb – nicht ganz verstehen.

Eine Welt der reinen Faktizität ist eine Welt, in der es nichts gibt, in der nichts zu erkennen und nichts mitzuteilen ist. Aber der, welcher dies *sagt*, hat sich damit, daß er den Mund aufmacht, auch schon widerlegt. »Haltbar« ist die These einer entteleologisierten, d. h. einer von Sinn und Bedeutung entleerten Welt jedenfalls nicht im Sprechen oder Denken. Denn der Mensch ist anthropomorph gesprochen (wie auch sonst?!) ein »Versehen«:

> »Infolge einer einzigen Störung in der Maschine – völlig belanglos für die Entwicklung des Weltalls – wurden aus dem Sternenstoff, der seinem Schicksal versehentlich entging, einige Stückchen Materie von falscher Größe gebildet. Ihnen ermangelte der reinigende Schutz einer

hohen Temperatur oder die gleich wirkende ungeheure Kälte des Raumes. Der Mensch ist eines der grauenvollsten Ergebnisse dieses Versagens der antiseptischen Vorsichtmaßnahmen« – so der Physiker Arthur Eddington.[4]

Nun zeigt sich aber, daß viele überzeugte Evolutionstheoretiker diese Konsequenz einer Sinnentleerung der Welt leugnen. Sie schreiben nicht nur Bücher über die Evolution, sondern auch über vernünftige Kindererziehung, ja haben sogar Haustiere, über deren Anhänglichkeit sie sich freuen, und bei deren Tod sie sich grämen. Hard-core-Evolutionstheoretiker sind weder unsittlich noch bösartig, wie übrigens Friedrich Nietzsche auch keinem Lebewesen etwas zuleide tun konnte. Sie sind nur inkonsequent beim Ziehen der praktischen Folgerungen aus ihrer Theorie. Und die Inkonsequenz der Menschen ist es ja, die einen beim gegenwärtigen Zustand der Welt weiter hoffen läßt.

Die entscheidende Frage in bezug auf eine mögliche Rettung des großen Evolutionsprogrammes – *nicht* der Antiteleologie – ist die, ob der Wechsel zwischen verschiedenen Seinsschichten, die von K. Lorenz sogenannten »Fulgurationen«, das Auftreten von Sinn und Sinngebilden, von Bewußtsein und Sittlichkeit überhaupt Phänomene innerhalb einer möglichen naturwissenschaftlichen Erklärbarkeit sind. Und die Antwort lautet *nein*. Die Rede von »Fulgurationen« zeigt, daß K. Lorenz ein Problem gesehen hat, das Problem, sein eigenes Ethos im Rahmen seiner Weltsicht zu begreifen. Aber der Begriff ist mit dem Evolutionsprogramm inkompatibel; er hat dort den Rang einer puren ad-hoc-Hypothese; er stellt eine spezialkreationistische Theorie ohne Gott dar.

Der Begriff Fulguration (lat. *fulguratio* = Blitzstrahl) gibt der Verlegenheit Ausdruck, daß einerseits historisch an irgendeiner Stelle des Evolutionsprogrammes das Neue aufgetreten sein *muß*, daß wir andererseits aber nicht wissen *wie*. Wir wissen nur, daß es vorher nicht da war, hinterher aber wohl. Die Unmöglichkeit einer Erklärung der Entstehung des *völlig Neuen* liegt darin, daß es gerade nicht völlig neu war, wenn man es naturgesetzlich nach dem H.-O.-Schema *erklären* kann. Die Erklärung, wie in der Begriffsanalyse gezeigt, steht und fällt mit der Definition des Explanandums. Daher werden die Begriffe so definiert, daß man sie hinterher erklären kann – nur fehlt ihnen dann gerade wieder der Charakter der Fulguration. »Bewußtsein« bedeutet einmal Simulation der Simulation, dann wieder Bewußtsein: aus diesem Schwanken der Sprache bezieht die Fulgurationstheorie ihre ganze Anschaulichkeit.[5]

Angesichts der skizzierten widersprüchlichen Situation stellt sich zunächst die Frage, was es dann mit den Befunden und Erfolgen der Evolutionstheorie auf sich hat und welchen Status ihre Begriffe besitzen. Dabei kann die Konsequenz aus unserer Kritik am Programm des Antiteleologismus und seinem vermeintlichen, endgültigen Sieg natürlich nicht in einer Rückkehr zu einer naiven Teleologisierung des Universums bestehen. Unsere Gegenkritik soll gerade jene »Negation der Negation« darstellen, welche Kausalnexus und Finalnexus als zwei Seiten in ihrer *Wahrheit* in sich aufgehoben enthält. Falsch werden diese, wenn man sie abstrakt auseinander- und gegeneinanderhält, als isolierte für das Ganze nimmt. Wenn man – aristotelisch – »Kausalforschung« als »Mittelforschung« interpretiert, dann tritt finale Interpretation mit dieser nicht in Konkurrenz; sie verbessert auch nicht die Effizienz unserer Naturbeherrschung, sondern sie ermöglicht uns ein Verstehen von Naturvorgängen, das sich nicht zu einem bloßen Als-ob herabsetzen läßt. Was folgt daraus für das Evolutionsprogramm?

2. Das Mißlingen der »Entanthropomorphisierung«

Entanthropomorphisierung kann realiter nur in der Weise gelingen, daß sich die Gattung Mensch auf dem Planeten selbst und endgültig ausrottet. Hingegen ist der Versuch, auf sprachlich-begrifflicher Ebene unseren Umgang mit der Wirklichkeit zu entanthropomorphisieren, ein weiterer Ziehversuch Münchhausens an seinem Schopfe. Zwar glaubt man, die streng materialistische Sicht sei weder metaphysisch noch anthropomorph. Tatsächlich aber abstrahieren Menschen, die so sehen, nur den entferntesten Teil ihrer Selbsterfahrung – nämlich: aus Materie zu bestehen – als das eigentliche, von wo aus sie die Fülle der Wirklichkeit rekonstruieren wollen. Das Evolutionsprogramm als antimetaphysisch zu kennzeichnen ist Koketterie: es ist extrem metaphysisch; innerhalb seines metaphysischen Horizontes lassen sich allerdings abenteuerliche Widersprüche aufzeigen – ein von H. E. Hengstenberg ebenso gründlich wie scharfsinnig durchgeführtes Unternehmen.[6]

Menschen können aber auch nicht *biozentrisch* denken, denn indem wir biozentrisch *denken*, denken wir anthropozentrisch. Leben ist uns, wenn wir es nicht als bloße Modifikation des Anorganischen betrachten, zunächst in unserer Selbsterfahrung, im bewußten »Erleben« gegeben und hieraus abstrahiert.

Natürlich können wir diese Abstraktion vollziehen. Wenn wir den Menschen nur unter dem Gesichtspunkt dieser Abstraktion bloß als «Lebewesen« betrachten, dann ist er die größte Naturkatastrophe, die es je gab: Umweltverschmutzung, Kriege, Artenausrottung usw. sind das Resultat. Aber der Mensch verfolgte eben auch bei diesen Untaten gar nicht bloß biologische Zwecke. Es ging ihm um ganz anderes, um seine humane, seine kulturelle Existenz. Das »biozentrische Denken« macht auch die Kulturinhalte zu Naturereignissen analog den Ameisen- und Bienenstaaten. Diese These aber hebt sich selbst auf – wenn sie sich als Naturereignis verstehen muß, das nicht *mehr* Vernünftigkeit bei sich führt als Giftproduktion und Kriegstreiberei. Denn als bloß natürliches Lebewesen wäre ja der Mensch gerade *nicht* vernünftig, bzw. Vernünftigkeit wäre nicht »vernünftig«, sondern nur ein biologisches Vorkommnis unter anderen.

Gleichwohl hat das Abstrahieren von bestimmten Aspekten des jeweils betrachteten Gegenstandes durchaus seinen Sinn. Nur muß man sich bewußt bleiben, daß am Anfang die Abstraktion stand, und deswegen sich aus den aus ihr ergebenden Konsequenzen niemals mehr das vor dem Anfang Liegende – die Erfahrung von Selbst und Wirklichkeit in ihrer Fülle – rekonstruieren läßt, und zweitens, daß die Abstraktion selbst unter sittlichen Kriterien steht.

Beide Einschränkungen sind von höchster Bedeutung. Die erste besagt, daß die Ergebisse einer naturwissenschaftlichen Fragestellung, die auf dem Absehen von bestimmten Gesichtspunkten beruht, nicht auf die Frage nach der Berechtigung der Gesichtspunkte angewandt werden können, von denen anfangs abgesehen wurde. Wenn ich am Anfang davon absehe, daß es ein lebendiger Mensch, ein Subjekt ist, welches mit seinen Augen selbst sieht, und wenn ich dann Augen, Nerven, Gehirnteile untersuche, dann kann ich »rekonstruieren« wie ich will, ich komme nie mehr zum *Sehen eines Subjekts.* Ich kann nur Bedingungen angeben, die bei einem Ausfall oder Versagen das Sehen verhindern. *Die Bedingungen bringen aber das Bedingte niemals hervor!* Die neuzeitliche Wissenschaft ist Bedingungsforschung. Sie kennt nur abhängige Variable, also prinzipiell nur Passivität. »Selbstsein« ist ihr von ihrer Fragestellung her grundsätzlich unzugänglich. Analoges gilt für die Forschungsethik. Wenn ethische Aspekte in der Naturwissenschaft *am Anfang* ausgeblendet werden, dann kommen sie *nie wieder* herein, auch und besonders nicht durch die Soziobiologie. Stellen wir uns einen Forscher vor, welcher gefährliche Experimente an seinem eigenen Säugling machen will[7]. Er betrachtet den Säugling unter dem Aspekt seines Zustandegekommenseins aus organischen Verbindungen (ontogenetisch) und durch die Evolution seit dem Urknall. Wenn man ihm solche Experimente mit ethischen Argumenten verwehrt, so wird er sagen, ethische Gesichtspunkte habe er ausgeklammert, denn diese seien ja nur Ausdruck eben jener soziobiologischen Entwicklung, die gerade sein Untersuchungsgegenstand ist. Wenn wir ihm soziobiologisch antworten und entgegenhalten, die Ethik diene schließlich dem besseren Überleben seiner Art, seiner Gruppe, seiner Gene, so kann er antworten: »Das stimmt zwar, aber ich sehe davon ab. Ich erforsche diese Mechanismen, aber ich unterstelle mich ihnen nicht. Und außerdem wird auf die Dauer vielleicht gerade das Opfer, das ich hier meinen Säugling bringen lasse, wohltätig für das bessere Überleben sein!« Da können wir ihn an seinem Experiment gar nicht mehr mit ethischen Gesichtspunkten hindern, sondern nur mit Gewalt. Dies wird ihm freilich ebenso als Ausfluß eines menschlichen Art-Egoismus erscheinen wie alles andere, und ebenso unbegründbar, weil es kein Begründen gibt. Er wird vielleicht mit Dawkins nur den Kopf schütteln: »Ein menschlicher Fötus mit nicht mehr menschlichen Gefühlen als eine Amöbe erfreut sich ... eines gesetzlichen Schutzes, ... weit über das hinaus, was einem erwachsenen Schimpansen zugestanden wird. Doch der Schimpanse fühlt und denkt.«[8]

Mit diesem Beispiel sind wir beim zweiten Gesichtspunkt angelangt: die Abstraktion am Anfang jeder wissenschaftlichen Untersuchung steht selbst unter ethischen Kriterien. Das heißt natürlich nicht, daß jeder Forscher, bevor er ans Mikroskop tritt oder ein Reagenzglas in die Hand nimmt, über die ethische Zulässigkeit der geplanten Handlung reflektieren müsse. Denn der Normalfall unserer Handlungen ist ohnehin in einen sittlichen Lebenszusammenhang eingebettet, und unsere Pflichten sind uns fraglos präsent, wie schon Hegel gegen Kant einwandte. Wo jedoch menschliches Leben, die menschlichen Lebensbedingungen auf dem Spiel stehen oder Tiere gequält werden, da wird das Ethische thematisch. Auch hier kann es sein, daß die Entscheidung *für* ein Experiment fällt. Aber die Wissenschaftlichkeit als solche und ihre Forderungen können für sich genommen nie der ausschlaggebende Gesichtspunkt sein. Eine Extra-Ethik für Naturwissenschaftler, eine »Ethik der Erkenntnis« (J. Monod[9]) gar, ist ein Unding, es sei denn, man verstehe darunter einfach *zusätzliche* Auflagen an Redlichkeit und Wahrhaftigkeit. Die Naturwissenschaft wie jede andere Form menschlichen Ausschnitte-Machens (Abstrahierens) steht als Ganze unter ethischen Kriterien[10].

Unter den beiden erörterten Einschränkungen sind Abstraktionen aus der menschlichen Gesamtwirklichkeit, auch solche, die ganze Wissenschaftsgebäude konstituieren, zulässig. Anders gäbe es ja auch gar keine Wissenschaft. Was folgt daraus im Speziellen für die Abstraktion »Evolutionsprogramm«?

3. Der neue Status der Evolutionstheorie

Die Evolutionstheorie ist in eminentem Maße *Bedingungs*forschung. Sie gibt eine Fülle von Bedingungen an, erhärtet durch Beobachtung wie Experiment, nach welchen sich gegebene Organismen, im weiteren Sinn auch Materie oder menschliche Gruppen, entwickeln, *wenn sie einmal vorhanden sind.* Sie kann Veränderungen erklären bis hin zu Artenänderungen; ihre Resultate sind seit Darwin sehr erweitert und präzisiert worden und werden weiter präzisiert. Keineswegs werden *alle* Phänomene in den Blick kommen[11]. Das liegt schon daran, daß zur Erforschung eines Phänomens auch derjenige dazugehört, der das Sichzeigen (*phainesthai*) *sieht.* Wenn man die Augen vor dem Phämomen »Schönheit« in der Natur verschließt und nur von »bunt, »zackig« oder von »Tonabfolge« spricht, dann kann man zu diesem Phänomen eben auch nichts Adäquates sagen, auch nicht, daß »Schönheit« ein Anthropomorphismus sei. Schließlich ist »Anpassung« auch ein Anthropomorphismus. Im Verlauf weiterer Präzisierung wird vermutlich auch die Hypothese von der monophyletischen Abstammung alles Lebendigen in eine polyphyletische verwandelt werden[12]. Bei allen Evolutionserkenntnissen wird es sich aber auch dann nie um mehr als um hypothetische Bedingungen dessen handeln, was am Ende als Resultat erscheint – *Bedingungen,* die das Bedingte nicht hervorbringen wie die Ursachen Wirkungen[13].

Für die Problematik der drei Übergänge (Leben, Bewußtsein, Sittlichkeit) ist der Bedingungscharakter verschleiert: er steckt im jeweiligen Anfang, in der Definition des Explanandums. Denn jede Formulierung der Art »Leben ist entstanden durch ...« lautet in Wirklichkeit: »Wenn man ›Leben‹ so und so definiert, dann kann man sagen, daß es entstanden ist durch ...«. Alle solche Definitionen tragen jedoch den Charakter einer willkürlichen Abstraktion. Sie erreichen niemals die Fülle des definierten Phänomens. Leben, Bewußtsein, Sittlichkeit: sie konstituieren allererst den Horizont, innerhalb dessen überhaupt etwas erfahren und begriffen werden kann.[14] Umgekehrt sich selbst, in seinem theoretischen und in seinem sittlichen Bewußtsein, mit Hilfe der eigenen Begrifflichkeit als Produkt von Materie und Spielregeln zu *begreifen*: das ist prinzipiell ausgeschlossen. *Sagen* kann der Mensch, daß er sich auf diese Weise begriffen habe – genauso wie er sagen kann, er habe begriffen, daß zwei mal zwei fünf ist.

Und nun stellen wir die Fulgurationstheorie auf den Kopf: Materie und Spielregeln erklären nicht das Auftreten von neuen Qualitäten, sondern sie stellen *Bedingungen* dar, unter welchen neue Qualitäten auftreten können. Die *Erklärung* dieses Neuen kann nicht von Materie und Spielregeln kommen, weil diese ja Abstraktionsprodukte aus dem bereits vorhandenen (in und mit uns) »Neuen« darstellen, wenn wir den Blick nach rückwärts wenden. Woher das *Neue* selbst kommt, das kann uns keine Naturwissenschaft lehren. Hier weist die Evolutionstheorie über sich hinaus, und zwar – dies ist entscheidend – nicht nur auf eine »anthropomorph-teleologische Interpretation« der Entwicklung, sondern zugleich auf deren Grenze. Diesen Gedanken nehmen wir in der Erörterung des ontologischen Status der Teleologie noch einmal auf.

4. Zur »Notwendigkeit« teleologischen Denkens

In unseren bisherigen systematischen Erwägungen haben wir uns vorwiegend auf eine theoretische Argumentation konzentriert. Nun ist das Teleologieproblem so alt wie die europäische Philosophie. Gigantomachien dieser Art legen die Vermutung nahe, daß eine Beendigung des Disputs auf der theoretischen Ebene, auf der er geführt wurde, nicht zu erwarten ist. In solchen Fällen greift die *intentio obliqua* Platz. Woher die Hartnäckigkeit in diesem Streit? Was eigentlich sind die Interessen, die sich hinter »Teleophilie« und »Teleophobie«[15] verbergen? Wir fragen mit Kant nach dem »Interesse der Vernunft bei diesem ihrem Widerstreite«. Wenn von Notwendigkeit oder Nichtnotwendigkeit teleologischen Denkens die Rede ist, fragen wir: Notwendigkeit wozu? Wenn von Wahrheitsbeweisen die Rede ist, fragen wir, wer hier die Beweislast tragen muß, und schließlich stellen wir die generelle teleologische Frage, was denn von teleologischem oder nicht-teleologischem Denken für unser Weltverhältnis eigentlich abhängt.

Die Ausgangsfrage für alle wohlwollenden[16] analytischen und naturwissenschaftlichen Diskussionen des Teleologieproblems lautet im allgemeinen: wann ist eine teleologische Interpretation nötig? Wann brauchen wir Teleologie? Hier muß zunächst zurückgefragt werden: nötig, erforderlich wozu? Die Ausgangsfrage wird daraufhin häufig präzisiert: wann brauchen wir Teleologie zur Erklärung natürlicher Phänomene? Die Rückfrage muß lauten, was man unter »Erklärung« verstehen will. Antwortet man darauf mit der schon bekannten Definition nach Hempel-Oppenheim: Angabe der Antecedentien und des einschlägigen allgemeinen Gesetzes, dann hat man das Teleologieproblem mit der Definition bereits erledigt. Daß teleologische Interpretationen ungeeignet zur Erklärung sind, heißt dann lediglich: »teleologische Interpretationen sind teleologische Interpretationen«. Die meisten grundsätzlichen Kritiken an Teleologie in der Wissenschaftstheorie und der auf ihre (früheren[17]) Ergebnisse gestützten Naturwissenschaft sind, so erstaunlich es klingt, von dieser Art. Wir können deshalb diese Antwort vernachlässigen. Stellen wir erneut also die Frage: brauchen *wozu*? Die erste Antwort muß lauten: um zu verstehen. Wozu müssen wir verstehen? Nun, z. B., damit das Lesen dieses Buches oder auch eines antiteleologischen Buches sinnvoll ist. Teleologische Interpretation von Ereignissen ist unverzichtbar, wenn es sich um Äußerungen oder Handlungen von Menschen handelt, mit denen wir in sprachliche Kommunikation treten. Wir müssen Menschen als handelnde, wollende Wesen, als Ursprung von Aktivität und Spontaneität, als Subjekte von Streben und Wollen betrachten, solange wir überhaupt mit ihnen zusammenleben wollen und solange wir nicht die Zweiteilung der Menschheit in je eine Kaste von Manipulateuren und beherrschten Objekten akzeptieren. Aber auch bei einer solchen Zweiteilung müßten die wissenschaftlichen Manipulateure sich wenigstens untereinander als Handelnde betrachten, um überhaupt kooperieren zu können. Wie steht es nun aber mit anderen Weisen des Geschehens in der Welt, die nicht den Charakter menschlichen Handelns haben? Wann *kann* man sie teleologisch interpretieren? Wann legt sich eine solche Interpretation nahe? Zunächst ist zu sagen, daß man natürlich jedes Geschehen, jede Ereignisreihe teleologisch interpretieren *kann*. Das Mittelalter z. B. (vgl. 3. Kapitel) sah jede Naturgesetzlichkeit, jede regelmäßige Aufeinanderfolge eines Ereignisses b auf ein Ereignis a als Beweis für Teleologie an. Denn a hat ja offenbar die «Tendenz«[18], b hervorzubringen. Uns ist indessen heute gerade die Invarianz eines Prozeßablaufs kein Anlaß zu einer teleologischen Betrachtung. Um einen Prozeß als teleologischen anzusehen, müssen wir in diesem Prozeß mindestens drei voneinander unterschiedene Zustände isolieren können. In diesem Falle ist es möglich, den mittleren Zustand als »Mittel« der Erreichung eines Zwecks zu betrachten. Teleologische Interpretationen sind immer Interpretationen nach Analogie zu menschlichem Handeln. Und dieses Handeln ist von der Art, daß in ihm stets irgend etwas geschieht, damit etwas anderes geschieht. Es werden Mittel zur Erreichung eines Zieles gewählt. Daß es sich um eine Wahl von Mitteln zu Zielen handelt, kann man erst dann annehmen, wenn in der Mittelwahl ein gewisser Freiheitsspielraum herrscht. Wo uns in der Natur gar kein Freiheitsspielraum der Mittelwahl entgegentritt, da legt uns der natürliche Prozeß nichts nahe, aufgrund dessen wir ihn verstehend in Beziehung setzen könnten zu uns selbst.

Isolieren wir in einem System drei Zustände, einen Anfangszustand A, einen mittleren Zustand B und einen Endzustand C. Wann interpretieren wir B als Mittel zum Zweck der Erreichung von C? Wir können das prinzipiell natürlich immer. Aber wir pflegen es dann zu tun, wenn im Verlauf des Prozesses Variationen auftreten, so daß wir den Eindruck gewinnen, daß das Ziel C auf verschiedenen Wegen $B_1 \dots B_n$ verfolgt werden kann. In diesem Falle sprechen wir davon, daß B von A aus gesehen *Mittel* zur Erreichung von C und nicht nur, daß es *Ursache* von C ist. Wir neigen zu dieser Interpretation, weil für uns selbst die Kenntnis eines Zieles erstens die hartnäckige Rückkehr in dessen Richtung zur Folge hat, zweitens aber die Möglichkeit, in der Mittelwahl zu variieren.

Stellen wir uns einen Menschen vor, der für uns einen Brief zustellen soll. Wir sagen ihm weder, was darin steht, noch wer der Adressat ist, sondern programmieren nur den Weg, den er gehen soll – bis hin zu der Wohnungstür. Nun nehmen wir an, es sind mehrere Straßen gesperrt, oder er kommt zwar an, aber in der Wohnung trifft er niemanden. Dann muß der Bote wohl unverrichteter Dinge umkehren. Hätte er die Adresse gewußt und den Zweck des Auftrags gekannt, dann hätte er einen Umweg wählen können, er hätte versuchen können, den Aufenthalt des Adressaten zu erfragen und ihn anzurufen, um ihm die Botschaft zukommen zu lassen. In dem Maße also, wie ihm das Ziel präsent ist, kann er in den Mitteln variieren. Wenn aber das Ziel nicht *sein* Ziel ist, sondern ausschließlich das Ziel dessen, der ihn geschickt hat, dann kann er, gesteuert von den Antecedensbedingungen, nur pünktlich die einzelnen Schritte nacheinander ausführen, und jede Unterbrechung der Kette ist endgültig. Das *telos* seines Unternehmens ist nicht *sein telos*.

Natürliche Ereignisse pflegen wir dann teleologisch zu interpretieren, wenn ihr Verhalten plastisch ist, d. h. zunächst, wenn so etwas wie hartnäckige Zielverfolgung unter wechselnden Randbedingungen stattfindet. Es muß allerdings ein zweites Moment hinzukommen, das Moment der Perzeption, der Wahrnehmung. Die Plastizität des Prozesses allein genügt nicht. Sonst müßten wir auch das Gefälle des Wassers, das immer wieder dem tiefsten Punkt »zustrebt«, wie immer wir es zwischendurch leiten, teleologisch interpretieren.[19] Zielverfolgung wird aber erst dort als Zielverfolgung bemerkbar, wo Mittel als Mittel ergriffen werden. Dies setzt voraus, daß erstens mit den Mitteln variiert werden kann, zweitens aber, daß wir einen Grund zu der Annahme haben, daß die Umwelt auf irgendeine Weise von dem von uns teleologisch interpretierten Gebilde registriert wird. Unter diesen Umständen gibt es freilich Vorgänge, die wir teleologisch deuten, obwohl das Ziel in der Regel gerade nicht erreicht wird. Der Fisch, der ins Netz gerät, verheddert sich mit seinem Zappeln nur umso stärker darin, und nur in den seltensten Fällen kommt er dadurch frei. Dennoch sagen wir: er zappelt, *um sich zu befreien*. Wir schreiben dem Fisch nämlich Wahrnehmung zu, und zwar eine unvollständige und eingeschränkte Wahrnehmung. So erkennt er, daß er in Gefahr ist, aber nicht wodurch. Unvollständige Wahrnehmung der Gesamtsituation läßt ihn etwas Unzweckmäßiges tun. Welche Ursache haben wir, die Sache so anzusehen? Die Tatsache, daß wir Fische auch in anderen Situationen kennen. Die Situation im Netz ist für den Fisch Ausnahmesituation, für die er nicht ausgerüstet ist. Normalerweise ist Zappeln ein Befreiungsversuch. Im Fall des Netzes wird der Fisch überlistet. Aber selbst die unvollständige Wahrnehmung der Außenwelt, die zum Gegenteil des angezielten Zweckes führt, interpretieren wir mit Recht teleologisch. Im Grunde steht am Anfang ein Identifikationsvorgang. Wir können uns vorstellen, was wir täten, wenn wir in der Lage des Fisches wären. Denn wir können uns tatsächlich bis zu einem gewissen Grade in die Lage des Fisches »hineinversetzen«, da auch wir wahrnehmen und Ziele verfolgen. Der Zugang zum Problem der Teleologie ist immer die eigene Handlungserfahrung, bzw. die Erfahrung von Begierde und Trieb. Interpretationen nicht-menschlichen Lebens sind immer Interpretationen vom Menschen aus. Je näher uns Lebewesen stehen, je eher interpretieren wir sie in der Weise unseres eigenen Lebensvollzugs. Je weiter sie sich von uns entfernen, desto schwieriger wird eine solche Interpretation. Im Maße der Abnahme der Verständlichkeit legt sich die kausalgesetzliche Interpretation nahe, welche freilich auch bei sehr nahen Phänomenen immer als Möglichkeit vorhanden ist. Tatsächlich gibt es eine fließende Grenze der Abnahme oder Zunahme teleologischer Interpretationsmöglichkeit, eine ab- oder zunehmende der Plausibilität teleologischer Interpretationen. Immer jedoch muß ein Zusammenspiel von beidem, von Wahrnehmung und von hartnäckiger Zielverfolgung stattfinden, und es ist wichtig dabei, daß beide Faktoren voneinander unabhängige Variable sind. Wir könnten auch beim freien Fall des Steines prinzipiell unterstellen, er nehme die Welt wahr. Leibniz sprach von der Perzeption der Monade. Nur müßte in diesem Falle die Wahrnehmung einfach den Bewegungsvorgang begleiten, ohne ihn zu beeinflussen. Das aber heißt, wir können die Annahme einer Wahrnehmung gar nicht überprüfen. Nur wo der Weg eines Systems zur Erreichung oder Aufrechterhaltung eines mindestens in einer Hinsicht identischen Zustandes variiert und wo wir diese Variation als Funktion einer »Tendenz« verbunden mit der Perzeption einer wechselnden Umwelt interpretieren können, da haben wir Grund, von Wahrnehmung und »hartnäckiger Zielverfolgung« zu sprechen.

Kehren wir zurück zu der Frage: wozu soll Teleologie brauchbar sein? Das Argument gegen Teleologie, sie sei ungeeignet für sichere Voraussagen, ist richtig. Zielverfolgung heißt nämlich nicht, daß ein Ziel wirklich erreicht wird. Teleologische Interpretation ist gar nicht Interpretation von einem Endzustand her. Wir interpretieren das Laufen eines Menschen zum Bahnhof auch dann vom Ziel der Erreichung eines Zuges her, wenn er ihn in Wirklichkeit gar nicht erreicht. Und umgekehrt interpretieren wir die körperlich-biologischen Vorgänge im Menschen nicht teleologisch von jenem Endzustand her, den jedes wirkliche Leben erreicht, nämlich vom Tode, so als seien alle Zwischenstadien nur »Mittel« zur Erreichung des Todes (es sei denn, der Tod der Individuen werde als Mittel der Arterhaltung, insofern also doch als ein »Gut« verstanden). Der Prozeß wird teleologisch erklärt nicht vom erreichten, sondern vom »erstrebten« Ziel her. Dieses aber ist in der Bewegung bereits präsent und nicht, wie das erreichte Ziel, der Bewegung äußerlich. Die Bewegung ist die Gegenwart der Zukunft[20], wie wir gesehen haben. Das Argument gegen Teleologie lautet aber nun, daß sie eben deshalb unbrauchbar für Prognosen und somit überhaupt unbrauchbar sei: sie scheint immer nur nachträglich bestimmte Vorgänge verständlich zu machen. Auch das ist richtig. Aber Verstehen ist immer nachträglich. Stellen wir uns eine Stadt im Belagerungszustand vor, die unter Anstrengung, Opfern und Listen durchhält. Der Historiker versucht, ihr Verhalten zu verstehen und zu interpretieren durch die Motive der Handelnden, also teleologisch. Der Kritiker des teleologischen Verstehens wendet ein, wenn die Belagerten kapituliert hätten, würde der Historiker dafür auch nach Gründen suchen und Gründe finden. Auch das ist richtig. Aber auch das kann nicht anders sein. Handeln als Handeln verstehen heißt, es als freies Handeln verstehen, als Wahl in einem offenen Horizont von Möglichkeiten. Wir können zwar Handeln auch unter statistischen Gesetzen des Verhaltens unter gewissen Bedingungen subsumieren. Aber statistische Gesetze können – auch im Sinne des H.-O.-Schemas – nichts »erklären« (s. oben). Der Einzelfall ist gegenüber der Statistik ganz indifferent. Eine einzelne Handlung verstehen heißt daher nicht, den Anspruch erheben, sie aus Gesetzen ableiten, also nachträglich vorhersagen zu können. Wir können ja auch unsere eigenen Entscheidungen nicht vorhersagen, ehe wir sie getroffen haben, sonst hätten wir sie ja schon getroffen. Teleologische Interpretationen sind daher in gewissem Sinne nachträglich. Sie stehen uns nicht für die gleichen Zwecke zur Verfügung wie kausale Erklärungen gemäß dem H.-O.-Schema. Die Frage nach der Berechtigung teleologischer Interpretation ist die Frage nach dem Rang der Zwecke, denen sie dient.

5. Teleologisches Denken und Beweislast

Wann ist teleologische Interpretation notwendig? Die Frage, so gestellt, suggeriert, daß derjenige, der eine teleologische Perspektive einzuführen wünscht, eine zusätzliche Begründungspflicht hat, während kausale Beurteilung sozusagen »von selbst« sich nahelegt. Die fundamentale Beweislastregel besagt, daß derjenige begründen muß, der Selbstverständliches in Frage stellt. Nun ist aber unsere primäre Welterfahrung zunächst teleologisch. Wir erfahren unseresgleichen als handelnde und nicht als kausaldeterminierte Wesen, wenn wir auch zum Zwecke wissenschaftlicher Untersuchung die teleologische Perspektive des Handelns anderer Menschen ausklammern können. Dann haben eben *wir* als experimentierende Subjekte die Zwecke, derentwegen wir die Zwecke der anderen ignorieren. Der primär teleologischen Weltorientierung gegenüber ist die ausblendende Wissenschaft eine sekundäre Veranstaltung. Sie kann als Sozialwissenschaft, als Psychologie, Ethologie Handeln auch nicht-teleologisch auffassen. Aber sie muß begründen, warum und mit welchem Recht sie diese Abstraktion vornimmt. Wir leben in einer geordneten, teleologischen und strukturierten Wirklichkeit, einer Welt von Qualitäten im weitesten Sinne, von Tönen, Farben und Gerüchen, von Zuneigung, Verantwortung, Verehrung, von Familie, Gesellschaft, Recht, Glauben und Vernunft. Dysfunktionalitäten, Sinnloses, Widerrechtliches, Gottloses, oder Zahnschmerzen, Verkehrsunfälle, Ehebruch können überhaupt erst vor dem Hintergrund einer geordneten Wirklichkeit sichtbar und bezeichenbar werden. Die Wissenschaft gehört zu den vielfältigen teleologischen Phänomenen innerhalb dieser Wirklichkeit – aber als eines unter anderen. Sie kann nun nicht umgekehrt die Beweislast so verteilen wollen,[21] daß die normalen Lebensvollzüge sich als solche erst rechtfertigen müssen gegenüber der ihrer Natur nach hypothetischen[22] Wissenschaft. Kehren wir aber die Beweislastverteilung um, dann ändert sich die Ausgangsfrage. Die Antwort auf die Frage: wann *müssen* wir teleologisch denken? lautet: nie. Wir *können* immer von teleologischen Strukturen eines Phänomens absehen. Die Teleonomielehre legt für das »Nie« den schönsten Beweis vor. Bei solchem Absehen kommen wir zwar nie an ein Ende. Aber die Wissenschaft kommt sowieso nie an ein Ende. Die Ausgangsfrage lautet nun aber: wann *können* wir teleologisch denken? Die Antwort ist ganz analog: immer. So wie wir Handeln rein deterministisch interpretieren können, so können wir mit Aristoteles das Fallen eines Steines teleologisch interpretieren. Aber gerade, weil wir das eine wie das andere immer können, ist diese Antwort unbefriedigend. Aus Erfahrung wissen wir ja, daß es gute Gründe gibt, einmal so und einmal so zu interpretieren. Dafür suchten wir ein Kriterium. Und daher muß die Ausgangsfrage lauten: wann legt es sich nahe, teleologisch zu denken? Und wann ist es notwendig, teleologisch zu denken? Damit aber sind wir wieder bei der Einsicht angelangt, daß die »Brauchbarkeit« teleologischen Denkens von der Frage abhängt, was wir im Grunde wollen.

6. Teleologie und Interesse

Die Reduktion unserer Erkenntnis der Natur auf deren kausale Erklärung, so wie sie programmatisch seit der frühen Neuzeit durchgesetzt wurde, steht unter einem bestimmten Willen: dem Willen zur Naturbeherrschung. Für diesen Zweck sehen wir von der teleologischen Betrachtung der Wirklichkeit ab. Der Mensch hat Zwecke, und diesen will er die Natur als Mittel unterwerfen. Ohne Zweifel ist das legitim. Die Existenz des Menschen hängt davon ab, daß er so verfährt. Aber ist Naturbeherrschung das einzige und das höchste legitime Ziel des Menschen? Diese Auffassung hätte verhängnisvolle Konsequenzen. Sie unterstellt das menschliche Dasein selbst als Mittel dem Zweck seiner eigenen Erhaltung, und genau dies ist das Wesen des Nihilismus. Progressive Naturbeherrschung als oberstes Ziel kehrt sich dann gegen den Menschen selbst.

So verdankt z. B. die Medizin ihre gewaltigen Fortschritte in der Neuzeit vor allem der mechanischen Naturbetrachtung, der Entdeckung kausaler Zusammenhänge.[23] Die Frage ist jedoch, ob bei radikaler Durchführung der Verdinglichung des menschlichen Körpers letzten Endes nicht auch wieder die Gesundheit zu Schaden kommt. Gesundheit ist ja selbst ein normativ-teleologischer Begriff. Er kann nicht meinen: Tauglichkeit eines Organismus für irgend etwas, sondern »Tauglichkeit an sich selbst«, gemessen an einem Maßstab von Normalität, der weder statistischer noch utilitaristischer Natur ist. Wenn 99 % aller Menschen Kopfschmerzen hätten, wären Kopfschmerzen dennoch nicht »normal«. Wenn jemand ein »brauchbarer« Mitmensch ist, muß er deshalb noch nicht »gesund« sein. Medizin unterscheidet sich von Technologie dadurch, daß sie nicht einen Organismus Zwecken unterwirft, die diesem selbst äußerlich sind, aber auch nicht sein eigenes Funktionieren durch Apparaturen ersetzt – außer ganz vorübergehend oder ganz partiell. Sie ist sinnvoll nur als eine Reihe von »Angeboten«, die wir einem lebenden menschlichen Organismus machen für den Fall, daß dieser sie aktiv aufnimmt, integriert und für sich selbst zum Mittel seiner Regeneration macht. Andernfalls landen wir bei jener Medizin, die am Ende nur die Wahl hat zwischen künstlicher Lebensverlängerung um jeden Preis und Euthanasie, aktiver Tötung. Menschsein ist Selbstsein. Dies schließt ein nicht-instrumentelles Verhältnis zum eigenen Körper, zur Welt und zum eigenen Tod ein. Medizin bloß als Technologie verstanden beruht auf einer eindeutigen Subjekt-Objekt-Trennung. Medikamente gelten dann z. B. nur als wirksam, wenn sie im doppelten Blindversuch getestet sind, der den Glauben des Patienten wie den des Arztes als Heilfaktoren ausschaltet. Zu einer humanen Medizin gehört aber das Arzt-Patient-Verhältnis gerade hinzu, das insofern immer ein nicht-technisches, ein magisches Element enthält. Die Reduktion der Humanmedizin auf kausalmechanisch objektivierende Technologie kann den Mediziner in unauflöslichen Konflikt mit seinem ärztlichen Ethos bringen. Zum Zwecke der wissenschaftlichen Prüfung eines Medikaments muß er u. U. eine Testreihe durchführen, bei der er das fragliche Medikament etwa 100 Personen verabreicht und 100 anderen vorenthält. Gesetzt den Fall, nach 10 Fällen käme er zur Überzeugung, daß das Medikament hochwirksam ist, so müßte er es zum Zwekke der »Objektivierung« der Ergebnisse weiterhin 90 Patienten aus der Kontrollgruppe vorenthalten, was mit seinem Ethos als Arzt wiederum unvereinbar ist. Denn für dieses darf nur seine persönliche Überzeugung zählen, das für den Patienten Bestmögliche zu tun. Wie aber soll dann der Test zu Ende gebracht werden?[24] Teleologische Betrachtung heißt die Betrachtung eines Wesens als eines in sich geschlossenen Sinnzusammenhangs, als monadische Welt, die in gewisser Hinsicht einmalig und inkommensurabel ist. Das gilt insbesondere auch für die Person des Arztes. Es gibt gewisse rationale Standards bei der Bildung vernünftiger Überzeugungen. Das ändert aber nichts daran, daß eine Überzeugung eine Überzeugung ist, ganz gleichgültig, wie sie sich gebildet hat, und wenn der Arzt eine Überzeugung gewonnen hat mit Bezug auf das, was für seinen Patienten das Beste ist, dann ist es seine Pflicht, dieser Überzeugung auch dann zu folgen, wenn ihre Herausbildung nicht bestimmten Standards entsprochen hat.

Die Verwissenschaftlichung unseres Lebens ist gleichbedeutend mit einer Entteleologisierung unserer Lebenswelt, einer Ersetzung spontan teleologischer Prozesse durch deren wissenschaftlich-technische »Konstruktion«. So werden Unterrichtsprozesse ebenso rational rekonstruiert wie industrielle Fertigung, wobei dann das Problem entsteht, wie bei durchgängig technisch organisierten, arbeitsteiligen Teilprozessen noch so etwas wie »Erziehung« stattfinden soll, die ja wesentlich Nebenfolge humanen Umgangs ist und nie zweckrational organisierbar. Und wo im Krankenhaus entdeckt wird, daß die Kranken seelisch verkümmern, da wird ein »Pflegeplan« aufgestellt, ein »Pflegeziel« formuliert usw., d. h. es wird das Defizit an Zuwendung innerhalb des medizinischen Apparats wiederum technisch kompensiert. Das wissenschaftlich-technische Selbstverständnis läßt junge Menschen sich schon selbst zum Objekt degradieren, so etwa, wenn sie sagen: »Ich bin nicht motiviert«, statt »Ich mag nicht«, »Ich will nicht«. Nicht umsonst ist diese Redeweise passivisch. Wissenschaft kennt nur abhängige Variable, nur Rückführung eines Ereignisses auf ein anderes Ereignis, nur Passivität. Spontaneität ist für sie, wie Kant schon sah, prinzipiell als solche unzugänglich. Sie ist ihre Voraussetzung, niemals ihr Gegenstand. Sich selbst als Handelnder verstehen heißt: sich nicht wissenschaftlich verstehen. Freilich hebt sich diese Selbstvergegenständlichung des Menschen in letzter Konsequenz auf. Der Wahrheitsanspruch der Wissenschaft hängt daran, daß Wissenschaft selbst ein Handeln von Wissenschaftlern ist und nicht ein subjektloses Geschehen, das nur ein Element jener Naturgeschichte darstellt, über die sie fälschlich reden zu können glaubt.

Die entteleologisierende progressive Naturbeherrschung fällt selbst in bloße Natur zurück, wo sie sich nicht in ein teleologisch bestimmtes Maß eingebettet weiß. Diese Einsicht ist spätestens seit dem »ökologischen Schock« zwingend geworden.[25] Für jedermann ist nun zu sehen, daß die Endlichkeit unserer Lebenswelt die prinzipiell unbegrenzte Expansion wissenschaftlicher Naturbeherrschung nicht verträgt ohne tödliche Gefährdung der menschlichen Gattung. Herrschaft über die Natur wird illusorisch, wenn wir sie als Kampf gegen die Natur verstehen. Diesen Kampf kann der Mensch nur verlieren.

Die Phänomene, die das »ökologische Bewußtsein« entstehen ließen, sind inzwischen so bekannt, daß wir darauf verzichten können, sie hier zu erörtern. Einige Stichworte zur Erinnerung können genügen: absehbare Erschöpfung der Energieträger, Risiken neuer Energiequellen, vor allem der Nutzung der Atomenergie, absehbare Erschöpfung von Metallen, Gefährdung der Biosphäre durch Verunreinigung und Vergiftung der Luft, der Flüsse, der Meere und des Bodens, Ausbeutung der Grundwasserreserven, Dezimierung der natürlichen Arten usf. Nun gibt es zwei Weisen, diesem ökologischen Problem zu begegnen. Die erste ist rein technisch: Schäden, die durch Eingriffe in die Natur entstanden sind, müssen durch neue Eingriffe beseitigt werden. Wenn diese sekundären (und tertiären, quartären usf.) Eingriffe so groß werden, daß zu viele Menschen nicht bereit sind, sie hinzunehmen, dann muß die Gesellschaft so reorganisiert werden, daß dies kein Hinderungsgrund mehr ist – sei es durch Erziehung, Propaganda, Eingriffe in die Psyche oder noch wirksamere Methoden. Im

Umkehrschluß kann man bei Vollendung des Machbarkeitszirkels durch ein dazugehöriges Regime dann auch mit Recht von einer Naturkatastrophe sprechen. Wenn wir solche Konsequenzen nicht wollen, dann stellt sich die Frage nach dem Verhältnis Mensch – Natur neu.

Die ökologische Krise ist ja eine Folge jener explosionsartigen Expansion der menschlichen Naturbeherrschung, die ihre ideologische Seite im antiteleologischen Denken seit der frühen Neuzeit hat. Hobbes hatte programmatisch formuliert, daß es für den Menschen kein *summum bonum* als Maß gäbe, sondern daß grenzenloses Fortschreiten von Bedürfnis zu Bedürfnis, von Begierde zu Begierde zum Menschen gehöre. Um dieses grenzenlose Fortschreiten zu ermöglichen, bedarf es einer wissenschaftlichen Naturbeherrschung, die auch in der Natur keine teleologischen Strukturen mehr zur Kenntnis zu nehmen bereit ist. Hobbes meinte, es bedürfe lediglich einer Vorkehrung, um die Menschen daran zu hindern, einander gewaltsam umzubringen. Diese Vorkehrung war der absolutistische Staat, der zugleich, hinsichtlich einer Bewertung der Bedürfnisse, ein liberaler Staat sein, d. h. sich nicht einmischen sollte. Wenn jedoch nun die Bedürfnissteigerung und die Bedürfnisbefriedigung selbst zu einer lebensbedrohlichen Gefährdung werden, dann bedarf es eines nicht mehr liberalen, sondern totalitären Absolutismus, um dieser Gefahr zu begegnen und den maßlosen Menschen in Schach zu halten und an seiner Selbstzerstörung zu hindern. Dies behauptet z. B. Wolfgang Harich. Die Alternative dazu wäre eine neuzugewinnende Einsicht in die Tatsache, daß das neue Maß nicht eine von außen aufgezwungene Grenze ist – Realitätsprinzip gegen Lustprinzip – sondern ein *telos* im doppelten Sinne des Wortes, eine Grenze, die zugleich Ziel ist, d. h. deren Respektierung den Menschen erst zu dem werden läßt, was er »von Natur« ist, so daß ein Leben *mit* dieser Grenze in jeder Hinsicht «besser« ist als *ohne* dieselbe. Ein solcher Bewußtseinsumschwung nun läßt sich nicht »machen«, er ist ja gerade die Einsicht in die Grenzen des Machbaren. Aber er wird erleichtert durch die Einsicht in seine Unvermeidbarkeit und durch die tiefverwurzelte Neigung des Menschen, aus der Not eine Tugend zu machen. Die Not ist die ökologische Krise, die Tugend ein neues teleologisches Denken, die Einsicht, daß der Mensch selbst nur menschenwürdig existieren kann, wenn er sich in das einfügt, was ihn nach Aristoteles, von allen Lebewesen auszeichnet; d. i. Sein-lassen dessen, was ist. »Die Seele des Menschen ist in gewisser Weise« – nämlich als erkennende – »alles«, schreibt Aristoteles. Dieses erkennende »alles Werden« heißt mehr als: unter die Kontrolle bringen. Es heißt: das andere »als es selbst« vergegenwärtigen, es symbolisch repräsentieren. Aber das andere ist nur «es selbst«, soweit es teleologisch verfaßt ist.

Es gibt einen praktischen Imperativ, der uns gebietet, in bezug auf das Leben in der Natur die uns natürliche teleologische Betrachtungsweise nicht preiszugeben. Er resultiert daraus, daß wir uns und unseresgleichen einerseits als Handelnde verstehen wollen und müssen, andererseits uns selbst aber *auch* als ein Stück Natur aufzufassen genötigt sind. Von orthodoxen Marxisten wurde mit Recht gegen die Hermeneutik der Frankfurter Schule eingewandt, daß sie die Stellung des Menschen in der Natur ausblende, um so das Materialismusproblem zu umgehen. Wenn wir den Menschen als Natur begreifen, gleichzeitig aber sein Selbstverständnis als das eines handelnden Wesens festhalten wollen, dann können wir nicht umhin, die Natur bereits selbst teleologisch zu denken. Der Gedanke einer Befreiung des Menschen durch bloße Naturbeherrschung verkennt, daß der Mensch selbst ein Stück Natur ist und daher Naturbeherrschung immer auch Menschenbeherrschung heißt.

Die Alternative lautet daher: entweder es gelingt, das Herrschaftsverhältnis über die Natur zu integrieren in ein neues, sich erst in vagen Zügen abzeichnendes Verhältnis von Mensch und Natur, oder der Mensch selbst wird zu einem Opfer seiner eigenen Naturbeherrschung. Entweder wir entschließen uns, die lebendige Natur anthropomorph zu interpretieren, oder wir werden uns selbst zu einem Anthropomorphismus bzw. zu weltlosen Subjekten, die sich den Boden unter den Füßen wegziehen. Die wiederauftauchende Diskussion des Teleologieproblems – nicht nur im Rahmen der Biologie – muß in diesem Kontext gesehen werden. Der Wettlauf zwischen einer »kausalmechanischen«, am Eingriff interessierten, und einer teleologischen, am Verstehen interessierten Naturbetrachtung wird sich weiter fortsetzen. Die Fortschritte der nicht-teleologischen Wissenschaften sind prinzipiell unendlich, denn: »man geht nie weiter, als wenn man nicht mehr weiß, wohin man geht« (Goethe[26]). Auch läuft die kausalwissenschaftliche Betrachtung im Wettlauf mit der teleologischen prinzipiell schneller. Sie läuft der Teleologie immer davon. Aber wenn sie irgendwo ankommt und triumphierend glaubt, am Ziel zu sein, geht es ihr wie dem Hasen im Wettlauf mit Swinegel: ein Swinegel sitzt schon am Zielort und ruft: »Ich bin schon da!«

7. Der ontologische Status der Teleologie

Alles was geschieht ist symbolisch, und indem es vollkommen sich selbst darstellt, deutet es auf das Übrige. In dieser Betrachtung scheint mir die größte Anmaßung und die höchste Bescheidenheit zu liegen.

(Goethe)

Was folgt aus dem bisher Gesagten? Zweifellos nicht eine »Widerlegung« kausalgesetzlicher Redeweise über das, was in der Welt geschieht. Alles, was geschieht, können wir daraufhin untersuchen, auf welche Weise es mit anderem, was zuvor geschah, verknüpft ist, und zwar so, daß sich in dieser Verknüpfung Gesetzmäßigkeiten aufweisen lassen, aufgrund deren zwar nicht dieses auf jenes, aber »solches« auf »solches« folgt. Die Frage ist nur, was eigentlich mit dem Aufweis solcher Gesetzmäßigkeit erklärt ist, ferner, ob wir damit den Zugang zu dem gewinnen, was zumindest bei der Erkenntnis von Lebendigem das Wesentliche ist, und schließlich, welche Voraussetzungen im Vorgang des Erklärens selbst gemacht werden. Denn zumindest das Erklären selbst wird gar nicht aufgefaßt, wenn es seinerseits von dem, der es vernimmt, als etwas wiederum zu Erklärendes aufgefaßt würde statt »verstanden« zu werden. Außerdem aber haben wir im vorigen Kapitel gezeigt, daß alle Begriffe, mit deren Hilfe wir teleologische Phänomene »erklären«, – d. h. auf teleonomische reduzieren z. B. »Ursache«, »System«, »Information« usw. – selbst einen teleologischen Hintergrund haben, mit dessen Beseitigung sie selbst bedeutungslos werden. Wir können zwar auch diesen Hintergrund kausalgesetzlich zu rekonstruieren suchen, aber doch nur so, daß wir dazu wiederum einen verborgenen teleologischen Hintergrund brauchen usf. Insofern hat teleologisches Verstehen vor kausalem Erklären zumindest *einen* theoretischen Vorzug: in ihm kommt das Fragen zu einem Ende, ohne des Rückgriffs auf andere Kategorien zu bedürfen, während die kausale Analyse stets in einen abgeschlossenen teleologischen Kontext eingebettet ist, der vorgegeben ist entweder durch den Gegenstand der Analyse selbst oder aber durch das Ziel des Forschers, der etwas Bestimmtes wissen oder Geld verdienen will. Gerade dieses Zuendekommen kann allerdings auch als Argument *gegen* teleologische Betrachtungsweise gewendet werden: teleologisches Verstehen scheint nicht über sich hinauszuweisen und animiert daher nicht die Forschung. Teleologisch verstehen heißt ja, sich in der Welt schon auskennen. Nun haben wir aber früher schon gesehen, daß man hinsichtlich seiner Weltkenntnis und Weltorientierung gar keine Fortschritte machen könnte, wenn diese Fortschritte nicht eingebettet wären in einen Horizont des Sich-schon-auskennens, der Vertrautheit, des Schon-verstandens-habens. Wer dieses Schon-verstanden-haben als Illusion betrachtet, die prinzipiell durch kausale Analyse aufklärbar ist, und wer so alles Handeln letztlich für nur teleonomisches, also kausalgesetzlich erklärbares Geschehen erklärt, kann zwar in gewisser Weise theoretisch nicht widerlegt werden. Sich-widerlegen-lassen ist nämlich selbst eine Handlung, die theoretisch nicht erzwungen werden kann[27]. Er kann allerdings auch keinen Wahrheitsanspruch mehr verteidigen, und er kann kein Interesse geltend machen, das seinen Anspruch rechtfertigen würde, – nicht einmal die »intellektuelle Redlichkeit«, denn in einer Welt bloßen Geschehens ist jedes Ideal so gut wie jedes andere. Es ist nur Ausdruck der kausal bedingten Beschaffenheit dessen, der es hat. Die Frage nach dem Status der Teleologie ist die Frage danach, als was wir uns selbst verstehen wollen, genauer gesagt, die Frage danach, ob wir uns überhaupt als so etwas wie ein »Selbst« verstehen wollen. Kausale Analyse kennt ihrer Natur nach nicht so etwas wie Selbstsein, sie kennt nur abhängige Variable.

Nun kommt allerdings der Versuch, Teleologie durch teleonomische Rekonstruktion zu destruieren, nicht von ungefähr. Es zeigt sich nämlich, daß die Form, die die Teleologie seit der frühen Neuzeit angenommen hat, tatsächlich destruierbar ist, die Form der »invertierten«, d. h. der auf Selbsterhaltung reduzierten Teleologie. Wenn jenes nach seiner Erhaltung strebende Selbst nichts ist als eben dieses Streben nach seiner Erhaltung, wenn der Satz des Spinoza gilt: »*conatus sese conservandi est essentia rerum*«, dann läßt sich diese Form von Teleologie in der Tat systemtheoretisch einholen und »teleonomisch« rekonstruieren. Denn Systeme, rückgekoppelte Gleichgewichtszustände sind ja genau so definiert, nämlich als Zustände, die eine »Tendenz« der Selbststabilisierung haben. Eben jene Tendenz aber läßt sich als eine bestimmte Form von kausal determiniertem Geschehen erklären. Sind »wir selbst« also nur solche »Zustände« von irgend etwas anderem? Man kann diese Frage sinnvollerweise nicht einmal stellen. Schopenhauer hat ganz richtig gesehen, daß bei einer solchen Betrachtungsweise, in der das Selbst durch die Erhaltungstendenz definiert ist, das Selbst, die Individuation zur Illusion wird. Er hat daraus den Schluß gezogen, daß wir uns zwar zu erhalten streben müssen, weil wir dieses Erhaltungsstreben *sind*. Aber eben deshalb hielt er das Ich samt seinem Erhaltungstreben für absurd und dessen Überwindung für das eigentlich zu Erstrebende. Wir haben davon gesprochen. Wenn der Sinn des Daseins nur in seiner Erhaltung liegt, dann ist das gleichbedeutend mit der These, daß es einen solchen Sinn nicht gibt. Und wenn das Wesen des Selbst nur in seinem Selbsterhaltungsstreben liegt, dann ist das gleichbedeutend mit der These, daß es das Selbst nicht gibt, daß es überhaupt nicht etwas als »es selbst« gibt. Darum stellt der platonische Sokrates die feierliche Frage: »Bedenke aber, o Kallikles, ob es nicht etwas Besseres gibt als erhalten und sich erhalten lassen!«

Was ist dieses Bessere? Es müßte ja etwas sein, um dessentwillen auch die Erhaltung erst sinnvoll wäre. Nietzsche hatte dies – als Schüler Schopenhauers – sehr wohl verstanden, wenn er schrieb, die größte Idee, die bisher in der Welt existiere, sei die Idee, der Mensch müsse geliebt werden um etwas Größeren willen, als der Mensch ist. Der ontologische Status der Teleologie, die teleologische Deutung des teleonomischen Phänomens entscheidet sich an der Frage nach dem Unbedingten. Denn jede Zielgerichtetheit, die nur als immanentes Organisationsprinzip eines komplexen Materiezustandes verstanden wird, so daß das Wort »gut« nur eine Relation bestimmter partieller Zustände zu diesem Organisationsprinzip meint, ist dem kausalen Reduktionismus ausgeliefert. Wenn Kant den Menschen als »Selbstzweck« bezeichnet, dann deshalb, weil der Mensch jenes Wesen ist, für welches das Wort »gut« etwas anderes als eine solche Relation bezeichnet. »Gut« im sittlichen Sinne meint ja, wie der englische Philosoph G. E. Moore überzeugend nachgewiesen hat, nicht so viel wie »gut für ...«, gut für die Selbsterhaltung, gut für die Arterhaltung usw. Andernfalls könnten wir die Frage gar nicht stellen, ob denn in einem bestimmten Falle Selbsterhaltung überhaupt gut ist, und wir könnten erst recht die Frage nach dem Sinn und Wert der menschlichen Arterhaltung nicht stellen. Und es könnte auch niemand die Forderung erheben, man solle doch nicht der menschlichen Arterhaltung zuwider handeln, weil er als Begründung dafür nur eine Tautologie geben, nämlich sagen könnte, der Arterhaltung zuwider handeln heiße, der Arterhaltung zuwider handeln. Die Unendlichkeit der menschlichen Reflexion, die jede bloße Naturgrenze hinterfragt, kommt nur zum Stehen durch die freie Anerkennung eines Wertes, der nicht relativ ist auf ein seinerseits wertfreies *factum brutum*. Eine solche Anerkennung nennen wir »gut«. Wenn Kant sogar den Golfstrom, der das Holz zu den Eskimos befördert, teleologisch mit Bezug auf deren Erhaltung interpretierte, so meinte er nicht, eine solche Interpretation habe irgendeinen wissenschaftlichen oder überhaupt die Erkenntnis bereichernden Wert. Er meinte nur, ein Wesen, das sich selbst – nicht aus naturhafter Notwendigkeit, sondern wegen seiner möglichen Verwirklichung eines Unbedingten – als Selbstzweck anzusehen die Pflicht hat, hat auch das Recht, die Bedingungen seiner Existenz teleologisch als auf die Hervorbringung und Erhaltung dieser Existenz gerichtet zu interpretieren. Es ist dies nichts anderes als was der Gläubige seit jeher tut, wenn er alle Ereignisse, die ihn treffen, als »Fügungen« in Richtung auf seine ewige Bestimmung ansieht. Ob sie dies sind oder nicht, ist gar nicht »objektiv« auszumachen, sondern hängt von der Weise ab, wie er selbst lebt, von der Unbedingtheit des Sinnes, den er selbst in seinem Dasein zu finden imstande ist.

Die kantische Sicht muß als Versuch betrachtet werden, unter den Bedingungen des neuzeitlichen Dualismus von Mensch und Natur und unter den Bedingungen einer entteleologisierten Naturwissenschaft der Rede vom Selbstzweckcharakter des Menschen einen Sinn zu geben, und so wenigstens an diesem einen höchsten Punkt die teleologische Betrachtungsweise über die bloße bedingte Erhaltungsteleologie hinauszuführen. Dem Versuch haftet etwas Gewaltsames an. Er führt die in der »Kritik der Urteilskraft« mit Verachtung gestrafte Universalteleologie wieder ein, ohne sie jedoch auf irgendeine Weise mit der Lehre von der notwendigen immanent-teleologischen Beurteilungsart organischer Gegenstände zu vermitteln. Und eine solche Vermittlung kann ja auch gar nicht gelingen. Die Schönheit der Schmetterlinge des Amazonasgebietes oder eines afrikanischen Löwen kann schließlich in kein anderes funktionales Verhältnis zur Existenz des Menschen gesetzt werden als in jenes ganz allgemeine, daß diese Existenz durch eben jene Naturgesetze möglich wurde, denen auch die Schmetterlinge und die Löwen ihr Dasein verdanken. In diesem Falle aber handelt es sich gerade um Kausalgesetze! Und so bestätigt sich die schon früher gemachte Feststellung, daß die Universalteleologie in ihrer Durchführung gerade zur Emanzipation der nomologischen von jeder immanent- teleologischen Betrachtungsweise führt. In der religiösen Sicht hat der Gedanke der »Fügung« einen ganz anderen Status. Er bezieht nicht Treibholz teleologisch auf das Leben der Eskimos, sondern *dieses* Stück Holz auf *diesen* Eskimo in *diesem* Augenblick. Die religiöse Sicht – die »mystische«, wie Wittgenstein sie verstand – ist die Betrachtung der Welt als »begrenztes Ganzes«, d. h. die vollständige, durch keine Naturgesetzlichkeit und keine Naturteleologie, überhaupt durch keinerlei Abstraktion vermittelte Konzentration der Aufmerksamkeit auf ein konkretes Einzelereignis, in das der Betrachter selbst involviert ist, und so auch die Betrachtung der Welt als eines solchen individuellen Einzelereignisses, das als dieses ein göttlich gewolltes ist. Das gilt aber für den Regen, der das Getreide wachsen läßt, ebenso wie für den, der es zerstört. »Denen, die Gott lieben, werden *alle* Dinge zum Besten gereichen«, schreibt der Apostel. Und man muß hinzufügen: »weil nämlich die Gottesliebe schon das Beste *ist*.« Aber dieser Begriff des Besten ist gerade nicht der der Teleologie. Diese hat vielmehr davon auszugehen, daß es Ereignisse und Zustände gibt, die besser sind als andere Ereignisse und Zustände.

Wenn wir uns klar zu machen versuchen, was denn dieses »Besser« eigentlich heißen kann, wenn es nicht heißen soll: besser für ..., dann können wir freilich wiederum nicht umhin, eine Sprache zu sprechen, in der Worte wie »göttlich« oder »heilig« vorkommen. Denn es sind dies die Worte, die uns für das Unbedingte zur Verfügung stehen. Und daß nach dem Unbedingten gefragt werden müsse, wenn nach dem Status von Teleologie gefragt wird, darüber waren wir uns ja klar geworden. Kant sah die Manifestation des Unbedingten ausschließlich im Sittengesetz und in seinem Organ, dem Gewissen. Auf das Ungenügen dieser Antwort haben wir hingewiesen. Sie ergibt sich aus einer bestimmten Beschränktheit des kantischen Ansatzes, die Kant selbst freilich fortschreitend zu überwinden tendierte. Die Gewissenserfahrung ist für Kant die einzige Erfahrung, die Selbstsein impliziert. Damit ist sie die einzige Erfahrung, die jene ontologische Leerstelle eines »Dinges an sich« füllt, die im Rahmen der »Kritik der reinen Vernunft« nur einen theoretischen Grenzbegriff darstellt. Alle Gegenstände der Erfahrung in Raum und Zeit sind nicht von der Art des Selbstseins. Sie sind uns nur in bestimmten Vermittlungsstrukturen gegeben, d. h. in der Form des Bedingtseins des einen durch das andere, als »Fall« von Gesetzen. In der »Kritik der Urteilskraft« hatte Kant gezeigt, daß wir so Organismen gar nicht zu Gesichte bekommen. Wir müssen sie als natürliche Systeme, d. h. immanent-teleologisch betrachten. Kant war der Meinung, daß eine Reduktion dieser Betrachtung auf bloße Teleonomie niemals möglich sein werde, aber er begründete diese Auffassung nicht. Gleichwohl hielt er zunächst diese Betrachtung für ein unvermeidliches Als-ob, bis er dann im Opus postumum unsere eigene organische Natur als konstitutives, daher prinzipiell nicht rekonstruierbares Apriori jeder objektiven Erkenntnis begriff (vgl. Kapitel 5). Dann aber nehmen wir offenbar, wenn wir Organismen, wenn wir Leben wahrnehmen, so etwas wie Selbstsein nach Analogie unseres eigenen wahr. Die kausalen Vermittlungsstrukturen, die diese lebendigen Gestalten bedingen, bleiben ihnen irgendwie äußerlich. Sie mögen zustande gekommen sein wie sie wollen –, daß sie *sind*, wird nicht eigentlich durch diese Vermittlungen erklärt. Würde ein von uns gebauter Computer plötzlich bei irgendeiner Beeinträchtigung Schmerzen empfinden, so wäre er plötzlich mehr als jenes Agglomerat von Metallteilen, das wir arrangiert haben. Wir hätten nicht den Eindruck, dies *gemacht* zu haben. Es träte uns auf einmal Selbstsein entgegen, das wir nur anerkennen, nicht aber erklären könnten.

Solche Anerkennung könnte übrigens prinzipiell nicht erzwungen werden. Wir könnten jede Schmerzäußerung als kausales Ereignis, als Simulation betrachten, wie dies ja die Cartesianer auch mit den Schmerzäußerungen der Tiere taten. Anerkennung von Selbstsein ist stets ein Akt der

Freiheit. Die Fähigkeit zu solcher Anerkennung ist der Kern dessen, was wir Menschenwürde nennen. Jede Interpretation teleonomischer Strukturen als teleologischer beruht auf einem solchen Akt der Anerkennung, der vernünftig, aber nicht erzwingbar ist (s. o.). Was wird nun aber in dieser Anerkennung eigentlich anerkannt? Was soll Selbstsein heißen, wenn es nicht Selbst*bewußtsein* meint? Und worin soll eine teleologische Verfassung bestehen, wenn sie einerseits nicht auf die Teleonomie bloßer Selbsterhaltung reduzierbar sein, sondern die Selbsterhaltung selbst noch einmal ein »Um... willen« haben soll, wenn aber dieses »Um... willen« gerade nicht Sein-für-anderes, sondern »Um... willen« des Selbstseins bedeuten soll, und wenn doch drittens diese das Selbst erst konstituierende Selbsttranszendenz gerade nicht die Form eines sittlichen Bewußtseins haben soll? Wir stoßen mit dieser Frage an die Grenze des sprachlich Vermittelbaren; wir stoßen auf das, was, wie Wittgenstein immer wieder schreibt, nicht *gesagt*, sondern nur *gezeigt* werden kann. Die Warumfrage zielt auf Bedingungszusammenhänge. Wer fragt, warum das seinem Wesen nach Nicht-bedingte, warum Selbstsein *ist*, der kann so wenig eine Antwort erhoffen wie der, der fragt, warum Selbstsein sein *soll*. Es gibt in diesem Sinne kein rationales Argument gegen Mord, wenn dieser keinem Überlebenden einen Nachteil zufügt. Der Ermordete wünschte zwar nicht zu sterben. Aber sein Selbsterhaltungsstreben war ja per definitionem nur ein bedingtes. Es setzte seine Existenz immer schon voraus. Mit der Vernichtung der Existenz ist auch dieses Streben vernichtet und auch das Subjekt, dem hier ein Unrecht geschehen sein könnte. Es sei denn, es sei hier »Unrecht schlechthin« geschehen. Die eigentümliche Unbedingtheit des kontingenten, empirisch durchaus bedingten Selbstseins, seine »Heilligkeit«, kann nicht »erklärt«, sie kann nur gesehen werden. Wer fragt, warum er einem Tier keinen Schmerz zufügen soll, dem kann man nur antworten: weil es ihm weh tut – was keine Erklärung, sondern nur die Aufforderung ist, sich noch einmal vorzustellen, was das Wort »Schmerz zufügen« bedeutet. Wer fragt, warum er eine seltene schöne Blume nicht ausreißen soll, obwohl sie an einem für Menschen sonst unzugänglichen Platz wächst, den kann man nur auffordern, noch einmal hinzuschauen, um das Unbedingte des Schönen vielleicht zu sehen. Was soll man ihm sonst sagen?

Wo immer Teleologie als eigentliche à la lettre verstanden wurde, da wurde sie als eine die bloße Selbsterhaltung transzendierende verstanden. Aber dieses Transzendieren heißt nicht, daß das Seiende, das wir teleologisch verstehen, noch einmal auf etwas anderes als auf seinen »Zweck« bezogen ist, sondern daß es einen *Sinn* hat, den es gerade in seinem Selbstsein darstellt. Die Kategorie der Darstellung, der *repraesentatio*, ist die

Weise, wie die platonisch-aristotelische Tradition die »absolute Teleologie« zur Sprache brachte. Sagen, daß etwas »zur Ehre Gottes« existiert, heißt ja nicht, es als Mittel einem ihm äußeren Zweck unterordnen, denn niemand war ja der Meinung, es handle sich hier um ein zweckrationales Maximierungsprogramm. Es heißt vielmehr, daß es in einem absoluteren Sinne Selbstzweck ist, als wenn es nur »um seiner selbst willen« existierte, also nur »für sich« oder »für anderes«, nicht aber »an sich selbst« wertvoll, ein »Gut« wäre. Übrigens scheint auch innerhalb der Biologie selbst die Kategorie der Darstellung, der Selbstdarstellung, eine nicht auf Erhaltungsdienlichkeit reduzierbare Kategorie zu sein, wie vor allem Portmanns jahrzehntelange Arbeiten über Vögel und Reptilien gezeigt haben. Die geringe Resonanz dieser Arbeiten hängt wohl damit zusammen, daß mit dieser Kategorie das Paradigma der Evolutionstheorie verlassen wird. Sie ist sozusagen systemfremd, weil sie den Begriff eines Selbstseins impliziert, das *sich* darstellt und das zu den Kategorien eines universalen gesetzlichen Bedingungszusammenhangs sozusagen quersteht.

Im Grunde steht auch Konrad Lorenz' Begriff der »Fulguration« quer dazu, wenn er wirklich das Auftreten von etwas meint, was ein »Neues« *ist* und nicht nur neu aussieht, wie die Teleonomielehre glauben macht.[28] Das Neue wäre auch dann ein wirklich Neues, wenn wir die Bedingungen für seine Entstehung vollständig bereitstellen könnten, wie am Beispiel des schmerzempfindlichen Computers erläutert wurde. Wie im 15. Jahrhundert sehr richtig bemerkt wurde (vgl. Kapitel 3), *machen* wir überhaupt nur Ortsveränderungen. Alles andere »entsteht«, und sofern das Entstandene von der Art des Selbstsseins, also teleologisch verfaßt ist, *ist* es, indem es das Unbedingte symbolisiert. Übrigens hat es – dies sei noch einmal beiläufig gesagt – auch Aristoteles so gesehen, der heute gelegentlich für die teleonomische Deutung der Teleologie in Anspruch genommen wird. Er interpretiert an einer früher erwähnten Stelle das Selbsterhaltungsstreben als Streben des Endlichen nach Teilhabe am Göttlichen. Teil am Göttlichen aber hat es, indem es *ist* und indem es das ist, *was* es ist. Dieses Was aber konnten die Griechen gar nicht anders als durch Begriffe des Sichdarstellens ausdrücken, den platonischen Begriff des *eidos* (der Idee), d. h. des Bildes, oder den aristotelischen Begriff der *morphe*, der Form.

Die letzten Überlegungen haben zwei Konsequenzen, eine praktische und eine theoretische. Die praktische hängt zusammen mit der Einsicht, daß Selbstsein in den Kategorien wissenschaftlicher Bedingungsforschung notwendigerweise ausgeblendet wird, daß aber Wirklichkeit, wie Hegel sagte, immer zugleich Vermittlung und Unmittelbarkeit ist. Wer die Kategorien der Vermittlung einfachhin für die Wirklichkeit nimmt, wird dem Wirklichen nicht gerecht. Für den Menschen wird dies gemeinhin zugestanden, wenngleich dieses Zugeständnis, das Menschsein des Menschen sozusagen für bare Münze zu nehmen, eigentlich systemfremd ist und theoretisch dann auch gleich wieder zurückgenommen wird. Das kann auf die Dauer nicht folgenlos bleiben, wie das Beispiel der im übrigen folgenlosen Tötung eines unschuldigen Menschen zeigen sollte. Die teleonomische Interpretation des Menschen ist mit dessen Abschaffung gleichbedeutend. Ethische Konsequenzen ergeben sich aber auch für den Umgang mit der außermenschlichen Natur. Kant forderte, den Menschen niemals nur als Mittel, sondern immer zugleich auch als Zweck zu gebrauchen. In Wahrheit gilt, daß wir alles, was den Charakter des Selbstseins hat, also teleologisch verfaßt ist, nicht nur als Mittel, sondern immer *auch* als Zweck gebrauchen müssen. Es gibt eine Hierarchie der Zwecke. Das Niedere soll dem Höheren dienen, aber so, daß seine eigene teleologische Verfassung dabei nicht ignoriert wird. So etwa ist es erlaubt, Tiere zu töten, weil Tiere nach allem, was wir anzunehmen berechtigt sind, sich nicht zum Ganzen ihres Lebens verhalten, da sie das Ganze ihres Lebens nicht zu reflektieren imstande sind. Wohl aber haben wir die Pflicht, ihnen ein artgemäßes Leben zu ermöglichen, wo sie in unserem Dienst stehen. Und angesichts der Tatsache, daß wir den natürlichen Reichtum der Welt nicht vermehren können, ist das Verbot der Ausrottung natürlicher Arten eine Forderung jener Menschenwürde, deren Wesen darin besteht, daß der Mensch ausdrücklich das Andere seiner selbst in seinem Selbstsein anzuerkennen imstande ist. Darum heißt er »Herr der Schöpfung«. Der erste Akt der Herrschaft, von dem die Genesis spricht, besteht darin, daß der Mensch den Tieren *Namen gibt*, um dann zu entdecken, daß er unter ihnen seinesgleichen – nämlich ein anderes Namen gebendes Wesen – nicht findet.

Es muß mit diesen dürftigen praktischen Andeutungen hier sein Bewenden haben. Theoretisch ergibt sich aus dem Gesagten bezüglich des ontologischen Status der Teleologie Folgendes. Wie Hegel in seiner »Wissenschaft der Logik« gezeigt hat, ist Teleologie nicht die höchste Kategorie, mit deren Hilfe wir begreifen, was ist. Sie geht bei Hegel über in die des Lebens und schließlich die der Idee. Wir haben gesehen, was folgt, wenn Teleologie zur obersten Kategorie wird, wenn sie nicht in so etwas wie *Sinn* übergeht. Sie invertiert dann zur bloßen Selbsterhaltungsteleologie, die entweder in einer schopenhauerschen Metaphysik des Absurden als das zu Überwindende verstanden wird, oder aber sie löst sich in teleologischen Schein, in Teleonomie auf. Teleologie ist der Weg, wie wir aus der Kausalbetrachtung der Wirklichkeit zurückgeleitet werden zur Anschauung des Konkreten. Teleologie setzt Kausalität voraus. Sie weist dieser einen bestimmten Status zu. Die »Bedingung« wird zum »Mittel«. Das Mittel ist Mittel zum Zweck. Zweck aber ist das Ganze, das die Mittel selbst umgreift und integriert. Es ist den Mitteln nicht äußerlich. Dieses Ganze in seinem Selbstsein aber transzendiert das Mittel-Zweck-Verhältnis. Es ist ein Unmittelbares, das man überhaupt nicht erklären und in gewissem Sinne auch nicht verstehen oder eben nur so verstehen kann, daß es den Horizont seines möglichen Verstandenwerdens selbst erst in seinem Sich-Zeigen eröffnet. Etwas von dieser Art meint wohl der Vers des Angelus Silesius:

Die Ros ist ohn Warum
Sie blühet weil sie blühet.
Sie acht nicht ihrer selbst
Fragt nicht ob man sie siehet.

Anmerkungen

1 Vgl. Spaemann (1976)
2 Wittgenstein: Schriften I, (Frankfurt 1960, S. 142).
3 Diels-Kranz 82 B 3 = Sext. adV. math. VII 65 ff.
4 Zitiert nach J. v. Uexküll: Vom Sinn des Lebens. Scheidewege Beiheft 4 (Stuttgart 1977, S. 77).
5 Vgl. etwa die Darstellung bei Lorenz (1973 S. 47–56). Lorenz betont einerseits die Nicht-Deduzierbarkeit der höheren Formen von Leben aus den niederen, andererseits »wissen wir mit Sicherheit, daß höhere Systeme aus niedrigeren entstanden sind« (S. 57). Mayr (1979, S. 196) gibt das Prinzip der Fulguration an als: »Wenn zwei Entitäten auf einem höheren Integrationsniveau kombiniert werden, so sind nicht alle Eigenschaften der neuen Entität zwangsläufig eine logische und vorhersehbare Folge der Eigenschaften der Komponenten.« Dies kennzeichnet genau der Ort der Zirkularität: die radikal neuen Eigenschaften sind nicht *vorhersehbar*. Aber für wen? Für uns Menschen, nicht für die Systeme selber. Von »Erfindungen« der Systeme zu sprechen (Lorenz 1973, S. 57), täuscht dies vor. In Wahrheit gehören zu einer *vollständigen* Beschreibung der Einzelkomponenten des Systems auch die neuen Eigenschaften durch Integration – wenn nicht, dann kann man nämlich überhaupt nicht von Eigenschaften sprechen. Eigenschaften, und das bedeutet auch: Negativität, gibt es nicht für die Dinge selbst, sondern nur für unser Wissen. »Radikal neu« heißt dann nichts anderes, als daß wir es *bisher* noch nicht gewußt haben. Das gilt in einer gewissen Weise für *jede* Eigenschaft und für jedes menschliche Lebewesen. In bezug auf Leben, Bewußtsein und Sittlichkeit ist es aber prinzipiell nicht möglich, daß *wir* uns auf den naiven Standpunkt stellen, denn sie konstituieren ja erst das, was im Plural *wir* heißt. Vgl. auch das 6. Kapitel zu Hegel.
6 Vgl. dazu Hengstenberg (1963).
7 Es kommt *überhaupt* nicht darauf an, daß »das ja pathologisch sei«: man kann Gründe, wie sie oben im Text gegeben werden, nicht einfach als pathologisch qualifizieren, sondern man muß sie *widerlegen*.
8 Dawkins (1978, S.11).
9 J. Monod: Zufall und Notwendigkeit (München 1971, 9. Kapitel). Es finden sich sämtliche bei uns erörterten Zirkelschlüsse; vgl. das 9. Kapitel bei uns.

10 Vgl. Spaemann (1979), Löw (1980a).
11 Was e. g. *Schönheit* in der Natur heißt, das kann evolutionsbiologisch gar nicht in den Blickwinkel gerückt werden. Wenn da von Schönheit die Rede ist, dann geht es um grelle Farben, lange Schwanzfedern oder gewundene Hörner. Das würde Rückschlüsse auf einen merkwürdigen Geschmack zulassen, sollten solche Konsequenzen und Signale das Phänomen Schönheit ganz erschöpfen. Portmanns Lehre von der Selbstdarstellung alles Lebendigen ist ungleich einleuchtender als die These vom Fortpflanzungsvorteil.
12 Vgl. Hengstenberg (1963, S. 187–224), Illies (1979 S. 73ff), auch die kürzlich erfolgte Entdeckung der Organismen unter dem ewigen Eis, deren genetische Ausstattung nicht in unsere Evolutionsschemata paßt.
13 Vgl. Hengstenberg (1963, S. 24ff).
14 Selbst das Sich-Ändern von Arten kann uns in einer sehr entfernten Analogie verständlich werden, in der grundsätzlichen (wenn auch nicht biologischen) Änderung unseres Selbst, auch in dem Sinne, daß wir auf einmal etwas können, was wir vorher nicht konnten, englisch sprechen etwa: ganz neu *für uns*, aber nicht ganz neu *überhaupt*. Das ist eine Analogie, wohlgemerkt, die ihre Grenze hat und dem Verständnis *dient*, nicht es ist.
15 So Odo Marquards Kennzeichnung in einer Diskussion in Gießen.
16 Über die polemischen Diskussionsbeträge (vgl. 8. Kapitel) brauchen wir hier nicht mehr zu verhandeln.
17 Die moderne Physik ist ungleich vorsichtiger als die Biologie in der Behandlung des Verhältnisses von Teleologie und Wirklichkeit; die führenden Vertreter der Biologie hingegen beziehen sich auf ein klassisches (materialistisches) Weltbild der Physik.
18 Die *Tendenz*, nicht den Willen! Genau deswegen ist die Ersetzung von Teleologie durch »Motivkausalität« (Stegmüller) ganz falsch.
19 So eingewandt schon von Mayr (1979) gegen Braithwaite.
20 C. F. v. Weizsäcker: Möglichkeit und Bewegung. Eine Notiz zur aristotelischen Physik. In: Die Einheit der Natur (München 1971, S. 428–440).
21 N. Hartmann (1951, S. 76f.) dreht die Beweislast herum; vgl. dazu Löw (1980, S. 294ff).
22 Man erlebt ja immer wieder, wie die Wissenschaft in den Bereichen von Heilkunde, Kinderernährung, Mandeln herausnehmen etc. die Wahrheiten von gestern in Irrtümer von heute verwandelt; dramatisch ist dies etwa bei der Festsetzung der zugelassenen Strahlungshöchstdosis für einen erwachsenen Menschen: sie sank von 1905 bis 1959 um den Faktor 1400! Zu den Wissenschaftlern:
»Sie lehren in Saus und Braus« (G. Benn), und

»Sie aber, sie bleiben
In ewigen Festen
An goldenen Tischen.
Sie schreiten vom Berge
Zu Bergen hinüber:
Aus Schlünden der Tiefe
Dampft ihnen der Atem
Erstickter Titanen,
Gleich Opfergerüchen,
Ein leichtes Gewölke.«

Iphigenie auf Tauris (1744–53)

23 Das ist wohlgemerkt gar kein Widerspruch gegen teleologische Interpretation: Kausalforschung ist bei Organismen immer *Mittelforschung*; um diese vernünftig und erfolgreich zu betreiben, muß man aber, ausdrücklich oder intuitiv, die dazugehörigen Zwecke kennen.
24 Vgl. G. Kienle: Arzneimittelsicherheit und Gesundheit (Stuttgart 1974).
25 Vgl. D. Meadows (ed.): Die Grenzen des Wachstums (Stuttgart 1972); R. Löw, P. Koslowski, P. Kreuzer (ed.): Fortschritt ohne Maß? (München 1981).

26 Maximen und Reflexionen (Artemisausgabe Bd. 9, S. 617).
27 Vgl. dazu die »logische Schildkröte«, von Caroll bei P. Winch: Die Idee der Sozialwissenschaft und ihr Verhältnis zur Philosophie (Frankfurt 1966, S. 73 ff).
28 Eine transzendental-logische Analyse des in der Evolutionstheorie gebrauchten Zeitbegriffs war ursprünglich an dieser Stelle gestanden. Da sie den Rahmen des Buches sprengte, soll sie später an anderer Stelle folgen.

XI. Teleologie und Teleonomie

Der Ausdruck »Teleonomie« wurde 1958 von C. S. Pittendrigh in die biologische Literatur eingeführt[1] und bald darauf – vor allem dank der präzisierenden Definition von Ernst Mayr[2] allgemein rezipiert. Der Erfindung des Terminus' lag ein altes Unbehagen zugrunde, das in einem viel zitierten Wort von Haldane zum Ausdruck kommt. Danach ist die Teleologie für den Biologen wie eine Mätresse: Er kann ohne sie nicht leben, möchte aber in der Öffentlichkeit mit ihr nicht gesehen werden. Pittendrigh wollte Ordnung in die Lebensverhältnisse und in die Moral der Biologen bringen. Die Mätresse sollte ausgetauscht werden gegen eine Dame ähnlichen Aussehens, imstande alles zu erfüllen, was man bei der anderen gesucht hatte, aber ohne deren anrüchtige Vergangenheit.

Die Illegitimität des Verhältnisses von Biologie und Teleologie hat eine lange Geschichte. Einerseits gibt es den Gegenstand der Biologie nur, insofern Lebensprozesse Prozesse sui generis sind, nicht einfach ableitbar aus Gesetzen der Physik und der Chemie und in deren Sprache formulierbar. Und zwar kann das beondere dieser Prozesse nur in einer teleologischen Sprache formuliert werden. Man hat erst verstanden, was eine Lunge ist, wenn man weiß, wozu sie gut ist. Der Einwand, es genüge doch zu sagen, daß das, was sie faktisch tut, auf Sauerstoffzufuhr hinauslaufe und der Flug der Schwalben zum Süden auf bessere Nahrungsversorgung, trifft die Sache nicht. Alles läuft irgendworauf hinaus. Die Biologie findet in dem, worauf etwas hinausläuft, eine Erklärung für ihre Warumfragen,. Und zwar genau dann, wenn das, worauf etwas hinausläuft, für die Erhaltung eines Individuums oder einer Art von Vorteil ist. Daß eine Schwalbe auf ihrem Flug über Italien im Netz von Vogelstellern landet, ist für diesen Flug nicht von Erklärungswert, wohl aber, daß ihre Schwester in Afrika Nahrung findet. Biologen kommen nicht ohne funktionale Betrachtungen aus, nicht ohne Verwendung des Wortes »gut« im Sinne von »gut für«. Funktionale Betrachtungen aber sind teleologische Betrachtungen. Sie zeichnen bestimmte Wirkungen vor anderen aus, indem sie diese anderen zu Nebenfolgen herabsetzen. Sie unterscheiden Normalität von Störung – nach Duns Scotus ein Kennzeichen finaler Betrachtungen.[3]

Andererseits aber versteht sich die Biologie als Naturwissenschaft im neuzeitlichen Sinn. Für diese aber war von Anfang an die Abkehr von finalen Betrachtungsweisen konstituiv. Daß Natur Tendenzen habe, galt nun ebenso als Aberglaube wie daß natürliche Gegenstände auf andere natürliche Gegenstände wirken könnten. Beides macht der göttlichen Allmacht ihre Prärogative streitig. Die Welt ist eine Maschine, durch den göttlichen Baumeister aufs zweckvollste entworfen, aber, wie alle Maschinen, nach rein mechanischen Gesetzen funktionierend. Der Metaphysik mag über die göttlichen Zwecke reflektieren und das regnum sapientiae bewundern, Gegenstand der Naturwissenschaft sind die Konstruktionsgesetze, das regnum potentiae.[4]

Nun ist allerdings eine funktionale Betrachtung für die Auffindung solcher Konstruktionsgesetze unentbehrlich. Wissenschaftliche Untersuchungen fragen ja im allgemeinen nicht ins Blaue, was wohl geschehen mag, wenn man dies oder jenes tut, sondern sie fragen zurück, was denn geschehen mußte, damit dies oder jenes, was wir beobachten, eintrat. Und erst wenn wir darüber eine Hypothese gebildet haben, überprüfen wir diese, indem wir etwas Bestimmtes tun und zusehen, was folgt, d. h. ob eine bestimmte Erwartung sich erfüllt oder nicht. Dabei interessieren uns nun keineswegs *alle* Phänomene. Wir fragen nicht, warum wir an einem Parkplatz eine Bierflasche, drei Kieselsteine und zwei Huflattichblumen beeinander antreffen, oder höchstens dann, wenn wir dieselbe Kombination, die wir schon zehn Mal an anderen Orten antrafen, hier wieder antreffen. Normalerweise nehmen wir an, daß es zwar Ursachen gibt für die Anwesenheit jedes einzelnen Elements dieses Stillebens, nicht jedoch für genau diese Anordnung. Sie nennen wir zufällig. Organismen hingegen betrachten wir als spezifische Einheiten, die *als* Einheiten einer Erklärung zugänglich sind. Ihr Selbstaufbau, ihre Selbsterhaltung und ihre Reproduktion, also ihr Systemcharakter deutet auf eine spezifische Koordination einzelner kausaler Abläufe, auch wenn diese Koordination als Resultat ebenso typischer Wechselwirkungen erklärbar ist, durch den die einzelnen Mechanismen sich gegenseitig modifizieren. In diesem Sinne hat schon 1881 Sigwart die teleologische Perspektive als »heuristisches Prinzip« bezeichnet.[5] Sie lenkt die Richtung unserer Kausalforschung, indem sie ihr den Gegenstand vorgibt, der kausal zu erklären ist.

Die Biologie beginnt mit der Wahrnehmung solcher Gegenstände. Wären sie allerdings im Sinne der materialistischen Biologie des 19. Jahrhunderts unter Anleitung des heuristischen Prinzips vollständig erklärt, dann wären sie *als* spezifische Gegenstände auch verschwunden. Das Ziel der

Biologie war es daher bis vor kurzen, sich als Disziplin letzten Endes selbst zu überwinden. Kant war bekanntlich der Meinung, daß dieses Ziel als Forschungsideal unvermeidlich, weil für die Naturwissenschaft konstitutiv, daß es aber ebenso wesentlich unerreichbar sei. Den Newton des Grashalms werde es nicht geben, weil es dazu einer unendlichen Analyse bedürfe.[6]

Die Einführung des Ausdrucks »Teleonomie« ist nun symptomatisch für eine veränderte wissenschaftliche Situation. Diese Situation ist gekennzeichnet durch allgemeinere physikalische und systemtheoretische Einsichten in die Unumkehrbarkeit bestimmter Prozesse und der aus ihnen resultierenden Strukturen. Solche Strukturen folgen höheren Gesetzmäßigkeiten, die sich nicht als Funktionen derjenigen ableiten lassen, aus denen sie entstanden sind. So lassen sich organische Prozesse tatsächlich nun final beschreiben, und diese Beschreibung läßt sich nicht in eine physikalische Sprache zurückübersetzen, obwohl das Zustandekommen solcher Systeme als Resultat der Wechselwirkung physikalischer Prozesse gedacht werden kann. Für eine solche ontologisch sekundäre Finalität soll nun der Ausdruck »Teleonomie« stehen.

Natürlich hat hier der Begriff »zielstrebiger Maschinen« der modernen Informatik Pate gestanden. Das Funktionieren solcher Maschinen kann nur in einer teleologischen Sprache beschrieben werden. Gleichzeitig aber wollen ja diese Maschinen nichts. Ihre Zielstrebigkeit ist nichts als das Resultat einer speziellen Anordnung von Wirkungsmechanismen, Resultat eines sogenannten Programms, sei es eines geschlossenen, sei es eines offenen Programms, das für die Aufnahme weiterer Informationen, also für »Lernen« disponiert. Der Ausdruck »Teleonomie« soll nun für jene Art der Zielgerichtetheit stehen, die sich als Resultat von Programmen begreifen läßt. Programme aber steuern, wie der Biologe Ernst Mayr schreibt, »einen Vorgang oder ein Verhalten so, daß er zu einem vorgegebenen Ende führt«.[7]

Pittendrigh führte den Ausdruck in bewußter Absetzung gegen jenen Teleologiebegriff ein, den er für den aristotelischen hielt. Teleonomisches Reden, so schreibt er, implizierte keine Verpflichtung gegenüber der aristotelischen Teleologie als einem »effizienten Kausalprinzip«.[8] Das Mißverständnis des Aristoteles liegt hier auf der Hand. Aristoteles hatte ja das »effiziente Kausalprinzip« dem teleologischen gerade gegenübergestellt – im Unterschied zu Hans Driesch, der seine Entelechie als einen Wirkungsfaktor neben anderen einführte.[9] In der gesamten aristotelischen Literatur des Mittelalters dagegen gilt das Axiom: »Cuiuscumque est causa finalis eius est efficiens causa«.[10] Ein Ereignis als Resultat eines Prozesses betrachten, der wesentlich auf die Herbeiführung dieses Resultates gerichtet ist und nur als ein solcher verstanden werden kann, schließt nicht aus, sondern verlangt, es als vollständig durch mechanische Ursachen hervorgebracht zu denken. »Das Wort ›Teleologie‹ wäre nicht gegangen«, so wiederum Pittendrigh, »denn es ist mit der Annahme belastet, beim gegenwärtigen Funktionieren der Maschine sei das Ziel ursächlich wirksam.«[11] Alles hängt hier an der Bedeutung des Wortes »ursächlich«. Das Programm ist in einer programmgesteuerten Maschine zweifellos ursächlich wirksam, wenn wir darunter verstehen, daß wir die regelmäßige Erreichung eines bestimmten erwünschten Resultats nicht ohne Hinweis auf die Existenz eines solchen Programms erklären können. Nicht ursächlich wirksam ist es in dem Sinne, daß es nicht selbst eines seiner eigenen Elemente und ein Faktor in seiner Durchführung ist. Aber wer hätte je so etwas behauptet? Gewiß nicht Aristoteles. Die causa finalis ist ja gerade per definitionem *nicht* causa efficiens!

Das ist inzwischen bemerkt worden. So schreibt wiederum Ernst Mayr: »Die Mehrzahl der Beispiele, die Aristoteles von endgerichteten Vorgängen gegeben hat, betrifft haargenau dieselben Dinge, die Pittendrigh und ich teleonomisch nennen würden.«[12] Aristoteles als Teleonomen interpretieren ist inzwischen unter Biologen beinahe üblich geworden, nachdem man bemerkt hat, daß das Zerrbild von Teleologie, das man anfangs entworfen hatte, nichts mit dem »Um-willen« des Aristoteles zu tun hat. Kullmann hat hier mit einer Akademieabhandlung aufklärend gewirkt[13], Rupert Riedl hat daraufhin geglaubt, Aristoteles in seine Ahnenreihe aufnehmen zu können.[14] Ernst Mayr geht noch weiter und gibt sogar die Intoleranz gegen den Teleologiebegriff auf. Er versteht ihn nun als vagen Oberbegriff, unter den verschiedene präziser definierte Phänomene subsumiert werden.[15] Teleonomische Vorgänge sind eine solche Unterklasse. Sie werden als echt zielgerichtete, da programmgesteuerte von solchen Vorgängen unterschieden, die aufgrund einfacher Naturgesetze wie z. B. aufgrund des Gravitationsgesetzes oder des zweiten Hauptsatzes der Thermodynamik stets bestimmte Endzustände erreichen. Mayr nennt solche scheinbar zielgerichteten Vorgänge »teleomatisch«. Von teleonomen und teleomatischen Vorgängen unterscheidet er schließlich jene evolutiven Veränderungen im Laufe von Generationen, die aufgrund des Wechselspiels zufälliger Erzeugung von Varianten und natürlicher Auslese des besser Angepaßten den Anschein von Zielgerichtetheit, von Orthogenese erzeugen. Die Beschreibung solcher Vorgänge kann seiner Meinung nach auf eine teleologische Sprache verzichten. Interessant ist, daß in diesen Klassen jene Vorgänge gar nicht als gesonderte Klasse vorkommen, die doch offentlichtlich das erste Paradigma allen teleologischen Redens sind, menschliche Handlungen. Sie werden in der gegenwärtigen Biologie jenem Modell subsumiert, das doch selbst nur als Resultat menschlichen Handelns überhaupt verstehbar ist, dem Modell teleonomischer, d. h. programmgesteuerter mechanischer Abläufe, genauer gesagt derjenigen Abläufe, die durch ein offenes, informationsverarbeitendes Programm gesteuert sind. Das darf jedoch nicht verwundern. Denn wenn Philosophen häufig gesagt haben, Teleologie im eigentlichen Sinne sei nur für menschliches Zweckhandeln die angemessene Deutung, sonst aber eine unzulässige Analogiebildung[16], so ist das eine wissenschaftlich schwer plausibel zu machende Position. Denn es läßt die Dimension der Finalität mit dem Menschen plötzlich sozusagen vom Himmel fallen und nimmt den Menschen aus dem Naturzusammenhang heraus. Die Alternative ist also die: entweder ist menschliches Zweckhandeln selbst ontologisch sekundär, letzten Endes Produkt einer zufälligen, durch Selektion ausgezeichneten Konstellation deterministischer Kausalprozesse, also teleonomisch interpretierbar, oder aber die kategoriale Struktur des Aus-seins-auf ist auf verschiedenen Stufen der Komplexität konstitutiv für natürliches Sein überhaupt, dieses Sein ist also von Anfang an mehr als pure Positivität und Gegenständlichkeit. Und alle Rekonstruktion von Zielgerichtetheit ist überhaupt nur möglich, weil wir über die Dimension des Aus-seins-auf bereits verfügen.

Dies ist die Frage, um die es beim Thema Teleologie-Teleonomie geht. Um in der Klärung noch einen Schritt weiterzukommen, wenden wir uns noch einmal dem Aristoteles zu. Ist das, was er lehrt, eigentlich Teleonomie in der inzwischen kanonischen Definition des Ausdrucks? Die Antwort kann nur lauten: Nein. Wenn wir, der abgekürzten Definition Rupert Riedls folgend, Teleologie als Annahme eines »vorgegebenen Ziels, Teleonomie als Entstehen von erfolgreichen Programmen» definieren,[17] dann hat Aristoteles nicht Teleonomie lehren können aus dem einfachen Grunde, weil die Arten des Lebendigen seiner Meinung nach ewig sind. Die Programme können also nicht entstanden sein. Was entsteht, sind Individuen. Mit Bezug auf deren zweckmäßige Einrichtung lehnt Aristoteles die Lehre des Empedokles ab, sie sei Folge richtungsloser Mutation und Selektion.[18] Er lehnt sie ab mit Hinweis auf die Konstanz der Arten. Ob dieser selbst wieder ein zufällig entstandenes und nachträglich selektiertes Genprogramm zugrundeliegt, ist für ihn deshalb keine Frage, weil er, wie gesagt, die Arten überhaupt nicht für entstanden hält. Das Ziel des individuellen Werdens ist für ihn also immer schon vorgegeben. In Pittendrighs, Mayrs und Riedls Definition von Teleonomie lehrt daher Aristoteles nicht Teleonomie, er ist und bleibt Teleologe.

Woher rührt dann die Meinung, er sei es nicht? Die erste Antwort liegt wohl einfach in der unvermeidlichen Entdeckung, daß Aristoteles etwas so Obskures nicht gelehrt hat wie das, was Pittendrigh und auch Riedl unter Teleologie verstehen. Man möchte wissen, wer so etwas überhaupt gelehrt hat. Die Bereitschaft von Biologen, sich über Grundfragen der Biologie zu äußern, und der Anspruch, selbst die Stelle der prima philosophia einzunehmen, steht häufig in einem umgekehrten Verhältnis zur Kenntnis differenzierter philosophischer Theoreme. Es ist aber, und das ist der zweite Grund, nicht zu leugnen, daß das Modell des kybernetischen Programms sehr nahe bei demjenigen Modell liegt, das Aristoteles tatsächlich verwendet, dem Modell der Kunst. Wäre, so schreibt er, die Kunst des Schiffbaus im Holz, so würde sie so wie die Natur wirken und das Schiff wäre ein »physei on«, ein natürliches Ding.[19] Der Schiffsbau wäre eine Autopoiese. Nur daß Aristoteles sich, im Unterschied zu den Teleonomen, des analogen Charakters dieser Aussage bewußt war. Die Kunst ist ihm Modell der Natur, aber er verwechselt nicht das Modell mit der Sache, die durch das Modell simuliert wird. *Er hat ein teleonomisches Modell, aber seine Ontologie ist teleologisch*. Der entscheidende Grund aber, warum Aristoteles vom Verdikt gegen die Teleologie ausgenommen wird, hängt damit zusammen, daß der Begriff der Teleologie bis heute weitgehend geprägt ist von der stoischen und der rationalistischen Philosophie des 18. Jahrhunderts – nicht ohne Grund, denn von Christian Wolff stammt der Ausdruck. Teleologie ist hier vor allem ein universeller Zusammenhang äußerere Zweckmäßigkeit, in der alle Ereignisse der Welt aufeinander bezogen sind und alles irgendwozu gut ist. Aristoteles hatte nun den Gedanken einer solchen Universalteleologie ausdrücklich verworfen. Die Tatsache, daß der Regen Bedingung für das Wachsen des Getreides ist, bedeutet, so schreibt er, nicht, daß das Getreide das Umwillen des Wasserkreislaufs wäre. Beweis: der gleiche Regen zerstört ja auch immer wieder Getreide.[20] Und Aristoteles unterscheidet diesen ökologischen Zusammenhang ausdrücklich von dem programmierten Selbstaufbau des Organismus. Thomas von Aquin macht in seinem Physikkommentar demgegenüber geltend, daß, wer dies sagt, auf unzulässige Weise eine causa generalis mit einem effectus particularis vergleiche.[21] Generell sei Regen eine notwendige Bedingung für das Wachsen von Getreide und habe diese ja auch »ut in plurimis« im Gefolge, während das Verderben des Getreides durch den Regen akzidentell sei. Konstitutive ökologische Zusammenhänge aber interpretiert Thomas im Sinne der Stoa als teleologische. Das setzt allerdings voraus, daß Getreide aus irgend einem Grunde sein soll. Dieses Sein-sollen aber kann nur in einem göttlichen Willen seinen Grund haben. Hinter der Universalteleologie steht so eine theologische Prämisse. Gott wird hier nicht nur als universales telos gedacht, sondern zugleich als universale causa efficiens, als Schöpfer, dem die Dinge nicht nur, wie bei Aristoteles, ihr Sein, sondern auch ihr So-und-nicht-anderssein verdanken. Die Universalteleologie aber, die in Leibniz' Theodizee ihren Höhepunkt erreicht, schwächt, indem sie jedes Seiende zum Mittel der

Vollkommenheit des Ganzen macht,[22] den zentralen Gedanken des Aristoteles, daß jede lebendige Substanz in sich selbst das Um-willen ihres Werdens ist und nicht durch irgendeine Nützlichkeit, sondern dadurch, daß sie ist, am Göttlichen Anteil hat.[23]

Das Thema der Universalteleologie gewinnt nun eine ganz neue Virulenz im Zusammenhang mit der Evolutionstheorie. Schon der Terminus »Evolution« suggeriert, die Deszendenz der Arten sei nach Analogie der Entwicklung eines Organismus zu denken, es handle sich hier also um ein Etwas, das »sich entwickelt«, d. h. zielstrebig ein Programm realisiert. Was damit suggeriert wird, ist der Gedanke einer Orthogenese, eines sozusagen entelechial gesteuerten Prozesses. Die Biologen haben gegen diesen Gedanken ernsthafte Einwände vorgetragen, die sich gut mit dem Grundkonzept des Aristoteles vertragen. Denn für Aristoteles ist es ein Axiom, daß die Wirklichkeit vor der Möglichkeizt ist. Das Um-willen eines Werdens muß stets schon wirklich sein, damit es als Grund dieses Werdens begriffen werden kann. Das eidos einer lebendigen Substanz, welches das Ziel ihrer Entwicklung bildet, ist nun tatsächlich immer schon wirklich, das Programm immer schon realisert, nämlich in den früheren Exemplaren der Art. Das aber kann vom Ganzen des Evolutionsprozesses gerade nicht gesagt werden. Wenn wir ihn als zielgerichtet denken, dann jedenfalls nicht durch ein immanentes Programm, sondern nur durch eine göttliche Absicht, die das Ganze des Prozesses so anordnet, daß die Evolution diesen und keinen anderen Gang nimmt. Diese Absicht kann nun in gar keiner Weise Gegenstand naturwissenschaftlicher Forschung sein, sondern nur einer Metaphysik oder eines religiösen Glaubens und dessen Interpretation durch Theologie. Der Glaube braucht dabei an der Behauptung der Zufälligkeit dieses Prozesses keinen Anstoß nehmen. Thomas von Aquin lehrte, daß Gott als causa prima ebenso Grund der zufälligen Ereignisse wie der notwendigen ist, der freien Handlung ebenso wie der deterministischen Prozesse.[24] Wenn der Mensch, der Gott liebt, sich als Zweck der gesamtem Evolution verstehen darf, so hat das mit einer Theorie der Orthogenese, mit Teleologie in irgendeinem wissenschaftlich relevanten Sinne nichts zu tun. Ja, die teleologische Deutung der Evolution stellt sogar in gewisser Hinsicht dasjenige in Frage, um dessentwillen oft für sie optiert wird, den Selbstzweckcharakter des Menschen. Biologen wie Carten Bresch z. B. betrachten den Menschen als Stadium auf dem Weg einer immer größeren Komplexitätssteigerung, an dessen Ende der Mensch selbst überwunden sein wird.[25] Überwunden zugunsten wovon?

Eine Kritik an solchen Formen von Teleologie befindet sich philosophisch in guter Gesellschaft. Sie hat nicht nur Aristoteles auf ihrer Seite, sondern auch Hegel, für den das telos, dessen allmächliche Bewußtwerdung die Geschichte ist, als immer schon wirklich und präsent gedacht werden muß.[26] Denn wenn Hegel in irgend etwas mit Aristoteles übereinstimmt, dann in dem Primat des Wirklichen vor dem Möglichen.

Was also die kritische Beurteilung der äußeren Zweckmäßigkeit, der Universalteleologie und der teleologischen Deutung der Evolution betrifft, so könnte man in der neuen Begriffsbildung der Biologie geradezu eine Rückgewinnung, eine wissenschaftliche Rekonstruktion der ursprünglichen philosophischen Idee des telos sehen. Aber dieser Anschein trügt. Die Differenz bleibt. Aber sie liegt nicht dort, wo die Biologen sie vermuten. Es handelt sich überhaupt nicht mehr, wie zu Zeiten des Vitalismusstreites um eine Differenz zwischen zwei biologischen Theorien, sondern um die Differenz zwischen zwei Disziplinen, zwischen Biologie und Philosophie. Diese Differenz bräuchte, wenn das einmal klar geworden ist, nicht mehr als Gegensatz verstanden werden, sondern als Differenz der Ebenen des Verstehens. Das setzt freilich voraus, daß die Biologie sich nicht als höchste Verstehensebene, als prima philosophia versteht, die uns darüber belehrt, was Leben und was Erkenntnis »eigentlich« ist.

Ich sagte, Teleonomie sei eine wissenschaftliche Rekonstruktion der Teleologie. Die Frage, um die es geht, ist, was Rekonstruktionen leisten und wie sie sich zum Rekonstruierten verhalten. Kant verstand unter dem Newton des Grashalms einen Rekonstrukteur des Grashalms. Was tut dieser Rekonstrukteur? Was unterscheidet ein von uns gemachtes Programm von einem natürlichen Programm? Was unterscheidet Leben von seiner Simulation? Hegel schreibt, Aristoteles kommentierend, »Der Hauptbegriff des Aristoteles ist, daß er Natur als Leben auffaßt, die Natur von etwas als ein solches, das Zweck in sich ist, Einheit mit sich selbst, die Prinzip seiner Tätigkeit ist.«[27] Und er rühmt an Aristoteles, daß er im Unterschied zur »neueren Bildung« die äußere Zweckmäßigkeit überwunden habe. Nun bleibt aber alle Rekonstruktion im Bereich äußerer Zweckmäßigkeit. *Wir* sind es, die Teile so zu Teilen fügen, daß sich eine Bewegung ergibt, die wiederum *wir* teleologisch beschreiben. *Wir* sagen, das Torpedo suche ein Schiff und finde es. Natürlich sucht das Torpedo gar nichts. Sein Programm ist nur *für uns*, die Konstrukteure, ein Programm. Was das heißt: Auf etwas aus sein, das wissen wir primär nur »by acquaintance«, nämlich aus Selbsterfahrung. Und zwar nicht, weil wir als handelnde Wesen Zwecke »setzen«, sondern weil wir das Gerichtetsein auf Zwecke in uns vorfinden in der Form des Triebes. Von äußeren Zweckmäßigkeit kann überhaupt nur die Rede sein, weil bereits zuvor das Aus-sein-auf als Form der inneren Einheit eines lebendigen Wesens erfahren wurde. Das Programm, das hinter dem Begriff der Teleonomie steht, will das schlechthin ursprüngliche und unhintergehbare Phänomen das Aus-seins-auf aus Elementen rekonstruieren, Einheit kategorial aus Vielheit, Inneres aus Äußerem, Selbstsein aus Objektivität, Negativität aus Positivität. Das aber ist logischer Nonsens, bei dem sich nichts denken läßt.

Teleologie unterscheidet sich von Teleonomie dadurch, daß sie immer deren Voraussetzung bleibt. Teleonomie ist simulierte Teleologie. Der evolutionäre Selektionsvorteil teleonomischer Strukturen ist in diesem Zusammenhang interessant, aber kein Argument. Es mag sehr wohl sein, daß wachsende Innerlichkeit, eindeutige Systemidentität eines Typus materieller Gebilde diesem bzw. einer Population Überlebensvorteile bot. Das philosophisch Interessante steckt indessen in dem, was sich hinter den Worten »Fulgurationen«, »Emergenzen« oder »qualitativen Sprüngen« verbirgt. Es steckt in der Entstehung neuer Einheiten, neuer Typen des Aus-seins-auf, das nicht nur für einen externen Betrachter als programmiert erscheint, sondern das sein eigenes Um-willen ist und sich so erfährt. Solches Für-sich-sein bedeutet Indifferenz gegenüber den Entstehungsbedingungen, vermittelte Unmittelbarkeit, um es hegelisch zu sagen. Die epistemologische Unergiebigkeit der evolutionären Erkenntnistheorie beruht hierauf. Sie kann vielleicht etwas zur Aufklärung unserer Irrtümer beitragen, sie trägt nichts bei zu unserem Begriff von Erkenntnis. Würden wir eine Maschine bauen, deren Äußerungen uns plötzlich die Vermutung aufdrängte, sie empfände wirklich Schmerzen, so hätten wir nicht mehr das Gefühl, wir hätten dieses Empfinden gemacht. So wenig wie Eltern das Gefühl haben, ihre Kinder gemacht zu haben. Naturwissenschaft ist Bedingungsforschung. In ihr kommt daher so etwas wie Selbstsein wesentlich nicht vor. Denn Selbstsein ist Emanzipation von allen Entstehungsbedingungen.[28] Selbstsein endlicher Wesen aber hat die Form des Aus-seins-auf, des »Strebens nach Sein«. Darum kann Aristoteles sagen, das Streben der Wesen nach Selbsterhaltung und Arterhaltung sei Streben nach Teilhabe am Göttlichen.[29]

Dieser Satz aus »De anima« widerlegt allein schon alle Versuche, Aristoteles dem Teleonomiekonzept zuzuordnen. Das Ansinnen, den Teleologiebegriff durch den der Teleonomie zu ersetzen ist das Ansinnen, unser Selbstverständnis von dessen Simulation her zu deuten. Aber die Simulation als Simulation, das Programm als Programm deuten zu können, setzt immer schon die Erfahrung des Aus-sein-auf voraus.

Hinter dem absurden Projekt, Finalität aus Kausalität abzuleiten, steht das Bedürfnis, den Dualismus der neuzeitlichen Wissenschaft, die sogenannte »Spaltung des Weltbildes« zu überwinden.[30] Im Begriff der Finalität war der Begriff der Wirkursächlichkeit immer schon mitgedacht. Im neuzeitlichen Begriff der Kausalität ist nun zunächst das Aus-sein-auf gerade nicht mitgedacht. Darum soll es nun als sekundäre Dimension aus jener konstruiert werden. Für Aristoteles waren alle kausalen Prozesse überhaupt nur denkbar als final orientierte und die erste Ursache, die νόησις νοήσεως wirkte bekanntlich nur ὡς ἐπώμενον, nur als Umwillen.[31] Es ist deshalb nicht zu sehen, wie er für das Teleonomiekonzept in Anspruch genommen werden könnte.

Indessen haben wir uns von Aristoteles nicht so weit entfernt, wie es den Anschein haben könnte. Verbreitet ist die Ansicht, das neuzeitliche Denken habe die aristotelische causa efficiens zum schlechthinnigen Typus von Kausalität erhoben, Das ist falsch. Das ersieht man leicht daraus, daß für Aristoteles und den Aristotelismus die Wirkursächlichkeit für sich genommen die Regelmäßigkeit der Wirkungen nicht impliziert. Diese Regelmäßigkeit ist vielmehr sein entscheidendes Argument für die konstitutive Bedeutung des Um-willen.[32] Ohne diese würde jederzeit Beliebiges aus Beliebigem entstehen. Die Abschaffung der causa finalis wurde überhaupt erst dadurch möglich, daß man deren entscheidende Funktion kurzerhand in die Definition der causa efficiens mit aufnahm, ja die causa efficiens nun überhaupt nur dadurch definierte: durch die Regelmäßigkeit des Ereigniszusammenhangs, das Naturgesetz. Die Handlungsanalogie ist so aus dem Verständnis der Kausalität nicht verschwunden, sondern nur verschoben. An die Stelle des »omne agens agit propter finem« ist das »omne agens agit secundum regulam« getreten. Warum sich die Handlungsanalogie von der Zielgerichtetheit auf die Regelmäßigkeit, auf das Gesetz verlagert hat, ist eine Frage, der hier nicht mehr nachgegangen werden kann. Die Einführung des Begriffs der Teleonomie, der die Biologie von ontologischen Verpflichtungen befreien sollte, führt uns in der Klärung dieser Frage nicht weiter. Sie schleust in Wirklichkeit nur eine andere Ontologie ein, die sich als solche nicht einbekennen kann. Sie muß das Licht scheuen, weil niemand sich zu ihren Konsequenzen bekennen kann, ohne mit diesem Bekenntnis sich selbst und so freilich auch dieses Bekenntnis zum Verschwinden zu bringen.

Anmerkungen

1 C. S. Pittendrigh, Adaption, Natural Selection and Behavior. In: Behavior and Evolution, ed A. Roe, G. G. Simpsion, New Haven 1958.

2 E. Mayr, Cause and Effect in Biology. Science 134 (1961) S. 1501–1506 und: ders. Teleological and Teleonomic a new Analysis. Boston Studies in the Philosophy of Science 14 (1974) S. 91–117. Beides deutsch in: E. Mayr, Evolution und die Vielfalt des Lebens. Berlin 1979.

3 Quaest, subt. s. Met. V q. 1 n 2; ed. Vivès Bd. VII S. 190b.

4 G. W. Leibniz, Du principe de raison, in: Opusculus et fragments inédits, ed. L. Couturat Paris

1903 (ND Heidelberg 1961) S. 13: Brief an Remond, in: Die philos. Schr., ed. C. J. Gerhardt, Bd. III S. 607.

5 C. Sigwart, Der Kampf gegen den Zweck. In: Kleinere Schriften, Bd. 2 Freiburg 1881.

6 I. Kant, Kritik der Urteilskraft, A 338. Akademie-Ausg. Bd. V, S. 400.

7 E. Mayr, a. a. O., S. 213.

8 C. S. Pittendrigh, a. a. O., S. 394.

9 Vgl. z. B. H. Driesch, Philosophie des Organischen. Gifford-Lectures, Leipzig 1928, S. 302 ff.

10 Duns Scotus, ord. I dist. 8 n 240; ed. Vat. IV S. 280; vgl. Wilhelm v. Ockham, Rep. II q 5; op. theol. V S. 83; ähnlich auch schon Robert Grosseteste, comm. in Phys. II, ed. R. C. Dales, Boulder 1963 S. 40; Roger Bacon, comm. nat. II, 5,1 (op. hact. ined II, Oxford 1909), ed. R. Steele, S. 123; Thomas v. Aquin, de princ. nat. 4; der Thomas-Schüler Petrus v. Auvergne, quaest. in Metaph. III q 4, ed. W. Dunohy, in: Med. Stud. 26 (1964) S. 296 f.; Wilhelm v. Ockham, Sum. Nat. Philos. II c 4; op. philos. VI S. 221; etc.

11 Brief an E. Mayr. Zitiert bai E. Mayr, a. a. O., S. 211.

12 E. Mayr, a. a. O.

13 Die Teleologie in der aristotelischen Biologie. Aristoteles als Zoologe, Embryologe und Genetiker, in: Sitzungsber. der Heidelberger Akad. d. Wiss., Phil.-Hist. Kl., 1979, 2.

14 R. Riedl, Evolution und Erkenntnis, München–Zürich ^{2}1984, S. 123 ff.

15 E. Mayr, a. a. O., S. 198 ff.

16 Vgl. die sogenannte Anthropomorphismuskritik bei N. Hartmann: der Aufbau der realen Welt, 3. Aufl. Berlin 1964, S. 485 ff. W. Stegmüller, Probleme und Resultate der Wissenschaftstheorie und Analytischen Philosophie, Bd. I. Erklärung und Begründung, 2. Aufl. Berlin–Heidelberg–New York 1983, S. 679 und E. Topitsch: Vom Ursprung und Ende der Metaphysik, Wien 1958.

17 R. Riedl, Die Spaltung des Weldbildes, Berlin–Hamburg 1985, S. 79.

18 Aristoteles, Physik II 8, 198 b 10 ff.

19 Aristoteles, Physik II 8, 199 b 28 ff.

20 Aristoteles, Physik II 8, 198 b 16 ff.

21 Expos. s. Phys. II lec. 12 (254).

22 Aus dem gleichen Grunde löst die universalteleologische Ethik des Utilitarismus die eigentliche Kraft der sittlichen Einzelnormen auf, indem sie jedes Handeln dadurch überfordert, daß sie es am Maßstab des in der gesamten Weltbilanz Bestmöglichen mißt; vgl. R. Spaemann, Über die Unmöglichkeit einer Universaltheologischen Ethik, in: Philosophisches Jahrbuch 88 (1981), insbes. S. 83 f.

23 Aristoteles, De anima II 4, 141 a 24–b 7.

24 Sum. c. gent. II c. 30 (1066); Sum. theol. I q. 83 a. 1 ad 3.

25 C. Bresch, Zwischenstufe Leben. München 1977.

26 G. W. F. Hegel, System der Philosophie I, Glockner-Ausg. Bd. 8, S. 422.

27 G. W. F. Hegel, Geschichte der Philosophie, Sämtl. Werke (Glockner-Ausg.) 18, S. 343.

28 Vgl. R. Spaemann, Sein und Gewordensein. Was erklärt die Evolutionstheorie in: Evolutionstheorie und menschliches Selbstverständnis, hg. v. R. Spaemann, P. Koslowski, R. Löw, Weinheim 1984, S. 73–91.

29 Vgl. Anm. 23.

30 A. Eddington, Science, Perception and Reality, Humanities Press, 1963, oder: Philosophie d. Naturwissenschaft N 31/10.

31 Aristoteles, Metaphysik XII 7, 1072 b 3 f. XII 9, 1074 b 3 ff.

32 Aristoteles, Physik II 8, 198 b 32 ff.

Verzeichnis der verwendeten Literatur (Auswahl):

TH. ABEL: The operation called »Verstehen«. In: American Journal of Sociology, 54

F. AYALA: Teleological explanations in evolutionary biology. In: Philosophy of Science 37 (1970, S. 1–15)

TH. BALLAUFF: Die Wissenschaft vom Leben (Freiburg/München 1954)

R. B. BRAITHWAITE: Scientific explanation (Cambridge 1953)

C. BRESCH: Zwischenstufe Leben (München 1977)

R. S. BRUMBAUGH: Plato on the one. The hypothesis in the Parmenides (New Haven 1961)

I. CANFIELD: Purpose in nature (New Jersey 1966)

W. CAPELLE: Das Problem der Urzeugung bei Aristoteles und Theophrast und in der Folgezeit. In: Rhein. Museum 98 (1955, S. 150–180)

F. CRAMER: Fortschritt durch Verzicht (München 1975)

R. DAWKINS: Das egoistische Gen (Berlin 1978)

R. DEMOS: The one and the many in Plato. In: Philosophical Essays for A. N. Whitehead (London 1936, S. 41–66)

P. DUHEM: Ziel und Struktur physikalischer Theorien (Hamburg 1908, 1978)

M. EIGEN, R. WINKLER: Das Spiel (München 1975)

E. H. ERIKSON: Kindheit und Gesellschaft (1965)

J. ESPOSITO: Schellins's Idealism and the Philosophy of Nature (Lewisburg 1977)

H. GLASS (ED.): Forerunners of Darwin 1745–1855 (Baltimore 1968)

A. R. HALL: Philosophers at war. The quarrel between Newton and Leibniz (Cambridge 1981)

N. HARTMANN: Möglichkeit und Wirklichkeit (Berlin 1938)

–: Teleologisches Denken (Berlin 1951)

M. HEIDEGGER: Nietzsche (Pfullingen 1961)

H. E. HENGSTENBERG: Evolution und Schöpfung (München 1963)

U. HÖLSCHER: Der Sinn von Sein in der älteren griechischen Philosophie (Heidelberg 1976)

B. HOPPE: Polarität, Stufung und Metamorphose in der spekulativen Biologie der Romantik. In: Nat. wiss. Rundschau 20 (1967, S. 380f)

K. JASPERS: Nietzsche (Berlin ^{3}1974)

H. JONAS: Organismus und Freiheit (Göttingen 1973)

–: Das Prinzip Verantwortung (Frankfurt 1979)

F. KAULBACH: Der philosophische Begriff der Bewegung (Köln 1965)

–: Subjektlogik und Prädikatlogik. In: Vernünftiges Denken (J. Mittelstraß ed., Berlin 1978, S. 23–51)

J. KÖNIG: Vorträge und Aufsätze (G. Patzig ed., Freiburg 1978)

P. KOSLOWSKI: Polis und Oikos bei Aristoteles (Straubing 1976. ^{2}1980)

H. KRIEG: Kausale Denkweise und Ethik. In: Marquartsteiner Vorträge (Stuttgart 1946)

H. KRINGS (ed.): Lexikon philosophischer Grundbegriffe (München 1974)

K. LAGERSPETZ: Teleological Explanations and Terms in Biology. In: Ann. Zool. Soc. Vanamo 19 (1959, S. 1–73)

R. LAUTH: Die erste philosophische Auseinandersetzung zwischen Fichte und Schelling. In: Zeitschr. phil. Forsch. 21 (1967, S. 341–67)

–: Die zweite philosophische Auseinandersetzung zwischen Fichte und Schelling über die Naturphilosophie und die Transzendentalphilosophie. In: Kant-Studien 65 (1974, S. 397–435)

W. LEIBBRAND: Die spekulative Medizin der Romantik (Hamburg 1956)

T. LENOIR: Kant, Blumenbach and vital materialism in German biology. In: ISIS 71 (1980, S. 77–108)

–: The Strategy of Life (Dordrecht 1983)

–: J. F. Blumenbach's Research Program for Natural History and the Biological Thought of the Naturphilosophen. In: Stud. Hist. Biology 5 (1981)
R. Löw: Pflanzenchemie zwischen Lavoisier und Liebig (Straubing ²1979)
–: Naturwissenschaften: Theorie und Geschichte. In: Chemie in unserer Zeit 13 (1979, S. 82–86)
–: Ethische Ziele und naturwissenschaftliche Entwicklung. In: Chemie in unserer Zeit 14 (1980, S. 168–175)
–: Philosophie des Lebendigen (Frankfurt 1980)
–: Qualitätslehre und Materiekonstruktion. In: Schelling (L. Hasler ed., Stuttgart 1981)
–: Evolution und Erkenntnis. Tragweite und Grenzen der evolutionären Erkenntnistheorie in philosophischer Absicht. In: Die Evolution des Denkens (K. Lorenz / F. M. Wuketits eds.). (München 1983) S. 330–360.
–: Darwinismus und die Entstehung des Neuen. In: Scheidewege 13 (1983/84) S. 60–84
–: Natur und Zweck. In: Scheidewege 14 (1984/85) S. 342–358
–: Nietzsche – Sophist und Erzieher. (Weinheim 1984)
–: Leben aus dem Labor. Biologie und Moral. (München 1985)
K. Lorenz: Die Rückseite des Spiegels (München 1973)
N. Luhmann: Soziologische Aufklärung 2 (Opladen 1975)
A. Maier: Studien zur Naturphilosophie der Spätscholastik. 5 Bände (Rom 1949–1958)
E. Mayr: Evolution und die Vielfalt des Lebens (Berlin 1979)
A. Mittasch: Von der Chemie zur Philosophie (Ulm 1980)
E. Nagel: Teleology Revisted. In: Journ. Phil. 74 (1977, S. 261–301)
G. E. Owens: Ti thenai ta phainomena. In: Aristote et les problèmes de la méthode (Louvain 1961, S. 83–103)
A. Pittendrigh: Adaption, natural selection and behavior. In: Behavior and Evolution (A. Roe ed, New Haven 1958)
E. Rádl: Geschichte der biologischen Theorien der Neuzeit (Leipzig 1909/1913, repr. Hildesheim 1970)
R. Riedl: Strategie der Genesis (München 1976)
–: Biologie der Erkenntnis (Berlin 1979)
K. E. Rothschuh: Physiologie (Freiburg/München 1968)
–: Konzepte der Medizin (Stuttgart 1978)
H. J. Schneider: Die Asymmetrie der Kausalrelation. In: Vernünftiges Denken (J. Mittelstraß ed., Berlin 1978, S. 217–234)
W. H. Schrader: Empirisch und absolutes Ich (Stuttgart 1972)
H. A. M. Snelders: Romanticism and Naturphilosophie and the Inorganical Natural Sciences 1797–1840. In: Stud. in Romant. 9 (1970, S. 193–215)
R. Spaemann: Reflexion und Spontaneität (Stuttgart 1963)
–: Mystik und Aufklärung. In: Die Suche nach dem anderen Zustand (G. Kaltenbrunner ed., Freiburg 1976, S. 53–67)
–: Zur Kritik der politischen Utopie (Stuttgart 1977)
–: Philosophie als Lehre vom glücklichen Leben. In: Die Frage nach dem Glück (G. Bien ed., Stuttgart 1978, S. 1–20)
–: Naturteleologie und Handlung. In: Zeitschr. phil. Forsch. 32 (1978, S. 478–493)
–: Eingriffe in die Natur als Problem der praktischen Philosophie. In: Scheidewege 9 (1979, S. 476–497)
–: Moralische Grundbegriffe. München 1982
–: Philosophische Essays. Stuttgart 1983
W. Stegmüller: Das Problem der Kausalität. In: Probleme der Wissenschaftstheorie (E. Topitsch ed., Wien 1960, S. 171–190)
–: Einige Beiträge zum Problem der Teleologie und der Analyse von Systemen mit zielgerichteter Organisation. In: Synthese 13 (1961, S. 5–40)

–: Teleologie, Funktionsanalyse, Selbstregulation (Berlin 1969)
–: Hauptströmungen der Gegenwartsphilosophie. Bd. 2 (Stuttgart 1975)
J. STENZEL: Studien zur Entwicklung der platonischen Dialektik (Leipzig 1931)
W. THEILER: Zur Geschichte der teleologischen Naturbetrachtung bis auf Aristoteles (Zürich 1925)
– (ed.): Aristoteles' Schrift »Über die Seele« (Darmstadt [5]1979)
TH. v. UEXKÜLL: Der Mensch und die Natur (München 1953)
G. VOLLMER: Evolutionäre Erkenntnistheorie (Stuttgart 1975)
H. WAGNER: Aristoteles' Physikvorlesung (Berlin 1967)
C. F. v. WEIZSÄCKER: Der Garten des Menschlichen (München 1977)
W. WICKLER: Das Prinzip Eigennutz (Hamburg 1977)
W. WIELAND: Die aristotelische Physik (Göttingen 1962)
–: Die Anfänge der Philosophie Schellings und die Frage nach der Natur. In: Natur und Geschichte (H. Braun ed., Stuttgart 1977, S. 406–440)
E. O. WILSON: On Human Nature (Cambridge/Mass. 1978)
A. WOODFIELD: Teleology (Cambridge/Mass. 1976)
G. H. v. WRIGHT: Causality and Determinism (New York 1974)
F. M. WUKETITS: Das Problem des Bewußtseins aus biologischer Sicht. In: Österr. Ärzteztg. 35 (1980, S. 24–26)
–: Biologie und Kausalität (Berlin 1981)

Personenregister